河北省环境科学研究院
河北省地质环境监测院　　　　　　　联合资助
河北省地质资源环境监测与保护重点实验室

河北省地下水基础环境状况
调查评估技术与实践

苏亚南　田西昭　徐铁兵　单　强等　著

科学出版社
北　京

内 容 简 介

本书的内容主要是对"河北省地下水基础环境状况调查评估项目"2012 年至 2018 年工作成果的总结。在对河北省地下水环境条件和"地下水基础环境调查评估"的方法进行系统介绍的基础上,分别以典型的地下水饮用水水源地、地下水水源地补给区、危险废物处置场、矿山开采区、规模化畜禽养殖场、高尔夫球场、工业污染源、垃圾填埋场等水源地和污染源为例,对地下水污染状况综合评估、地下水脆弱性评估、地下水污染风险评估、地下水健康风险评估和修复(防控)的方法进行了系统介绍,并以试点地区为例介绍了地下水污染区划评估的理论和方法,最后提出了一系列的地下水污染防治对策和建议。

本书既可供环境科学与工程、地下水科学与工程、环境岩土工程、环境地质等学科相关专业的高等院校教师、学生使用,也可供从事地下水污染防治、场地污染调查的相关科研人员、工程技术人员和管理人员参考使用。

图书在版编目(CIP)数据

河北省地下水基础环境状况调查评估技术与实践/苏亚南等著.—北京:科学出版社,2019.11
ISBN 978-7-03-063283-8

Ⅰ.①河… Ⅱ.①苏… Ⅲ.①地下水–水环境–研究–河北 Ⅳ.①P641.8

中国版本图书馆 CIP 数据核字(2019)第 255313 号

责任编辑:王 运 李 静/责任校对:张小霞
责任印制:肖 兴/封面设计:图阅盛世

科学出版社 出版
北京东黄城根北街 16 号
邮政编码:100717
http://www.sciencep.com

北京画中画印刷有限公司 印刷
科学出版社发行 各地新华书店经销

*

2019 年 11 月第 一 版 开本:787×1092 1/16
2019 年 11 月第一次印刷 印张:26 1/2
字数:630 000

定价:368.00 元
(如有印装质量问题,我社负责调换)

主要作者名单

苏亚南　田西昭　徐铁兵　单　强　夏　凡　侯军亮　马跃涛

陈　铭　李红超　赵　亮　于　海　刘军省　何　微　赵俊梅

刘　硕　周　琳　万宝春　王新友　郝明亮　杨　文　王宏亮

张志飞　张国明　马志远　陈　雨　王丹丹　张旭虎　杨欣超

刘建兵　刘　洋　王　鹏　尚将为　白振宇　李建峰　金鹏飞

董瑞海　王　艳　简彦涛　齐劲乾　付丹蕾　马迎雪　丁梓峻

前　言

地下水作为重要的城乡供水水源，在维护经济社会健康发展等方面发挥着不可替代的作用。地下水资源占全国总供水量的近20%，是支撑经济社会可持续发展的重要战略资源。据统计，全国60%的人口以地下水作为饮用水水源。随着我国社会经济的发展，地下水环境压力逐渐增大，地下水污染问题日益凸显，局部地区地下水污染问题十分突出。我国目前地下水环境管理基础相对薄弱，地下水基础环境状况不清，法律法规和标准建设滞后，水环境监管体系不完善，对我国经济社会发展、饮水安全保障产生严重影响，制约着我国经济、社会和环境的协调发展。

随着社会经济的发展，地下水污染问题日益凸显，地下水环境管理的压力逐渐增大。为切实保障地下水饮用水水源环境安全，保障地下水资源可持续利用，推动经济社会可持续发展，2011年8月，经国务院批复，环境保护部印发实施了《全国地下水污染防治规划（2011—2020年）》。之后在2015年4月2日国务院印发的《水污染防治行动计划》第八条第二十四款中明确要求，定期调查评估集中式地下水型饮用水水源补给区等区域环境状况。开展全国地下水基础环境状况调查评估，能够为摸清我国地下水污染状况，科学制定地下水环境保护政策，切实保障地下水环境安全奠定基础。"全国地下水基础环境状况调查评估"计划项目作为《全国地下水污染防治规划（2011—2020年）》中优先实施的重要项目，是深入贯彻实施《环境保护法》《水污染防治行动计划》的重要内容，是地下水环境监管的重要基础性工作。

"河北省地下水基础环境状况调查评估项目"作为"全国地下水基础环境状况调查评估"计划项目的子项目，由环境保护部统一安排实施，分年度进行，目前已经完成了2012年度、2013年度、2014年度、2015年度、2016年度、2017年度和2018年度的全部工作。本书的内容主要是对"河北省地下水基础环境状况调查评估项目"2012～2018年工作成果的总结。

全书共分为15章，其中第1章为绪论；第2章对河北省地下水环境面临的形势进行总结；第3章对地下水基础环境状况调查评估的方法进行系统介绍；第4章对河北省的"双源"情况进行简单介绍；第5～13章，分别针对典型的地下水饮用水水源地、地下水水源地补给区、危险废物处置场、矿山开采区、规模化畜禽养殖场、高尔夫球场、工业污染源、垃圾填埋场等水源地和污染源，开展地下水污染状况综合评估、地下水脆弱性评估、地下水污染风险评估、地下水健康风险评估和修复（防控）方案评估；第14章主要介绍了试点地区地下水污染区划评估的理论方法和实际案例；第15章针对河北省地下水环境现状，提出了一系列的地下水污染防治对策和建议。

本书是在作者长期从事地下水污染防治工作研究与实践的基础上，汲取了水文地质学、地球系统科学、环境科学、环境化学等新理论新方法，对地下水基础环境状况调查评估工作的理论与实践的总结。

　　本书由河北省环境科学研究院苏亚南、徐铁兵、夏凡、马跃涛、于海、周琳、万宝春、郝明亮、王宏亮、陈雨，河北省地质环境监测院田西昭、单强、侯军亮、李红超、赵亮、赵俊梅、张旭虎、刘硕、张志飞、王新友、马志远、王丹丹、尚将为、李建峰、金鹏飞、董瑞海、王艳、简彦涛、齐劭乾、付丹蕾、马迎雪、丁梓峻、袁子婷、宫志强，河北省水利水电第二勘测设计研究院陈铭，中化地质矿山总局地质研究院刘军省，河北省地质矿产勘查开发局（简称河北省地矿局）第五地质大队杨文，河北省地矿局第二地质大队何微、杨欣超、刘建兵，唐山市生态环境局王鹏、刘洋、白振宇，核工业航测遥感中心张国明等编著。全书各章撰写分工如下：第 1 章，苏亚南、侯军亮、田西昭；第 2 章，田西昭、侯军亮、赵亮、刘硕、张旭虎、张志飞、王新友；第 3 章，田西昭、苏亚南、侯军亮、徐铁兵、马志远、李建峰、金鹏飞、董瑞海、王艳、简彦涛、齐劭乾；第 4 章，苏亚南、徐铁兵、夏凡、于海、周琳、万宝春、郝明亮、马跃涛、陈雨、王洪亮；第 5 章，李红超、王丹丹、赵亮、袁子婷、刘洋；第 6 章，单强、王鹏、刘洋、付丹蕾、马迎雪、丁梓峻；第 7 章，夏凡、于海、周琳、万宝春、郝明亮、李红超、杨欣超、刘建兵；第 8 章，田西昭、张国明、刘军省、李红超、王鹏、白振宇；第 9 章，李红超、何微、袁子婷、宫志强、杨欣超；第 10 章，苏亚南、张旭虎、陈雨、王洪亮；第 11 章，田西昭、单强、杨文、王鹏、李红超、徐铁兵、张志飞；第 12 章，夏凡、苏亚南、刘硕、张国明、陈雨；第 13 章，田西昭、赵亮、王新友；第 14 章，田西昭、苏亚南、杨文、徐铁兵、张国明、刘军省；第 15 章，侯军亮、田西昭、苏亚南、李红超、刘洋、单强、马志远。全书统稿由苏亚南、田西昭、单强、徐铁兵完成，王艳、李建峰、付丹蕾、马迎雪、丁梓峻、袁子婷、宫志强负责全书图表的编制与校对工作。

　　全书从组织、撰写到出版过程中，得到了河北省环境科学研究院、河北省地质环境监测院、河北省生态环境厅、生态环境部环境规划院、唐山市生态环境局、廊坊市生态环境局、张家口市生态环境局、保定市生态环境局、中化地质矿山总局地质研究院、河北省地矿局第五地质大队、河北省地矿局第二地质大队、核工业航测遥感中心等单位的大力支持，在此表示诚挚的谢意。

　　本书撰写历时近八年，限于自身水平及条件，不妥之处在所难免，敬请各界读者、同仁不吝赐教。

目　　录

前言

第1章　绪论 ……………………………………………………………………………… 1

第2章　河北省地下水环境面临的形势 ……………………………………………… 4

　　2.1　自然地理概况 …………………………………………………………………… 4

　　2.2　地下水开发利用现状 …………………………………………………………… 8

　　2.3　地质背景 ………………………………………………………………………… 12

　　2.4　地下含水系统的水文地质特征 ………………………………………………… 15

　　2.5　地下水流动系统概述 …………………………………………………………… 21

　　2.6　地下水环境现状 ………………………………………………………………… 22

第3章　地下水基础环境状况调查评估方法 ………………………………………… 31

　　3.1　技术路线与方法 ………………………………………………………………… 31

　　3.2　重点调查对象的筛选原则 ……………………………………………………… 32

　　3.3　地下水基础环境状况调查主要技术方法 ……………………………………… 35

　　3.4　数据库的建立 …………………………………………………………………… 64

　　3.5　地下水评价 ……………………………………………………………………… 65

　　3.6　地下水环境"四大"评估 ……………………………………………………… 78

　　3.7　全程质量控制 …………………………………………………………………… 120

　　参考文献 ……………………………………………………………………………… 124

第4章　河北省"双源"清单填报情况 ……………………………………………… 128

　　4.1　河北省地下水饮用水源地分布及基本概况 …………………………………… 128

　　4.2　河北省污染源分布及基本概况 ………………………………………………… 137

　　4.3　小结 ……………………………………………………………………………… 138

第5章　典型地下水饮用水水源地地下水基础环境状况调查评估 ………………… 140

　　5.1　典型水源地的筛选确定与技术要求 …………………………………………… 140

　　5.2　典型水源地的基本状况 ………………………………………………………… 147

　　5.3　环境水文地质特征 ……………………………………………………………… 148

　　5.4　调查方案与程序 ………………………………………………………………… 150

　　5.5　典型水源地地下水环境问题识别 ……………………………………………… 151

　　5.6　典型水源地地下水环境保护的建议 …………………………………………… 154

　　参考文献 ……………………………………………………………………………… 154

第6章　典型地下水饮用水水源补给区基础环境状况调查评估 …………………… 156

　　6.1　典型水源地的筛选确定与技术要求 …………………………………………… 156

　　6.2　典型水源地补给区的基本概况 ………………………………………………… 162

6.3 调查区环境水文地质特征 ……………………………………………… 163
6.4 调查方案与程序 ………………………………………………………… 170
6.5 典型水源地补给区地下水环境问题识别 ……………………………… 177
6.6 典型水源地补给区地下水环境保护的建议 …………………………… 187
参考文献 …………………………………………………………………… 188

第7章 典型危险废物处置场地下水基础环境状况调查评估 ……………… 189
7.1 典型危险废物处置场的筛选确定与技术要求 ………………………… 190
7.2 典型危险废物处置场的基本概况 ……………………………………… 194
7.3 典型危险废物处置场环境水文地质特征 ……………………………… 197
7.4 调查方案与程序 ………………………………………………………… 199
7.5 水土污染评价与评估 …………………………………………………… 202
7.6 典型危险废物处置场地下水环境问题识别 …………………………… 206
7.7 典型危险废物处置场地下水环境保护的建议 ………………………… 207
参考文献 …………………………………………………………………… 208

第8章 典型矿山开采区地下水基础环境状况调查评估 …………………… 210
8.1 典型矿山开采区的筛选确定与技术要求 ……………………………… 211
8.2 典型矿山开采区的基本概况 …………………………………………… 215
8.3 环境水文地质特征 ……………………………………………………… 217
8.4 调查方案与程序 ………………………………………………………… 222
8.5 地下水质量与污染评价 ………………………………………………… 225
8.6 典型矿山开采区地下水环境问题识别 ………………………………… 228
8.7 典型矿山开采区地下水环境保护的建议 ……………………………… 232
参考文献 …………………………………………………………………… 233

第9章 典型规模化畜禽养殖场地下水基础环境状况调查评估 …………… 234
9.1 典型规模化畜禽养殖场的筛选确定与技术要求 ……………………… 235
9.2 典型规模化畜禽养殖场的基本概况 …………………………………… 238
9.3 环境水文地质特征 ……………………………………………………… 242
9.4 调查方案与程序 ………………………………………………………… 246
9.5 地下水质量与污染评价 ………………………………………………… 249
9.6 典型规模化畜禽养殖场地下水环境问题识别 ………………………… 253
9.7 典型规模化畜禽养殖场地下水环境保护的建议 ……………………… 254
参考文献 …………………………………………………………………… 255

第10章 典型高尔夫球场地下水基础环境状况调查评估 …………………… 256
10.1 典型高尔夫球场的筛选确定与技术要求 …………………………… 257
10.2 环境水文地质特征 …………………………………………………… 261
10.3 调查方案与程序 ……………………………………………………… 262
10.4 水土污染评价与评估 ………………………………………………… 266
10.5 典型高尔夫球场地下水环境问题识别 ……………………………… 272

10.6　典型高尔夫球场地下水环境保护的建议 ……………………………… 272
　　参考文献 ……………………………………………………………………… 273

第 11 章　典型工业污染源地下水基础环境状况调查评估 ………………… 275
11.1　典型工业污染源的筛选确定与技术要求 …………………………… 275
11.2　典型工业污染源的基本概况 ………………………………………… 281
11.3　环境水文地质特征 …………………………………………………… 286
11.4　调查方案与程序 ……………………………………………………… 287
11.5　地下水质量与污染评价 ……………………………………………… 289
11.6　典型工业污染源地下水环境问题识别 ……………………………… 293
11.7　地下水污染趋势预测评价 …………………………………………… 301
11.8　典型工业污染源地下水环境保护的建议 …………………………… 309
　　参考文献 ……………………………………………………………………… 309

第 12 章　典型垃圾填埋场地下水基础环境状况调查评估 ………………… 310
12.1　典型垃圾填埋场的筛选确定与技术要求 …………………………… 311
12.2　典型垃圾填埋场的基本概况 ………………………………………… 315
12.3　环境水文地质特征 …………………………………………………… 317
12.4　调查方案与程序 ……………………………………………………… 322
12.5　水土污染评价与评估 ………………………………………………… 327
12.6　典型垃圾填埋场地下水环境问题识别 ……………………………… 336
12.7　典型垃圾填埋场地下水环境保护的建议 …………………………… 336
　　参考文献 ……………………………………………………………………… 337

第 13 章　典型场地地下水污染修复（防控）评估 ………………………… 338
13.1　典型场地的筛选确定与技术要求 …………………………………… 338
13.2　典型场地概况与补充调查 …………………………………………… 341
13.3　典型场地地下水污染修复（防控）方案 …………………………… 365
13.4　环境管理要求 ………………………………………………………… 384

第 14 章　典型地区地下水污染防治区划评估 ……………………………… 386
14.1　评估区概况 …………………………………………………………… 386
14.2　地下水污染源荷载评估 ……………………………………………… 386
14.3　地下水脆弱性评估 …………………………………………………… 390
14.4　地下水功能价值评估 ………………………………………………… 395
14.5　地下水污染现状评估结果 …………………………………………… 398
14.6　地下水污染防治区划分结果与分区 ………………………………… 400
14.7　结论与建议 …………………………………………………………… 402

第 15 章　深入推进河北省地下水污染防治工作的几点建议 ……………… 403
15.1　工作原则 ……………………………………………………………… 403
15.2　主要工作建议 ………………………………………………………… 404
15.3　建议保障措施 ………………………………………………………… 410

第1章 绪 论

河北省北靠燕山、西依太行山、东临渤海、环绕京津,是我国北方重要的粮棉产区和工业基地,经济发达,城市化程度较高,地理位置十分重要。该区域是我国北方严重缺水的地区,地下水是主要供水水源,许多城市地下水几乎是唯一的供水水源。河北省水资源紧缺,水资源供需矛盾日益突出,地下水连年处于超采状态。据2015年统计,全省水资源总量为$135.09 \times 10^8 m^3$,其中地下水资源量$113.56 \times 10^8 m^3$,占水资源总量的84.06%,河北省人均水资源量为$182 m^3$,亩(1亩$\approx 666.7 m^2$)均水资源量为$141 m^3$。其人均水资源量不足全国平均水平的1/7,远远低于人均水量国际标准的严重缺水线($2000 m^3$)、生存危机警戒线($1000 m^3$)和绝对缺少线($500 m^3$),缺水情况特别严峻。据统计,$2011 \sim 2015$年河北省实际开采地下水分别为$154.85 \times 10^8 m^3$、$151.23 \times 10^8 m^3$、$144.57 \times 10^8 m^3$、$142.07 \times 10^8 m^3$和$133.59 \times 10^8 m^3$,全省地下水持续处于超采状态。

由于河北省的地下水超采,地下水位持续下降。河北省中东部平原地下水位埋深由20世纪70年代的$2 \sim 3 m$,持续下降到当前的$20 \sim 50 m$,局部超过70m;山前平原地区地下水埋深由60年代的$2 \sim 3 m$,持续下降到当前的$20 \sim 30 m$,局部超过40m。形成了以城镇为中心的工业开采型地下水位降落漏斗和以农业开采为中心的地下水降落漏斗。截止到2015年,河北省共有地下水位下降漏斗26个,其中孔隙水-微承压地下水位下降漏斗7个,孔隙水-承压地下水位下降漏斗16个,岩溶水-承压地下水位下降漏斗1个,孔隙水-潜水地下水位下降漏斗2个。漏斗面积超过$1000 km^2$的有6个,均为孔隙水-承压地下水位下降漏斗,其中以衡水市漏斗面积最大,中心水位埋深最深,最大水位埋深102.98m。地下水位的持续下降,地下水降落漏斗的不断扩大,引起如地面沉降、建筑物基础下陷、土地干化、地裂缝、泉水断流、海水入侵、机井报废、水质恶化等一系列生态环境问题。

河北省不仅水资源紧缺,而且水污染问题相当严重且由来已久。

近30年来,城市生活垃圾和工业"三废"等的不合理处置,农业生产中农药、化肥的大量使用,使得河北省地下水污染状况日趋严重。地质环境监测部门长期地下水监测资料、两轮地下水资源评价($1981 \sim 1984$年、$1999 \sim 2005$年)结果,初步显示地下水污染范围日益扩大,水质整体下降,"三致"(致癌、致畸、致突变)污染物普遍检出,国际普遍关注的持久性有机污染物(persistent organic pollutants, POPs)在地下水中也有部分检出。

据1991年调查数据,河北省全年排放污水$20.14 \times 10^8 t$,其中直接排入河流的废污水为近$16 \times 10^8 t$,其余排入渗坑渗井,全省较大的污灌区52处,污灌面积700.98×10^4亩,每年浇灌$6.08 \times 10^8 m^3$污水。加之农田大量使用化肥农药,也不同程度地给地下水带来了污染。1991年调查结果显示,河北省山区及山前平原区地下水水质一般较好;中东部及滨海平原区地下水水质一般较差;分布在城镇周围和排污河道两岸的地下水水质已经受到污染。根据当时对1093眼井的水质监测数据分析统计,河北省地下水常规水化学项目中超标(生活饮用水卫生标准)较严重的项目依次为矿化度、总硬度、氯化物、硫酸盐;五项毒物检出率依次为六价铬、挥发酚、砷、汞和氰化物,其中氰化物超标最为严重;重金属项目中锰和铁超标最为严重。河北省地下水污染最为严重的地区主要分布在城市周边、排污河两侧及污灌区,河北省石家庄、邯郸、邢台、保定、衡水、沧州、廊坊、唐山、秦皇岛、张家口和承德这 11 个大中城市市区地下水均已遭受不同程度的污染,其地下水污染主要特点为:①多数污染的城市属于点状污染,个别污染因子严重超标;②污染范围主要分布在城市工业区及市区排污河两侧;③主要污染因子为挥发酚、氰化物、"三氮"、砷、汞、铅、铬、镉、氟化物和硫化物等。

据 2011 年的调查结果,水样分析化验结果按《地下水质量标准》(GB/T 14848),选取 49 项参评基础指标进行评价。在河北省平原区采取的 2542 组浅层地下水样品中,有 23 项常规无机指标全部为Ⅰ、Ⅱ、Ⅲ类水,样品数约占 60%,有 10 项指标为Ⅳ或Ⅴ类水,样品数约占 40%。其中总硬度、锰和铁的Ⅳ类水和Ⅴ类水样品数所占比例分别达到 39.79%、38.37% 和 33.28%。Ⅳ和Ⅴ类指标所占比例由大到小是:总硬度、锰、铁、溶解性总固体、碘化物、钠、硫酸根、氯化物、氨氮、氟化物。有机常规指标三氯甲烷、四氯化碳Ⅳ或Ⅴ类水样品数比例小于 0.52%。非常规有机指标苯、二氯乙烷Ⅳ或Ⅴ类水样品数比例小于 0.28%。在河北省平原区采取的 1015 组深层地下水样品中,有 23 项常规无机指标全部为Ⅰ、Ⅱ、Ⅲ类水,样品数量约占 49%,有 8 项指标为Ⅳ或Ⅴ类水,样品数约占 40%。其中氟化物、铁、钠、碘化物的Ⅳ类水和Ⅴ类水样品数所占比例达到 48.97%、36.46%、35.86% 和 33.43%。Ⅳ和Ⅴ类的指标所占比例由大到小是:氟化物、铁、钠、碘化物、氯化物、溶解性总固体、硫酸根、总硬度。Ⅳ和Ⅴ类水的重金属指标有砷、铅、六价铬,Ⅳ或Ⅴ类水样品数比例小于 2.56%。有机常规指标四氯化碳、1,2-二氯乙烷,Ⅳ或Ⅴ类水样品数比例小于 0.4%。总的看,各单项评价指标Ⅰ类和Ⅱ类水样品占绝大多数,并且中部和滨海平原的Ⅳ类水和Ⅴ类水样品高于山前平原。

2015 年的监测结果显示,全省 498 处地下水监测点中,地下水水质优良检出 2 处,占总样品数量的 0.40%;良好检出 161 处,占总样品数量的 32.33%;较好检出 19 处,占总样品数量的 3.82%;较差检出 177 处,占总样品数量的 35.14%;极差检出 149 处,占总样品数量的 28.31%。整体分布表现为山区水质相对较好,平原区水质相对较差;深层水水质相对较好,浅层地下水水质相对较差。地下水超标组分以总硬度、溶解性总固体、硫酸盐、氯化物、硝酸盐、铁、锰、氟化物为主。

2006 ~ 2009 年实施的"华北平原地下水污染调查"结果显示,河北平原区地下水污染呈现三个特点:一是污染指标多,以三氮(NO_3^-、NO_2^-、NH_4^+)、重(类)金属(Pb、As、Cd、Cr^{6+}、Hg)和微量有机污染物为主;二是多为点状污染,分布较广,多集中在城市周边和重化工开发区及影响范围内;三是以浅层地下水污染为主,深层地下水亦有多点检出污染物,河北省的地下水污染呈现出逐步恶化的趋势。

总体而言,地下水作为河北省社会经济发展的宝贵资源,受自身自然环境的影响,本身存在水量奇缺的先天不足,伴随着经济社会的快速发展,地下水又受到了人类活动的污染,产生了水量型缺水和水质型缺水并存的窘境。保护地下水资源,加强地下水资源管理,提高水资源利用效率,尤其是防治地下水污染已经成为河北省环境保护的重点工作之一。

"河北省地下水基础环境状况调查评估项目"作为"全国地下水基础环境状况调查评估"计划项目的子项目,由环境保护部统一安排实施,分年度进行,目前已经完成了 2012 年度、2013 年度、2014 年度、2015 年度、2016 年度、2017 年度和 2018 年度的全部工作。

　　河北省地下水基础环境状况调查评估的实施,主要目的是通过收集已有资料、研究成果,以及水文地质补充调查、污染源调查与监测等工作,应用现场踏勘、水文地质钻探、水土样品分析测试、地理信息系统等技术手段,基本查清重点调查对象的地下水基本属性、管理状况、水质状况和风险源(敏感源)等,开展综合评估、健康评估、预测评估和地下水污染防治区划评估等工作,为河北省地下水污染控制工作提供科学的依据,为摸清全省地下水基础状况提供技术支撑和经验积累。

第2章 河北省地下水环境面临的形势

2.1 自然地理概况

河北省位于北京市、天津市周围,地理位置介于 36°05′~42°37′N,113°11′~119°45′E 之间。北与辽宁省、内蒙古自治区为邻,西接山西省,南与山东省、河南省接壤。河北省省界南北向最长线约 750km,东西向最宽约 650km,总面积 18.77×10⁴km²,占全国国土面积的 1.96%。

2.1.1 地形地貌

河北省地势西北高、东南低,由西北向东南倾斜。地貌复杂多样,高原、山地、丘陵、盆地、平原类型齐全,可划分为坝上高原、燕山和太行山山地、河北平原三大地貌单元。坝上高原平均海拔 1200~1500m,面积 1.60×10⁴km²,占全省总面积的 8.5%;燕山和太行山山地主要包括中山山地区、低山山地区、丘陵地区和山间盆地区 4 种地貌类型,海拔多在 2000m 以下,山地面积 9.86×10⁴km²,占全省总面积的 52.5%;河北平原区是华北平原的一部分,按其成因可分为山前冲洪积平原,中部冲积、湖积平原区和滨海平原区 3 种地貌类型,面积 7.31×10⁴km²,占全省总面积的 38.9%。

1. 坝上高原区(Ⅰ)

丘状高原(Ⅰ₁):在坝上高原区北部康保一带为缓慢隆起的剥蚀丘陵,山形浑圆,丘陵间松散堆积物较薄,以岩浆岩和变质岩为主。

波状高原(Ⅰ₂):分布在尚义至张北、沽源一带。以缓慢隆起剥蚀堆积岗湖(淖)相间为特征,岗洼起伏,残丘星布,内陆湖(淖)点缀其间。波状岗地,以不裸露的变质岩为主,岗地间以冲-湖积和湖积地层为主,东部御道口为剥蚀风积沙地。

垄状高原(Ⅰ₃):位于坝上高原南缘地带,风化剥蚀丘陵台地。以玄武岩、凝灰岩、流纹岩为主。

2. 燕山及太行山山地(Ⅱ)

中山山地(Ⅱ₁):分布在崇礼、赤城、隆化与围场等燕山北部和小五台山,以及阜平、赞皇西部的太行山区。构造剥蚀作用强烈,海拔可达 2500m,一般在 1000~2000m,山势险峻,谷间堆积物少,主要出露变质岩、凝灰岩及安山岩。

低山山地(Ⅱ₂):分布在燕山承德以南,长城以北和太行山中间地带,海拔为 500~1000m,相对高差小于 500m,以侵蚀剥蚀为主,多陡壁,山势崎岖,主要出露太古宇变质岩及古生界沉积岩。

丘陵(Ⅱ₃):分布在燕山南缘和太行山东缘与平原交接部位,以侵蚀剥蚀为主,海拔不足 500m,相对高差小于 200m,谷宽坡缓,河谷阶地发育,主要出露灰岩和变质岩。

3. 山间盆地(Ⅲ)

由于新构造运动的差异性而形成了众多的断陷盆地,较大的盆地有怀安-宣化盆地、涿鹿-怀来盆地、蔚县-阳原盆地、迁安盆地、柳江盆地、涞源盆地、井陉盆地、武安盆地、涉县盆地,多为断陷堆积和溶蚀堆积而成,内有第四纪湖相及河流冲积相堆积物,阶地发育。

4. 河北平原(Ⅳ)

山前倾斜平原(Ⅳ₁):沿燕山及太行山山麓略呈带状分布,海拔在100m以下,由冲积、洪积扇群相间而成,也包括山麓坡积,洪积堆积,有一定的坡度,地形平坦,主要河流谷地宽阔,有较多河流变迁的故道。

冲积洪积平原(Ⅳ₂):分布在河北平原中部海拔40m以下,地势自北、西、南三面向渤海湾方向缓缓倾斜,海拔逐渐降至3m左右,地面稍有起伏,多河流故道及洼地,如白洋淀、千顷洼、宁晋泊、大陆泽、文安洼等。

滨海平原(Ⅳ₃):以唐海—芦台—北仓—静海—唐官屯—盐山一线为界,环渤海湾展布,地势低平,由河流三角洲、滨海洼地、湖及海积砂堤缀连而成,多盐碱地,有贝壳堤。

2.1.2　气候

河北省属暖温带大陆性季风气候。处于半湿润半干旱地区,四季分明,冬季寒冷少雪,春季干旱多风沙,风速较大,夏季炎热多雨,秋季天高气爽,冷暖适中。

河北省的年平均气温0~13℃,由北向南逐渐升高,北部坝上高原年平均气温低于4℃,最低为-0.4℃,中部平原为12℃左右,南部邯郸地区约13℃,最高为13.3℃,坝上地区每年6级以上大风日69~130天,风速最大达38m/s。

河北省年均降水量532.3mm(1956~2013年),降水量分布规律受气候、地形等因素影响,降水量时空分布不均,年际变化较大,全年降水量的80%主要集中6~9月,而又以7月下旬~8月上旬最为集中。降水强度大,历时短,往往集中于5~7天完成全年70%的降水量,成灾性大,易引发多种地质灾害,以1963年8月与1996年8月两次暴雨最具代表性。降水主要分布在燕山南麓、太行山东麓的夏季迎风坡。当东南暖气流到达时,上升形成一条弧形多雨带,年降水量燕山南麓可达700~810mm,太行山山区也超过600mm,亦是河北省两个暴雨中心。南部平原辛集、宁晋、南宫一带降水量不足500mm,张家口西部降水量在400mm以下。各市年降水量以沧州市517.2mm为最大,比全省平均多92.8mm;张家口市370.8mm为最小,比全省平均小53.6mm。各县(市)中,沧州黄骅市降水量665.9mm为最大,张家口康保县292.7mm为最小。

河北省年均水面蒸发量为800~1450mm,最小值位于坝上高原东部的围场地区,最大值位于沧州和冀南一带。夏季最大,占全年总蒸发量46%;春季次之,占33%;秋季占16%;冬季最小占5%。各地区干湿状况与降水量和蒸发量有关。半湿润区分布在多雨带的太行山-燕山地区;较湿润区分布在燕山承德南部-秦皇岛北部地区;较干旱区分布在冀西北的桑干河-洋河盆地和冀南滏阳河中下游平原(也是两个少雨中心)及广大平原和北部山地(含坝上高原)。

2.1.3　水文

1. 河系分布特征

河北省河流分属滦河、海河、辽河和内陆河四个流域水系(表2-1)。其中海河流域面积最大为$12.46 \times 10^4 km^2$;滦河(含陡河及冀东沿海诸小河)流域面积为$0.4 \times 10^4 km^2$;辽河支流经承德地区东部流域面积为$0.49 \times 10^4 km^2$;内陆河系流域在张家口地区的坝上高原,面积$1.18 \times 10^4 km^2$。

表 2-1　河北省地表水流域及主要河流情况一览表

流域	水系	支流
海河流域	北四河	蓟运河、潮白河、金钏河、北运河
	永定河	洋河、桑干河、妫水河、永定新河
	大清河	拒马河、小清河、琉璃河、挟括河、白沟河、易水河、瀑河、漕河、府河、方顺河、唐河、潴龙河等
	子牙河	滹沱河、滏阳河、冶河等
	南运河	漳河、漳卫河、南大排河、捷地减河等
滦河(含陡河及冀东沿海诸小河)流域		大滦河、小滦河、兴州河、伊逊河、武烈河、白河、老牛河、柳河、瀑河、长河、青龙河、石榴河、沙河、洋河、石河等
辽河流域		英金河、老哈河、阴河、大陵河等
内陆河流域		安固里河、大清沟河、三台河、葫芦河等

2. 地表水体概况

河北省20世纪50~60年代在河北平原有20个左右的湖泊洼淀,包括白洋淀、千顷洼、文安洼、大陆泽宁晋泊、永年洼等大型洼淀,同时分布有星罗棋布的小型池塘。80年代中后期开始逐渐减少。至今池塘全无,较大型洼淀大部分干涸,辟为农田,只有在特大水年份才调蓄洪水。白洋淀从80年代开始,由于用水量剧增,干淀次数日益频繁,1983~1987年连年干涸,并先后干淀13年,成为白洋淀历史上从未有过的现象。目前一般年份要靠上游水库补水才能维持一定的水面。千顷洼一般年份无水源补充,近年来靠引黄河水维持一定的水面。另外,在坝上地区有少部分内陆河形成的湖淖已干涸,生态环境不断恶化。全省水面面积由20世纪50年代的$2700 km^2$,减少为目前的$700 km^2$。

目前,河北省山区已建成省管大型水库18座,中型38座,小型1086座,总库容$112.9 \times 10^8 m^3$。海委管辖的潘家口、大黑汀、岳城等三座大型水库及北京市管辖的官厅水库、密云水库,天津市管辖的于桥水库,控制河北省山区面积达85%,控制山区水量的90%。省管18座大型水库总库容$91.75 \times 10^8 m^3$。平原区有225座蓄水闸,加上平原数座蓄水洼淀,可使地表水资源能得到较充分的利用。

2.1.4　土壤与植被

1. 土壤

河北省的土壤类型,受气候、地貌、植被、土壤母质、水文地质条件等诸多因素制约,全省土壤可分为 12 类。

亚高山草甸土:亚高山草甸土是在高寒湿润、密丛草甸植被条件下形成的土壤,主要分布于太行山、燕山的高山林线以上,平缓山顶的古夷平面上,海拔多大于 2000m。

棕壤:棕壤为温湿气候、森林草被、淋溶条件下形成的山地土壤,主要分布在太行山–燕山的中山和部分低山,以及冀东滨海丘陵上,海拔一般从 700～1000m 以上,至 2300～2500m 林线终止,土壤水分特点是表湿下润,中度淋溶。

褐土:褐土是在半干旱–半湿润、中暖湿气候、半淋溶条件下,进行地带性成土过程中形成的土类。河北省的褐土主要分布在太行山东麓的京广线两侧,燕山南麓的通州—唐山一线以北,海拔 700～1000m 以下的低山、丘陵及山麓平原、冲洪积扇上中部地带。河北省的褐土处于暖温带半湿润季风气候区。发育良好的褐土,多分布在阔叶林下;山区边缘的褐土,则多被旱生森林和灌丛覆盖。

潮土:潮土是由于地下水的直接作用,在河流沉积物上耕种熟化形成的半水成土壤。河北省的潮土,主要分布在海拔低于 50m 的冲积平原地下水水质较好、地势平坦的地带,是全省分布最广的土类。

沼泽土:沼泽土是在常年地表水渍还原作用下形成的水成土。因水生植物残体不能充分分解,故有机质容易累积于表土,多淡水螺壳,有腐泥臭味,潜育化特征明显。河北省的沼泽土,分布于低平原区的白洋淀、文安洼、宁晋泊、东淀、大陆泽、南大港、七里海等大型洼淀和一些河流之间的河间洼地、山前平原的交接洼地里,以及坝上高原的湖泊周边。

盐土:盐土是在半干旱气候条件下形成的盐成土,地表形成盐结皮层,其中有盐晶层,又可分为内陆盐土、草甸盐土、滨海盐土、滨海草甸盐土、碱化盐土等。河北省的盐土主要分布在冲积平原的洼地周围,集中分布于黑龙港地区和滨海地区,以及坝上高原的滩地中。

灰色森林土:灰色森林土在半湿润寒温型气候、森林草原植被、弱度淋溶过程中形成。河北省的灰色森林土,分布于坝上高原的东北部低山丘陵,丰宁–围场一带,海拔 1500～1900m。

黑土:黑土在半湿润寒温型气候、草甸草原植被、腐殖质较多累积与轻度滞水还原淋溶条件下形成。河北省黑土主要分布于坝上高原的东部,介于灰色森林土带与栗钙土带之间,呈条带状分布,所处地形部位为平缓丘陵,海拔 1500～1600m。

栗钙土:栗钙土是在干寒气候、干草原植被条件下,进行地带性钙土化过程中形成的。河北省的栗钙土,主要分布在坝上高原及冀西北山间盆地区边缘部分山地,海拔 1400～1700m。

草甸土:草甸土是发育在冲积物上,直接受地下水季节性浸润的影响,在草甸植被下形成的半水成土壤。河北省的草甸土,主要分布于坝上高原湖泊外围的下湿滩地,以及山区地形平坦、地下水位埋深 1～3m 的河谷地带。

水稻土:水稻土是在长期连续种稻、水耕熟化条件下,于各种地带性土壤和隐域性土壤基础上形成的人为土壤。因种稻施肥与淹灌,有机质增加,而颜色转为暗灰或青灰。河北省的水稻土,主要分布于渤海湾沿岸,包括丰南、滦南、昌黎、乐亭、唐海等县的滨海地区。

风沙土:风沙土是在风成或水成的积沙母质上发育而成的一种风蚀较重、尚未固定的幼年土壤,没有植被或生长稀少的沙生植物。河北省的风沙土,主要分布于各大河流的下游沿岸、古河道附近及沙化严重的农田附近。比较集中于永定河下游的安次、永清、固安等县一带;滦河下游到滨海沿岸的抚宁、昌黎、乐亭、秦皇岛一带;冀西名磁河神道滩、沙河、唐河及漳河沿岸坡堤沙滩区等处。此外,坝上高原和洋河、桑干河沿岸亦有零星分布。

2. 植被

河北省的植被受地貌所控制。坝上高原地区,由于干旱而形成的地带性植被是草原;燕山-太行山山地植被为森林,山的北面为落叶阔叶林到草甸草至干草原;低山丘陵和平原区发育的地带性植被是落叶阔叶林,由于多已辟为农田,落叶阔叶林只残存在部分山地。落叶阔叶林被破坏后,形成山地灌草丛。

土壤、植被等与地下水关系密切,又对地下水的补给、径流与储集有一定的影响,如地下水对草甸土、盐土、沼泽土的发育,起着决定性作用。而反过来,在土壤化过程中,土中的盐分及微量元素和有机质的积累,又影响着地下水的化学成分。例如,河北平原与山间盆地中,各个时代的古沼泽土和草甸土层,使得不同深度含水层中的氟离子含量有较大的差别等。

2.2　地下水开发利用现状

2.2.1　水资源概况

1. 降水量

根据《河北省水资源公报》统计,2011 年全省平均降水量 493.3mm,属平水年份;2012 年全省平均降水量 606.4mm,属偏丰年份;2013 年全省平均降水量 531.2mm,属平水年份;2014 年全省平均降水量 408.2mm,属偏枯年份;2015 年全省平均降水量 510.8mm,属平水年份,具体见图 2-1。

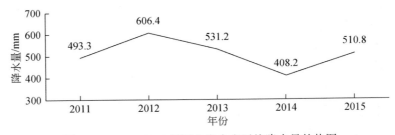

图 2-1　2011~2015 年河北省全省平均降水量趋势图

2. 地表水资源量

根据《河北省水资源公报》统计,2011 年全省地表水资源量 69.98×10^8 m^3;2012 年全省地表水资源量 117.76×10^8 m^3;2013 年全省地表水资源量 76.83×10^8 m^3;2014 年全省地表水资源量 46.94×10^8 m^3;2015 年全省地表水资源量 50.92×10^8 m^3,具体见图 2-2。

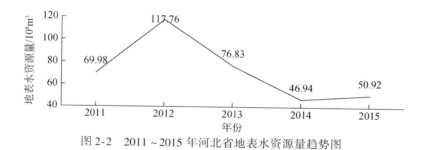

图 2-2 2011~2015 年河北省地表水资源量趋势图

可见,2011~2015 年河北省地表水资源量除 2012 年有显著增加外,其余几年变化趋势不大,并在 2012 年后呈减少的趋势。

3. 地下水资源

根据《河北省水资源公报》统计,2011 年全省浅层地下水资源量 126.34×10⁸m³;2012 年全省浅层地下水资源量 164.84×10⁸m³;2013 年全省浅层地下水资源量 138.62×10⁸m³;2014 年全省浅层地下水资源量 89.19×10⁸m³;2015 年全省浅层地下水资源量 113.56×10⁸m³,具体见图 2-3。

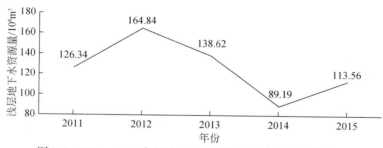

图 2-3 2011~2015 年河北省全省浅层地下水资源量趋势图

可见,2011~2015 年河北省全省浅层地下水资源量 2012 年为最大值,2012 年后呈减少趋势,2014 年最少仅为 89.19×10⁸m³,到 2015 年有所增加。

4. 水资源总量

根据《河北省水资源公报》统计,2011 年全省水资源总量 157.29×10⁸m³,全省平均产水系数为 0.17,产水模数为 8.38×10⁴m³/km²;2012 年全省水资源总量 235.53×10⁸m³,全省平均产水系数为 0.21,产水模数为 12.55×10⁴m³/km²;2013 年全省水资源总量 175.86×10⁸m³,全省平均产水系数为 0.18,产水模数为 9.37×10⁴m³/km²;2014 年全省水资源总量 106.14×10⁸m³,全省平均产水系数为 0.14,产水模数为 5.65×10⁴m³/km²;2015 年全省水资源总量 135.09×10⁸m³,全省平均产水系数为 0.14,产水模数为 7.20×10⁴m³/km²。在河北省的水资源总量中地下水资源量占比一般在 80% 左右,具体见图 2-4。

可见,2011~2015 年河北省水资源总量在 2012 年有最大值,2012 年之后呈减少趋势,到 2015 年略有增加,其中地下水资源量的变化趋势与水资源总量的变化趋势相似。再分析地下水资源量在水资源总量所占比例的趋势,可见在 2012 年全省水资源总量较为充足,地下水资源量所占比例较其他几年略低,2011 年、2013 年、2014 年、2015 年这四年地下水资源

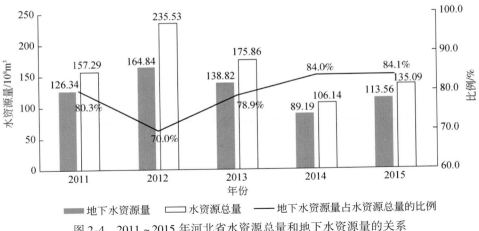

图 2-4　2011～2015 年河北省水资源总量和地下水资源量的关系

量占水资源总量的比例基本保持在 80% 以上,其中 2014 年、2015 年地下水占比有增加,已达到 84%。

2.2.2　水资源开发利用

1. 供水量

根据《河北省水资源公报》统计,2011 年全省总供水量 195.57×10^8m³,在供水量中,地表水工程供水量 38.48×10^8m³,地下水开采量 154.85×10^8m³,其他 2.64×10^8m³;2012 年全省总供水量 195.33×10^8m³,在供水量中,地表水工程供水量 41.27×10^8m³,地下水开采量 151.23×10^8m³,其他 2.83×10^8m³;2013 年全省总供水量 191.29×10^8m³,在供水量中,地表水工程供水量 43.13×10^8m³,地下水开采量 144.57×10^8m³,其他 3.59×10^8m³;2014 年全省总供水量 192.82×10^8m³,在供水量中,地表水工程供水量 46.79×10^8m³,地下水开采量 142.07×10^8m³,其他 3.96×10^8m³;2015 年全省总供水量 187.19×10^8m³,在供水量中,地表水工程供水量 48.71×10^8m³,地下水开采量 133.59×10^8m³,其他 4.89×10^8m³。在河北省的总供水量中地下水开采量占比一直超过 70%,但近年来呈现下降的趋势,见图 2-5。

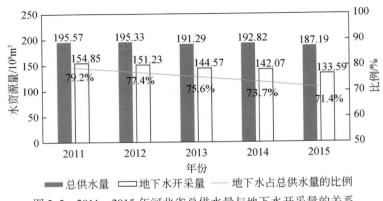

图 2-5　2011～2015 年河北省总供水量与地下水开采量的关系

2. 用水量

根据《河北省水资源公报》统计,2011 年全省总用水量为 195.97×10⁸ m³。其中,农田灌溉用水量 132.01×10⁸ m³,林木渔畜用水量 11.60×10⁸ m³,工业用水量 25.72×10⁸ m³,城镇公共用水量 4.39×10⁸ m³,居民生活用水量 18.63×10⁸ m³,生态环境用水量 3.62×10⁸ m³;2012 年全省总用水量为 195.33×10⁸ m³。其中,农田灌溉用水量 130.99×10⁸ m³,林木渔畜用水量 11.94×10⁸ m³,工业用水量 25.22×10⁸ m³,城镇公共用水量 4.88×10⁸ m³,居民生活用水量 18.50×10⁸ m³,生态环境用水量 3.80×10⁸ m³;2013 年全省总用水量为 191.29×10⁸ m³。其中,农田灌溉用水 126.35×10⁸ m³,林木渔畜用水量 11.29×10⁸ m³,工业用水量 25.23×10⁸ m³,城镇公共用水量 4.98×10⁸ m³,居民生活用水量 18.79×10⁸ m³,生态环境用水量 4.65×10⁸ m³;2014 年全省总用水量为 192.82×10⁸ m³。其中,农田灌溉用水量 128.45×10⁸ m³,林木渔畜用水量 10.72×10⁸ m³,工业用水量 24.48×10⁸ m³,城镇公共用水量 4.83×10⁸ m³,居民生活用水量 19.28×10⁸ m³,生态环境用水量 5.06×10⁸ m³;2015 年全省总用水量为 187.19×10⁸ m³。其中,农田灌溉用水量 124.18×10⁸ m³,林木渔畜用水量 11.05×10⁸ m³,工业用水量 22.53×10⁸ m³,城镇公共用水量 4.93×10⁸ m³,居民生活用水量 19.50×10⁸ m³,生态环境用水量 5.00×10⁸ m³。在河北省的总用水量中地下水的占比一直超过 70%,但近年来呈现下降的趋势,见图 2-6。

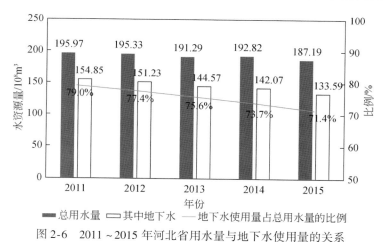

图 2-6　2011～2015 年河北省用水量与地下水使用量的关系

3. 主要城市的供水量

根据《河北省水资源公报》统计,2011 年省内 11 个设区市城区及近郊区的总供水量为 26.33×10⁸ m³,占全省总供水量的 13.4%;2012 年省内 11 个设区市城区及近郊区的总供水量为 27.16×10⁸ m³,占全省总供水量的 13.9%;2013 年省内 11 个设区市城区及近郊区的总供水量为 27.59×10⁸ m³,占全省总供水量的 14.4%;2014 年省内 11 个设区市城区及近郊区的总供水量为 28.04×10⁸ m³,占全省总供水量的 14.5%;2015 年省内 11 个设区市城区及近郊区的总供水量为 34.05×10⁸ m³,占全省总供水量的 18.2%。近年来河北省的主要城市供水量之中地下水的占比一直在 60% 左右波动,其中 2015 年达到了 70% 以上,见图 2-7。

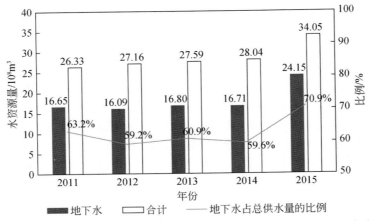

图 2-7　2011～2015 年河北省主要城市供水量和其中地下水之间的关系

2.3　地　质　背　景

2.3.1　地层岩性

河北省地层由太古宇、元古宇、古生界、中生界、新生界构成,除普遍缺失上奥陶统至下石炭统外,其他地层发育齐全。岩土体地层由老至新分述如下:

太古宇(Ar):广泛出露于太行山及燕山地区,面积近 $3×10^4 km^2$,约占基岩出露面积的 1/4,累计厚度达万米以上,由麻粒岩相至角闪岩相的深变质岩组成,岩性主要有麻粒岩、片麻岩、变粒岩、斜长角闪岩、磁铁石英岩、大理岩等,经多期构造岩浆和变质作用,部分地段具混合岩化强烈片麻状结构,具不均质性及各向异性,裂隙发育,易风化,强度低。

古元古界(Pt_1):分布在太行山南段和冀东的青龙附近,以及冀北的康保地区,出露面积仅几百平方千米。岩性主要有变质砂砾岩、千枚岩、二云岩、变玄武岩和火山碎屑岩,厚度近万米,岩性复杂,片理、板理发育,节理裂隙较发育,易风化,强度低。

中-新元古界(Pt_{2-3}):包括长城系、蓟县系、青白口系,由一套未变质或轻变质的地台型海相沉积地层构成。主要岩性有含燧石的白云岩、白云质灰岩、石英岩、页岩、砂岩等。厚度巨大,出露良好,广泛分布在尚义-承德以南的广大地区。层理较清晰,坚硬中厚层,不易风化。

寒武系(Є):以海相碳酸盐岩为主,广泛分布在阳原-宣化-平泉一线以南的燕山、太行山区,厚度 422～629m。主要岩性有厚层-巨厚层石灰岩、白云岩,中厚层-薄层泥灰岩及紫红色页岩夹薄层泥灰岩等,成层条件好,坚硬不易风化。

奥陶系(O):以中-下奥陶封闭至半封闭的浅海相含膏盐的碳酸盐岩沉积为主,广泛分布在阳原-怀来-平泉一线以南地区,厚度为 200～900m。岩性为厚层至巨厚层石灰岩、白云岩、白云质灰岩,以及薄层至中厚层泥灰岩、泥质白云岩、钙质泥灰石膏层,成层条件好,岩溶裂隙发育,坚硬、不易风化。

石炭系(C):该系中统与奥陶系中统之间有一个巨大的沉积间断(泥盆系),剥蚀面上古岩溶发育,并形成巨大的陷落柱。该系属稳定的地台型浅相至滨海沼泽相沉积,主要岩性有粉砂岩、铝土质页岩、碳质页岩夹煤层及薄层灰岩,厚度为40~320m,在太行山中段的井陉-临城-峰峰一带较连续分布,太行山北段至燕山南麓,仅分布于小向斜中,兴隆、宽城、平泉有零星分布,地层成层条件好,中厚层状软硬相间。

二叠系(P):有地槽型海相沉积与地台型陆相沉积两种类型。地槽型海相沉积出露于北部围场康保一带,主要岩性有安山岩、砂砾岩、页岩,厚度大于343m。地台型陆相沉积分布在平泉-怀来-阜平一线以东,下部为灰色砂岩、页岩夹煤层,上部为杂色、紫红色砂页岩,成层条件好,中厚层状,软硬相间。

三叠系(T):为一套为热干旱气候条件下形成的内陆盆地河流相沉积,岩性以红色砂岩、砂砾岩、泥岩为主,坚硬,中厚层状。

侏罗系(J):以复杂的陆相火山岩、火山沉积岩系为主,下部为含煤砂页岩系,底部常见玄武岩;中部为河流相红色砂砾岩及安山岩、安山角砾岩、集块岩、凝灰岩;上部为流纹岩、粗面岩火山角砾岩、凝灰岩。主要分布在中部中生代断陷盆地中,太行山北段有零星分布,岩性相变较大,质较硬,岩体完整性差,易风化。

白垩系(K):为陆相含煤与油页岩的泥岩、砂岩、砂砾岩、安山岩、凝灰角砾岩。分布在北部滦平、丰宁、围场、承德、隆化、平泉、宣化等地,太行山仅见于临城竹壁,地层成层条件好。

古近系(E)和新近系(N):主要分布在坝上高原,其次分布在阳原、蔚县、涞源、曲阳灵山等地的山间盆地及临城-磁县的山麓地带,始新统-渐新统为紫红色泥岩与砂砾岩层其中夹煤层,厚度391~1464m,中新统为橄榄玄武岩,厚度56~508m,上新统为红色黏土夹褐色砾石层,厚度大于25m。

第四系(Q):坝上高原及燕山-太行山区主要分布在山间盆地、河谷地带及山麓边缘,堆积物类型复杂,有冲积、洪积、湖沼积、坡积、冰水积、洞穴堆积及残积。岩性由未胶结或半胶结的砾石、砂砾石、砂、亚砂土、亚黏土等组成,厚度为90~800m。河北平原区第四系堆积厚度一般为350~550m,其成因类型复杂,以冲积、洪积、湖积为主,间有海积、风积、冰水堆积和火山堆积等类型。

岩浆活动与火成岩:岩浆活动的地质时代主要为太古宙、元古宙、古生代、中生代和新生代。太古宙的岩浆活动剧烈,但大部分岩浆均已深变质成各类变质岩类。元古宙的中基性、中酸性火山岩、侵入岩也都达到了较深的变质程度。古生代加里东(加里东时期与海西时期)的岩浆活动,主要在康保—围场以北的褶皱带中,华北地区仅有少量的中基性岩侵入体。中生代的燕山期,是河北省最强烈的时期,发育由基性、中性到酸性至偏碱性岩浆侵入岩、火山岩、火山碎屑岩,经过了多期次、多旋回的活动,形成了500多个岩浆岩侵入体和大面积的巨厚火山岩系,大的面积近千平方千米,小的仅几平方千米,在一些中生代断陷盆地中,火山岩系厚度可达数千米,火山熔岩形成的成岩裂隙与气孔、熔孔、熔洞发育。新生代玄武岩、火山碎屑岩,在坝上高原、阳原、蔚县、井陉、阳邑等山间盆地,以及海兴县均有出露。

2.3.2　第四系特征

河北平原区第四系堆积厚度一般为 350~550m,其成因类型复杂,以冲积、洪积、湖积为主,间有海积、风积、冰水堆积和火山堆积等类型。根据岩石地层学与气候地层学等特征,将更新统划分为三组七段,全新统划分为三个组(表 2-2)。

表 2-2　河北平原第四纪地层综合特征表

地层名称			底界面深度/m	厚度/m	主要岩性特征
全新统 (Q₄)	歧口组 Q₄q		20~40	2~10	冲积、湖沼积亚黏土、亚砂土夹砂层,沿海一带为海相层,并有风成砂堆积,局部夹泥炭
	高湾组 Q₄g			10~30	山前平原为冲洪积,中部为冲积湖积泥质亚砂土与中细砂互层夹泥炭;东部为海积淤泥质黏土、亚砂土夹薄层泥炭
	杨家寺组 Q₄y			5~15	山前平原为冲洪积亚砂砾层,中东部平原为冲湖积亚黏土、淤泥、亚砂土互层夹细砂层,上部局部夹泥炭,底部局部见有火山碎屑岩
上更新统 (Q₃)	欧庄组 Q₃o	上段	50~70	10~40	山前平原为冲洪积、冰水堆积砂砾层及亚砂土东部平原为冲积湖积细砂、亚砂土、亚黏土互层,滨海地区夹海相地层
		中段	90~120	20~54	山前平原为冲洪积砂、砂砾层;中东部平原为冲积湖积亚黏土、亚砂土互层夹细砂及淤泥层局部地区夹泥炭;滨海地区夹海相层
		下段	120~170	30~60	山前平原为冲洪积、冰水堆积砂砾层,上部为亚黏土、亚砂土、细砂互层;东部平原为冲积湖积亚黏土、亚砂土互层夹细砂层;局部底部见玄武岩及火山碎屑岩
中更新统 (Q₂)	杨柳青组 Q₂y	上段	200~280	70~90	以棕黄色、黄棕色为主,山前平原为冲洪积亚黏土、亚砂土夹砂砾层;中东部平原为冲积、湖积亚黏土夹砂层
		下段	250~350	80~100	以棕色、浅棕红色为主,山前平原为冰川-冰水堆积泥砾层或含泥的砾卵石层;中东部平原区为冲积、湖积含砂亚黏土夹砂砾层;部分地区近底部夹玄武岩及火山碎屑岩
下更新统 (Q₁)	固安组 Q₁g	上段	300~400	70~100	以棕色为基色,混锈黄色为主,山前地带为冲积、洪积亚砂土、亚黏土夹砂砾层;东部平原为冲积湖积亚黏土与细砂互层
		下段	350~550	80~110	以棕红色为基色,混锈黄色、灰绿色为主,山前地带为冰川-冰水堆积泥砾层夹砂砾层及亚黏土;东部平原为冲积、湖积黏土、亚黏土夹砂砾层,局部地区近底部夹凝灰岩及玄武岩

河北平原第四纪以来的岩相古地理变化较大程度地受古气候与新构造运动的控制。第四纪早、中更新世时期明显地受冰期与间冰期气候影响,也受到喜马拉雅运动引起的山地上升与平原下降的垂直运动的波及,因此在山前平原形成大范围冰川-冰水与洪-冲积的扇形堆积区,而现今东部包括滨海平原则形成河流-湖泊交叠堆积区,特别是分别以任丘-沧州与南宫-清河为中心形成两个湖泊堆积中心;第四纪晚更新世以来,由于冰期、间冰期气候影响

减弱以及构造升降幅度降低,山前地区冲洪积扇范围缩小,现今的低平原河湖交叠堆积地区进一步扩大,原来的湖泊沉积中心逐步分离成小范围的浅湖泊沉积、河道沉积,分布更为广泛。由于受更新世以来三次海侵的影响,特别是更新世中期海侵范围较大,因此至全新世时期近渤海湾一带,即滨海平原和部分中部平原形成浅海–湖沼相为主的沉积区,其他地区的低平原仍以河流相沉积为主。平原地区第四系岩相古地理极大地影响了这一地区含水层系统发育及其渗流特征。

2.4　地下含水系统的水文地质特征

2.4.1　概述

地下含水系统是水文系统的组成部分,它是在一定的边界条件的限制下,由若干具有一定独立性,而又相互联系、相互影响的子系统或更次一级不同等级系统所组成。依据河北省的地下水赋存条件和含水介质的空隙特征,将地下含水系统划分为:松散岩类孔隙含水层系统(简称孔隙含水层系统)、碳酸盐岩类岩溶含水层系统(简称岩溶含水层系统)和基岩类(包括变质岩类、岩浆岩类、碎屑岩类及玄武岩类)裂隙含水带(层)系统(简称裂隙含水带系统)。孔隙含水层系统,主要分布于河北平原、山间盆地、坝上高原的波状平原地区,以及山区河流与沟谷两侧,总面积为 $9.84×10^4km^2$,占全省面积的 52.4%;岩溶含水层系统,主要分布于太行山东麓、冀西北地区、燕山南麓,以及隐伏分布于山前地带、山间盆地与河北平原地面之下,出露面积为 $1.89×10^4km^2$,占全省面积的 10.1%;裂隙含水带系统,主要分布于太行山及燕山山地、冀西北盆地北部及坝上高原的丘陵山区,总面积为 $7.04×10^4km^2$,占全省面积的 37.5%。

2.4.2　河北平原地区含水层系统的水文地质特征

1. 第四系含水岩系的水文地质特征

1)含水层组划分

河北平原的第四系厚度,在山麓前缘平原地带为 200~300m,广大低平原区为 350~500m,厚者达到 550~600m。由于受不同地质历史时期的古气候、古地理沉积环境及新构造运动等因素控制,含水岩层在不同深度的分布形态和发育程度均存在着差异性,并导致了它们的水力性质、水化学、渗透性、导水性、富水性及地下水动态等水文地质条件发生相应变化。因此,以第四纪沉积物的岩性为基础,以水文地质条件为依据,将河北平原的第四系含水岩系,自上而下划分为四个含水层组:第一含水层组底界面埋深 40~60m,大部分相当于 Q_3o 上段;第二含水层组底界面埋深一般 120~170m,相当于 Q_3o 底界;第三含水层组底界面埋深 250~350m,大体相当于 Q_2y 底界;第四含水层组底界面埋深 350~550m,局部达 600m 左右,相当于 Q_1g 底界。第一含水层组与第二含水层组之间,以厚度 15~20m 的亚黏土或亚砂土相分隔;第二含水层组与第三含水层组之间,一般以厚度 20~30m 的黏土、亚黏土层相分隔;第三含水层组与第四含水层组之间,以厚达 30~40m 的黏土层相分隔。

为了区别各含水层组的地下水埋藏条件和水质特征,习惯上常把第一含水层组中的地下水称为浅层地下水,把第二至第四含水层组中的地下水称为深层地下水。在有咸水的分布区,又常将咸水地质体顶界面以上的地下淡水叫做浅层淡水,而将咸水地质体底界面以下的地下淡水叫做深层淡水。

2)第四系含水岩系水文地质特征

河北平原是由多层交叠,纵横交错的砂、砾石层构成第四系含水岩系。从山前平原至滨海平原含水层结构是由北西向及东西向扇状结构,逐渐过渡为北东向舌带状结构,以及岛状、盆状等结构类型。含水层的颗粒及厚度沿沉积方向变化是:由山前平原砾、卵石至东部、滨海平原以细、粉砂岩为主,含水层厚度在山前平原顺沉积方向由薄变厚逐渐加积,至中部平原边缘一般变薄些,复而沿沉积方向又加厚,但至滨海平原又逐渐变薄。横截沉积方向受冲积扇、河道带发育程度控制,一般在扇间地带及河道不甚发育的地区,厚度较薄,粒度也较细些,山麓前缘带横截沉积方向清楚反映这种变化趋势。综上所述,河北平原第四系含水岩系是一个几何形态复杂,多种类型的含水层结构,含水层粒度、厚度变化大的含水地质体,它是由多种成因类型形成的堆积物所组成,即基本以洪积、冲积或冰川-冰水堆积作用形成扇群状结构的山前平原,它从第四纪以来径流较弱,至中更新世径流达到最强,嗣后逐渐减弱,反映扇状结构范围逐渐减小的过程;以冲积作用为主,伴有湖相堆积所构成的中部平原,湖泊、沼泽堆积物以晚更新世以来较为发育,冲积作用形成舌状、条带状含水结构,中更新世以后径流也是在逐渐减弱,它的主流方向由中更新世至全新世从北东东转化为北东至北北东,接近于现代河流方向。以冲积与湖积作用为主,夹有海相堆积的滨海平原等三套成因类型系列。

河北平原第四系含水岩系在岩性、结构、厚度等方面具有水平变化规律,其主要水文地质特征也显示出它的分带性。

现状条件下潜水水位埋深在山前平原一般为 8~15m,深者达 20~30m,沿流向逐渐变浅,至滨海平原一般为 2~4m。潜水矿化度由山前平原<1.5g/L增大到中部平原的 2~3g/L,到滨海平原一般达到 5~20g/L;第四纪尤其晚更新世以来的大陆盐化与海侵,使得中部平原与滨海平原大部分地区从地表或距地表 10~30m 以下,普通埋藏有厚度为 50~150m,矿化度> 2g/L 的咸水地质体,因此水化学成分较复杂。含水层组的富水性,受含水层发育程度与渗透性影响,一般山前平原地区的综合单井单位涌水量 20~30m³/(h·m),其中冲积扇轴部达到 30~50m³/(h·m);中部平原综合单井单位涌水量为 10~20m³/(h·m),古河道发育地带达到 20~30m³/(h·m);滨海平原综合单井单位涌水量一般为 5~10m³/(h·m),含水层发育地段达到 10~15m³/(h·m)。

2. 古近系和新近系含水岩系的水文地质特征

1)上新统明化镇组含水层组

上新统明化镇组含水层组的底界面埋深,在冀中拗陷区为 960~1100m,沧县隆起区约 800m,含水层孔隙度一般 30%~33%,向深部逐渐降低,单井涌水量 1000~3000m³/d,地下水矿化度不超过 2g/L,属于重碳酸盐-钠型水及氯化物、重碳酸盐-钠型水,pH 为 8~9。据大量油井和供水井的地层沉积旋回韵律特征和电性特征,可将本含水层组自上而下划分为

三个含水层段:第一含水层段底界面埋深 600 ~ 680m,第二含水层段底界面埋深 740 ~
820m,第三含水层段底界面埋深 960 ~ 1100m,均为河湖相堆积物。

2)中新统馆陶组含水层组

中新统馆陶组含水层组的底界面深度,在冀中拗陷区为 2300m 左右,沧县隆起区约
1500m,含水层的有效孔隙度为 27% ~ 32%,渗透率 1100 ~ 4650mD(1mD = 0. 987×10^{-3} μm^2),地
下水可自流,单并涌水量 500m^3/d 左右,矿化度不超过 5g/L,热异常段水温 60 ~ 70℃。

3)古近系含水层组

古近系主要分布在拗陷区和凹陷地带。由于古近系发育历史上的差异,地层厚度各地
不同,古近系下部多缺失,底界面埋深 3000 ~ 6000m,最大可达 8000m,为一套以湖相沉积为
主的生油-含油地层。含水层孔隙度 18% ~ 25%,渗透率 200 ~ 500mD,渗透性较差。其上
部水文地质条件较下部好,上部为氯化物-重碳酸盐-钠型水,矿化度为 5 ~ 10g/L;下部循环
条件较差,为氯化物-钠型水或氯化物-钙型水,矿化度为 10 ~ 30g/L,高者可达 50g/L 以上,
水温高于 50℃。单井涌水量一般小于 50m^3/d,大者可达 100 ~ 300m^3/d。

2.4.3　燕山及太行山地区含水层系统的水文地质特征

1. 松散岩类孔隙水含水层系统的水文地质特征

河北省山区松散岩类孔隙水含水层系统主要为山间盆地的第四系含水岩系。第四系山
间盆地主要有永定河水系冀西北山间盆地的张家口盆地、怀来-涿鹿盆地、蔚县-阳原盆地与
蓟运河系的遵化盆地、滦河流城的芦龙-迁安盆地,总面积达 8562km^2,其中冀西北盆地为
6596km^2。这些盆地主要是断陷盆地,第四系厚度一般在 200 ~ 300m,少数如蔚县-阳原盆地
可达 400 ~ 600m。根据沉积岩性与水文地质特征,基本可划分为两个含水层组,即第一含水
层组与第二含水层组。第一含水层组的全新统与马兰组(Q$_4$+Q$_3$)由冲积相与冲洪积相粗砂
含砾与砾石、卵石组成,间夹薄层亚砂土与亚黏土,底界深度小于 50 ~ 100m,其下以出现赤
城组(Q$_2$)棕红色黏土含砾或泥河湾组(Q$_1$)绿色黏土夹砂、砾为标志划分第二含水层组,一
般其间隔水层厚 20 ~ 30m。第一含水层组多年水位动态与降水过程同步,属降水渗入为主、
垂直补给-径流开采型,其水力性质具潜水型,局部微承压,它是山间盆地的主要含水层组,
分布广泛。第二含水层组由赤城组(Q$_2$)或泥河湾组(Q$_1$)的洪积相或沉积湖积相的粗砂含
砾或含黏性土的砾石、卵石组成,分布范围比第一含水层组小,有的盆地仅在局部发现,地下
水动态特征为径流-开采型,具承压水性质。

2. 碳酸盐岩类岩溶含水层系统的水文地质特征

河北省是中国北方岩溶比较发育,并且分布较为广泛的地区。岩溶地下水主要赋存于中-
新元古界的长城系、蓟县系及青白口系和古生界的寒武系中-上统与奥陶系中-下统的碳酸盐
岩地层中,其次在石炭系及燕山东部地区的寒武系下统府君山组所夹的深层碳酸盐岩中,岩溶
含水层总厚度可达 500 ~ 1500m。河北省的岩溶含水层主要分布于太行山区的涉县、武安、邢
台、沙河、井陉、曲阳、满城、易县等地,以及燕山地区的蔚县、阳原、涿鹿、宽城、平泉、遵化、迁
安、唐山市等地。此外,在河北平原及山间盆地地面以下(最深可达 3000 ~ 4000m),隐伏着

大面积的深层岩溶含水层。在岩溶含水岩系中,以奥陶系岩溶最为发育,富水性最强。据山区岩溶含水层分布区不完全统计,常见流量大于 28L/s 的大泉约有 40 处,总流量达到 $7.2 \times 10^4 \sim 9.36 \times 10^4 m^3/h$。其中,著名的大泉有:涞源泉、威州泉、黑龙洞泉及百泉等。

河北省以古生界至中-新元古界为主构成岩溶含水层系统,主要由奥陶系、寒武系、蓟县系、长城系四个含水岩系组成。其中,以奥陶系岩溶含水岩系的溶隙较为发育,富水性最强。在连续堆积的沉降带中,各岩溶含水岩系之间,均有弱透水的砂页岩夹灰岩、白云质灰岩或隔水的砂页岩相隔,从而形成既有一定联系又有差异的含水层系统。其中:长城系与蓟县系岩溶含水岩系之间,以杨庄组弱透水层相隔;蓟县系与寒武系岩溶含水岩系之间,以青白口系弱透水-隔水岩层相隔;寒武系与奥陶系岩溶含水岩系之间,以泥质灰岩及薄层钙质砂页岩弱透水层相隔;奥陶系与上覆石炭系岩溶含水岩系之间,以砂页岩夹薄层灰岩弱透水层相隔。

3. 基岩裂隙含水带(层)系统的水文地质特征

河北省的基岩裂隙含水带(层)系统包括:变质岩类含水岩系、岩浆岩类含水岩系、碎屑岩类含水岩系及玄武岩类含水岩系。其中,变质岩类含水岩系、岩浆岩类含水岩系和碎屑岩类含水岩系主要分布于燕山及太行山地区。

1) 变质岩类含水岩系

河北省的前寒武系,是一套由各种变质作用建造组成的复杂的变质岩,广泛出露于太行山和燕山地区。根据生成(或变质)时代的不同,以及地层特征的差异,将其自下而上划分为以下不同的岩群:古-新太古代的迁西群,新太古代的阜平群(太行山区)、单塔子群(燕山区、阴山区)、五台群(太行山区)、双山子群(燕山区、阴山区),古元古代的朱杖子群(燕山区)、甘陶河群和东焦群(太行山区)等。这些变质岩中的地下水,主要赋存于网状风化裂隙、构造裂隙、成岩裂隙、构造破碎带及构造影响带里。在相同的气候条件下,裂隙含水带储水空间的大小及其富水性的丰度,主要取决于裂隙的发育程度。而裂隙的发育程度又受构造、岩石结构、地貌及裂隙的张开性与充填情况等因素所控制。

河北省变质岩类含水岩系的富水区,主要分布于太行山易县大石头村、灵寿县银洞、阜平县清台与走马驿-插箭岭一带、平山县两界峰、鹿泉市梁庄、井陉县芦庄与测鱼、赞皇县虎寨口、内丘县白鹿角与柳林、邢台县谈下与龙泉寺、武安县赵庄、邯郸县卢庄及磁县东驸马沟一带,裂隙含水带厚度一般为 $20 \sim 50m$,在断裂带附近可达 $80 \sim 100m$;变质岩类含水岩系的中等富水区,主要分布于富水区以外的非陡峻山区,如元氏县旷村与行乐、赞皇县孟府、邢台县崇水岭、西枣园、张安北、石城、迁西县金厂峪、卢龙县城至石门街一带。地下水主要赋存于风化裂隙发育地段(裂隙密度平均 3 条/m^2,裂隙最大宽度 0.5cm)或构造裂隙与风化裂隙均比较发育的地带;太行山深山区的地表分水岭地带、太行山丘陵区、坝上高原康保疏缓丘陵区及冀东遵化、迁西、卢龙一带,是变质岩类含水岩系弱富水区。裂隙含水带厚度普遍小于 0.1L/s,部分地段 $10 \sim 20m$。一般是风化裂隙充填严重,含水微弱,常见泉流量小于 0.1L/s,单井涌水量小于 $10m^3/d(2.8 \sim 8.0m^3/d)$。

2) 岩浆岩类含水岩系

河北省的岩浆岩类含水岩系,主要分布于太行山区的武安、永年、沙河、赞皇、平山、阜平、涞水,冀西北盆地区的赤城一带,以及冀北山地和冀东昌黎、抚宁和山海关等地。地下水赋存于花岗岩、闪长岩风化裂隙、构造裂隙中,或者赋存于岩体、岩脉与围岩的接触带里。裂隙含水带厚度一般为 10~25m,但在构造裂隙发育带或断裂带,及其影响带,裂隙含水带的厚度可达 50~80m,甚至上百米。含水带岩性以闪长岩、闪长玢岩、花岗闪长岩、花岗岩、安山岩及流纹岩为主。据统计,裂隙率一般为 5%~6%,但含水不均一。

　　3)碎屑岩类含水岩系

　　河北省碎屑岩类含水岩系包括白垩系、侏罗系、三叠-二叠系等含水岩组,主要分布在太行山区与燕山山区。主要含水层岩性为砂岩、砾岩及火山碎屑岩,以层状裂隙水产出。含水层渗透性与富水性的大小主要取决于构造裂隙的发育程度和所处的地貌部位。一般在构造带附近或构造裂隙、风化裂隙的发育地段水量较大,而远离构造带与裂隙发育的地带水量较小。

　　基岩类裂隙含水带(层)系统是由太古宇-古元古界变质岩类与中生界碎屑岩(包括火山碎屑岩)等层状、似层状地层,以及零星分布的块状岩浆岩构成。它们大部分分布在山区,以浅循环的潜水类型为主。水循环深度一般以风化带底界为下限,局部受深大断裂影响,深度较大。因此,它的补给-排泄地下水流动系统范围较小,一般仅几平方千米到几十平方千米,属非常局部地下水流动系统,从整体上看,它们多数属于区域或中间流动系统的补给区;但是以中生界侏罗系-白垩系为主所构成的含水层系统,在冀北、冀西北山地和坝上高原地区,受构造影响往往形成若干断陷盆地或向斜盆地单斜构造,可以成为局部性地下水流动系统。这些含水层(带)系统是由侏罗-白垩系 12 个地层组构成,厚达 1000~3000m。由陆相砂岩、砾岩、页岩与火山碎屑岩、陆相的火山岩间夹凝灰质砂砾岩、页岩等交互构成的含水层系统。它们可以根据隔水性划分若干含水层段,并形成多层的承压水与层间水,在构造作用下沟通局部含水层系统的水力联系。

　　基岩类裂隙含水带(层),地下水的分布及其渗透性,富水性与水化学特征,较大程度受断裂构造、岩性及地貌条件的控制。具有明显的各向异性、非均质特点,含水带(层)的富水性分布极不均匀。

2.4.4　坝上高原地区含水层系统的水文地质特征

1. 松散岩类孔隙水含水层系统的水文地质特征

　　1)第四系含水岩系的水文地质特征

　　A. 含水层组的划分

　　坝上高原的第四系,广泛分布于中部地区,但是分布很不稳定。在九连城-黄盖淖-小二台一线以西,厚度一般只有几米,最大 10m;该线以东第四系比较发育,有两个河湖相沉积中心,一个在察北牧场的双爱堂、蔚州营一带,最大沉积厚度 80m,另一个在沽源小河子-闪电河下游一带,最大沉积厚度达 160m。根据该区第四系含水岩系的水文地质特征,将其划分为两个含水层组,第一含水层组为潜水含水层组,第二含水层组为承压水含水层组。

　　B. 各含水层组的水文地质特征

　　a. 第一含水层组

　　潜水含水层组广泛分布于坝上高原的中部波状平原,以及东部、东南部和康保一带的沟谷中。潜水主要赋存在全新统和更新统含水层浅埋区,其富水区在沽源、丰宁的主要沟谷中,以及张北三号沟谷、葫芦河与闪电河五条地一带。含水层岩性以洪积砾石、卵石、含砾砂为主,一般厚度 10～25m,层次单一,质较纯净,潜水位埋深 1～7m,单井单位涌水量 8～20m³/(h·m),最大 33.95m³/(h·m)(见于沽源)。中等富水区分布于沽源县长梁、东房子、羊囫囵、张北县大囫囵等地主要沟谷和出口处,以及沟谷侧翼、闪电河河道两侧与察北牧场一带。含水层岩性以洪积、冲积含砾砂及中粗砂为主,一般厚度 10～30m,单井单位涌水量 3～4m³/(h·m),潜水位埋深 1～5m。较弱富水区分布在山前斜地、沟谷边缘、沽源白土窑北部、康保北部小型沟谷及山间小型闭合盆地。含水层岩性以洪积的砂与碎石、冲积的中粗砂与中细砂为主,一般厚度 10～15m,单井单位涌水量 1.7～2.2m³/(h·m),潜水位埋深 2～3m。弱富水区分布于沼泽洼地、沽源县东北部山前斜地及张北县馒头营一带。含水层岩性为湖沼积和风积粉细砂与亚砂土互层,厚度不及 10m,单井单位涌水量 0.4～0.5m³/(h·m),最大近1.0m³/(h·m),潜水位埋深一般 1～3m。富水区和中等富水区的含水层,透水性强,地下水循环条件良好,水化学类型多为重碳酸盐–钙型及重碳酸盐–钙镁型水,局部因受生活污水污染,变成重碳酸盐、氯化物–钙镁型水,矿化度 0.16～1.64g/L。较弱富水区及弱富水区多处于地下水排泄区,径流滞缓,循环不畅,水化学类型为重碳酸盐、氯化物–钠镁型、重碳酸盐–钙镁型及重碳酸盐、硫酸盐–钙镁型水,矿化度 0.2～3.28g/L。

b. 第二含水层组

承压水含水层组主要分布于沽源县白土窑以东各山间谷地,地下水赋存于中–下更新统湖积粉细砂层中。该含水层组厚度 60～150m,含水层单层厚度 5～25m,总厚度 20～60m。其多含泥质且具有不同程度微固结状,透水性差,含水性弱而较均一。隔水层为厚层状黏土及亚黏土,单层厚度 10～30m,总厚度 10～90m。第二含水层组水平分布比较稳定,但垂向变化较大,与上覆之潜水含水层组水力联系不密切,水量交换条件差。深埋于 60～80m 以下的含水层,地下水具有承压性,单井单位涌水量 0.3～1.0m³/(h·m),地下水位高出地面2.7m 至埋藏于地表下 12.4m。在沽源县城附近及五塘坊出现自流水,自流层段位于孔深33.3～109.4m 处,水头高出地面 0.6～2.7m。水化学类型多属于重碳酸盐–钙镁型及重碳酸盐–钙钠型水,矿化度 0.3～0.6g/L。

2)古近系和新近系含水岩系的水文地质特征

坝上高原地区古近系和新近系含水层组中的孔隙地下水,赋存于中–上新统内陆湖相沉积的砂砾岩、砾岩及粉细砂岩中。上新统的含水层颗粒较粗,为砂砾岩、砾岩,结构松散,胶结或固结程度低,地下水在含水层孔隙中流动、循环条件通畅,故水质优良,为重碳酸盐–钙型、重碳酸盐–钙镁型及重碳酸盐–钙钠型水,矿化度 0.3～0.6g/L。下部中新统的含水层颗粒较细,多系湖相粉细砂岩及砂砾岩,固结程度较高,透水性比上部差,地下水化学类型多重碳酸盐、硫酸盐–钙镁型、重碳酸盐、硫酸盐–钙钠型、重碳酸盐、氯化物–钙镁型和氯化物、重碳酸盐–钙镁型水,至察汗淖边缘,为氯化物、硫酸盐–钠镁型水,矿化度 0.6～1.19g/L,最高达 2.72g/L。

本含水层组由于含水层夹于隔水性良好的巨厚黏土岩之间,含水层顶界面标高由古湖盆边缘向中心逐渐降低。同时,含水层在湖盆边缘地带与基岩风化带相接,能够接受基岩裂隙水的补给,并以径流方式传递到盆地中心。因此,其水头高出地面,一旦揭穿含水层,则形成自流。

2. 基岩裂隙含水带(层)系统的水文地质特征

分布于坝上高原地区的基岩裂隙含水带(层)系统主要为玄武岩类含水岩系。

河北省的新生代玄武岩,主要出露于坝上高原的张北县与尚义县的熔岩台地,以及围场县棋盘山等地区。

中新世玄武岩为橄榄玄武岩、气孔玄武岩、致密玄武岩及气孔杏仁状玄武岩。分布于张北县、尚义县及围场县棋盘山一带,面积 3771km²。其中,中新世早期玄武岩,下部为灰黑、黄绿、黑绿色致密橄榄玄武岩、辉石玄武岩、橄榄辉石玄武岩,具粗玄结构、嵌晶含长结构、斑状结构,基质为拉斑结构;上部为红色气孔状、杏仁状或气孔杏仁状玄武岩,充填物为绿泥石、蒙脱石、方解石、沸石等。本期玄武岩喷发 10～20 次,每次喷发的末尾,均有顶部气孔层和玄武岩风化壳,一般厚度为 60～120m,厚者可达 192m。中新世晚期玄武岩喷发有 5 次,厚度小于 291m,平行不整合于中新统泥岩及早期玄武岩之上。岩性主要为伊丁石化橄榄玄武岩、橄榄玄武岩、普通玄武岩、拉斑玄武岩,火山口附近有红色浮岩。

上新世玄武岩为橄榄玄武岩、气孔状玄武岩,分布于尚义县后庄井、七甲、阳原县等地。其中,在康保县、尚义县后庄井、七甲等地,玄武岩分布面积约 80km²,位于土丘之巅,红土之上,为灰色伊丁石化橄榄玄武岩,多为斑状结构,具气孔状构造,厚度仅 10～80m。

第四纪玄武岩多为气孔状玄武岩,零散分布于东洋河与伊逊河两岸、阳原县等地,并隐伏于平原区的第四纪地层中。

2.5　地下水流动系统概述

地下水流动系统,是指从源到汇的流面群所构成的具有统一时空演变进程的地下水体。从地下水流动系统的水流运移空间来看,可以分为补给区、径流区、排泄区三部分。这三部分对整个地下水系统起着不同的作用,各自具有独特的功能。它们的水动力场、水化学场、温度场表现出的规律性变化,反映了空间的耦合关系。地下水流动系统所组成的含水层系统或由含水层系统集合体所构成的地下水盆地,地下水补给与排泄条件的变化与差异性,使得地下水流动系统具有多层次性。按其发展规模,又可划分为区域的、中间的和局部的三级流动系统。

河北省的地下水流动系统,从宏观上可以概括为两大系统,即坝上高原内陆河水文系统所控制的封闭型地下水流动系统和海-滦河水文系统所控制的开启型地下水流动系统。

坝上高原内陆河水文系统所控制的地下水流动系统,主要以山地-山前斜地-内陆湖泊(洼地)构成地下水补给-径流-排泄系统,地下水集中排泄到内陆湖泊,形成封闭型流动系统。

海-滦河水文系统所控制的地下水流动系统,是一个以山地-平原-海洋构成的地下水补给-径流-排泄系统,也是巨大的、自流斜地式的开启型地下水流动系统。山地及山前平原的上-中段地区,基本是这个系统的补给区,区内接受大面积降水与地表水补给,形成地下径流,其径流模数为 5 万～20 万 m³/(a·km²)。然后又排入河流补给地表水,组成河川径流量的基流量,至山麓边缘泄入平原地区。同时,山区地下水还通过地下潜流(包括基岩深大裂隙水与岩溶水)补给平原区。从山前平原中-下段至滨海平原,总体上处于地下水径流区,并且沿地下水径流方向径流条件逐渐变差。在天然条件下,本地下水流动系统的排泄途径有;通过山前平原与中部平原交接地带的阻水排泄、越层顶托排泄、蒸发排泄,以及向海洋排泄等。但是,并没有形成明显的排泄带,所以,实际上中部平原和滨海平原既是径流区又是排泄区。由于经过几十年来对该地下水流动系统中地下水的大量开发利用,目前,人工开采已经成为地下水最主要的排泄途径。因此,使其径流-排泄区的特征,发生了明显的变化,形成了众多的、基本封闭式的天然-人工复合地下水流动系统。

海-滦河地下水流动系统中,包含着若干个中间与局部地下水流动系统,因此,它又是一个多级地下水流动系统。例如,山区的黑龙洞、东风湖、百泉、威州泉、涞源泉等岩溶地下水盆地,以及张家口、蔚县-阳原、涿鹿、遵化等山间盆地。均有独立的补给-径流-排泄系统,从而构成了典型的封闭型中间地下水流动系统。又如山前平原各大冲洪积扇,也具有相对独立的补、径、排系统,故此,也属于中间地下水流动系统。在这些中间地下水流动系统中,由于构造与古地理环境的差异,以及人工开采等因素的影响,又可以形成局部的地下水流动系统。

2.6　地下水环境现状

地下水质量状况与当地水文地质条件、地下水埋藏和补给水源的质量有关,地下水质量的变化受人类活动影响,所以地下水质量受自然因素和人为因素的综合影响。20世纪80年代"六五"国家科技攻关项目第38项的"河北平原地下水水质评价及保护的研究"课题,用16项地下水化学指标,以饮用水为主要目标,结合农业灌溉用水和一般工业用水要求,第一次对河北平原浅、深层地下水水质作了较全面的综合评价,对主要城市地下水水质进行了预断评价,用等速推算法和回归方程预测法对水质发展趋势作了警告性预测。

随着经济社会高速发展,各种污水和固体废物排放量大幅增加,导致地下水质量发生了一定程度的劣变,包括重金属和有机物的污染等。2006～2009年,中国地质调查局开展了"河北地下水污染调查评价"课题研究,首次在河北平原区开展了较大规模的地下水有机污染调查评价工作。从2016年开始,为加强全省地质环境监测工作,进一步优化完善地下水监测网络,河北省国土资源厅开展了"全省地下水地质环境监测"项目工作。

本节所论述的有关内容主要来源于这几项成果资料。

2.6.1　坝上高原区地下水质量

据样品分析资料统计,坝上高原区地下水有26%可作为饮用水源,自西向东分布于坝头位置;有48%经过处理后可作为饮用水源,主要分布于坝上中部地区,尚义北部、张北中部、沽源西部和中北部;有26%不宜作为饮用水源,集中分布于张北北部和康保南部,在尚义七一甲、沽源七一水库附近也有分布。

地下水质量影响指标有亚硝酸盐、氯化物、硫酸盐、氟化物、硝酸盐、溶解性总固体、总硬度、铁、锰、浑浊度、阴离子合成洗涤剂、钡、氨氮等13种指标,主要超标指标有总硬度、硝酸盐、溶解性总固体、氟化物等。

2.6.2　主要盆地区地下水质量

1. 张宣盆地

据样品分析资料统计,张宣盆地地下水有51%可作为饮用水源,主要分布于洋河上游怀安县、万全县,张家口市洋河以北、沈家屯镇-姚家房镇-沙岭子镇以西地区,以及东望山一带;有44%经过处理后可作为饮用水源,主要分布于万全县以东,洋河以北以东地区,集中分布于沈家屯以北、姚家房以北、宣化区,其他地区有零星点状分布;有5%不宜作为引用水源。

地下水质量影响指标有硝酸盐、总硬度、氟化物、铁、溶解性总固体、亚硝酸盐、镉、阴离子合成洗涤剂、锰、氯化物等10种,主要超标指标为硝酸盐、总硬度、氟化物、铁等。

2. 蔚阳盆地

据样品分析资料统计,蔚阳盆地地下水有44%可作为饮用水源,主要分布于蔚县壶流河流域一带;有50%经过处理后可作为饮用水源,集中分布于阳原桑干河两岸地区,以及杨庄巢、代王城镇;有6%不宜作为饮用水源。

地下水质量影响指标有氟化物、总硬度、硝酸盐、溶解性总固体、硫酸盐、亚硝酸盐、硫酸盐、pH、氯化物等9种,主要超标指标为氟化物、总硬度等。

3. 涿怀盆地

据样品分析资料统计,涿怀盆地地下水有75%可作为饮用水源,区域内均有分布;有19%经过处理后可作为饮用水源,分布于涿鹿、张家堡镇、怀来县西南等;有6%不宜作为饮用水源。

地下水质量影响指标有总硬度、硝酸盐、溶解性总固体、亚硝酸盐、硫酸盐、氯化物、氨氮等7种,主要超标指标为硝酸盐、总硬度等。

4. 迁安盆地

据样品分析资料统计,迁安盆地地下水有62.5%可作为饮用水源,分布在迁安盆地的中部及南部;有12.5%经过处理后可作为饮用水源,分布于盆地东部;极差级地下水主要分布在盆地北部。

地下水质量影响指标有总硬度、铁、锰、砷、硝酸盐、亚硝酸盐等6种,主要超标指标为硝酸盐。

5. 遵化盆地

据样品分析资料统计,遵化盆地有40%可作为饮用水源,分布在遵化盆地的西部,北川平原的新城乡、南川平原的小马坊乡;有60%经过处理后可作为饮用水源。

地下水质量影响指标有总硬度、铁、锰、砷、硝酸盐、亚硝酸盐等6种,主要超标指标为硝酸盐。

2.6.3　河北平原地下水质量

据以往成果资料,河北平原地下水整体质量较差,直接可以饮用的Ⅰ~Ⅲ类地下水仅占27.1%,经适当处理可以饮用的Ⅳ类地下水占30.1%,需经专门处理后才可利用的Ⅴ类地下水占42.8%。影响地下水质量的指标主要为总硬度、锰、铁、溶解性总固体、碘化物等。

1. 浅层地下水质量

1) 单指标评价

通过对各项指标评价结果进行统计发现:多数指标评价结果为Ⅰ类和Ⅱ类,超Ⅲ类水样品分布情况:中东部平原所占比例高于山前平原。Ⅳ类水和Ⅴ类水样品数所占比例较高的指标依次为总硬度、Mn、Fe、溶解性总固体、I⁻等,其中总硬度(图2-8),Mn和Fe的Ⅳ类水和Ⅴ类水样品数所占比例分别达到39.79%、38.37%和33.28%。

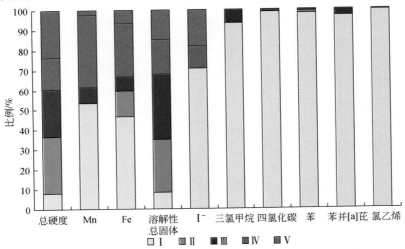

图2-8　河北平原浅层地下水单指标质量评级柱状图(典型指标)

2) 综合评价

据统计,河北平原浅层地下水质量整体较差,Ⅰ类地下水仅在大清河冲洪积扇零星存在,直接可以饮用的Ⅰ～Ⅲ类地下水仅占29.3%,经适当处理可以饮用的Ⅳ类地下水占29.9%,需经专门处理后才可利用的Ⅴ类地下水占40.8%。浅层地下水质量大面积超过Ⅲ类水标准。地下水质量较差的指标主要为总硬度、锰、铁、溶解性总固体、碘化物等,主要原因还是原生环境中这些指标含量较高。在石家庄、唐山、邯郸、邢台等城市及周边的水质较差,很多地下水超过Ⅲ类水标准,表明这些地方的地下水质具有人为干扰的差异性,山前平原地带社会经济发展和人类活动对地下水质量的影响是十分明显的。在农村区域地下水质量较好,多为Ⅰ～Ⅲ类水。总的来说,由山前平原到中部平原再到滨海平原,Ⅳ类水和Ⅴ类水所占比例呈明显增高趋势,总体变化规律是从山前—中部—滨海地下水水质逐步变差,见表2-3。

表2-3　河北平原浅层地下水质量全指标综合评价结果统计表

水文地质单元	总样品		Ⅰ类水		Ⅱ类水		Ⅲ类水		Ⅳ类水		Ⅴ类水	
	组	%	组	%	组	%	组	%	组	%	组	%
山前平原	1543	60.7	2	0.1	195	12.6	501	32.5	575	37.3	270	17.5
中部平原	863	33.9	1	0.1	4	0.5	42	4.9	181	21	635	73.6
滨海平原	136	5.4					1	0.7	4	2.9	131	96.3
合计	2542	100	3	0.1	199	7.8	544	21.4	760	29.9	1036	40.8

2. 深层地下水质量

1) 单指标评价

通过对各指标评价结果进行统计发现:对于多数指标,评价结果多为 I 类和 II 类水,IV 类水和 V 类水样品主要分布在中部和滨海平原。IV 类水和 V 类水样品数所占比例较高的指标依次为 F^-、Fe、Na^+、I^-、Cl^- 等。其中 F^-、Fe 和 Na^+ IV 类水和 V 类水样品数所占比例分别为 48.97%、36.46% 和 35.86%,见图 2-9。

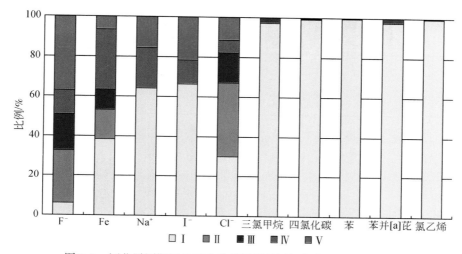

图 2-9　河北平原深层地下水单指标质量评级柱状图(典型指标)

2) 综合评价

山前平原 I 、II 、III 类地下水的比例合计为 55.7%,IV 、V 类地下水的比例分别为 29.7%、14.6%;中部平原 I 、II 、III 类地下水的比例合计为 13.5%,IV 、V 类地下水的比例分别为 34.2%、52.3%;滨海平原 I 、II 、III 类地下水的比例合计为 5.3%,IV 、V 类地下水的比例分别为 14.3%、80.5%,见表 2-4。

表 2-4　河北平原深层地下水质量全指标综合评价结果统计表

水文地质单元	总样品		I 类水		II 类水		III 类水		IV 类水		V 类水	
	组	%	组	%	组	%	组	%	组	%	组	%
山前平原	219	21.6			32	14.6	90	41.1	65	29.7	32	14.6
中部平原	663	65.3			7	1.1	82	12.4	227	34.2	347	52.3
滨海平原	133	13.1					7	5.3	19	14.3	107	80.5
合计	1015	100			39	3.8	179	17.6	311	30.7	486	47.9

统计结果表明,河北平原深层地下水质量整体较差,大面积超过 III 类水标准。总体规律是山前—中部—滨海地下水水质逐步变差。太行山和燕山山前深水井很少,共计 133 组,从现有的水质评价结果来看也不理想,没有 I 类水和 II 类水,III 类水、IV 类水、V 类水比例逐渐

升高,和浅层水对比,Ⅴ类水比例降低;滨海平原地下水水质略好于浅层地下水,主要原因是深层地下水受人类活动的影响轻于浅层地下水。

3. 浅层地下水质量分类指标综合评价

1)一般化学指标

河北平原浅层地下水参评的一般化学指标包括 pH、铁、锰、铜、锌、铝、氯化物、硫酸盐、总硬度、溶解性总固体、耗氧量、氨氮、钠 13 项指标。一般化学指标综合质量评价方法是以单指标地下水质量评价结果为基础,对每个样品参评的 13 项指标的评价结果采用从劣不从优的原则来确定样品的等级,其结果见表 2-5。

表 2-5 河北平原浅层地下水一般化学指标综合质量评价统计表

指标类别	Ⅰ类水		Ⅱ类水		Ⅲ类水		Ⅳ类水		Ⅴ类水	
	个	%	个	%	个	%	个	%	个	%
一般化学指标	14	0.6	365	14.4	539	21.2	810	31.9	814	32

据统计,Ⅳ类水和Ⅴ类水地下水样品所占比例分别为 31.9% 和 32% 。从区域分布来看,一般化学指标综合质量较差,Ⅰ类水仅在山前平原有零星分布,Ⅱ类水、Ⅲ类水也主要分布在山前平原,Ⅳ类水和Ⅴ类水主要分布在东部平原大部区域,在山前平原的邯郸市区、邢台市区、石家庄市区、保定市区和唐山市区集中分布大量的Ⅳ类水和Ⅴ类水,主要影响指标为总硬度、Mn 和 Fe。

2)无机毒理指标综合质量评价

河北平原浅层地下水参评的无机毒理指标包括碘化物、氟化物、硝酸盐、亚硝酸盐、硒共5 项,其评价方法与一般化学指标评价方法相同。对无机毒理指标综合质量评价结果进行统计,Ⅳ类水和Ⅴ类水所占比例分别为 14.3% 和 24.1% ,见表 2-6。

表 2-6 河北平原浅层地下水无机毒理指标综合质量评价统计表

指标类别	Ⅰ类水		Ⅱ类水		Ⅲ类水		Ⅳ类水		Ⅴ类水	
	个	%	个	%	个	%	个	%	个	%
无机毒理指标	274	10.8	596	23.4	697	27.4	363	14.3	612	24.1

从区域分布来看,无机毒理指标质量整体较差,Ⅰ类水在山前平原呈带状分布,主要集中在保定和石家庄北部。Ⅱ类和Ⅲ类水在山前平原呈条带状分布。东部平原大部分为Ⅳ类水和Ⅴ类水。和一般化学指标类似,无机毒理指标对地下水的质量也有很大影响,其中碘化物为Ⅳ类水和Ⅴ类水的主要影响指标。

3)毒性重金属指标综合质量评价

河北平原浅层地下水参评的毒性重金属指标包括砷、镉、六价铬、铅、汞,评价方法与一般化学指标评价方法相同。对毒性重金属指标综合质量评价结果进行统计(表 2-7),Ⅰ~Ⅲ类水占参评样品的 91.2%,Ⅳ类水和Ⅴ类水样品所占比例较低,分别为 7.9% 和 0.9%。和一般化学指标和无机毒理指标相比,毒性重金属指标对地下水质量的影响要小得多。从区域分布上来看,毒性重金属指标质量整体较好,Ⅳ类水和Ⅴ类水呈片状分布在冀东平原中部地带和邯郸、邢台的东部平原区内。砷为其主要影响指标,其主要来源为硫化厂、磷肥厂和焦化厂,虽然这些地区工业并不发达,但境内漳卫河接纳上游及沿途工矿企业包括山东境内废水污水,并用河水灌溉。冀东平原是河北平原污水灌溉面积最大的区域,区内分布很多焦化厂,这些污水排入河水,引起周围污染。

表 2-7　河北平原浅层地下水毒性重金属指标综合质量评价统计表

指标类别	Ⅰ类水		Ⅱ类水		Ⅲ类水		Ⅳ类水		Ⅴ类水	
	个	%	个	%	个	%	个	%	个	%
毒性重金属指标	1837	72.3	258	10.1	224	8.8	201	7.9	22	0.9

4)挥发性有机指标综合质量评价

河北平原浅层地下水参评的有机指标包括三氯甲烷、四氯化碳、1,1,1-三氯乙烷、三氯乙烯、四氯乙烯、二氯甲烷、1,2-二氯乙烷、1,1,2-三氯乙烷、1,2-二氯丙烷、三溴甲烷、氯乙烯、1,1-二氯乙烯、1,2-二氯乙烯、氯苯、邻二氯苯、对二氯苯、苯、甲苯、乙苯、二甲苯、苯乙烯21项,其评价方法与一般化学指标评价方法相同。对挥发性有机指标评价结果进行统计(表2-8),Ⅰ~Ⅲ类水占参评样品的98.9%,Ⅳ类水和Ⅴ类地下水样品所占比例很低,分别为0.9%和0.2%。和毒性重金属指标类似,挥发性有机指标对地下水质量的影响也比较小。

表 2-8　河北平原浅层地下水挥发性有机指标综合质量评价统计表

指标类别	Ⅰ类水		Ⅱ类水		Ⅲ类水		Ⅳ类水		Ⅴ类水	
	个	%	个	%	个	%	个	%	个	%
挥发性有机指标	2267	89.2	182	7.2	65	2.6	23	0.9	5	0.2

从区域上来看,挥发性有机指标质量整体较好,Ⅳ类水和Ⅴ类水在平原区内零星分布,集中在城市区及周边区域。苯为其主要影响指标。

5)半挥发性有机指标综合质量评价

河北平原浅层地下水参评的半挥发性有机指标包括总六六六、γ-BHC(林丹)、总滴滴涕、六氯苯、苯并(a)芘5项,其评价方法与一般化学指标评价方法相同。对半挥发性有机指标综合质量评价结果进行统计(表2-9),半挥发性有机指标质量整体较好,都是Ⅰ~Ⅲ类水,没有Ⅳ类水和Ⅴ类水。

表 2-9　河北平原浅层地下水半挥发性有机指标综合质量评价统计表

指标类别	Ⅰ类水		Ⅱ类水		Ⅲ类水		Ⅳ类水		Ⅴ类水	
	个	%	个	%	个	%	个	%	个	%
挥发性有机指标	2435	95.8	22	0.9	85	3.3	0	0	0	0

4. 深层地下水质量分类指标综合评价

1）一般化学指标

对深层地下水一般化学指标评价结果进行统计，见表2-10。Ⅳ类水和Ⅴ类水样品所占比例较高，分别为44.8%和22.3%。

表2-10 河北平原深层地下水一般化学指标综合质量评价统计表

指标类别	Ⅰ类水		Ⅱ类水		Ⅲ类水		Ⅳ类水		Ⅴ类水	
	个	%	个	%	个	%	个	%	个	%
样品数及比例	12	1.2	155	15.3	167	16.5	455	44.8	226	22.3

从区域分布上来看，Ⅰ类水较少，零星分布在山前平原，Ⅱ类水主要分布在保定和廊坊地区，Ⅲ类水、Ⅳ类水主要分布在中部平原，Ⅴ类水主要分布在东部滨海平原。F^-、Na^+和Fe为其主要影响指标。从总体来看，深层水一般化学指标评价结果要好于浅层水。

2）无机毒理指标综合质量评价

深层地下水无机毒理指标质量评价指标与评价方法与浅层地下水一致。对深层地下水无机毒理指标评价结果进行统计，见表2-11。Ⅴ类地下水样品所占比例较高，为41.6%。与浅层地下水不同，无机毒理指标对地下水的影响大于一般化学指标对地下水质量的影响。

表2-11 河北平原深层地下水无机毒理指标综合质量评价统计表

指标类别	Ⅰ类水		Ⅱ类水		Ⅲ类水		Ⅳ类水		Ⅴ类水	
	个	%	个	%	个	%	个	%	个	%
样品数及比例	42	4.1	160	15.8	250	24.6	147	13.9	422	41.6

从区域分布上来看，Ⅰ类水主要分布在保定山前地区，Ⅱ类水和Ⅲ类水呈带状分布在中部平原，和Ⅳ类水交错分布，Ⅴ类水主要分布在滨海平原，其主要影响指标是F^-和I^-。

3）毒性重金属指标综合质量评价

深层地下水毒性重金属指标质量评价指标与评价方法与浅层地下水一致。对深层地下水毒性重金属指标评价结果进行统计，见表2-12。Ⅰ~Ⅲ类水占参评样品的95.2%，Ⅳ类和Ⅴ类地下水样品所占比例较低，为4.3%和0.5%。和一般化学指标和无机毒理指标相比，毒性重金属指标对地下水质量的影响相对较小。

表2-12 河北平原深层地下水毒性重金属指标综合质量评价统计表

指标类别	Ⅰ类水		Ⅱ类水		Ⅲ类水		Ⅳ类水		Ⅴ类水	
	个	%	个	%	个	%	个	%	个	%
样品数及比例	857	84.4	40	3.9	69	6.8	44	4.3	5	0.5

从区域分布上来看，毒性重金属指标质量整体较好，以Ⅰ类水为主，大部分是Ⅰ类水和Ⅱ类水，Ⅳ类和Ⅴ类水主要分布在城市周围，在冀东平原沿海地带、邢台地区中东部平原和廊坊地区中部平原零星分布，砷为其主要影响指标。

4)挥发性有机指标综合质量评价

深层地下水挥发性有机指标质量评价指标和评价方法与浅层地下水一致。对挥发性有机指标质量评价结果进行统计(表2-13),Ⅰ~Ⅲ类水占参评样品的99.4%,Ⅳ类和Ⅴ类地下水样品所占比例很低,分别为0.5%和0.1%。和一般化学指标和无机毒理指标相比,挥发性有机指标对地下水质量的影响很小。

表2-13 河北平原深层地下水挥发性有机指标综合质量评价统计表

指标类别	Ⅰ类水		Ⅱ类水		Ⅲ类水		Ⅳ类水		Ⅴ类水	
	个	%	个	%	个	%	个	%	个	%
样品数及比例	961	94.7	36	3.5	12	1.2	5	0.5	1	0.1

从区域上来看,挥发性有机指标质量整体很好,Ⅳ类水和Ⅴ类水主要分布在城市周边地区,在平原区零星分布。其中四氯化碳和1,2-二氯乙烷为其主要影响因素,从污染物来源来看,可能与化工厂排放污水有关。

5)半挥发性有机指标综合质量评价

深层地下水半挥发性指标的评价方法与浅层地下水一致。对半挥发性有机指标质量评价结果进行统计(表2-14),和挥发性有机指标质量评价结果相似:Ⅰ类水占绝大多数,占参评样品的97.1%,没有Ⅳ类水和Ⅴ类水。

表2-14 河北平原深层地下水半挥发性有机指标综合质量评价统计表

指标类别	Ⅰ类水		Ⅱ类水		Ⅲ类水		Ⅳ类水		Ⅴ类水	
	个	%	个	%	个	%	个	%	个	%
样品数及比例	986	97.1	6	0.6	23	2.3	0	0	0	0

从区域上来看,半挥发性有机指标质量整体较好,多为Ⅰ类水,Ⅱ类、Ⅲ类地下水零星分布在河北平原上,苯并(a)芘为其影响因素。相对于一般化学指标和无机毒理指标,半挥发性有机指标对地下水质量几乎没有影响。

5. 不同地貌单元地下水质量分布规律

按山前平原、中部平原、滨海平原地貌单元类型的不同,对区内浅层地下水、深层地下水进行质量评价。据统计,在2542组浅层地下水样品中,Ⅰ~Ⅲ类水样品数为746组,占样品总数的29.3%,在1015组深层地下水样品中,没有Ⅰ类水,Ⅱ~Ⅲ类水样品数为218组,占样品总数的21.4%。地下水深、浅层地下水质量评价结果对比,见表2-15~表2-17。

1)山前平原地下水质量评价结果分析

山前平原分布有大量浅层地下水,深层地下水质量好于浅层地下水,其中,浅层地下水Ⅰ~Ⅲ类水所占比例为45.2%,深层地下水Ⅱ~Ⅲ类水所占比例为55.7%。

2)中部平原地下水质量评价结果分析

中部平原浅层地下水Ⅰ~Ⅲ类水所占比例为5.5%,深层地下水在中部平原没有Ⅰ类水,Ⅱ~Ⅲ类水所占比例为13.5%。

3）滨海平原地下水质量评价结果分析

滨海平原地下水没有Ⅰ类和Ⅱ类水，浅层地下水中Ⅲ类水所占比例为0.7%，深层地下水中Ⅲ类水所占比例为5.3%。

表2-15　不同含水层山前平原地下水质量综合评价结果对比表

含水层	总样品数		Ⅰ类水		Ⅱ类水		Ⅲ类水		Ⅳ类水		Ⅴ类水	
	组	%	组	%	组	%	组	%	组	%	组	%
浅层	1543	60.7	2	0.1	195	12.6	501	32.5	575	37.3	270	17.5
深层	219	21.5			32	14.6	90	41.1	65	29.7	32	14.6

表2-16　不同含水层中部平原地下水质量综合评价结果对比表

含水层	总样品数		Ⅰ类水		Ⅱ类水		Ⅲ类水		Ⅳ类水		Ⅴ类水	
	组	%	组	%	组	%	组	%	组	%	组	%
浅层	863	33.9	1	0.1	4	0.5	42	4.9	181	21	35	73.6
深层	663	65.3			7	1.1	82	12.4	227	34.2	347	52.3

表2-17　不同含水层滨海部平原地下水质量综合评价结果对比表

含水层	总样品数		Ⅰ类水		Ⅱ类水		Ⅲ类水		Ⅳ类水		Ⅴ类水	
	组	%	组	%	组	%	组	%	组	%	组	%
浅层	136	5.4	0	0	0	0	1	0.7	4	2.9	131	96.3
深层	133	13.1	0	0	0	0	7	5.3	19	14.3	107	80.5

第3章　地下水基础环境状况调查评估方法

3.1　技术路线与方法

3.1.1　总体技术路线

地下水基础环境状况调查评估是一项综合性的工作，其工作内容可以高度概括为：调查"三类对象"，查清"四个要素"，开展"四大评估"，建立"三大平台"。

（1）"三类对象"是指，调查对象主要包括地下水型饮用水水源地、地下水污染源（主要可以概括为七类，即矿山开采区、工业污染源、危险废物处置场、垃圾填埋场、石油化工生产销售区、农业污染源和高尔夫球场）和典型区域这三类。

（2）"四个要素"是指，通过地下水基础环境状况调查评估工作，查清调查对象的基本属性、管理状况、水质状况和敏感点（或风险源）等四个方面的内容。

（3）"四大评估"是指，要求在地下水基础环境状况调查评估工作中，对重点调查对象开展地下水污染状况综合评估、地下水健康风险评估、地下水修复（防控）评估和区域地下水防治区划评估。

（4）"三大平台"是指，通过整理地下水基础环境状况调查评估数据，建立地下水基础环境状况调查评估数据库、数据采集评估系统和地下水污染防治信息系统。

地下水基础环境状况调查评估技术路线如图3-1所示。

3.1.2　工作阶段划分

第一阶段地下水基础环境状况调查评估通过收集与调查对象相关的资料及现场勘查，对可能的污染进行识别，分析和推断调查对象存在污染或潜在污染的可能性，确定收集资料的准确性。为下一阶段布设监测点位、采集样品提供科学指导。

若第一阶段地下水基础环境状况调查评估表明调查对象内存在可能的污染，如工业污染源、加油站、垃圾填埋场和矿山开采等可能产生有毒有害物质的设施或活动，以及由于资料缺失等原因导致无法排除是否存在污染时，作为潜在污染调查对象进行第二阶段地下水基础环境状况调查评估初步采样分析，初步确定污染物的种类和浓度（程度）。

国家统一要求，中央和地方财政重点对集中式地下水饮用水源、城市生活垃圾填埋场、工业危险废物堆存场和填埋场、历史遗留污染场地等开展地下水环境状况调查评估工作，其他污染源由相关责任单位负责监测井的建设和维护。

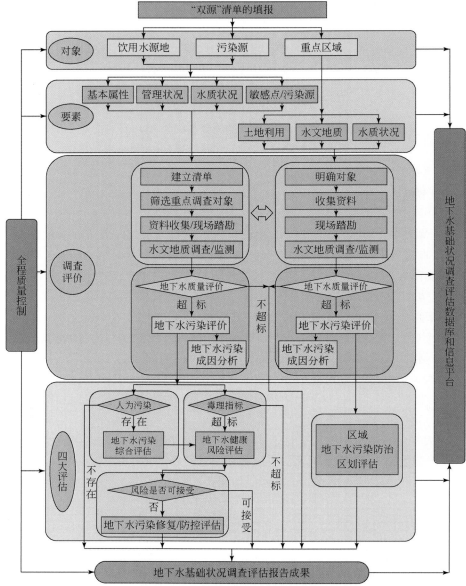

图 3-1　地下水基础环境状况调查评估技术路线

3.2　重点调查对象的筛选原则

3.2.1　地下水型饮用水水源地

按照国家统一要求,重点调查评估的地下水型饮用水水源地的筛选原则如下:

（1）服务人口大于 1000 人或供水规模超过 10000t 的集中式供水地下水型饮用水水源地；

（2）兼顾孔隙水、岩溶水、裂隙水等不同类型，且具有代表性的地下水型饮用水水源地；

（3）优先选择取水口水质（全指标分析）超标或存在较大环境风险（即调查范围内存在"七类污染源"）的地下水型饮用水水源地。

3.2.2　地下水污染源

1. 工业污染源

按照国家统一要求，凡满足下述原则之一的工业园、企业或污染场地均要进入重点调查对象清单。具体筛选原则如下：

（1）属于重污染行业，且运行年限 5 年以上（含 5 年）的工业污染源，具体为 6 个行业类别和 13 个行业中类，见表 3-1：①以重污染行业为主导，批准并正式运行至少 5 年的工业园区；②工业园区外的重污染行业，生产运行至少 7 年的县控以上工业企业；③工业园区外的重污染行业，且场地面积达到 0.1km² 以上的废弃场地。

（2）位于地下水型集中式饮用水源保护区和补给径流区且涉及重污染的工业污染源。

（3）发生过地下水污染事件的工业园、企业或污染场地。

表 3-1　工业污染源重污染行业名录一览表

编号	行业类别	行业中类	行业小类
1	石油加工/炼焦及核燃料加工业	精炼石油产品的制造	原油加工及石油制品制造
		炼焦	
2	有色金属冶炼及压延加工业	常用有色金属冶炼	
		贵金属冶炼	
3	化学原料及化学制品制造业	农药制造	
		涂料、油墨、颜料及类似产品制造	
		专用化学产品制造	
4	纺织业	棉、化纤纺织及印染精加工	棉、化纤印染精加工
		毛纺织和染整精加工	毛染整精加工
		丝绢纺织及精加工	丝印染精加工
5	皮革、毛皮、羽毛（绒）及其制品业	皮革鞣制加工	
		毛皮鞣制及制品加工	
6	金属制品业	金属表面处理及热处理加工	

注：该表中无小类的选择中类的全部行业，有小类的选择小类行业。

2. 石油化工生产销售区污染源

在建立各省（市）加油站清单基础上，根据加油站/储油库重点调查对象的筛选原则，确定需要进行重点地下水调查评价的石油化工生产销售区污染源。具体筛选原则如下：

（1）已确认发生过油品泄漏事故的加油站/储油库均进行重点调查。

（2）尚未确认是否发生过油品泄漏的加油站/储油库选取原则：①选择位于地下水型饮用水水源保护区内、地下水系统补给和径流区内的加油站/储油库进行重点调查；②在此区域外的选择建站在10年以上，无防渗池或埋地油罐（输油管线）为单层的加油站/储油库进行重点调查。

3. 矿山开采区污染源

全国矿山开采区及周边区域地下水调查评估的目的，是弄清和查实重点矿山开采区及周边区域对地下水环境的影响，特别是对地下水型饮用水水源地的影响程度和范围，以供国家决策。按照国家统一要求，依据"优先目标、重点突出"的原则，重点调查煤矿、有色金属矿、黑金属矿、贵金属矿、铂族金属矿、稀有稀土及分散元素矿和化工原料非金属矿七类矿山。以下为重点调查对象筛选原则：

（1）位于饮用水源保护区周围的矿山：有地下水补给的饮用水源保护区，矿山位于地下水补给径流区，且离饮用水源保护区5km范围内的矿山必须纳入调查范围之内。

（2）大中型矿山：在地下水水源地外，矿山规模属于大中型的矿山必须纳入调查范围。

（3）具有完整地下水文地质单元的矿山集中开采区内的矿山：不满足上述两个条件，但对处于同一水文地质单元内的矿脉上有多个（多于两个）矿山企业的矿山应综合考虑它们对同一水文地质单元内的地下水的影响，必须纳入本次调查范围。

（4）污染影响较大的矿山：在矿山企业中，尽管不满足上述条件，但对当地环境造成重大影响或污染事故，已严重影响当地社会经济发展的矿山纳入调查范围。

4. 垃圾填埋场污染源

按照国家统一要求，垃圾填埋场污染源调查对象的筛选原则如下：

（1）正规垃圾填埋场：所谓正规垃圾填埋场，是指符合国家相关标准和规范建设并运营，采用卫生填埋技术，达到无害化处理的垃圾填埋场。对于正规垃圾填埋场，全部列入调查对象范围之内。

（2）非正规垃圾填埋场：对于非正规垃圾填埋场，遵循三个原则进行筛选，当同时满足以下三个原则时，即将该非正规垃圾填埋场列入调查对象范围。①优先选择位于饮用水水源地附近的垃圾填埋场开展调查评估工作；②被调查垃圾填埋场的运行时间需在5年以上；③垃圾填埋场的填埋容量大于400t。

5. 危险废物处置场污染源

按照国家统一要求，危险废物处置场地下水基础环境状况调查采取普查原则。

6. 再生水农用区污染源

对符合以下两个条件之一的再生水农用区进行重点调查。

（1）地下水饮用水水源保护区和补给径流区部分或全部位于再生水农用区内。

（2）灌溉面积在1万亩及以上的大中型灌区，以未经处理的污水直接灌溉或污水处理厂出水（再生水）灌溉，且灌溉历时达5年以上。

7. 高尔夫球场污染源

对符合以下条件的高尔夫球场进行重点调查。

（1）优先选择位于地下水型饮用水水源保护区、径流或补给区内的球场。

（2）此外将运行5年以上同时占地面积大于60hm² 的球场作为调查重点。

8. 规模化畜禽养殖场污染源

满足以下三个条件之一的规模化畜禽养殖场或养殖小区,需进行重点调查。

(1)位于地下水型集中饮用水源地保护区和补给范围内的规模化畜禽养殖场需做重点调查,一级保护区内原则上不应建规模化畜禽养殖场或养殖小区。

(2)规模化养殖场下游存在集中或分散式供水水源井,或养殖场下游河道为地表水饮用水源的需做重点调查。

(3)结合地下水脆弱性分区资料,对位于冲洪积扇轴部、河漫滩、古河道带,以及地下水浅埋区等地下水脆弱性较强地带的规模化畜禽养殖场需做重点调查。

3.3　地下水基础环境状况调查主要技术方法

3.3.1　资料收集与现场踏勘

1. 资料收集要求

在开展工作之前,首先要收集与调查对象有关的大气、土壤、地表水和地下水监测资料,地形地貌、地质等综合性或专项的调查研究报告、专著、论文及图表、土地利用类型、污染源和调查对象污染历史等方面的资料及相关的国家法律法规文件、调查统计资料等,见表3-2。

表 3-2　调查所需资料清单表

序号	资料内容	代表性资料名称	所在部门
1	地质、水文地质状况	地质、水文地质勘查报告;水文地质试验成果	国土
2	地下水资源状况(含主要含水层开采量)	地下水资源调查评价报告	国土、水利
3	地下水环境状况(含监测井坐标、近10年逐月水位水质数据)	地下水水位监测报表、地下水水质监测报表、地下水环境问题调查评价报告	国土、水利
4	地表水体水文、水质(逐月)	地表水水文、水质监测报表	水利、环保
5	地表水–地下水交互关系、位置及补排量	地表水–地下水交互转化调查报告、相关科研成果	国土
6	饮用水水源地基础环境状况调查成果	饮用水水源地基础环境状况调查报告	环保
7	土壤污染情况	土壤污染状况普查成果	环保
8	污染源情况	污染源普查及环境统计报表	环保
9	近10年社会经济概况	统计年鉴	统计
10	主要气象站近10年降水量、逐月蒸发量、逐月平均气温和极端温度	气象统计数据	气象

2. 现场踏勘要求

通过对调查对象的现场踏勘,考察水文地质条件、重点水源和污染源、井(泉)点、监测情

况、管理状况等情况,主要完成以下踏勘任务:

(1)对现场的水文地质条件、水源和污染源(区)信息、井(泉)点信息、土地利用情况、人口结构、环境管理状况进行考察,以确定是否与资料中一致。

(2)识别污染源场地污染关注区域。通过调查污染物生产、储存及运输等重点设施、设备的完整情况(设施及设备包括危险废物、一般废物和化学品储存、处置和堆放区域;地下构筑物,如地基、场地的地下水井、挖掘的深坑、渗井、废液池、下水系统、雨水系统、化粪池等;液体输送管道,地下和地面储罐等);货物、原料装卸区域等的维护状况;原料和产品的堆放组织管理状况;车间、墙壁或地面是否有污染的遗迹和变色情况;是否存在生长受抑制的植物;是否存在特殊的气味等,来确定相应的关注区域。

(3)调查对象周边环境敏感目标的情况,包括数量、类型、分布、影响、变更情况、保护措施及其效果。明确地理位置、规模、与调查对象的相对位置关系、所处环境功能区及保护内容。

(4)调查对象地下水环境监测设备的状况,特别是置放条件、深度及地下水水位。

(5)观察现场地形及周边环境,以确定是否可以进行地质测量,以及使用不同地球物理技术的条件适宜性。

3. 现场便携检测

在现场踏勘过程中开展必要的现场便携式检测仪对场地内的土壤和地下水开展现场检测工作,以便协助判断是否存在污染和进行后期监测点的布设。目前主要常用的现场便携式检测设备及功能归纳见表3-3。

表3-3　现场便携检测仪器主要特征分析表

仪器名称	工作原理	适用范围	特点分析
光离子化检测器(PID)	通过光源激发使待测气体分子发生电离,选用不同能量的灯和不同的晶体光窗,可选择性地测定各种类型的化合物	土壤和地下水中挥发性有机物快速测定	①对大多数有机物可产生响应信号,如对芳烃和烯烃具有选择性,可降低混合碳氢化合物中烷烃基体的信号,以简化色图;②不但具有较高的灵敏度,还可简便地对样品进行前处理。在分析脂肪烃时,其响应值可比火焰离子化检测器高50倍;③它是一种非破坏性检测器,可与质谱、红外检测器等实行联用,进一步确定有机物的分子量及特征基团等信息;④可在常压下进行操作,不需使用氢气、空气等,简化了设备,便于携带
火焰离子化检测器(FID)	FID是采用氢火焰的办法将样品气体进行电离,电离产生比基流高几个数量级的离子,在高压电场的定向作用下,形成离子流,微弱的离子流经过高阻放大,成为与进入火焰的有机化合物量成正比的电信号,从而可以根据信号的大小对有机物进行定量分析	土壤和地下水中挥发性有机物快速测定	对几乎所有挥发性的有机化合物均有响应,对所有烃类化合物($C \geqslant 3$)的相对响应值几乎相等,对含杂原子的烃类有机物中的同系物($C \geqslant 3$)的相对响应值也几乎相等。对化合物的定量带来很大的方便,而且具有灵敏度高($10^{-13} \sim 10^{-10}$ g/s)、基流小($10^{-14} \sim 10^{-13}$ A)、线性范围宽($10^6 \sim 10^7$)、死体积小($\leqslant 1\mu L$)、响应(1ms)可以和毛细管柱直接联用,对气体流速、压力变化不敏感等优点

续表

仪器名称	工作原理	适用范围	特点分析
便携式 X 射线荧光元素分析仪(XRF)	通过 X 射线激发样品并产生二次 X 射线,使得样品中元素具有特征的二次 X 射线波长。根据每个元素释放的 X 射线光谱谱线位置和强度的不同,将测出的数据同标准曲线进行拟合,参照校正标准,对其二次 X 射线发射的效应进行适当的校准,从而区分元素种类和计算含量,对样品进行测试分析,得出金属元素的大致含量	场地土壤中重金属进行快速测定	XRF 技术具有检测元素范围广、分析速度快、多元素同时测定、前处理简单、现场非破坏性的优点。同时,XRF 仪器具有体积小、重量轻和使用方便的特点。此外,XRF 的使用需要前期训练操作人员,检测限较高,可能受到基质干扰
便携式土壤重金属分析仪(XOS)	其原理与便携式 X 射线荧光元素分析仪(XRF)基本相同,在利用单波长色散 X 射线荧光技术(MWDXRF),以及高精度 X 射线荧光技术(HDXRF)方面采用 DCC 聚焦单色反射镜光学系统进行了改进,大大改善了信噪比和检测下限	场地土壤、沉积物、地下水及地表水中多种重金属进行快速精确测定	功能全面:兼具实验室定量分析与现场便携式分析;配备重量轻、易于携带测试台;持手持模式、支架模式、定量模式;超标预警系统。优势明显:低检出限、高稳定性;操作简单、一键测试;出色的测量精确度;成熟的 FP 算法,轻松应对复杂的环境和样品的多样性;可现场快速定性定量分析;兼具现实验室定量分析功能;水土二合一现场定量分析功能;能同时检测 40 多种常见重金属

3.3.2　遥感调查

遥感技术已成为获取环境信息的强有力手段,其应用深度和广度都在不断拓展。该技术具有监测范围广、速度快、成本低等优点,且便于进行长期的动态监测,是实现宏观、快速、连续、动态监测环境污染的有效手段,能够发现常规方法难以揭示的污染源及其扩散状态,减少地面调查的工作量。

在实际工作中遥感技术主要以两种方式分类:一种是按遥感平台分为地面遥感、航空遥感、航天遥感、航宇遥感,其中航天遥感又包括陆地卫星遥感和气象卫星遥感;另一种是按传感器的探测波段分为紫外遥感($0.05 \sim 0.38 \mu m$)、可见光遥感($0.38 \sim 0.76 \mu m$)、红外遥感($0.76 \sim 1000 \mu m$)、微波遥感(1mm 至 10m)、多波段遥感(可见光和红外波段范围内,再分成若干窄波段来探测目标)[1]。水质遥感监测中常用的遥感数据有多光谱遥感数据、高光谱遥感数据和新型卫星遥感数据。内陆水体水质遥感监测中常用的多光谱遥感数据包括 Landsat MASS(multispectral scanner)、TM(thematic mapper)、SPOT HRV(high resolution visible)、IRS – 1C(Indian remote sensing satellite-1C)、NOAA/AVHRR(advanced very high resolution radiometer)等,其中 TM 影像是目前最常用的、信息量丰富的遥感影像[2];高光谱遥感利用成像光谱仪纳米级的光谱分辨率,能够有效地识别出矿区的污染类型及其分布,有效地提取污染源的种类、类型并分析其潜在的污染趋势等[3];新型卫星遥感数据在水质监测中的应用在国内外正在兴起。

遥感技术已广泛应用于大气污染监测、水体污染监测、固体废弃物污染监测、土地利用类型的改变，以及生态植被变化等各个方面。根据环境监测目的选择相应的遥感方法，如监测大气污染、水体污染、固体废弃物污染，可采用可见光、近红外遥感技术；如需探测隐藏在林下、埋藏于地下的目标，可使用微波遥感，这是由于微波的波长比红外波长、散射小，在大气中衰减较少，基本上不受烟、云、雨、雾的限制。选用 TM/ETM 卫星遥感图像，重点解译比较地貌类型、水体分布、包气带岩性、土地利用现状及其变化；在明显异常区，选用多期解译效果良好的遥感片，判别点、线、面污染源位置及规模，如污水排放口、管线泄漏、城市垃圾及工矿固体废物堆放等。

遥感技术与全球定位系统（GPS）和地理信息系统（GIS）在水环境监测中的综合应用，将极大地推动水环境遥感监测系统的建立，实现水环境质量信息的准确、动态、快速发布，推动国家水安全预警系统建设[4]。

应当注意到，遥感技术也有局限，不可能完全取代地面调查。实际应用时，要根据具体的调查内容，分析遥感应用的可行性，并选择合适的应用方案，从而有效地发挥遥感技术的作用。同时应注意与其他方法的综合运用，如地面调查、地球物理等方法，以便更全面地掌握与地下水污染有关的信息。

3.3.3　野外地面调查

1. 基础地质点调查

基础地质点简称地质地貌点，是为描述控制地下水形成分布的地质地貌因素而设置的野外调查点。主要包括地层、岩石、构造、化石等地质露头，分水岭、河流阶地、冲洪积扇、扇间洼地等地形地貌，以及溶蚀、溶洞、落水洞等岩溶现象。其主要调查目的是为获取地层岩性、地质构造、地下水富水性等地质信息。

2. 水文地质点调查

水文地质点简称水文点，是为描述局部水文地质特征而设置的野外调查点。包括泉水、河流、湖泊、水库等地下水天然露头与地表水体，以及钻孔、机井、民井、坑道等地下水人工露头。

水文地质调查内容包括包气带结构、含水层与含水岩组空间结构、含水层与含水岩组参数、地下水系统边界、地下水补给径流排泄条件、地下水动态特征、地下水化学特征、地下水开发利用、与地下水有关的环境地质问题、特殊类型地下水等。

3. 环境地质点调查

环境地质调查点简称环境地质点，是为描述与地下水相关的环境地质问题和现象而设置的野外调查点。其主要调查内容包括地面沉降、地裂缝、岩溶塌陷、采矿沉陷、海水入侵、土壤盐渍化、荒漠化、石漠化、冷浸田等。

4. 人员访谈

通过访问调查对象的知情人员，获取生产活动、污染排放等相关信息；访问调查对象所在区域地质水文地质队等单位，获知调查对象的水文地质及与地下水质量相关信息；访问调查对象所在区域环保、水利等部门，获知调查对象的污染排放情况、地表水信息、地下水利用情况等;访问区域气象部门,获知调查对象的气象信息。

5. 污染源调查

污染源是指造成环境污染的污染物发生源,通常指向环境排放有害物质或对环境产生有害影响的场所、设备、装置或人体。污染源调查括污染源名称、所在地区、所属水文地质单元、地理坐标、重点污染源基础信息、监测井信息和水质监测状况、主要污染指标等信息。

3.3.4　地球物理勘探技术

地球物理勘探主要用于调查局部地区和人类活动频繁区的地质、水文地质条件和地下水污染羽空间分布特征。利用地球物理方法探查地下水污染羽空间分布特征时,一般是已知有污染存在,通过地球物理调查可确定污染羽的位置、范围,如监测垃圾填埋场、加油站等点状污染源附近地下污染羽的分布及发展趋势。该方法不需要钻探,对天然或人工覆盖层没有破坏、费用低、省时间。在地下水污染调查中可采用的地球物理方法有探地雷达(GPR)、高分辨率电阻率成像(ERT)、直流电阻率法(DCR)、无线电频率电磁波法(RMT)、电法(ER)和电磁法(EM)等。

1. 探地雷达

探地雷达是当前国际上最先进的地球物理勘探手段之一,能够较好分辨两侧物性差异较大的界面,主要用于地质构造测绘填图、隐蔽孔洞探测、地下管缆线定位、路面质检和水下目标探测等。探地雷达的探测深度为 40~80m,分辨率达几厘米。在地下水污染调查中,探地雷达能够用来帮助确定污染羽的近似边界,提供场地的地层学信息,并可用来帮助绘制地质结构图和地下水污染图。20 世纪 90 年代就有研究证实,在探地雷达信号与烃类污染之间存在很好的相关性[5]。

2. 高分辨率电阻率成像

高分辨率电阻率成像能够提供从地表至地下深达 90m 的岩性不连续分布特征。污染地段由于局部存在黏土层的分布,起到阻止地下水流和地下水污染的作用,利用高分辨率电阻率成像方法划分出的黏土分布界线,与水质分析方法划分出的污染与未污染的界线一致。

3. 无线电频率电磁波法

无线电频率电磁波法是浅层勘探的有效物探手段,其发射的调频电磁波分为甚低频 VLF(10~30kHz)、低频 VLF(30~300kHz)、中频 MF(300~1000kHz),它们与天然电磁场一样可作为大地电磁法的场源,用来探测地下的电性结构,只是频率较高,探测深度为 30~50m,在基岩出露区可达 100m。其优点是分辨频率高,工作效率高,不受工频及其谐波干扰,可在城市工作。无线电频率电磁波法可应用于浅层矿产资源勘探、溶洞勘探、隧道地质结构勘探、煤田老窑勘探、浅层地下水资源勘探、建筑地基勘探、地下水污染和海水入侵范围调查,以及储油罐或加油站渗漏范围调查。

4. 电法

电法包括电阻率法、激发极化法。由于地下水中有机和无机污染质的存在,地下水的电阻率减小[6]。电法是用来调查和监测地下水污染的重要地球物理方法。其中以物质导电性差异为基础的电阻率法、电磁法和以激电性差异为基础的激发极化法较为常用。在我国,已通过室内实验研究证实,电阻率法、电磁法和激发极化法,目前只能对那些规定指标较宽的水污染如总硬度、溶解性总固体、硫酸盐和氯化物等进行圈定和监测,而对其他规定指标很严的有害物质的水污染来说,用上述方法对其进行圈定和监测是十分困难的。

直流电阻率法是电法勘探的一大类方法,其原理是以地壳中岩石、矿石的电阻率差异为物性基础,观测和研究人工直流电场的变化和分布规律,进而进行找矿和解决水文地质、工程地质、环境监测问题,以及探查污水灌溉对浅层地下水的影响和评价污染范围。随着与污染源距离的增大,浅层含水层电阻率增加,此方法可探测距污染源3km以内的地下水污染的变化[7]。

5. 电磁法

可以利用电磁法监测土壤和地下水中污染质的扩散。实际工作中,电磁法已经成功地应用于探测地下水的污染和渗漏,评估污染源引起污染的范围和可能的通道,对于地下水污染监测具有指导作用[8]。在调查尾矿储存设施有无渗漏时,可通过自然电场法(SP)、直流电阻率法(DCR)、激发极化法(IP)和瞬变电磁法(TEM)的综合运用,结合水文地质资料,得到较好的效果。也可采用电磁法检测和确定垃圾填埋场对土壤和地下水的污染范围。

3.3.5 水文地质钻探及监测井建设技术

水文地质钻探是了解岩性结构、开展地下水监测、进行各种水文地质实验、检验水文地质测绘和物探成果的重要方法。在地下水污染调查中,钻探工作是获取污染场地第一手资料的重要手段,具有其他勘察方法不可代替的优点。但是,该方法也具有局限性,首先水文地质钻探耗时、费资,其次钻井液易造成地下水污染,此外由于含水层间的水头差异易导致混合污染。

水文地质钻探可确定含水层的层位、厚度、埋深、岩性、分布状况,以及空隙性和隔水层的隔水性;测定各含水层的地下水水位(或测压水头),各含水层之间及含水层与地表水体之间的水力联系;进行水文地质试验,测定各含水层的水文地质参数;进行地下水位与水质动态观测,预测其动态变化趋势;采集水样做水质分析,采集岩样和土样做岩土的物理性质和物理力学性质试验;在可供利用的条件下,可做排水疏干孔、注浆孔、开采孔、回灌孔及长期动态观测孔使用。

水文地质钻孔设置要求目的明确,解决调查区上述最关键的水文地质问题,力求达到科学性和经济性双重效果,要以比较小的钻探施工量来获取更多的水文地质勘探成果。尽量做到一孔多用,重视岩心编录,分层采集水、岩(土)样品,分层进行水文地质试验,成井后留作地下水位与水质监测孔。

1. 监测井井位的布设

不同类型的调查对象(双源),其地下水监测井的布设要求具体如下。

1)地下水型饮用水水源地调查过程中监测井布设要求

(1)总体采用网格布点、区域布点方法,优先在污染源区域下游布点,上游、中部稀疏,地下水的补给区、主径流带及已识别的污染区为监测重点,监测点可适当加密。

(2)以开采层为监测重点,反映地下水总体水质状况,同时兼顾与地下水存在水力联系的地表水,重点监控地下水已污染区段或水质异常区段,充分考虑工业、农业、矿山、城市等活动对地下水水质的潜在影响。

(3)存在多个含水层时,应在与目标含水层存在水力联系的含水层布设监测点。

(4)孔隙水:①调查范围小于 50km² 时,水质监测点至少为 7 个;②调查范围为 50 ~ 100km² 时,水质监测点至少为 10 个;③调查范围大于 100km² 时,每增加 25km² 水质监测点应至少增加 1 个点。

(5)岩溶水:重点追踪地下暗河,以地下河系统为单元,按地下河系统径流网(由主管道与支管道组成)形状和规模布设采样点,原则上主管道上不得少于 3 个采样点,一级支流管道长度大于 2km 布设 2 个点,一级支流管道长度小于 2km 布设 1 个点;岩溶裂隙参见裂隙水的布点方法。在与地下水有密切水力联系的地表水处,应设置 1 ~ 2 个地表水监测点。

(6)裂隙水:①调查区面积小于 50km² 时,水质监测点至少为 10 个;②调查区面积为 50 ~ 100km² 时,水质监测点至少为 20 个;③调查区面积大于 100km² 时,每增加 25km² 水质监测点应至少增加 1 个点。

2)石油化工生产销售区污染源调查过程中监测井布设要求

(1)在加油站(储油库)场址范围内,尽量靠近埋地油罐和加油岛附近地下水下游方向各布设 1 口污染源扩散监测井。每个加油站(储油库)共需布设至少 2 口污染源扩散监测井。建议污染源扩散监测井距加油机、埋地油罐的距离不超过 10m,且监测井应该避开地下管线及其他地下和地上构筑物。

(2)若加油站(储油库)场地处于喀斯特岩溶区域,可不用建立监测井,尽量采用区域中经常使用的民井、生产井、泉水,以及地下暗河的出口处作为监测点;监测点的数量不少于 1 个;可以以加油站(储油库)地下水上游方向处民井、生产井、泉水,以及地下暗河入口等作为背景监测点。

3)工业园区污染源调查过程中监测井布设要求

(1)以浅层地下水监测为主,如浅层地下水已被污染且下游存在地下水型饮用水水源地,则在园区内增加 1 个主开采层(园区周边以饮用水开采为主的含水层段)地下水的监测点。

(2)孔隙水:①背景监测点 1 个,设置在工业园区上游 30 ~ 50m 范围内;②污染监测扩散点至少 4 个,地下水下游距离园区边界 30 ~ 50m,垂直于地下水流向呈扇形布设不少于 3 个,在园区两侧沿地下水流方向各布设 1 个监测点;③工业园区内部监测点 10 ~ 20 个/100km²,若面积大于 100km² 时,每增加 15km² 监测点至少增加 1 个,工业园区内监测点总数要求不少于 3 个;④监测点的布设宜位于主要污染源附近的地下水下游处,同类型污染源以布设 1 个监测点为宜;⑤以浅层地下水监测为主,如浅层地下水已被污染且下游存在地下水型饮用水水源地,则在园区内增加 1 个主开采层(园区周边以饮用水开采为主的含水层段)地下水的监测点。

(3)岩溶水监测点的布设重点追踪地下暗河,确定园区周边地下河的分布。在地下河的上中下游各布设 1 个监测点。具体为上游 30 ~ 50m 范围内,以明显不受园区污染影响的地方布设不少于 1 个监测点;工业园区内部监测井布置在可见污染源(污染物堆积点、污水井、坑塘等)附近;园区下游在距离园区边界30~50m,沿地下水流方向布设地下水监测点1个;以浅层地下水监测为主,如浅层地下水已被污染且下游存在地下水型饮用水水源地,则在园区内增加1个主开采层(园区周边以饮用水开采为主的含水层段)地下水的监测点。

(4)风化裂隙和成岩裂隙水调查区的布点同孔隙水调查区。构造裂隙水若存在主径流带,则监测点的布设重点应追踪主径流带;在主径流带的上中下游各布设1个监测点。具体为上游30~50m范围内,以明显不受园区污染影响的地方布设不少于1个监测点;工业园区内部监测井布置在可见污染源(污染物堆积点、污水井、坑塘等)附近;园区下游在距离园区边界30~50m,沿地下水流方向布设地下水监测点1个。

4)工业污染源及废弃场地污染源调查过程中监测井布设要求

(1)背景值监测点1个,布设在地下水上游方向,工业污染区地理边界(厂区边界)外30~50m处。

(2)工业污染区内部监测点布置在可见污染源(污染物堆积点、污水井、坑塘等)附近(1~3m,不低于安全距离)。一般来说,同一类污染源布置一个监测点,选择规模大、防护差的污染源附近布置监测点。内部监测点总数不少于2个。

(3)污染扩散监测点至少2个,应分别布在地下水下游及垂直于地下水流两侧,在地下水下游工业污染区地理边界(厂区边界)处,垂直于地下水流向呈扇形布设不少于3个,如果地理边界监测点发现有污染,可按外延50m等间距逐步布设,一般不少于2个。垂直于地下水流向在污染源区两侧至少各布设1个监测井点。

(4)以浅层地下水监测为主,如浅层地下水已被污染且下游存在地下水型饮用水水源地,则在工业污染区及场地内增加1个主开采层(工业污染区周边以饮用水开采为主的含水层段)地下水的监测点。

5)危险废物处置场污染源调查过程中监测井布设要求

(1)一般填埋型场地地下水监测井至少为5眼,综合处置型场地地下水监测井至少为6眼,其中后者填埋场监测井应满足《危险废物填埋污染控制标准》(GB 18598—2001)要求。

(2)充分考虑监测井代表性,布点的科学性,并充分利用现有监测井,若不能满足数量与质量要求,需增加监测井;对填埋场四周衬层交接或折叠等易发生泄漏区,监测点应予以加密。

(3)监测点与处置场距离可根据场地水文地质单元岩土性质与类型、水文地质参数及监测方位等因素适当延长或缩减。基于处置场区域地下水水质现状监测网点及历史监测情况(或基于区域地下水易污性评价分区)布设监测井。

(4)与地下水联系紧密的地表出露泉眼点处可作为场地地下水监测点位;岩溶区地下水监测点可沿与填埋场有紧密联系的地下水通道布设。

(5)孔隙水:①背景监测点1个,设置在处置场地下水流向上游30~50m处;②污染扩散监测点至少3个,分别在垂直处置场地下水流向的一侧30~50m处布设1个污染扩散监测点,在处置场地下水流向下游30~50m处布设1个扩散监测井,两井之间垂直水流方向距离为80~120m;距处置场地下水流向下游80~120m处布设1个污染扩散监测井。

(6)岩溶水和裂隙水:背景监测点,在处置场地下水流向上游30~50m处设置1个监测点;污染扩散监测点,可选择线形、"T"形、三角形或四边形等布点方式布设 3~5 个污染扩散监测点;线形监测点可沿处置场排泄区地下水流向等距布设,两两间距不应小于 30m,三角形与四边形沿地下水流向对称分布;下游污染扩散监测井如有地下水暗河出露点,可在其附近设置规范监测井。

6)垃圾填埋场污染源调查过程中监测井布设要求

(1)填埋场地下水监测井至少为 6 眼,分别为:地下水背景监测井 1 眼,污染扩散监测井 5 眼。

(2)充分考虑监测井代表性,布点的科学性,并充分利用现有监测井,若不能满足数量与质量要求,需增加监测井。

(3)对填埋场四周衬层交接或折叠等易发生泄漏区及污染扩散区,监测点可予以加密。

(4)监测点与填埋场距离可根据场地水文地质单元岩土性质与类型、水文地质参数及监测方位等因素适当延长或缩减。

(5)孔隙水:①背景监测点 1 个,设置在填埋场地下水流向上游 30~50m 处。②污染扩散监测点,一般正规垃圾填埋场可布设 4~6 个,规模较大的正规垃圾填埋场和非正规垃圾填埋场要布设 6 个;在垂直填埋场地下水流向距填埋场边界两侧 30~50m 处各设 1 个;在地下水流向下游距填埋场下边界 30m 处 1~2 个,两者之间距离为 30~50m;在地下水流向下游距填埋场下边界 50m 处 1~2 个。

(6)岩溶水和裂隙水:背景监测点,在处置场地下水流向上游 30~50m 处设置 1 个监测点;污染扩散监测点,可选择线形、"T"形、三角形或四边形等布点方式布设 3~5 个污染扩散监测点;线形监测点可沿处置场排泄山区地下水流向等距布设,两两间距不应小于 30m,三角形与四边形沿地下水流向对称分布;下游污染扩散监测井如有地下水暗河出露点,可在其附近设置规范监测井。

(7)以浅层地下水监测为主,如浅层地下水已被污染且下游存在地下水水源地,则在下游增加 1 个主开采层(调查对象下游以饮用水开采为主的含水层段)地下水的监测点。

7)矿山开采区污染源调查过程中监测井布设要求

(1)孔隙水:①采矿区、分选区和尾矿库位于同一个水文地质单元。背景监测点 1 个,位于矿山影响区上游边界 30~50m 处;污染扩散监测点不少于 2 个,分别垂直于地下水流方向两侧矿山开采区内的地下水监测点不得少于 1 个;尾矿库下游设置 1 个监测点。②采矿区、分选区和尾矿库位于不同水文地质单元。背景监测点 1 个,设置在尾矿库影响区上游边界 30~50m;污染扩散监测点不少于 2 个,分别垂直于地下水流方向影响区两侧;尾矿库地下水影响区的监测点不得少于 1 个;在尾矿库下游 30~50m 内设置 1 个监测点,评价尾矿库对地下水的影响;采矿区与分选区分别设置 1 个监测点以确定其是否对地下水产生影响,如果地下水已污染,应加密布设监测井,确定地下水的污染范围。

(2)岩溶水:原则上主管道上不得少于 3 个采样点,根据地下河的分布及流向,在地下河的上中下游布设 3 个监测点,分别作为背景监测点、污染监测点及污染扩散点。岩溶发育完善,地下河分布复杂的,根据现场情况增加 2~4 个点,一级支流管道长度大于 2km 布设 2 个点,一级支流管道长度小于 2km 布设 1 个点。岩溶裂隙参见裂隙水的布点方法。

(3) 裂隙水:调查区的背景区域和污染源扩散区域均需布置监测点,面积小于 50km² 时,水质监测点至少为 12 个;调查区面积为 50~100km² 时,水质监测点至少为 22 个;调查区面积大于 100km² 时,每增加 25km² 水质监测点应至少增加 1 个点。

(4) 对地下水水文与水质进行监测的同时绘制矿区地下水流向图。若监测区面积大于 100km² 时,每增加 15km² 监测井至少增加 1 眼。具体参考《环境影响评价技术导则　地下水环境》(HJ 610—2016),同时根据监测情况检验布点方式的可行性,可适当做相应调整。

(5) 以浅层地下水监测为主,如浅层地下水已被污染且下游存在地下水型饮用水水源地,则在下游增加 1 个主开采层(调查对象下游以饮用水开采为主的含水层段)地下水的监测点。

8) 再生水灌溉区污染源调查过程中监测井布设要求

(1) 监测点布设可反映再生水农用区及周边地下水的环境质量状况。

(2) 孔隙水:再生水农用区一般不低于 7 个。背景监测点 1 个,设置在再生水农用区上游;污染扩散监测点 6 个,分别为再生水灌区两侧各 1 个,再生水农用区及其下游不少于 4 个;面积大于 100km² 的,至少设置 20 个监测点,且面积以 100km² 为起点每增加 15km²,监测点数量增加 1 个。

(3) 原则上岩溶水调查区主管道上不得少于 3 个采样点,根据地下河的分布及流向,在地下河的上中下游布设 3 个监测点,分别作为背景监测点、污染监测点及污染扩散点。岩溶发育完善,地下河分布复杂的,根据现场情况增加 2~4 个点,一级支流管道长度大于 2km 布设 2 个点,一级支流管道长度小于 2km 布设 1 个点。岩溶裂隙参见裂隙水的布点方法。

(4) 裂隙水调查区的背景区域和污染源扩散区域均需布置监测点,面积小于 50km² 时,水质监测点至少为 12 个;调查区面积为 50~100km² 时,水质监测点至少为 22 个;调查区面积大于 100km² 时,每增加 25km² 水质监测点应至少增加 1 个点。

9) 规模化养殖场污染源调查过程中监测井布设要求

(1) 宜采用控制性布点和功能性布点相结合的布设原则,采样点主要布设在规模化畜禽养殖场场区、周围环境敏感点和对于确定边界条件有控制意义的地点。

(2) 畜禽养殖场和小区:背景监测点 1 个,位于养殖场和小区上游;污染扩散监测点 4 个,分别位于养殖场场区内 1 个,垂直地下水流向在养殖场和小区两侧各 1 个,养殖场和小区下游 1 个。若养殖场和小区面积≥1km²,养殖场和小区场区地下水监测点增加为 2 个,养殖场和小区下游监测点同养殖场场区边界距离应不大于 300m。

10) 高尔夫球场污染源调查过程中监测井布设要求

(1) 地下水监测点布设可反映高尔夫球场及周边地下水的环境质量状况,布点数量一般不低于 6 个。其中,背景监测井 1 眼,设在高尔夫球场地下水流向上游 30~50m 处。

(2) 高尔夫球场内,如球场本身有监测井,充分利用现有监测井,若没有,在条件允许的条件下,在球场内布设 2 眼监测井。

(3) 在球场外布设污染扩散井 2 眼,分别在垂直高尔夫球场地下水流向的两侧 30~50m 处各设 1 眼,在地下水流向下游影响区设置 1 眼。可充分考虑使用现有监测井、民井或泉水,不能满足监测位置和监测深度要求时,需增加新的地下水现状监测井,当球场附近有污染源时需增加监测井的数目,原则上按 10%~20% 比例增加。

（4）孔隙水：①背景监测点 1 个，设在高尔夫球场地下水流向上游 30 ～ 50m 处；②污染扩散监测点，在球场内布设 2 个监测点；在球场外布设污染扩散 2 个监测点，分别在垂直高尔夫球场地下水流向的两侧 30 ～ 50m 处各设 1 个，在地下水流向下游影响区设置 1 个。当球场附近有污染源时需增加监测井的数目，原则上按 10% ～ 20% 比例增加；高尔夫区域面积大于 100km² 时，每增加 15km² 水质监测点应至少增加 1 个点；球场内的河流或人工湖增设 1 个监测点。

（5）岩溶水调查区原则上主管道上不得少于 3 个采样点，根据地下河的分布及流向，在地下河的上中下游布设 3 个监测点，分别作为背景监测点、污染监测点及污染扩散点。岩溶发育完善，地下河分布复杂的，一级支流管道长度大于 2km 布设 2 个点，一级支流管道长度小于 2km 布设 1 个点。岩溶裂隙参见裂隙水的布点方法。

（6）裂隙水调查区的背景区域和污染源扩散区域均需布置监测点，面积小于 50km² 时，水质监测点至少为 12 个；调查区面积为 50 ～ 100km² 时，水质监测点至少为 22 个；调查区面积大于 100km² 时，每增加 25km² 水质监测点应至少增加 1 个点。

（7）以浅层地下水监测为主，如浅层地下水已被污染且下游存在地下水型饮用水水源地，则在下游增加 1 个主开采层（调查对象下游以饮用水开采为主的含水层段）地下水的监测点。

（8）球场内的河流或人工湖增设 1 个监测点。

2. 监测井施工技术要求

1）一般要求

地下水环境监测井如无特殊要求，均为单管单层监测井；监测层位一般为浅层地下水，特殊情况下应当覆盖目标含水层；井管内径 50mm/100mm，特殊情况下可依据实际需求适当放大；井管材质为井管专用 PVC 或不锈钢；一般监测井井深应低于近十年历史最低水位面 5m，有受 DNAPL（重质非水相有机物，密度大于水、与水不相溶的有机相）污染风险的监测井深应在隔水层底板以下 0.5m（但不可穿透）；一般监测井滤水管长度应保证其在丰枯季节均能采集到水位面下至少 1m 处水样；对于丰枯季节水位面差较大（>5m）的监测井，滤水管长度范围应保持在多年平均最低水位面下至少 1m 处，水面上预留 5m，在多年平均最高水位面上 1m 处，水面下预留 5m；有 LNAPL（轻质非水相有机物，密度小于水、与水不相溶的有机相）污染风险的监测井滤水管应高于丰枯季节水位面上 0.5m，有 DNAPL 污染风险的监测井滤水管应深入隔水层 0.2 ～ 0.3m；围填滤料为不同粒径的分级石英砂；井口应设立保护及警示装置。

2）建井资质要求

进行监测井建设施工的单位应具有经相关部门认定的相关资质。

3）建井监理要求

监测井建设过程中应有经过相关培训考核的环境监理人员进行现场监理，并填写现场监理表，作为成井验收的依据。

4）成井技术要求

目前监测井成井技术主要有丛式监测井、巢式监测井、连续多通道监测井、Waterloo 监测井和 WestbayMP 监测井，其适用条件及优缺点见表 3-4[9]。

表 3-4　监测井成井技术对比表

成井技术	适用条件	优点	缺点
丛式监测井	适用于监测场地内按不同监测层的取样和监测要求分别钻进许多不同深度的单独监测井	安装工艺简单	钻孔数量多,监测井建造成本和监测成本较高
巢式监测井	在一个钻孔中分别将多根不同长度的监测管下至选定的监测层位,通过分层填砾和止水,使几个监测井在一个钻孔中完成。适用于分层采样和分层监测	可以减少钻孔数量,节省成本	围绕多根监测管的封闭止水较困难;不同地层之间可能相互影响,导致监测数据失真
连续多通道监测井	连续多通道管是采用连续方式挤出的带有 7 个通道的高密度聚乙烯(HDPE)管,管外径43mm,标准长度为 30m、60m 和90m。适用于多层监测采样	围绕一根管止水容易、可靠,回填方便;能够提供 7 个不同监测区域;连续多通道管无接头,可避免渗漏;现场加工过滤器部件(进水窗口),确保其安装位置准确	监测通道较小,地下水位测量和采集地下水水样需要专用水位计和采样器
Waterloo 监测井	它是一种在直径 50mm 的 PVC套管内包含 8 根从不同进水窗口直达地表的小直径监测管的具有标准组件的系统。适用于多层监测采样	采用标准组件提高了监测井的可靠性和成井安装的灵活性;监测目的层多,标准情况可监测 8 个目的层,如果在进水窗口间的密封腔内埋设压力传感器和取样泵,可获得 24 个监测窗口;安装深度大,国外该系统安装最大深度已达230m;套管节和进水窗口采用 O 形圈密封与剪切销连接,不仅操作方便,还可消除连接处渗漏;在基岩孔内和已套管的监测井内,采用固定式自膨胀封隔器或可移动式封隔器进行止水,不仅可以减少填砾和止水工序,提高安装效率,还可以实现固定式安装或移动式安装	系统加工成本高、监测通道直径小,地下水位测量和采集地下水水样需要专用水位计和采样器
WestbayMP 监测井	该系统由安装在钻孔中的套管组件、用于水压测量的便携式探测器和获取地下水水样的专用工具组成。套管组件包括套管节、接头、管底和用于两监测目的层隔离止水的封隔器。由于套管组件中设置了一种带阀门的特殊接头,该系统成井时只需在孔内下一根套管柱便能实现对众多监测目的层的监测与采样	监测窗口可根据监测和采样需要进行设置;套管节与接头采用 O 形圈密封和剪切销连接,不仅操作方便,还可消除连接处渗漏;围绕一根套管柱止水可靠性高;成井深度大,国外该系统成井最大深度已达1200m	技术复杂,地下水压力测量和水样采集需要专用的仪器设备

5)建井材料要求

(1)井管和滤水管:选择适当的建井材料,防止材料之间化学和物理的相互作用,以及材料与地下水的相互作用。井管内径 50mm/100mm,特殊情况下可依据实际需求适当调整。

监测井井管选择要素包括井深、井径、建井技术、材料强度、地下水的腐蚀性、微生物的作用、化学吸附与脱除性能及材料成本。监测井井管应由坚固、耐腐蚀、对地下水水质无污染的材料制成。在没有特殊要求的情况下,大多数地下水污染调查使用 PVC 管材(纯 PVC 无其他添加成分,厚度依据不同的井深为 4～6mm 或 6～9mm)较为理想。对于垃圾填埋厂、高浓度氯代有机物污染场地等特殊场地,不适用 PVC 管材的,应使用不锈钢(316)管材。井管选择参见表 3-5。

表 3-5　不同类型井管及滤水管管材性质

井管材料	成本	特性
PVC 井管	低	使用安装方便,有机物可能造成化学侵蚀
不锈钢井管	高	具有较高的强度和抗腐蚀性

监测井管应采用螺纹接口,不得使用任何黏合剂。滤水管段应为与井管中线相垂直的平行间隔横切缝。井口保护套管应为不锈钢材质。

(2)滤料:监测井过滤材料应由经过清水或蒸汽清洗、按比例筛选、化学性质稳定、成分已知、尺寸均匀的球形颗粒构成。宜采用分级(均匀系数为 1.5～2.0)石英砂作为过滤层滤料。

均匀系数定义为 D_{60}/D_{10},D_{60} 代表 60% 的土壤颗粒能够通过的粒径,D_{10} 代表 10% 的土壤颗粒能够通过的粒径。滤料粒径大小与含水层土壤粒径有关,滤水管横切缝筛缝宽度与滤料粒径有关。如果含水层由不同粒径的土层组成,D_{10} 用最细的土层颗粒代表。具体滤料粒径、筛缝宽度与含水层土壤粒径的换算关系详见表 3-6。

表 3-6　滤料粒径、筛缝宽度与含水层土壤粒径换算表

含水层土壤 D_{10}/mm	滤料粒径/mm	筛缝宽度/mm
<0.3	0.3～0.6	0.178
0.3～0.6	1.0～2.5	0.254
0.6～1.18	1.5～3.5	0.508
1.18～2.3	2.5～4.0	1.270
2.3～4.5	4.0～8.0	2.286
>4.5	4.0～8.0	3.810

过滤材料使用前应进行冲洗,在钻井场地存储时应确保不与污染物接触并防止外部杂质混入。

(3)止水材料:在过滤层上下部环状间隙应使用止水材料进行封隔。使用的材料为膨润土或水泥。

6)建井施工一般要求

A. 监测井施工程序

监测井施工程序按图 3-2 所示流程进行。

B. 钻孔要求

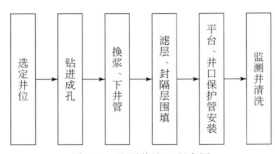

图 3-2　监测井施工程序图

（1）钻孔直径要求：钻孔直径根据监测井井管而定，要保证围填滤层厚度不低于50mm。

（2）钻孔倾斜要求：钻孔深度小于100m时，其顶角偏斜不得超过1°，深度大于100m时，每百米顶角偏斜的递增数不得超过1.5°。

C. 钻进方法要求

监测井的钻进方法可采用螺旋钻进、冲击钻进、清水/泥浆回转钻进、直接贯入钻井成孔等方法。

钻进设备及机具进入场地前应用无磷洗涤液和纯净水进行彻底清洗，并对钻进设备各接口及动力装置进行漏油检测，不得有燃油和润滑油泄漏，避免污染物带进场地。在场地存放时，避免钻具受到地面污染。

采用冲洗液回转钻进成孔时，尽量使用清水钻进，禁止使用其他添加剂；孔壁不稳定时，应采用临时套管护壁。钻进用水不得使用污染水和劣质水。

钻进过程中应详细记录下列资料：地层岩性、钻机类型及使用设备、钻头大小及类型、临时套管直径及长度、钻具组合、冲洗液漏失情况、地下水水位、样品号取样深度及取样日期、取样方法、取样器种类及尺寸、目测污染等。

D. 成井要求

（1）监测井井身结构要求：一般应一径到底，中途不变径。若是设立深层地下水监测井，需要透过隔水层，从上层至下层应当由大到小，具体结构见图3-3。

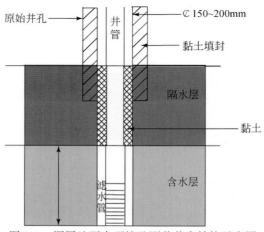

图 3-3　深层地下水环境监测井井身结构示意图

（2）井管排列要求：从地表向下井管按井壁管、滤水管、沉淀管顺序排列。

（3）滤水管要求：使用横切缝式滤水管时，筛缝宽度依据含水层土壤粒径决定，详见表 3-6。使用贴砾式滤水管时，过滤器类型应根据所监测含水层性质按表 3-7 选用。

表 3-7　监测井过滤器选择条件一览表

含水层性质		过滤器类型
基岩	岩层稳定	不安装过滤器
	岩层不稳定	条缝过滤器
	裂隙、溶洞有充填	条缝过滤器
	裂隙、溶洞无充填	条缝过滤器
碎石土类	$D_{20} < 2mm$	条缝过滤器
	$D_{20} \geqslant 2mm$	条缝过滤器
砂土类	粗砂、中砂	条缝过滤器填砾
	细砂、粉砂	贴砾或携砾条缝过滤器

（4）井管连接要求：井管之间宜采用螺纹连接，并在螺纹处加密封圈或缠绕聚四氟乙烯带密封，禁止使用有机黏合剂粘接。

（5）井管扶正器要求：为使井管处于钻孔中心，井管需安装扶正器。扶正器安装间隔为 10m 左右，安装后不得阻碍滤料和封隔材料围填。

（6）下管前冲孔、换浆要求：钻孔达到设计要求后，下入监测井管前应进行冲孔、换浆。冲孔时应将冲孔钻杆下放到孔底，用大泵量冲孔排渣，待孔内岩渣排净后，将冲洗液黏度降低至 18 ~ 20s，密度降低至 1. 1 ~ 1. 15g/cm³。

（7）滤层安装要求：如图 3-4 所示，自下而上，沉淀管外围需用直径 0.6 ~ 1.2cm 球状或扁平状的黏土粒填充，滤水管及其上部井管 60cm 处的外围均需用滤料填实，即围填滤料的高度应由井底沉淀管向上至超出滤水管顶部 60cm 处。围填滤料的厚度，不应小于 50mm。过滤层材料宜与清水一起采用导管下入井孔，也可用人工从井管四周缓慢均匀填入井管与井壁间的空隙处。安装时，应仔细检查过滤层顶部的深度并核实过滤层材料用量，确定过滤层材料没有架桥，避免出现环状滤层失稳的空穴。

（8）监测井环状间隙密封要求：环状间隙密封层厚度一般应大于 4m，宜采用水泥、黏土进行密封。

采用水泥浆封隔时，应在过滤层上方填入至少 20cm 厚度的粒径 0.1 ~ 0.2mm 的石英砂层作为缓冲层，防止水泥浆通过砾石进入到过滤器和井中。

细石英砂层上至少填入 60cm 厚的直径 0.6 ~ 1.2cm 球状或扁平状的黏土粒层。上部黏土层至地表用不掺砂的水泥填实，用以固定井管和避免地表渗漏影响监测结果。

采用黏土密封时，需在半干状态下从井管周围缓缓填入。

严禁使用岩屑和监测井周围的材料作为监测井回填材料。

（9）监测井洗井要求：监测井完井后应及时进行洗井。洗井方法可选用气提和抽水方法进行，不得采用化学洗井方法。洗井结束后，监测井抽出的水应清澈透明，浊度在 5NTU 以下为合格。

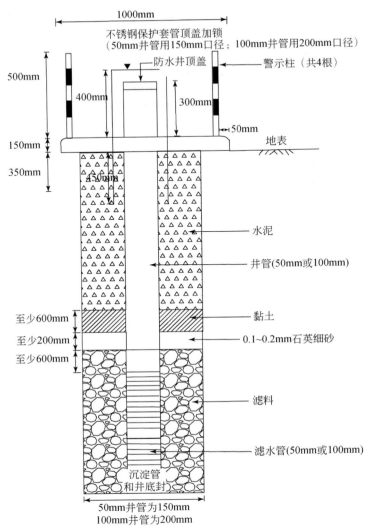

图 3-4　标准单管单层地下水监测井结构示意图

7) 井口保护装置

为保护监测井及井内的监测仪不受人为损坏,防止地表水及污染物质进入监测井内,应建设监测井井口配套保护设施。井口保护装置包括井台或井盖、警示柱、井口标识等部分。井口标识的设置详见《地下水环境监测井标志技术要求》。

井口保护筒应使用不锈钢材质,依据不同井管直径保护筒内径为 240～300mm;井盖中心部分应用高密度树脂材料,避免数据无线传输信号被屏蔽;井口锁头应用异型锁,避免偷盗行为;保护筒高 50cm,下部应埋入水泥平台中 10cm 起到固定作用。警示柱直径 4cm,用碳钢材质,长 1m,漆成黄黑相间色,其中高出水泥平台 0.5m,埋在水泥平台下 0.5m。水泥平台为厚 15cm,边长 50～100cm 的正方形水泥台,水泥台四角须磨圆,并各设置一根警示柱。

在有条件的地区应建监测井井房,其建筑面积不小于 $6m^2$,并在醒目位置设立永久性标示牌。不具备建设井房条件的地区应安装监测井孔口保护装置。井口保护装置应坚固耐用、不易被破坏。一般应包括监测井水泥平台和保护装置,无条件设置水泥平台的地区可考虑使用与地面水平的井盖式保护装置。应在水泥平台式保护装置周边 1m 区域内设立地下水环境监测井警示牌。在水泥平台的四个角设立警示柱。对于井口保护装置为水泥平台式的环境监测井,铭牌设立于井口钢管保护套上,对于井口保护装置为井盖式的环境监测井,铭牌设立于地下水环境监测井井盖的反面。铭牌内容包括:井编号、经纬度、井深、建井日期、滤水管深度及长度、井顶高程、地下水水位、建井单位及联系电话、管理单位及联系电话等。

3. 现有地下水井作为监测井利用时的筛选技术要求

1)现有地下水井的筛选要求

选择的监测井井位应在调查区域内,井深特别是井的采水层位应满足监测设计的要求。因沿路边区域常使用融雪剂等化学药品等,选井时应避免在道路和高速公路附近选井。在不可避免的地方,应详细调查和了解路旁使用化学药品的情况。

选择井管材料为钢管、不锈钢管、PVC 材质的井为宜,井的井壁管、滤水管和沉淀管应完好,不得有断裂、错位、蚀洞等现象。民井、生产井和泉宜选用经常使用的。

井的滤水管顶部位置宜位于多年平均最低水位面以下 1m。井内淤积不得超过设计监测深度范围内的滤水管。井内顺畅,不得有异物堵塞。

选择井的静止水位应在设计采样深度滤水管之上。井的出水量宜大于 $1m^3/h$。

避免选用专门监测某一已知或未知污染物的监测井。

对装有水泵的井,宜选用以水为泵润滑剂的水井,以油为泵润滑剂的水井不宜选用。

应详细掌握井的结构和抽水设备情况,分析井的结构和抽水设备是否影响所关注的地下水成分。

2)现有地下水井的筛选编录要求

(1)应以图件和文字方式详细记录选用监测井的位置。

(2)应记录选用监测井和含水层特别是监测目的层的性质。

(3)对于选用的监测井,应留存监测井及其周围区域的照片。

(4)对选用的监测井,应取得井拥有者的书面许可,允许定期测量地下水水位、采集水样以及公布地下水监测数据。

(5)对选用的监测井应填写监测井基本情况表。

3)现有地下水井的筛选方法

(1)以调查、走访的方式,充分调研、收集监测区域的地质、水文地质资料;收集区域内监测井数量及类型、钻进、成井等资料;初步圈定待筛选的监测井。

(2)对初步圈定的待筛选监测井进行现场踏勘,获取现场的有关信息。并对初步圈定的待筛选监测井进行探查,获取备选监测井的有关信息,探查方法如下:

①测绳吊锤探测:用测绳吊锤探测法,探测井内静止水位、井深等。

②井径探测:如果拟选监测井成井井径及其结构不详,可采用井径探测仪探测监测井井径。

③抽水：利用潜水泵或其他形式的抽水设备，对监测井进行抽水，获取拟选监测井的出水量。

④井下电视探查：用井下电视探查监测井套管断裂、变形、腐蚀、产出剖面、产出液状态、砂漏、砂堵、结垢、堵漏及井下落物位置和形状等，获取井下工程信息。

（3）测定备选监测井的地理坐标、地面高程、井口高程。

4. 水文地质试验与测试

水文地质试验是水文地质调查中不可缺少的重要手段，许多水文地质资料，都需通过水文地质试验才能获得。常用的水文地质试验主要有抽水试验、渗水试验、注水试验、压水试验、水文地质测井、微水试验、连通试验和弥散试验。

1）抽水试验

抽水试验是通过从钻孔或水井中抽水，来定量评价含水层富水性，测定含水层水文地质参数和判断某些水文地质条件的一种野外试验工作[10]。可通过抽水试验确定含水层及越流层的水文地质参数：渗透系数 K、导水系数 T、给水度 μ、弹性释水系数 μ^*、导压系数 a、弱透水层渗透系数 K'、越流系数 b、越流因素 B、影响半径 R 等；通过测定井孔涌水量及其与水位下降（降深）之间的关系，分析确定含水层的富水程度，评价井孔的出水能力；为取水工程设计提供所需的水文地质数据，如影响半径、单井出水量、单位出水量、井间干扰出水量、干扰系数等，依据降深和流量选择适宜的水泵型号；查明某些手段难以查明的水文地质条件，如确定各含水层间，以及与地表水之间的水力联系、边界的性质及简单边界的位置、地下水补给通道、强径流带位置等。

2）微水试验

微水试验是一种测定水文地质参数的方法，该方法是一种简便且相对快速获取水文地质参数的野外试验方法，其实质是通过向钻孔瞬时注入一定水量（或其他方式）引起水位突然变化，观测钻孔水位随时间的恢复规律，与标准曲线拟合，确定钻孔附近水文地质参数[11]。微水试验是在一个试验钻孔中进行试验，不仅能用来确定含水层的导水系数，还可以计算储水系数。由于微水试验时间短、不需要抽水和附加的观测孔，故既经济又简便，对地下水正常观测的影响也较小，几乎不造成任何污染。与抽水试验相比，该方法的优点有：①经济、成本低；②测试系统数量少、体积小且便携；③测试精度高。缺点有：①测试尺度较小（影响半径小）；②容易被干扰。

3）渗水试验

渗水试验是在地表挖试坑注水，在坑底保持一定水层厚度，使水在地下水面以上的干土层中稳定下渗，根据单位时间内试坑的稳定耗水量测算土层渗透系数。其目的是测定包气带土层垂向渗透系数。确定渠道、水库、灌区的渗漏水量时，可用此法确定干燥土层的渗透系数。在研究大气降水、灌溉水、渠水、暂时性表流等对地下水的补给量时，常需进行此种试验。

4）注水试验

注水试验是连续往井内注水，使井中水位抬高，形成以井为中心的反漏斗曲面，并取得井中稳定的地下水位抬高值和注入水量，通过水位与水量的函数关系，测定地下水位以上或某一深度井段岩层的渗透性。当钻孔中地下水位埋藏很深或试验层为透水层不含水时,可用注水试验代替抽水试验,近似地测定该岩层的渗透系数。适用条件为钻孔中地下水位埋藏很深或试验层为透水不含水层时;研究地下水人工补给或废水地下处置的效率时。因注水井一般难以具备洗井条件,故注水试验方法求得的岩层渗透系数远比抽水试验求得的小。

5)压水试验

压水试验是向井内压水取得单位时间的漏水量与压力、试段长度间的相互关系,以定性地了解不同深度坚硬、半坚硬岩层的相对透水性和裂隙的相对发育程度,目前多采用自上而下栓塞隔离的分段压水法。

6)水文地质测井

水文地质测井是指在钻孔中研究地下水特点的各种物探方法。其作用有:

(1)划分含水层与隔水层,并确定其深度和厚度;

(2)确定含水层的孔隙度和渗透率,并估计其涌水量;

(3)研究地层水矿化度;

(4)研究地下水的流动方向和速度等。

根据任务不同,可以单独或综合应用电阻率法测井、自然电位测井、放射性测井和声波测井等。

7)连通试验

连通试验是为测定含水层或含水层之间,或泉水、地下暗河出露处等地下水露头点相互之间的水力联系而进行的野外试验[12,13]。主要方法如下。

(1)水位传递法:通过抽水、压水(灌水)、闸(堵)水和放水等,观测可能连通水点的水位、流量变化,以判明其间的连通情况。

(2)指示剂法:在上游洞穴中投放指示剂(如糠壳、石松孢子等漂浮物,食盐、荧光素等化学试剂,放射性同位素示踪剂等),在下游观测,取样分析。也有在暗河中投放多个地质定时炸弹随水漂流,定时爆炸,从震波记录上测出一系列震源点,从而反映出地下暗河流动轨迹。在岩溶区建坝,为解决坝基(肩)渗漏和水库渗漏,确定防渗设施的位置,必须以连通试验论证喀斯特通道的连通情况和渗漏通道的具体位置。

8)弥散试验

野外弥散试验是为了研究污染物在地下水中运移时其浓度的时空变化规律,并通过试验获取进行地下水环境质量预测评价的弥散参数[14]。通过下游的监测井(接收井或取样井)观测示踪井在水流方向上空间、时间的变化,根据观测记录资料,选择相应的简化数学模型计算水动力弥散系数。主要的方法有单井脉冲法、多井法和单井地球物理法等。

试验可采用示踪剂(如食盐、氯化铵、电解液、荧光染料、放射型同位素等)进行。试验方法可依据当地水文地质条件、污染源的分布,以及污染源同地下水的相互关系确定。一般可采用污染物的天然状态法、附加水头法、连续注水法、脉冲注入法。试验地应选择在对地质、水文地质条件有足够了解、基本水文地质参数齐全的代表性地区。观测孔布设一般可采用以试验孔为中心"+"字形剖面,孔距可根据水文地质条件、含水层岩性等考虑,一般可采用5m 或 10m;也可采用试验孔为中心的同心圆布设方法,同心圆半径可采用 3m、5m 或 8m,在砾石含水层中半径一般以 7m、15m、30m 为宜。试验过程中定时、定深在试验孔和观测孔中取水样,进行水化学分析,确定弥散参数。

3.3.6　地下水采样技术

1. 采样频次和采样时间

1)确定采样频次和采样时间的原则

依据不同的水文地质条件和地下水监测井使用功能,结合当地污染源、污染物排放的实际情况,力求以最低的采样频次,取得最有时间代表性的样品,达到全面反映调查对象的地下水质量状况、污染原因和规律的目的。

2)采样频次和采样时间

背景值监测井和区域性控制的孔隙承压水井每年枯水期采样一次。污染控制监测井逢每年丰水期和枯水期各采样一次,全年两次。作为生活饮用水集中供水的地下水监测井逢每年丰水期和枯水期各采样一次,全年两次。同一水文地质单元的监测井采样时间尽量相对集中,日期跨度不宜过大。遇到特殊的情况或发生污染事故,可能影响地下水水质时,应随时增加采样频次。

2. 采样技术

1)采样资质

所有参与采样工作的人员需要通过相关知识、技能的培训和考核后才可进行地下水、土壤样品采样工作。未通过考核的人员不宜参与采样工作。

2)采样前的准备

(1)确定采样负责人:采样负责人负责制订采样计划并组织实施。采样负责人应了解监测任务的目的和要求,并了解采样监测井周围的情况,熟悉地下水采样方法、采样容器的洗涤和样品保存技术。当有现场监测项目和任务时,还应了解有关现场监测技术。

(2)制订采样计划:采样计划应包括采样目的、监测井位、监测项目、采样数量、采样时间和路线、采样人员及分工、采样质量保证措施、采样器材和交通工具、需要现场监测的项目、安全保证等。

(3)采样器材与现场监测仪器的准备:采样器材主要是指采样器和水样容器。

3. 采样方法

采样洗井方式一般有大流量潜水泵洗井与微洗井两种,其具体要求如下。

1)已有管路监测井采样方法

已有管路监测井地下水样品采集工作涉及采样器管材、采样设备连接、样品采集过程等诸多方面。

A. 采样器管材及采样井的确认

套管和提水泵材料:应该是 PTFE(聚四氟乙烯)、碳钢、低碳钢、镀锌钢材和不锈钢。

提水泵类型:采用正压泵(如潜水泵)。

出水口条件:不能在沉淀罐、水塔等设施之后采样;提水泵排水管上需带有阀门,且距离井位不能超过30m。

B. 导水管路连接

如果泵的排水管上安装有带阀门的支管,且排水口距离该支管的距离超过2m,则可将一管径相匹配的内衬PTFE的PE(聚乙烯)软管(软管的中部接有一段玻璃管,以下简称采样软管)连接到该支管上,在采样软管的另一端连接一长度约为350mm、内径约为5mm的不锈钢管。

如果泵的排水管上安装有带阀门的支管,但排水口与支管相距不足2m,则应在排水口连接一段延伸管,使排水口与采样支管的距离延伸至2m以上。

如果泵的排水管上没有支管,但泵的排水口距离井口较近(如农灌井),则应在泵口上连接一支管上带阀门的三通管件(不锈钢或PTFE材质),连接管路采用内衬PTFE的PE软管。

C. 井孔排水清洗

采样前必须排出井孔中的积水(清洗)。清洗完成的条件是:所排出的水不少于3倍井孔积水体积且水质指示参数达到稳定。

D. 采样基本条件

如套管和提水泵材料为PVC和HDPE(高密度聚乙烯),采集有机物分析样品时,应冲洗半小时以上。如果出水口不具备阀门,则在出水口处需加分流管采样。

观察采样软管中部的玻璃管,不得有气泡存在,否则通过调解采样支路阀门消除气泡。

调整采样支路阀门使采样支管出水流率为0.2~0.5L/min。

排水达到水质稳定条件后,取下流动池(如果使用),准备采样。

现场工作人员注意事项:不得吸烟;手部不得涂化妆品;采样人员应在下风处操作,车辆亦应停放在下风处。

E. VOC样品的采集

旋下40mLVOA瓶螺旋盖,滴入4滴1∶10的盐酸溶液,盐酸溶液也可在实验室内预先加入。

将不锈钢管出水端口伸入VOA瓶底部,使水样沿瓶壁缓缓流入瓶中,同时不断提升不锈钢管,直至在瓶口形成一弯月面,迅速旋紧螺旋盖。不可产生过多溢流,否则该瓶样品作废。不锈钢管外壁不要对样品产生污染。

将VOA瓶倒置,轻轻敲打,观察瓶内有无气泡。若发现气泡,则该瓶水样作废,换一个新VOA瓶,重新采样。

采样合格的VOA瓶贴上标签,并以透明胶带覆盖标签。用电气胶带固定瓶盖。将VOA瓶平放或倒置在内装冰块的冷藏箱中,且必须是与冰块平衡的水相。必要时可使用电冷藏箱。

F. SVOC分析样品的采集

旋开1000mL样品瓶的螺旋盖,将不锈钢管出水端口伸入瓶底,使水样沿瓶壁缓缓流入瓶中,同时不断提升不锈钢管,直至在瓶口形成一弯月面,迅速旋紧螺旋盖。SVOC样需采集1000mL,取双样。

2)专用监测井采样法

A. 方法概要

通常建议使用气囊泵、小流量潜水泵、惯性泵及贝勒管作为常用的采样器具,应当依据不同的需要和目标物选取合适的采样器具。常见采样器具及其适用的目标物类型见表3-8。

表3-8 常见的采样器具及其所适用采样的样品种类

分析项目	敞口定深取样器	闭合定深取样器	惯性泵	气囊泵	气提泵	潜水泵	井口抽水泵
电导率	√	√	√	√	√	√	√
pH	—	√	√	√	—	√	√
碱度	√	√	√	√	√	√	√
氧化还原电位	—	√	—	√	—	√	—
主量离子	√	√	√	√	√	√	√
痕量金属	√	√	√	√	√	√	√
硝酸盐等阴离子	√	√	√	√	√	√	√
溶解气体	—	√	—	√	—	—	—
非挥发性有机物	√	√	√	√	√	√	√
VOCs 和 SVOCs	—	√	—	√	—	—	—
TOC(总有机碳)	√	√	√	√	—	√	√
TOX(总有机卤)	—	√	—	√	—	√	√
微生物指标	√	√	√	√	—	√	√

B. 不确定性分析

以贝勒管洗井时,宜缓缓于井管中上升或下降,否则因活塞现象,将造成浊度增加的干扰。

以抽水泵洗井时,抽水速度过大,亦会造成浊度增加及干扰气提作用等。

采样设备未按标准程序清洗,将造成干扰,甚至造成井与井之间的交互污染。

当有互不相溶的有机液体存在于水中时,可能在采样同时被采集,因而造成干扰。采样时若发现有互不相溶有机相存在,应记录于采样记录表。

采样规划通常与检测项目及浓度有关,尤其对低浓度挥发性有机物应更为谨慎,避免受到干扰而影响其测定值。

4. 采样流程

采样基本流程如下(图3-5)。

1)测定地下水水位

地下水水质监测通常采集瞬时水样,在采样前应先测地下水水位。

2)洗井

若监测井未经常使用,长期放置三个月以上,在采样前应当进行一次充分洗井。从井中采集水样,必须在充分洗井后进行,清洗地下水用量为3~5倍井容积,去除细颗粒物质以防堵塞监测井并促进监测井与监测区域之间的水力连通。每次清洗过程中抽取的地下水,要进行 pH 和温度等参数的现场测试。洗井过程需持续到取出的水不混浊,细微土壤颗粒不再进入水井;洗出的每个井容积水的 pH、温度或溶解氧、电导率连续三次的测量值误差需小于

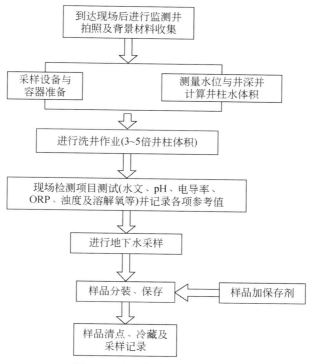

图 3-5　地下水采样基本流程图

10%,洗井工作才能完成。采样深度应至少在地下水水面 0.5m 以下,以保证所取水样能代表地下水水质。洗井一般可以采用贝勒管、地面泵、潜水泵、气囊泵和蠕动泵等方式。充分洗井后需要让监测井中水体稳定 24h 以后再进行常规地下水样品采样。

若监测井使用频繁,每次采样时间间隔不超过一周,在样品采集前只需进行简单的洗井或微洗井,待水质参数稳定后即可进行样品采样。洗井期间水质指标参数测量至少进行五次,直到最后连续三次符合各项水质指标参数的稳定标准,其测量值偏差范围见表 3-9。

表 3-9　地下水环境监测井洗井参数测量值偏差范围一览表

水质参数	稳定标准
pH	±0.1
电导率	±3%
溶解氧	符合±10% 或±0.3mg/L 其中之一
氧化还原电位	±10mV

地下水采样应在采样前的洗井完成后两小时内完成。水样采集可使用一次性贝勒管,要求一井一管。如条件许可,也可采用潜水泵、气囊泵、惯性泵等进行采样。应当依据不同的目标物选取不同的采样位置,一般在井中储水的中部取样。

3) 样品采集顺序及保存方法

样品采集一般按照挥发性有机物、半挥发性有机物、稳定有机物及微生物样品、重金属和普通无机物的顺序采集,样品采集时应控制出水口流速低于 1L/min,采集 VOCs 样品时,出水口流速宜低于 0.1L/min。采集半挥发性样品的出水口流速宜低于 0.2L/min。

依据不同的采样场地类型,确定过滤方式。若水样浑浊度低于 10NTU 时,水样均不需过滤。对于饮用水源地补给区采样和测定溶解性金属离子项目,样品装瓶前应过 0.45μm 的 PE 滤膜;对于污染场地区采样和测定总金属离子项目,样品装瓶前不需进行过滤,可静置后取上清液。

采样前,除油类和细菌类监测项目外,先用采样水荡洗采样器和水样容器 2~3 次。测定挥发性有机污染物项目的水样,采样时水样必须注满容器,上部不留空隙。测定硫化物、石油类、重金属、细菌类和放射性等项目的水样应分别单独采样。各监测项目所需水样采集量、采样容器、保存期限、现场添加保护剂及容器洗涤要求见表 3-10。

表 3-10　水样保存、容器的洗涤和采样体积一览表

项目名称	采样容器	保存剂及用量	保存期	采样量[①] /mL	容器洗涤
色*	G,P		12h	250	I
嗅和味*	G		6h	200	I
浑浊度*	G,P		12h	250	I
肉眼可见物*	G		12h	200	I
pH*	G,P		12h	200	I
总硬度**	G,P	加 HNO_3,pH<2	24h / 30d	250	I
溶解性总固体**	G,P		24h	250	I
总矿化度**	G,P		24h	250	I
硫酸盐**	G,P		30d	250	I
氯化物**	G,P		30d	250	I
磷酸盐**	G,P		24h	250	IV
游离二氧化碳**	G,P		24h	500	I
碳酸氢盐**	G,P		24h	500	I
钾	P	1L 水样中加浓 HNO_3 10mL	14d	250	II
钠	P	1L 水样中加浓 HNO_3 10mL	14d	250	II
铁	G,P	1L 水样中加浓 HNO_3 10mL	14d	250	III
锰	G,P	1L 水样中加浓 HNO_3 10mL	14d	250	III
铜	P	1L 水样中加浓 HNO_3 10mL[②]	14d	250	III
锌	P	1L 水样中加浓 HNO_3 10mL[②]	14d	250	III
钼	P	加 HNO_3,调节 pH<2	14d	250	III
钴	P	加 HNO_3,调节 pH<2	14d	250	III

项目名称	采样容器	保存剂及用量	保存期	采样量[①]/mL	容器洗涤
挥发性酚类[**]	G	用 H_3PO_4 调至 pH=2,用 0.01～0.02g 抗坏血酸	24h	1000	I
阴离子表面活性剂[**]	G,P		24h	250	IV
高锰酸盐指数[**]	G		2d	500	I
溶解氧[**]	溶解氧瓶	加入硫酸锰、碱性碘化钾溶液	24h	250	I
化学需氧量	G	加 H_2SO_4,调节 pH<2	2d	500	I
五日生化需氧量[**]	溶解氧瓶	0～4℃避光保存	12h	1000	I
	P	冷冻保存	24h	1000	I
硝酸盐氮[**]	G,P		24h	250	I
亚硝酸盐氮[**]	G,P		24h	250	I
氨氮	G,P	加 H_2SO_4,调节 pH<2	24h	250	I
氟化物[**]	P		14d	250	
碘化物[**]	G,P		24h	250	I
溴化物[**]	G,P		14d	250	
总氰化物	G,P	加 NaOH,调节 pH>9	12h	250	I
汞	G,P	HCl,1%,如水样为中性,1L 水样中加浓 HCl 2mL	14d	250	III
砷	G,P	加 H_2SO_4,调节 pH<2	14d	250	I
硒	G,P	1L 水样中加浓 HCl 10mL	14d	250	III
镉	G,P	1L 水样中加浓 HNO_3 10mL[②]	14d	250	III
六价铬	G,P	加 NaOH,调节 pH=8～9	24h	250	III
铅	G,P	1L 水样中加浓 HNO_3 10mL[②]	14d	250	III
铍	G,P	1L 水样中加浓 HNO_3 10mL	14d	250	III
钡	G,P	1L 水样中加浓 HNO_3 10mL	14d	250	III
镍	G,P	1L 水样中加浓 HNO_3 10mL	14d	250	III
石油类	G	加入 HCl,调节 pH<2	7d	500	II
硫化物	G,P	1L 水样加 NaOH,调节 pH 至 9,加入 5% 抗坏血酸 5mL,饱和 EDTA 3mL,滴加饱和 Zn(Ac)₂ 溶液至胶体产生,常温避光	24h	250	I
滴滴涕[**]	G		24h	1000	I
六六六[**]	G		24h	1000	I
有机磷农药[**]	G		24h	1000	I

续表

项目名称	采样容器	保存剂及用量	保存期	采样量^①/mL	容器洗涤
总大肠菌群＊＊	G（灭菌）	水样中如有余氯应在采样瓶消毒前按每 125mL 水样加 0.1mL 的 100g/L 硫代硫酸钠	6h	150	I
细菌总数＊＊	G（灭菌）	4℃保存	6h	150	I
总 α 放射性	P	加入 HNO₃，调节 pH<2	5d	5000	I
总 β 放射性					
苯系物＊＊	G	用 1∶10 HCl 调节 pH≤2，加入 0.01～0.02g 抗坏血酸	12h	1000	I
烃类＊＊	G		12h	1000	I
醛类＊＊	G	加入 0.2～0.5g/L 硫代硫酸钠	24h	250	I

注:需清洗的设备应包括:水位计、贝勒管、手套、绳子、抽水泵、取水管线。

1. "＊"表示应尽量现场测定;"＊＊"表示低温(0～4℃)避光保存。

2. G 为硬质玻璃瓶;P 为聚乙烯瓶(桶)。

3. ①为单项样品的最少采样量;②如用溶出伏安法测定,可改用 1L 水样中加 19mL 浓 HClO₄。

4. Ⅰ、Ⅱ、Ⅲ、Ⅳ分别表示四种洗涤方法:Ⅰ表示无磷洗涤剂洗 1 次,自来水洗 3 次,蒸馏水洗 1 次,甲醇清洗 1 次,阴干或吹干;Ⅱ表示无磷洗涤剂洗 1 次,自来水洗 2 次,1+3HNO₃ 荡洗 1 次,自来水洗 3 次,蒸馏水洗 1 次,甲醇清洗 1 次,阴干或吹干;Ⅲ表示无磷洗涤剂洗 1 次,自来水洗 2 次,1+3HNO₃ 荡洗 1 次,自来水洗 3 次,去离子水洗 1 次,甲醇清洗 1 次,阴干或吹干;Ⅳ表示铬酸洗液洗 1 次,自来水洗 3 次,蒸馏水洗 1 次,甲醇清洗 1 次,阴干或吹干。

5. 经 160℃干热灭菌 2h 的微生物采样容器,必须在两周内使用,否则应重新灭菌。经 121℃高压蒸气灭菌 15min 的采样容器,如不立即使用,应于 60℃将瓶内冷凝水烘干,两周内使用。细菌监测项目采样时不能用水样冲洗采样容器,不能采混合水样,应单独采样后 2h 内送实验室分析。

采集水样后,立即将水样容器瓶盖密封,贴好标签,标签设计可以根据各站具体情况,一般应包括监测井号、采样深度和经纬度、采样日期和时间、地点、样品编号、监测项目、采样人等。

采样结束前,应核对采样计划、采样记录与水样,如有错误或漏采,应立即重采或补采。

5. 其他注意事项

对封闭的生产井可在抽水时从泵房出水管放水阀处采样,采样前应将抽水管中存水放净。

对于自喷的泉水,可在涌口处出水水流的中心采样。采集不自喷泉水时,将停滞在抽水管的水汲出,新水更替之后,再进行采样。

洗井及设备清洗废水应使用固定容器进行收集,不应任意排放。

采样单位应同实验室技术人员共同确定选测项目,并商定送样时间;野外采样应有实验室技术人员指导,确保样品的采集质量。采样使用试剂(保护剂)应由承担测试任务的实验室统一提供。严格按要求密封、保存、运送样品。

6. 地下水现场监测

原则上能在现场测定的项目,均应在现场测定。需要进行现场快速筛查的项目,在现场快筛仪器准备齐全的条件下,也可进行现场测定。

现场监测项目包括水位、水温、pH、电导率、浑浊度、色、嗅和味、肉眼可见物等指标,同时还应测定气温、描述天气状况和近期降水情况。

3.3.7　地下水示踪技术

确定污染源及其位置是地下水污染调查的目的之一,示踪技术能够很好地解决这一问题,示踪技术是利用放射性元素或者非放射性标记物的方式,根据物体的行径、转变及代谢的过程来实现的。常规的示踪剂有染料或其他化学物质,如同位素(D、T、^{15}N、^{18}O、^{34}S 和 ^{87}Sr/^{86}Sr)、溶解有机质、新型有机污染物、微生物、单体同位素等。

1. 溶解有机质示踪

由于土壤和水环境中 DOM 的化学组分和结构随其来源变化,因此,可以利用 DOM 的分子结构携带的特征标志,通过光谱分析,识别进入水中 DOM 的特征,指示水流路径和水载污染物的来源。

DOM 作为示踪剂与人工示踪剂(如染料、溴化物、同位素或荧光剂标识的物质) 相比有很多优点,这是因为:①土壤和地下水中普遍存在 DOM,无需施用示踪剂。②DOM 是天然状态下进入水中的,易于采样,因而,示踪剂的分布无需等待时间,由于地表水漫长的入渗过程,这一特点对于地下水渗透研究非常重要。如果应用人工示踪剂,在观测井中采集到样品需要等待几年或数十年,否则,示踪剂分布不能真实地代表水流路径。③由于没有给天然系统中引入人工化学物质,因而不会对环境造成污染,如果能够确定不同来源 DOM 的信号,关于水流路径的定性信号,可随 DOM 一起用来推断水载污染物的来源。

2. 新型有机污染物示踪

新型有机污染物是在地下水中发现的,以前没有检测出来的,或者没有认识到的有机物,可能来自农业、城市和农村等污染源。EOCs 包括纳米材料、杀虫剂、医药、工业化合物、个人护理产品、香水、水处理副产物、阻燃剂、表面活性剂,以及咖啡因和尼古丁。许多 EOCs 为小的极性分子,不容易有效地从饮用水处理系统中去除。其作为地下水中废水示踪剂的应用是未来的研究领域,由于地下水系统有大量衰减、稀释的可能,这种示踪剂的应用在阐明附近地下水污染源方面可能有特别的价值[15]。

3. 微生物示踪

微生物示踪方法是指利用微生物作为示踪指示物,识别水环境中污水及污染物来源的生物技术,在研究面源污染和预测污染物质迁移、转化规律等方面比传统方法更具优势[16]。

4. 有机单体同位素示踪分析

由于地下水中有机污染物往往可能有多种不同污染源的输入,准确判定有机污染的来源有助于采取有效措施治理地下水。由于环境污染源的复杂性,同一化学组成可能来源于不同物质的降解或不同污染物的相互作用,因此,通过化学指纹技术以污染源的化学组成及分布特征为依据进行的识别具有不确定性。单体同位素技术在识别污染源方面便克服了这种不确定性。有机化合物进入地下水环境时,通常具有特征同位素组成,或者说是 ^{13}C/^{12}C 值,不受其他化合物或元素的干扰,测定结果的准确性与可靠性高,因此,可以直接利用其同位素组成进行来源示踪,以实现污染物随时空迁移转化的监控。与其他技术相比,单体同位素不仅能够定量地研究环境中有机污染物的转化,而且可以研究转化过程的机理。

在环境转化过程中,有机污染物的同位素组成可能是稳定不变的,也有可能发生改变。

若污染物的同位素组成在迁移转化过程中不变,根据其同位素组成可以示踪污染物的来源;若同位素组成变化,根据同位素分馏结果,可以评价环境中有机污染物降解发生的可能性和程度。基于上述原理,单体同位素技术得到了快速发展与应用,经历了单个同位素向多同位素联合、高碳数化合物向较低碳数的有机化合物的应用转变。由最初仅限于 C 同位素,到近年来联合应用 C、H 同位素;由示踪高碳数化合物多环芳烃(PAHs)和石油烃,到示踪较低碳数的有机化合物,如正构烷烃、甲基叔丁基醚(MTBE)。

3.3.8　土壤采样技术

1. 采样程序与要求

土壤样品采集一般按三个阶段进行。

1)前期采样

根据背景资料与现场考察结果,采集一定数量的样品分析测定,用于初步验证污染物空间分异性和判断土壤污染程度,为制订监测方案(选择布点方式和确定监测项目及样品数量)提供依据,前期采样可与现场调查同时进行。

2)正式采样

按照监测方案,实施现场采样。

3)补充采样

正式采样测试后,发现布设的样点没有满足总体设计需要,则要进行增设采样点补充采样。面积较小的土壤污染调查和突发性土壤污染事故调查可直接采样。

2. 采样设备

1)钻探设备

用于场地环境评价的钻探技术需结合场地所在地区的地层条件、场地钻探的作业条件和场地勘察的方案要求来选择经济有效的钻探方法。表 3-11 列出常用的场地钻探方法及其优缺点。

表 3-11　常用的场地钻探方法对比表

钻探方法	优点	缺点
探坑法: 采用人工挖掘(深度一般不宜超过 1.2m,除非有足够安全的支护措施)或采用轮式/履带式的挖掘机(最大深度约为 4.5m)	可从平面(x,y)和深度(d)三维的角度来描述地层条件; 易于取得大试样; 成效快且造价低; 可采集未经扰动的试样; 适用于多种地面条件; 通过挖掘可以观察到土壤的新鲜面,记录颜色和岩性等基本信息,还可以给开挖出来的土样拍照,并记录照片信息	挖掘深度会受挖掘机械的规格限制; 污染物存在和运移的媒介暴露于空气中,会造成污染物变质及挥发性物质的挥发; 不适合在地下水位以下取样; 对场地的破坏程度较大,需要特别注意,防止挖掘出来的污染土壤再次污染周围区域的土壤,因此挖出的污染土壤需要进行处理,减少污染物质暴露带来的二次污染; 与钻孔勘探方法相比,这种方法产生的弃土较多; 污染物更易于传播到空气或水体当中。还需要回填清洁材料(以达到地面恢复目的)

续表

钻探方法	优点	缺点
手工钻探法：采用人工操作，最大钻进深度一般不超过 10m	可用于地层校验和采集设计深度的土样；适用于松散的人工堆积层和第四纪沉积的粉土、黏性土地层，即不含大块碎石等障碍物的地层；对于难以进入的场地，本法比较方便有效	受地层的坚硬程度和人为因素影响较大，当有碎石等障碍物存在时，则很难继续钻进；由于会有杂物掉进勘探孔中，可能导致土样交叉污染；只能获得体积较小的土样
钢索冲击钻探法	与探坑或手工钻探法相比，此种方法能够达到的钻井深度更深；可建成永久的取水样/水位监测井；可穿透多种地层；对健康安全和地面环境的负面影响较小；可以采集未经扰动的试样；可采集到完整的试样，包括污染物分析试样、岩土工程勘察试样、气体/地下水试样，还可用于地下水和地下气体监测井建井	与探坑或手用螺旋钻探法相比，此种方法成本高，耗时长；不如探坑法获得地层的感性认识直观；需要处置从钻孔中钻探出来的废弃物；没有探坑法采集的试样体积大；这种技术会扰动土样，并使污染物质流失
液压动力锤干式旋转冲击钻探法	干式旋转冲击钻进技术适用于多种岩性的地层，包括岩层；冲击与旋转钻进相结合可以减小土心热效应的影响；可以获得长度大于 1m 的原状岩心样；如果土层中不含卵石，也可以使用空心螺旋钻杆和劈式勺钻取样器	旋转钻进会产生土心热效应；干式钻进对钻头的磨损比较大，由此产生的成本相对较高

2）其他设备

（1）工具类：铁锹、铁铲、圆状取土钻、螺旋取土钻、竹片，以及适合特殊采样要求的工具等。

（2）器材类：GPS、罗盘、照相机、卷尺、铝盒、样品袋、样品箱等。

（3）文具类：样品标签、采样记录表、铅笔、资料夹等。

（4）安全防护用品：工作服、工作鞋、安全帽、药品箱等。

（5）采样用车辆。

3. 样品的保存与运输

土壤样品保存方式根据土壤样品分析项目的不同而不同，对无机物通常用塑料瓶或玻璃瓶收集样品，挥发性和半挥发性有机物宜使用具有聚四氟乙烯密封垫的直口螺口瓶收集样品。具体的土壤样品收集器见表 3-12。

表 3-12　土壤样品保存容器、保存技术、样品体积以及保存时间的要求统计表

监测项目	保存容器	保存条件	样品最小重量/g	最大保留时间
六价铬	P,G,T	4℃低温保存	226	萃取前30天，萃取后4天
汞	P,G,T	加 HNO_3 使 pH < 2，4℃低温保存	226	28 天

监测项目	保存容器	保存条件	样品最小重量/g	最大保留时间
其他金属（除六价铬和汞）	P,G,T	加 HNO_3 使 pH < 2,4℃低温保存	226	180 天
总石油烃（TPH）–可挥发	G,用聚四氟乙烯薄膜密封瓶盖	4℃低温保存,加 HCl 使 pH<2	113	14 天;无酸保护则为 7 天
总石油烃（TPH）–可萃取	G,用琥珀密封瓶盖	4℃低温保存	226	萃取前 14 天,萃取后 40 天
可挥发性芳香卤代烃	G,用聚四氟乙烯薄膜密封瓶盖	4℃低温保存,加 HCl 使 pH < 2,0.008% $Na_2S_2O_3$ 溶液	113	14 天;无酸保护则为 7 天
亚硝胺	G,用聚四氟乙烯密封瓶盖	4℃低温保存	226	萃取前 14 天,萃取后 40 天
除草剂	G,用聚四氟乙烯密封瓶盖	4℃低温保存	226	萃取前 14 天,萃取后 40 天
有机氯杀虫剂	G,用聚四氟乙烯密封瓶盖	4℃低温保存	226	萃取前 14 天,萃取后 40 天
PCBs	G,用聚四氟乙烯密封瓶盖	4℃低温保存	226	萃取前 14 天,萃取后 40 天
有机磷杀虫剂/化合物	G,用聚四氟乙烯密封瓶盖	4℃低温保存	226	萃取前 14 天,萃取后 40 天
半挥发性有机物	G,用聚四氟乙烯密封瓶盖	4℃低温保存,0.008% $Na_2S_2O_3$ 溶液	226	萃取前 14 天,萃取后 40 天
挥发性有机物	G,用聚四氟乙烯薄膜密封瓶盖	4℃低温保存,0.008% $Na_2S_2O_3$ 溶液	113	14 天;无酸保护则为 7 天

注:G 为硬质玻璃瓶;P 为聚乙烯瓶(桶);T 为聚四氟乙烯瓶,特氟龙材料。

　　每份样品从采样到送至实验室都应该有一个完整的样品追踪监管程序,主要包括:样品的收集、运输、处理和相关人员的信息;样品采集日期、时间、深度等记录数据;样品分析项目等其他信息。

3.4　数据库的建立

3.4.1　地下水基础环境状况调查评估数据库

　　地下水基础环境状况调查评估数据库建设执行统一的标准,包括行政区划编码、水源地编码等。数据库按类型分为调查数据库和评估数据库。

　　地下水基础环境状况调查数据库:建立以重点调查对象的资料收集、野外调查、实验分析等为主体的数据库。

地下水基础环境状况评估数据库:包括典型案例的地下水模拟预测评估、地下水污染防治区划评估、健康风险评估以及修复(防控)方案评估数据库。

3.4.2　数据采集与评估系统

在对地下水基础环境状况调查评估进行业务需求调查的基础上,设计数据采集与评估系统基本框架,完成地下水基础环境状况调查采集模板的编制,实现案例地区调查数据在线数据审核、数据上报、数据合并、汇总、评价,以及评估等功能。系统建设完成后,将系统部署在环境保护部(现生态环境部),依托环境保护部业务专网支持用户对调查数据的采集、上报与评估管理工作。

数据采集与评估系统的建设内容包括数据采集子系统、数据上报子系统和数据评估子系统等。

3.4.3　编制成果图件

成果图比例尺要在反映内容的基础上根据基础图件比例尺作适当调整。主要包括地下水质量分布图组、地下水污染现状图组、地下水污染防治区划图等。

地下水质量分布图组按评估标准和评估结果编制地下水质量综合评估图件,反映不同质量等级地下水区域分布。

地下水污染现状图组主要有污染源分布图,包括污染源类型、主要污染物、排放强度,应依据评估结果编制,反映不同污染程度地下水区域分布,地下水重要污染指标应编制单要素图。

3.4.4　构建信息平台

充分利用河北省地下水基础环境状况调查数据和评估成果,建立地下水污染防治的信息系统,实现信息共享,为地下水环境管理、规划实施和决策提供管理平台和技术支持。

3.5　地下水评价

3.5.1　地下水环境质量评价方法

地下水质量评价的目的是为了及时发现地下水质量变化并采取防治措施。地下水质量评价是合理开发利用地下水资源的前提,也是保护地下水环境的重要任务之一。地下水质量评价方法是否合理,关系到地下水质量评价结果的客观与否。近几十年来,国内外研究人员在这方面进行了深入的探索,提出了多种水质评价的方法和模型,如综合指数法、模糊数字综合评价法、灰色聚类综合评价法等多种基于数学模型的方法。但由于评价因子与水质等级间非常复杂的非线性关系及水体污染的随机性和模糊性,地下水质量评价至今仍没有一个被广泛接受的评价模型。

通过分析国内外地下水质量评价方法的现状,结合当前国内外地下水质量相关标准制定与修订情况,对应用较为广泛的内梅罗指数法、灰色聚类综合评价法、模糊数学综合评价法和基于分类指标的单指标评价法进行了对比分析,并对部分评价方法进行了改进和优化。同时提出了地下水质量影响因素识别方法,从而能够较为客观、系统地评价区域地下水质量状况。

1. 相关标准

新中国成立后最早的一部管理生活饮用水的技术法规是 1955 年卫生部发布实施的《自来水水质暂行标准》,1956 年由国家建设委员会和卫生部发布实施了《饮用水水质标准》,1959 年由建筑工程部和卫生部发布实施了《生活饮用水卫生规范》,它是对《饮用水水质标准》和《集中式生活饮用水水源选择及水质评价暂行规则》的修订,并将其合并而成的,共 17 项指标。1976 年卫生部组织制定了我国第一个国家饮用水标准,共有 23 项指标,定名为《生活饮用水卫生标准》(编号为 TJ 20—76),经国家基本建设委员会和卫生部联合批准实施。1985 年卫生部对《生活饮用水卫生标准》进行了修订,指标增加至 35 项,编号改为 GB 5749—85,于 1986 年 10 月起在全国实施。随着工业发展、人们认识的提高,以及生产生活的进步和科学研究的需要,国家标准委和卫生部于 2005 年和 2007 年又对两个标准进行了修订,分别增加了 71 项和 43 项指标,主要增加了影响人类健康的挥发性有机物,编号改为 GB 5749—2006。除此之外还制定了诸如《城市供水水质标准》《农田灌溉水质标准》等一系列标准,为相关评价工作提供了切实可行的参照。

依据我国地下水质量状况、与人体健康有关的基准资料、影响水质感官性状的资料,以及相关水质标准,国家技术监督局于 1994 年批准实施了《地下水质量标准》(GB/T 14848),但是在使用过程中逐渐发现它存在有机污染物指标缺乏的问题[17]。

有机物对人体健康的危害性是确定饮用水水质标准指标的主要依据。目前具有国际权威性和代表性的饮用水水质标准包括有机污染指标,如世界卫生组织(WHO)的《饮用水水质标准》中有机指标 72 项、欧盟的《饮用水水质指令》中有机指标 11 项(组),以及美国环保署(USEPA)的《国家饮用水水质标准》一级规程中包括有机指标 54 项[18]。我国修订的水质质量标准《地表水环境质量标准》(GB 3838)、《城市供水水质标准》(CJ/T 206)和《生活饮用水卫生标准》(GB 5749)中,增补了特征有机指标。

近年来的调查发现,我国地下水中也存在大量有机污染物,且污染形势日益严峻。1999～2002 年,中国地质调查局在华北平原某城市近郊开展了地下水有机污染调查,在地下水中检出有机污染物 36 项,分别为单环芳烃 12 项、卤代烃和多环芳烃 16 项、有机农药 8 项[17]。2003 年以来,在长江三角洲、珠江三角洲地区开展的地下水有机污染调查研究,发现地下水受到了卤代烃、单环芳烃和农药等的污染[19]。

为更加客观、科学地评判地下水质量状况,满足当前我国地下水污染防治管理工作的需求,由中国地质调查局负责起草、国土资源部负责提出、全国国土资源标准化技术委员会负责归口管理,发布实施了《地下水质量标准》(GB/T 14848—2017),水质指标由 GB/T 14848—1993 的 39 项增加至 93 项,增加了 54 项;参照《生活饮用水卫生标准》(GB 5749—2006),将地下水质量指标划分为常规指标和非常规指标;感官性状和一般化学指标由 17 项增至 20 项,增加了铅、硫化物和钠 3 项指标,用耗氧量替换了高锰酸盐指数。修订了总硬度、铁、锰氨氮 4 项指标,增加了硼、锑、银和铊 4 项指标,修订了亚硝酸盐、碘化物、汞、砷、镉、铅、铍、钡、镍、钴和钼 11 项指标;毒理学指标中有机物指标由 2 项增至 49 项,增加了三氯甲烷、四氯化碳、1,1,1-三氯乙烷、三氯乙烯、四氯乙烯、二氯甲烷、1,2-二氯乙烷、1,1,2-三氯乙烷、1,2-二氯丙烷、三溴甲烷、氯乙烯、1,1-二氯乙烯、1,2-二氯乙烯、氯苯、邻二氯苯、对二氯苯、三氯苯(总量)、苯、甲苯、乙苯、二甲苯、苯乙烯、2,4-二硝基甲苯、2,6-二硝基甲苯、萘、蒽、荧蒽、苯并(b)荧蒽、苯并(a)芘、多氯联苯(总量)、六六六(林丹)、六氯苯、七氯、莠去津、五氯酚、2,4,6-三氯酚、邻苯二甲酸二(2-乙基己酯)、克百威、涕灭威、敌敌畏、甲基对硫磷、马拉硫磷、乐果、百菌清、2,4 滴、毒死蜱和草甘膦 47 项指标,滴滴涕和六六六分别用滴滴涕(总量)和六六六(总量)代替。新标准修订减少了综合评价规定,使标准具有更广泛的应用性。

2. 地下水质量评价方法

我国地下水质量评价常用的方法有:水质单因子评价指数法、水质综合评价指数法、灰色系统理论法、模糊数学综合评价法、神经网络综合评价法和统计分析方法(包括因子分析法、对应分析法和主成分分析法等)等。

1)水质单因子评价指数法

该方法过程明了、简洁易懂,能直观地说明某项指标是否超标,但评价结果片面,不能反映地下水质量的整体状况。此方法适用于区域地下水质量评价时,对某些主要水质指标进行评价。

2)水质综合评价指数法

水质综合评价的指数或模式很多,但还没有一种普遍适用于地下水质量评价的模式[20],这是因为区域地下水质量差异很大,情况错综复杂。因此,在评价中应当选择能反映研究区地下水质量实际状况的、分辨率高的模式。主要评价模式有内梅罗模式(国标 F 值法)、均值模式、加权均值模式、混合加权模式、双指数模式、半集均方差模式、双权均值模式等。其中,内梅罗模式简单、计算简便、评价结果直观清晰,但由于没有考虑权重因素,只进行简单的加权平均,仅适用于常规指标的简单粗略评价,当参评指标中痕量指标较多时,会使得评价结果偏轻,但是将污染因子的权重因素加以考虑后可以在典型污染区内得以应用。

3)灰色、模糊和神经网络综合评价方法

灰色系统理论用颜色深浅来形容信息的多少。在地下水质量评价中存在许多不确定因素,且现行地下水质量评价给出的都是区间值。灰色系统注意到了水质分级界限的模糊性,为了提高信息的利用率和计算精度,研究人员采用了灰色理论的方法来解释数据,以使结论更接近于实际,已应用的方法主要有灰色聚类法[21-24]、灰色关联度法[25]。

模糊数学综合评价法:由于水体环境本身存在着大量不确定的因素,各个项目的级别划分、标准确定都具有模糊性。模糊数学综合评价法的基本思路是由检测数据建立各因子指标对各标准的隶属度集,形成隶属矩阵,再把因子权重集与隶属度矩阵相乘,得到模糊积,获得一个综合评判集,表明评价水体水质对各级标准水质的隶属程度,反映综合水质级别的模糊性。主要有模糊综合指数法[26]、模糊概率法[27]、模糊聚类法[28]、模糊综合评判法[29,30]、物元可拓法[31]和贴近度综合评价法[32]。

神经网络综合评价法:该法建立在自学习的数学模型基础上,不少研究者已将此类方法应用到了地下水质量评价工作中[33-36]。结合评价区域的具体情况,根据研究内容及要求确定所用标准并划分其质量等级是进行神经网络评价法的依据。

上述三种方法比较发现,采用模糊和灰色理论综合评价方法与仅采用单因子污染指数法相比,该方法可以克服瞬时采样和实验室分析误差对评价结果的影响,尤其是分析结果接近标准临界两侧时,更具优势。但是,模糊和灰色综合评判等传统方法无法体现一个标准区间内指标的优劣。在地下水质量评价中,这三种方法的评价结果在大部分情况下是一致的,能够较精确地得出符合实际的结果,是目前地下水质量评价领域中的有效方法,但并不是对于每个样本都能得出同样的结果,说明这三种方法是有差异的,各有优点和不足,在进行地下水质量评价时应根据实际情况进行选择[36]。

4)统计分析方法(因子分析法、对应分析法、主成分分析法等)

因子分析法起源于心理学,直到20世纪60年代才发展成型。因子分析法是从所研究的全部原始变量中将有关信息集中起来,通过探讨相关矩阵的内部依赖结构,将多变量综合成少数因子,以再现原始信息之间的关系,并进一步探讨产生这些相关关系的内在原因的一种多元统计分析方法。因子分析可分解为公共因子和独特因子两部分,它们客观存在,但又不能直接被测量到。因子分析法应用于地下水质量评价的实例有很多,如利用R型因子分析探讨地下水水化学成分和性质的测试指标之间的相互关系[37];SPSS是目前常用的统计分析软件,其中的因子分析模块可用来对地下水质量进行评价[38,39]。

对应分析法把R型和Q型因子分析结合起来,具有统一性、对称性和互推性等优点,将其应用于地下水环境系统分析中,能更好地从数量众多的环境因子中筛选出最重要的因子,以求达到环境因子结构的最优化,减少空间维数和简化系统,同时又不损失与地下水环境系统有直接和间接联系的主要信息。该方法在环境系统分析中的应用是有价值的[40]。

主成分分析法能够在最大限度地保留原有信息的基础上,对高维变量系统进行最佳的综合与简化,并且能够客观地确定各个指标的权数,避免了主观随意性[41,42],是一种客观而实用的评价方法。

5)其他评价方法

除了以上几大类方法外,其他的有关地下水质量评价方法有综合关联度与可拓指数法、基于多目标决策–理想点法基本原理的数学模型法[43]、遗传算法优化指数法[44]、最差因子判别法和主分量分析法、可拓分析方法[45],以及考虑到水质评价的关键是不确定性及相容性分析,从而将模糊逻辑系统与神经网络充分结合,建立了模糊神经网络模型[46]。

综上所述,内梅罗指数法、模糊数学综合评价法、灰色聚类综合评价法和神经网络法等虽各具优点,但基本上都是依据待评价的各水质指标浓度值与质量分级标准值相比较,按择近原则判定符合哪一级质量级别,从而判定水质等级[47]。上述诸多方法在对水质进行综合评价时,虽然能客观地描述各因素对水质污染的综合作用,并在实际应用中取得显著成效,但也存在很多的问题,如会使一些信息丢失、运算模型的任选及选择的不当等。

模糊数学综合评价法、灰色聚类综合评价法和物元可拓识别法用于地下水质量评价,函数设计和计算工作量大,而且计算结果一般只能给出离散的水质等级,属于同一级别内的水质往往不能分辨。用训练好的人工神经网络只能用于与训练样本集有相同指标和相同评价类别的待识别样本进行评价,无法通用。当指数和评价类别较多时,网络结构复杂,训练时间长,甚至出现不收敛和过拟合现象,分级评分评价法受人为因素影响较大,准确度不高,当指标项数较多时,难以做出合理的综合评价结果[44]。

总体看来,我国采用的水质评价方法主要是在数据处理上做文章(特别是在等级划分方面),而且评价指标一般不包括或只包括极少的有机指标。借鉴国外经验,数据的准确性和数据的长期积累是需要努力的方向。对于有限的数据,无论评价时采用的方法在理论上有多完善,都有可能得出误导的结论。因此,迫切需要提出切实可行的包含有机指标的地下水质量评价方法,能够在统一考虑无机指标和有机指标的基础上进行水质分类,水质类别也应和《地下水质量标准》(GB/T 14848)中Ⅰ~Ⅴ类水相对应。赋予较为明确的物理意义。

3. 地下水质量影响因素识别方法

1)目的和意义

地下水质量评价指标中,由水岩作用产生的称为原生化学指标,由人类活动产生的,称为地下水污染指标。"三氮"(硝酸盐氮、亚硝酸盐氮、铵氮)、重金属[镉、铬(六价)、铅、汞]和有机指标与人类活动关系极为密切,可认为是污染指标,其余指标以原生的占多数,在特殊情况下也有可能是化学工业的污染。

若对地下水检测指标全部进行综合评价,得出的地下水质量不能反映出地下水指标的浓度和化学物质的来源。例如,同是地下水质量评价结果为Ⅴ类水的几个样品,一个可能是氟化物过高,另一个可能是铁含量过高,还有的可能是四氯化碳污染,它们对人体的影响程度和对地下水的污染状况不同。因而,需对地下水质量的影响因素进行进一步识别。

在单指标对地下水质量影响中,一般考虑两类指标:一类是地下水中原生指标;另一类是人类活动导致的污染指标。

2)识别方法的构建

为识别影响地下水质量的因素和各类因素对地下水质量的影响程度,引入影响程度和贡献率两个概念[48]。

(1)分类指标影响程度:是指某类地下水指标对地下水质量的影响程度,描述为地下水分类指标中某类水的个数与该类水参评总个数之比。

(2)单指标超Ⅲ类水贡献率:为探求哪些指标对Ⅳ类、Ⅴ类地下水贡献较大,引入"单指标超Ⅲ类水贡献率"的概念,即地下水中某指标浓度超Ⅲ类水个数与超Ⅲ类水总个数之比。单指标贡献率反映了地下水中有害物质的来源,是识别地下水污染的重要途径。

3.5.2　地下水污染现状评价方法

根据地下水污染的概念,可将地下水污染分为两个阶段:第一个阶段,地下水的性质已经反映了人类活动的影响,但是并未影响到水的使用;第二个阶段,水质的变化已经影响到其使用情况。

由此可以看出,地下水污染评价既不同于地下水质量评价,也不同于地下水超标评价。地下水质量评价既包含了地下水在含水介质中运动形成的原生化学指标偏高,又包含了人类活动的影响;地下水超标评价仅仅指出是否超过某一标准,而无法体现是原生状态还是人类活动的影响;地下水污染评价则着重强调人类活动的影响程度。此外,从各评价所参考的标准而言,质量评价或超标评价结果依赖于评价标准,给出的标准不同,采用同一种方法进行评价的结果也不同,而地下水污染评价是相对于背景值或对照值而言。

1. 地下水污染现状评价方法

国内外的地下水污染评价方法很多,但是各个评价方法的侧重点不尽相同,应用条件和应用效果也各不相同。国外在地下水污染方面的研究主要是强调溶质运移机理的基础理论研究,并从传统的只注意地下水中的无机组分转移到注重危害更大的有机污染和放射性污染,而对地下水污染评价所采用的方法与质量评价基本一致。地理信息系统方法能综合分析处理大量的数据和资料,是在地下水污染评价中应用较广泛的方法[49-53]。此外,常采用的方法还有主成分分析法[54]、R 型因子分析法[55]、多变量统计方法[56]和专家系统法[57]等。国内地下水污染评价工作开始较晚,但是发展比较迅速。目前较常用的地下水污染评价方法有浓度法、单因子污染指数法、综合污染指数法、参数分级评分叠加指数法、灰色关联分析法和模糊数学法等。

1) 浓度法

依据背景值,求得某项评价指标超过背景值的检测点数占检测点总数的百分率,超过的百分率值越大,说明地下水污染越重,反之则轻。计算方法为

$$超背景值百分率(\%) = \frac{超过背景值的检测点数}{检测点总数} \times 100\%$$

该方法计算简单,但缺点是评价结果具有相对性,仅能反映某一地区采样点中超过背景值的点的比例,而无法体现各组分的污染程度。

2) 单因子污染指数法

该方法是利用实测数据和背景值对比分类,选取水质最差的类别即为评价结果,其计算公式为

$$P = C_i/C_0 \tag{3-1}$$

式中,P 为单因子污染指数,无量纲;C_i 和 C_0 分别为某一污染物的浓度和背景值(或对照值),mg/L。

单因子污染指数法的优点是,各参数的物理意义明确,计算过程简单,但区域之间和评价指标之间的背景值差异均较大,使得污染指数在区域上和评价指标之间无法对比,不能反映地下水存在多组分污染时的整体状况。而且,重金属和有机指标中某些评价指标的背景值为零,导致该评价方法失去数学意义。

3) 综合污染指数法

常用的综合污染指数法主要有代数叠加法、几何平均数法、均方根法和内梅罗指数法4 种[58]。

（1）代数叠加法：

该方法是将单因子污染指数进行简单的代数叠加，即

$$P = \sum_{i=1}^{n} P_i \tag{3-2}$$

$$P_i = C_i / C_{0i} \tag{3-3}$$

式中，P 为代数叠加综合污染指数；n 为污染物项数；i 为评价指标的数目；P_i 为单因子污染指数；C_0、C_{0i} 分别为某一污染物的浓度和背景值（或对照值），mg/L。

该方法的突出优点是能够体现出所有污染物数据的总体水平和特征，但是该方法可能掩盖和弱化少数毒性危害大的污染物的影响作用，使评价结果失真。

（2）几何平均数法：

$$P = \sqrt[n]{\prod_{i=1}^{n} P_i} \tag{3-4}$$

$$P_i = C_i / C_{0i} \tag{3-5}$$

式中，P 为几何平均数综合污染指数；P_i 为单因子污染指数；C_0、C_{0i} 分别为某一污染物的浓度和背景值（或对照值），mg/L；n 为污染物项数；i 为评价指标的数目。

该方法的优点是能够体现出较高浓度污染物在评价结果中的贡献，缺点是可能会反复提升或降低浓度较高的污染物的作用，也会导致评价结果失真。

（3）均方根法：

$$P = \sqrt{\frac{1}{n} \sum_{i=1}^{n} P_i^2} \tag{3-6}$$

$$P_i = C_i / C_{0i} \tag{3-7}$$

式中，P 为均方根综合污染指数；P_i 为单因子污染指数；C_0、C_{0i} 分别为某一污染物的浓度和背景值（或对照值），mg/L；n 为污染物项数；i 为评价指标的数目。

该方法同样可能掩盖和弱化少数毒性危害大的污染物的影响作用。

（4）内梅罗指数法：

内梅罗指数法是一种考虑极值或突出最大值的计算权重型污染评价方法，其计算公式为

$$P = \sqrt{\frac{(P_{\max}^2 + \overline{P^2})}{2}} \tag{3-8}$$

$$\overline{P} = \frac{1}{n} \sum_{i=1}^{n} P_i \tag{3-9}$$

$$P_i = C_i / C_{0i} \tag{3-10}$$

式中，P 为内梅罗综合污染指数；P_i 为单因子污染指数；$P_{\max}$ 为 P_i 最大值；$\overline{P}$ 为 P_i 平均值；C_0、C_{0i} 分别为某一污染物的浓度和背景值（或对照值），mg/L；n 为污染物项数；i 为评价指标的数目。

该方法的优势是能够体现浓度最大的污染指标的贡献，但是会夸大某些不具有直接毒

性或微毒性的指标。

4) 参数分级评分叠加指数法

参数分级评价叠加指数法是按照单因子污染指数法($I = C_i / C_{0i}$)计算单因子污染指标 I，然后根据 I 值评分，再计算参数评分叠加型指数 PI，根据 PI 进行地下水污染程度分级。参数分级评分标准为

$$I \leqslant 1, F = 0$$
$$1 < I \leqslant 2, F = 10$$
$$2 < I \leqslant 3, F = 100$$
$$3 < I \leqslant 4, F = 1000$$

参数分级评分叠加指数 PI 的计算公式为

$$PI = \sum_{i=1}^{n} F_i \tag{3-11}$$

式中，F_i 为地下水污染组分 i 的评分；n 为评价组分数。

地下水污染程度的分级标准主要体现在以下几个方面。

(1) 地下水未污染：PI = 0，表明地下水没有受到污染，即地下水中没有任何组分超过背景值。

(2) 地下水轻污染：$1 \leqslant PI < 10$，表明地下水中至少有 1 种评价组分的浓度超过其背景值的 1 倍，并且任何一种组分的浓度都没有达到其背景值的 2 倍。

(3) 地下水重污染：$10 \leqslant PI < 100$，表明地下水中至少有 1 种评价组分的浓度超过其背景值的 2 倍，并且任何一种组分的浓度都没有达到其背景值的 3 倍。

(4) 地下水严重污染：$PI \geqslant 100$，表明地下水中至少有 1 种评价组分的浓度超过其背景值的 3 倍，如 PI = 1001，表明有两个组分污染地下水。一个组分浓度超过其背景值的 1 倍，但未达到 2 倍；另一个组分浓度超过其背景值的 3 倍，但未达到 4 倍。

该方法的优点是计算过程简单、不失真、物理意义明确，缺点是当污染组分的背景值差异较大且污染组分所表现出来的危害不同时，可能会出现严重污染的水点比轻污染或重污染的水点危害小的情况。

5) 灰色关联分析法和模糊数学法

灰色关联分析法是灰色系统理论的重要组成部分。灰色系统理论和模糊数学都是常用的不确定系统研究方法。灰色系统理论着重研究"外延明确，内涵不明确"的对象，而模糊数学则研究"内涵明确，外延不明确"的对象。在地下水污染研究中，灰色关联分析法多用于确定污染因子或者与其影响因素之间的灰色关联关系，也可以将地下水污染因子与其污染等级看作一个灰色系统，通过灰色关联分析评价地下水污染等级[59]，但是该方法中的权重对评价结果有很大影响，无法保证评价结果的客观性。模糊数学法可以进行地下水污染的分级评价[60]，但是该方法在建立单因素隶属函数时，需要同时对每一级别逐一建立隶属函数，过程烦琐，而且由于其复核过程的基本运算规则是取小取大，强调极值的作用，丢失信息较多，其评价结果主要受控于个别参数，往往出现误判[61]。

总而言之，由于单因子污染指数存在不可对比和失去物理意义等问题，而其他多指标、

多权重的数学方法往往物理意义不明确,而且计算烦琐、可操作性不强,难以推广,加之各方法之间的评价结果无法对比,因此,在进行区域地下水污染评价时,需要建立一种可操作性较强、便于对比的地下水污染评价方法。

6) 单因子污染标准指数评价法

前面介绍的国内外常用的方法各有特点,但在实际地下水污染评价应用中的可行性却不甚理想。鉴于此,将单因子污染指数法进行了改进,命名为"单因子污染标准指数评价法"。该方法为实现地下水污染的区域可对比性,采用了与标准值对比的方法,能更好地反映人类影响的程度。该方法已得到长江三角洲、淮河平原和华北平原地下水污染调查评价项目的检验,基本解决了区域地下水污染评价指标之间的对比问题,能够直接反映区域地下水污染情况,并对有针对性地治理地下水提供了证据。

A. 评价指标设置

地下水化学指标种类繁多,性质有相似的,也有差别很大的,为了能充分体现各化学指标本身的特性,将地下水化学按三氮指标、毒性重金属指标、挥发性有机指标、半挥发性有机物指标划分为四类,并进行分类评价。

B. 评价方法的构建

a. 标准指数计算

由地下水污染的概念可知,化学组分的检测值超过背景值,即说明地下水已受到污染。而污染程度的大小,还需考虑其与某一标准的比较。在此,为了更好体现人类直接或间接的影响过程,对单因子污染指数法进行了改进,命名为单因子污染标准指数评价法,该方法选择了《地下水质量标准》(GB/T 14848)Ⅲ类水限值为标准值,可见该方法也考虑了超标的问题。构建的计算公式为

$$P_{ki} = \frac{C_{ki} - C_0}{C_{\text{III}}} \tag{3-12}$$

式中,P_{ki} 为 k 水样第 i 个指标的污染指数;C_{ki} 为 k 水样第 i 个指标的测试结果,mg/L;C_0 为 k 水样无机组分 i 指标的对照值,对照值选取的主要来源为背景值监测井结果、地区最早的分析资料或区域中无明显污染源部分补充调查资料的统计结果、优先考虑使用背景值监测结果。有机组分等原生地下水中含量微弱的组分背景值按零计算,mg/L;C_{III} 为《地下水质量标准》或《地表水环境质量标准》中指标 i 的 Ⅲ类指标限值,mg/L。

b. 污染等级确定

地下水污染等级确定是将上式计算出的标准指数按一定范围划分成不同的级别。污染指数越大级别越高,根据大量的数据统计分析,地下水污染级别划分为六级较为合适。

(1) 未污染:第一级,$P \leqslant 0$,即未污染。这时有三种情况,一是背景值为零、检测值也为零;二是检测值与背景值相等,并且背景值可能高于Ⅲ类水限值;三是检测值小于背景值。

(2) 轻度污染:第二级,$0 < P \leqslant 0.2$,轻污染。之所以定为 0.2,是考虑到背景值为零时,检测值达到Ⅱ类水限值时,多数指标的污染指数为 0.2。

(3) 中污染:第三级,$0.2 < P \leqslant 0.6$,类别为中污染。

(4) 较重污染:第四级,$0.6 < P \leqslant 1.0$,大于第三级最高限值,类别为较重污染。

(5) 严重污染:第五级,$1.0 < P \leqslant 1.5$,污染指数大于 1.0,说明检测值或检测值与背景值

之差超过Ⅲ类水标准,已经超过生活饮用水卫生标准的限值。

(6)极重污染:第六级,$P > 1.5$,极重污染。包括两种情况:一是背景值为零,检测值达到Ⅲ类水标准的1.5倍;二是背景值大于零,检测值高于Ⅲ类水标准的1.5倍。在地下水质量标准中,绝大多数指标的Ⅴ类地下水与Ⅲ类地下水的比值大于1.5,说明该级别污染程度的地下水已经远超过生活饮用水卫生标准的限值,是最高风险值。故定义检测值或检测值与背景值之差超过Ⅲ类水限值的1.5倍时为最高污染程度。

7)多指标综合评价法

天然地下水中含有多种组分,造成地下水污染的也可能是若干个指标,因此,在得到单因子污染标准指数评价结果后,还应综合其他指标进行综合评价,给出评价点的地下水综合污染程度。

多指标综合评价方法是依照单因子污染标准指数的评价结果,逐个对比每项指标,按从劣不从优的原则取值,最终确定该评价点的地下水污染程度。

2. 背景值或对照值的选取方法

地下水污染是指在人类活动的影响下,地下水水质变化朝着水质恶化的方向发展的现象。那么,怎样才是恶化了? 这就需要一个没有恶化之前的情况来做比较。由此,"背景值"的概念应运而生。

20世纪80年代初,在"长江中下游重点地区地下水环境背景值调查"中,我国的水文地质学家正式提出了"地下水环境背景值"的概念。2011年,环境保护部发布的《环境影响评价技术导则 地下水环境》(HJ 610—2011)对"地下水环境背景值"进行了定义:"地下水背景值又称地下水底值,是指在自然条件下地下水中各个化学组分在未受污染的情况下的含量"。

"地下水环境背景值"的概念的提出使定量评价地下水污染程度成了可能,但是地下水环境背景值是很难获得的,所以,经常使用的是地下水环境对照,即评价区域内历史记录最早的地下水水质指标统计值,或评价区域内受人类影响程度较小的地下水水质指标统计值,是一个与时间和地点关系密切的概念,而背景值本身是不受人类活动影响的。地下水中有关组分的天然含量,随地质、水文地质条件的改变而改变,只有区域差异性。

目前,常用的背景值或对照值的确定方法有数理统计法、趋势面分析法、比拟法和历时曲线法等。

1)数理统计法

数理统计法是现在应用比较多的方法。数理统计法的取值包括三种情况。

(1)当组分含量服从正态分布时,取其算术平均值,或者$\bar{x}$(均值)$\pm 2s$(标准差),也有取$\bar{x}$(均值)$\pm s$(标准差)的。

(2)当组分含量服从对数正态分布时,取其几何平均值。

(3)当组分含量服从偏态分布类型时,采用累积频率法,即把可靠的含量区间分成若干组,统计各组内监测因子的频数和频率,然后求累积频率并作图,再从中取累积频率为50%在曲线上对应的浓度作为背景值。

数理统计法无法体现时间的差异性,但可以充分利用以往资料[62]。

2）趋势面分析法

趋势面分析法是利用数学曲面模拟地理系统要素空间上的分布和变化趋势的一种数学方法,运用最小二乘法拟合一个二维非线性函数,模拟地理要素在空间上的分布规律,展示地理要素在地域上的变化趋势。应用中,把实际的地理曲面分解成趋势面和剩余面,前者反映地理要素的宏观分布规律,属于确定性因素作用的结果;而后者则对应于微观局域,是随机影响的结果,所以趋势面分析的基本要求是,使所选择的趋势面模型的剩余面值最小而趋势最大,这样拟合精度才能达到足够的准确性。趋势面分析法较适合于宏量组分背景值的分析。

3）比拟法

比拟法即选择与污染区地下水形成条件相似的未污染区进行对照比较,把未污染区各个特征量的浓度值作为污染区地下水环境背景值,该方法无法体现各地区的差异性。

4）历时曲线法

历时曲线法是指系统收集研究区域内长序列的水质观测资料,在不考虑检测水平等因素的前提下,研究其历史变化特征。虽然地下水环境背景值具有时间差异性,但它和区域差异性一样,是渐变并有一定限度的,所以,当地下水中某一或某些组分的浓度随时间出现阶跃性变化时,往往认为是地下水系统特征发生了很大改变,一般认为是污染原因造成的,通常取未发生阶跃部分的记录数据确定研究区的背景值。这种方法的优点是可以剔除一些偶然因素造成的水质变化,但是需要有长序列的水质观测资料。

3. 检出和超标限值

1）检出限

检出限(detection limit 或 limit of detection,D. L)是分析化学中常见的名词术语,对于评价分析方法的优劣具有重要意义。由于不同组织机构和国家对检出限的定义不同,关于检出限的名词术语很多,在使用中存在一些混乱现象,我们针对这个问题,提出了评价检出限的概念。

A. 检出限的几种定义

（1）国际理论(化学)与应用化学联合会(IUPAC)对检出限的规定:检出限以浓度(或质量)表示,是由特定的分析步骤能够合理地检测出的最小分析信号 X_L 求得的最低浓度 C_L（或质量 q_L）,其表达式为

$$C_L(\text{或 } q_L) = \frac{X_L - \overline{X}_b}{S} = \frac{KS_b}{S} \tag{3-13}$$

式中, X_L 为空白平均值,空白指与待测样品组成完全一致但不含待测组分的样品; X_b 为空白标准偏差,IUPAC 规定和应通过足够多的测定次数求出,至少 20 次; S 为分析校准曲线在低浓度范围内的斜率; K 为根据所需的置信度选定的常数,建议取 $K = 3$ 作为检出限的计算标准,对应的置信度约为 90%。

（2）《全球环境监测系统水监测操作指南》中规定:给定置信水平为 95% 时,样品测定值与零浓度样品的测定值有显著性差异即为检出限(D. L)。这里的零浓度样品是不含待测物质的样品,该检出限表达式为

$$D.L = 4.60 \sigma_{wb} \tag{3-14}$$

式中,σ_{wb}为空白平行测定(批内)标准偏差(重复测定20次以上)。

(3)国家标准《分析仪器术语》中对检出限的表述:"仪器能确切反映的输入量的最小值,通常定义为两倍的噪声与灵敏度之比"。

B. 检出限的分类

多数检出限定义的基础是"空白"的标准偏差,这样的定义是有局限性的。首先,"空白"也还没有一个严格的表述,在实际工作中很难准确把握;其次,对标准偏差产生影响的因素也有很多,其中包括仪器本身性能、试剂中待测物质含量的波动、测定中外部因素的影响,以及操作的严谨性、样品基体干扰的排除和校正等[63],忽略其中的任何一项都对检出限的计算有一定的影响。由此说明,笼统地提出检出限的概念是不够准确的。于是,有研究者对检出限进行了具体的划分,主要分为仪器检出限(instrument detection limit,IDL)和方法检出限(method detection limit,MDL)两类。

a. 仪器检出限

仪器检出限是分析仪器能够检测的被分析物的最低量或最低浓度,它反映的是仪器本身的检出能力,不考虑任何样品制备步骤的影响。

b. 方法检出限

方法检出限是分析方法能够检测的被分析物的最低量或最低浓度,它不仅与仪器的噪声有关,还反映了分析方法在测定样品的整个过程中的误差。

目前使用最多的是美国环保署对方法检出限的定义:能够被检出并在被分析物浓度大于零时能以99%的置信度报告的最低浓度。具体计算方法是在纯净基质中以相当于能产生信噪比$2.5 \sim 5.0$的信号的浓度掺入目标化合物,当连续分析7个这样的掺标样品时,$MDL = 3.143s$,s指标准偏差。

应当注意的是,美国环保署定义的MDL实际上反映了低浓度时方法的精密度,与真实的检出限并无直接关系,当被检物在样品中的实际浓度等于其MDL时,该分析方法不能保证被检物被定量地检出,对某些化合物甚至不能保证其被定性地检出[64]。

C. 评价检出限的提出

为了克服不能定量检出、各实验室检测项目的检出限不一致而导致检测结果难以比较的局限性,需要一个能够定量的、便于检测结果比较的真正含有该物质的检出限,由此,提出了"评价检出限"的概念。此外,虽然检出限不是越低越好,但是也需要达到一定的精度要求,才能体现实验室的检测水平。因此,为了使承担检测工作的实验室能够达到精度要求,同时提出了"目标检出限"的概念。

2)超标限

超标是指超过某种标准。例如,在某个项目实施过程中规定超标是指地下水中某指标的含量超过了《地下水质量标准》(GB/T 14848)中的Ⅲ类指标限值。

3.5.3 地下水污染综合成因分析技术

常用的地下水污染综合成因分析技术即污染源解析方法见表3-13。

表 3-13　常用污染源解析方法统计对比表

源解析技术	原理	优点	缺点/局限
空间叠图法	分析主要污染物浓度现状分布图,确定地下水污染高浓度区;根据识别的污染高浓度区,在其附近核查潜在污染源具体位置,并在图件中标出;采用 GIS 手段将主要污染物浓度现状分布图、潜在污染源位置分布图与地下水流场图叠加,推断污染物扩散途径,定位污染源空间分布	适用范围广,可准确分析各地下水污染源对污染现状的贡献程度;可在短时间内得出较为精确的溯源结果	在水文地质条件较复杂或地下水流场不明确的条件下,无法精确溯源
捕获区法	利用溶质迁移软件模拟示踪粒子在指定的位置和时间内随地下水流运移的路径,将其与评估区污染物现状空间分布相比较,以判断和验证地下水中污染物来源位置	在水文地质条件复杂的条件下亦能刻画污染物的空间分布,模拟结果直观,可反映污染物的三维空间运移情况	要求水文地质资料完备,可支持模型创建工作,若资料不全需补充野外勘测工作获取,成本较高
稳定同位素法	利用稳定同位素(如 C-13、汞、铅、硫、氮等)推测地下水中污染物的来源,并分析污染物随时间的迁移变化	稳定同位素在特定污染源中组成特定,在迁移与反应过程中组成稳定,分析结果精确稳定	同位素对生物的放射性风险尚未明确,因此该方法环境风险较高
化学指纹法	通过特定离子或化合物的比值,或分子标志物特征识别地下水污染源	适用范围较广,具有特征性,识别结果准确快速	化学组成易因挥发、淋滤和生物降解等环境过程而改变,仅适用于突发性或短时间事件
化学质量平衡法	设采样分析测得受体中物质 i 的浓度为 d_i,该区域排放物质 i 的源有 p 种,若已知某排放源 j 所排放污染物中物质 i 的含量为 x_{ij},则源 j 对受体的贡献 g_j 应满足: $d_i = \sum_{i=1}^{p} x_{ij}g_j(i=1,2,\cdots,n)$ 源 j 的贡献率为 $\eta = \dfrac{g_j}{\sum_{j=1}^{p} g_j}$ 源。测定 n 种物质可建立 n 个方程,只要测定项目数量大于或等于排放源数目,就可解出一组 g_j,即各排放源的贡献率	该方法原理清楚,易理解;从一个受体样品的分析项目出发就可以得到结果,可以避免大量的样品采集所带来的资金等方面的压力;能够检测出是否遗漏了某重要源,可以检验其他方法的适用性	要求对污染源和受体地下水长期采样监测,列出排放清单,不断更新本地区排放源成分谱,工作量大,技术难度高;从排放源到受体之间排放的物质组成没有发生变化的假设条件难以满足;排放源的选择上存在主观性和经验性;要求排放源物质成分线性独立很难满足;未区分同一类排放源排放的成分差别和同一排放源在不同的时间排放物质的差别
多元统计法	多元统计方法是利用观测信息中物质间的相互关系来产生源成分谱或产生暗示重要排放源类型的指标,主要包括指标分析(FA)、主成分分析(PCA)等。指标分析能将具有复杂关系的变量归结为数量较少的几个综合指标。在污染物来源研究中,通常采集大量(设为 N 个)样品,从每一个样品中分析出若干种(设为 M)化学成分的浓度,这样就构成了一个包含 $N \times M$ 数据的集合。由于同一环境样品的组成成分并不相互独立,来自同一类源的那些成分存在较强的相关性,因此,可以用 P 个指标($P<M$)来描述原来的样品集合	应用简单且不需要事先对研究区域污染源进行监测,只需对排放源组成有大致的了解,并不需要准确的源成分谱数据;利用一般的统计软件便可计算;不用事先假设排放源的数目和类型,排放源的判定比较客观;能够解决次生或易变化物质的来源,能利用除浓度以外的一些参数	本方法不是对具体数值进行分析而是对偏差进行处理,如果某重要排放源比较恒定,而其他非重要源具有较大的排放强度变异,可能会忽略排放强度较大的排放源,在实际中一般鉴别出 5~8 个因子,如果重要排放源类型>10,这种方法不能提供较好的结果

3.6　地下水环境"四大"评估

3.6.1　地下水污染综合评估

地下水污染综合评估包括两部分内容,其一为地下水污染现状评估,其二为地下水污染模拟预测评估。地下水污染现状评估的相关方法已在 3.5.2 节详细介绍,本节重点介绍地下水污染模拟预测评估的相关内容。

1. 工作内容和流程

1) 工作内容

地下水污染模拟预测评估工作在地下水环境调查评价工作基础上,开展地下水污染概念模型构建和污染趋势预测工作。

A. 地下水污染概念模型构建

地下水污染概念模型构建工作旨在通过收集相关资料,分析地下水环境状况调查结果,概化评估区水文地质条件,识别评估区内造成地下水污染的主要污染指标及其污染范围,概化评估区污染状况,构建地下水污染概念模型。

B. 地下水污染趋势预测

依据评估区地下水环境敏感程度和地下水污染状况,确定趋势预测工作等级和评估重点。工作内容包括:工作目标和等级划分、概念模型的数学表达、预测工具选择、模型校准与验证、敏感性分析、模型预测结果分析等。

2) 工作流程

地下水污染模拟预测评估工作主要包括地下水污染概念模型构建、地下水污染趋势预测、报告编写等步骤,具体工作流程见图 3-6。

2. 地下水污染概念模型构建

1) 资料收集与评述

地下水污染概念模型构建所需资料除了地下水环境状况调查第一和第二阶段已经收集的评估区概况、地质及水文地质条件、污染源情况、地下水污染评价结果等相关资料,还需在地下水环境状况调查的第三阶段补充收集或调查更为详尽的资料。资料的翔实程度应能详细说明地下水污染源的属性及污染物排放特征、污染途径、污染源与潜在受体间关系、污染物迁移转化相关参数等内容。

2) 主要污染指标识别

基于地下水质量评价和污染评价成果对评估区主要污染指标进行识别。

(1) 步骤一,污染指标筛查:筛选出超过《地下水质量标准》Ⅲ类水标准和《生活饮用水卫生标准》,同时污染等级为Ⅱ级及以上的指标。

(2) 步骤二,主要污染指标识别:如果步骤一中筛选出的污染指标属于"主要危害污染物",则直接将该指标确定为主要污染指标。此外,地下水污染责任人、环境保护主管部门、

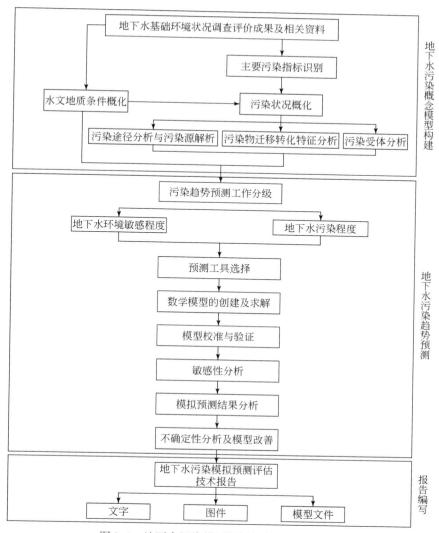

图 3-6　地下水污染模拟预测评估工作流程图

公众等利益相关方认为应当进行评估的污染指标亦考虑为主要污染指标。根据具体情况可选用某种特定指标代表某一类污染物,如使用总溶解固体代表无机盐类污染物,或以氯离子代表保守性污染物。

　（3）步骤三,主要污染指标验证:结合评估区污染源特征污染物,以及地下水污染时空演变特征,验证主要污染指标的指示性。经验证后,剔除不能代表评估区地下水污染状况的指标。

　3)水文地质条件概化

　水文地质条件概化是分析和研究一定范围内地下水系统的内部结构与动态特征的过程。通过适当简化和合理假设,对地下水系统内外地下水的补径排关系、含水层组类型及空间结构、边界条件及源汇项、地下水运动状态及参数分布特征等进行定性表达。

（1）确定评估区范围：评估区范围的划定应能说明地下水水流状况，能涵盖已知地下水环境问题影响的范围，包括污染源、当前污染分布范围、地下水环境敏感区域等，必要时扩展至完整的水文地质单元，以及可能与污染区域所在的水文地质单元存在直接补排关系的区域。

（2）边界条件概化：根据含隔水层的分布、地质构造边界上的地下水流特征、地下水与地表水的水力联系，将评估区边界概化为给定地下水水位（水头）的一类边界、给定侧向径流量的二类边界或给定地下水侧向流量与水位关系的三类边界。

（3）内部结构概化：对评估区含水层组和含水介质进行概化，分析含水层组的结构与岩性，确定含水层组的潜水或承压水类型，区别含水介质的均质或非均质性、各向同性或各向异性属性。查明含隔水层的空间分布形态，含水层的导水性、储水性及渗透方向的变化规律，含隔水层相互之间的接触关系，确认是否存在"天窗"、断层等沟通结构。

（4）地下水运动状态概化：对评估区地下水运动状态进行概化，确定含水层组水流为稳定流或非稳定流、二维水流或三维水流，以及是否存在越流补给等情况。裂隙、岩溶含水介质中水流运动概化要视具体情况而定。在局部溶洞发育处或宽大裂隙中，水流运动一般为非线性流或紊流，不能应用达西定律，但对于发育较均匀的裂隙、岩溶含水层中的地下水运动，可概化为达西流，按照松散孔隙含水层水流运动的方式处理。在大区域上，北方岩溶水运动近似满足达西定律，含水介质可概化为非均质、各向异性。

（5）水文地质参数概化：对水文地质参数的时空分布进行概化，包括参数初步选择的数值范围、水平和垂向的初步分区方案等。对于参数的空间分布规律，常采用离散化的参数概化方法来确定。参数分区的依据如下：①评估区抽水试验资料计算所得参数，包括渗透系数、储水系数、给水度及单位涌水量；②含水层分布规律，即埋深、厚度和岩性组合特征；③地下水天然流场、人工干扰流场、水化学场和温度场；④构造条件及岩溶发育规律（限于岩溶含水层）。

4）污染状况概化

地下水污染状况概化是在水文地质概念模型的基础上，明确污染源-污染物迁移途径-目标受体特征及相互关系的过程。

A. 污染途径分析与污染源解析

（1）污染来源识别：结合评估区地下水补径排条件、主要污染指标空间分布特征和水文地球化学特征、行业特征污染指标等，识别定位污染来源。

（2）污染途径和污染物释放特征分析：根据评估区水文地质条件和污染源位置，明确污染物进入地下水的污染途径及受污染含水层、污染物释放形式及释放规律。将污染途径概化为间歇入渗型、连续入渗型、越流型、径流型；将污染物释放形式概化为点源或面源；将释放规律概化为连续恒定释放或非连续恒定释放。

（3）污染源解析：污染源解析优先使用空间叠图法，若仍无法确定污染来源，可在补充调查的基础上采用稳定同位素法、化学质量平衡法、化学指纹法、捕获区法或多元统计法等方法，分析各地下水污染源对污染现状的贡献程度。

B. 污染物迁移转化机制分析

对评估区主要污染物在地下水中的物理迁移过程、生物地球化学转化过程进行定性分析，确定主要污染物是否存在吸附、衰变、降解、反应、挥发、变密度流和多相流等迁移转化过程。

C. 污染受体分析

依据评估区水文地质条件、源解析结果、污染物迁移转化机制分析成果,确认地下水污染潜在影响的对象,如水源井、地表水、底泥、敏感人群等。

3. 地下水污染趋势预测

1) 工作目标和等级划分

A. 工作目标

地下水污染趋势预测旨在预测评估区地下水污染分布特征在时间和空间上的变化趋势,推断污染扩散的范围,量化污染扩散的速率,分析污染受体受影响程度等。

B. 评估工作等级划分依据

依据评估区地下水环境敏感程度和地下水污染程度对地下水污染趋势预测工作进行等级划分。评估区地下水环境敏感程度可分为敏感、较敏感、不敏感三级。地下水污染程度根据地下水环境状况调查阶段评估区地下水污染单点综合污染评价结果进行分级(表 3-14)。

表 3-14 地下水环境敏感程度分级表

分级	地下水环境敏感程度
敏感	集中式生活供水水源(包括已建成的在用、备用、应急水源,在建和规划的水源)保护区和准保护区;除生活供水水源以外的国家或地方政府设定的与地下水环境相关的其他保护区,如热水、矿泉水、温泉、盐卤水等特殊地下水资源保护区
较敏感	集中式生活供水水源(包括已建成的在用、备用、应急水源地,在建和规划的水源地)准保护区以外的补给径流区;特殊地下水资源(如矿泉水、温泉等)保护区以外的分布区,以及分散居民饮用水源等其他未列入上述敏感分级的环境敏感区
不敏感	上述地区之外的其他地区

C. 工作等级划分方法

综合上述两项原则,对地下水污染趋势预测工作等级划分如表 3-15 所示。

表 3-15 工作等级划分一览表

评估级别	地下水环境敏感程度	地下水污染程度
无需预测	全部级别	任何位置单点综合污染级别未超过 I 级
	不敏感	全部级别
一般预测	较敏感	最高单点综合污染级别为 II ~ IV 级
详细预测	较敏感	最高单点综合污染级别达 V 级或曾发生重大污染事件,且主要污染指标污染级别为 II 级及以上
	敏感	最高单点综合污染级别为 II 级及以上

对于调查资料满足评估等级要求的地区直接开展相应的趋势预测工作,不满足评估等级要求的地区需补充收集资料,必要时开展更为深入的环境水文地质勘查和试验工作,以及污染扩散调查和监测工作。

2) 预测工具选择

根据工作等级的需要,预测工具的选择需要在解析解模型和数值解模型,以及一维模型、二维模型和三维模型中进行。具体模型选择可参照表 3-16,具体地下水数值模拟软件选择可参考表 3-17。

表 3-16　不同工作等级的数学模型选择要求统计表

项目	一般预测	详细预测
维数	一维、二维/准三维	三维/准三维
数据量	中等	较多
岩性特征	均质、各向同性	非均质、各向异性
地下水流态	稳定流/瞬时流	瞬时流
边界与初始条件	非瞬时流边界,初始条件不一致	瞬时流边界,初始条件不一致
关于水流与迁移过程假设	简单或较复杂的水流与污染物迁移程	复杂的水流与污染物迁移程
模拟方法	半解析解模型/数值解模型	数值解模型

表 3-17　地下水模拟软件基本情况对比表

软件名称	开发者	数据输入方式	功能	不足
GMS	美国 Brigham Young University 环境模型研究实验室和军工部排水工程实验站	模块数据输入、外部 GIS 数据输入、工具性辅助模块数据输入	综合 MODFLOW、MODPATH、MTSD、SEEP2D、PEST、UCODE 等地下水模型功能,可进行水动力学运移模拟和水质运移模拟;建立三维地层实体,进行钻孔数据管理、二维(三维)地质统计;界面可视化和打印二维(三维)模拟结果	目前 GIS 模块只能应用于稳态数据
FEFLW	德国 WASY 公司	具备地理信息数据接口,基于地图用鼠标设计	用于饱和(非饱和)流场,二维(三维)水流、热、溶质运移模拟,是一款专门从事复杂地下水模拟工程的软件	补排项无单独子程序包,调参比较麻烦
Visual MODE-FLOW	加拿大 Waterloo 水文地质公司开发	工具性辅助模块数据输入	在 MODFLOW 模型基础上,综合已有的 MODPATH、MT3D、RT3D 和 WinPEST 等模型开发的综合软件,可以进行水流模拟、溶质运移模拟、反应运移模拟	无法解决混流问题,不适合某些复杂的地质条件、不饱和、变密度、热对流等问题
Visual Groundwater	美国 Environmentall Simulation,Inc. 公司	人工输入,也可以由 ASCII 文件	饱和状态水流模拟、溶质运移模拟、实时动画功能,可以将复杂的技术数据以一种能够被任何人所理解的形式展现在公众面前	目前应用研究不足
MIKE SHE	丹麦 DHI 国际咨询研究机构	GIS 格式输入,链接原始数据	一维非饱和带,二、三维饱水带水量模拟模型和对流弥散模型、水质模型	模型建立较难

续表

软件名称	开发者	数据 输入方式	功能	不足
MT3DS	C. Zheng 和 P. Wang	工具性辅助模块数据输入	地下水溶质运移,模拟高度非均质裂隙介质中的污染物运移	只能进行溶质运移模拟
TOUGH2	美国劳伦斯伯克利实验室	子程序输入数据	模拟各种不同条件下地下水水流和热运移	模型不易校正

3) 概念模型的数学表达

在对地下水水流系统和污染状况概化的基础上,用一组数学关系式来刻画系统的数量关系和空间形式,把概念模型转化为数学模型。地下水污染迁移趋势数学模型包括水流运动模型和污染物迁移模型两部分,污染物迁移的模拟预测要建立在可靠的地下水水流运动模拟的基础之上。

A. 控制方程

地下水水流运动的模拟根据含水层达西定律、压缩释水理论、水均衡和水流连续性原理建立。

地下水污染模拟预测是求取污染物在地下水介质中浓度随时空变化的过程,水相污染物和非水相污染物的模拟预测使用不同的控制方程进行表达。对于高度简化的概念型地下水污染问题,可以直接建立污染物浓度随时空变化的控制方程,并在给定边界条件后求取解析解或近似解。

实际问题中边界条件较为复杂,在无法应用解析解模型的情况下,可以通过求取数值解来考察地下水污染物的变化。最简单的地下水污染物运移模型基于已知水流流场,将污染物视同随水运行的质点,通过追踪质点的轨迹来模拟污染物的运移规律。更为全面的地下水污染物运移模型则要基于已有的离散化流场,考虑污染物在对流、弥散、吸附、反应等过程共同作用下的演化规律。

B. 边界条件

地下水流模型的边界条件包括定水头边界、定流量边界及第三类边界。地下水污染物运移模型的边界条件也有三类:指定浓度边界、指定浓度梯度或弥散通量边界、同时指定浓度及浓度梯度或总通量边界。

污染物运移受水流边界和污染物边界条件共同作用,控制模型边界单元污染物质量的流入量和流出量。在实际应用中常结合水流方程的定流量边界与污染迁移方程的指定浓度边界,确定适宜的污染物质量通量边界。

C. 初始条件

所有的非稳定水流模型和污染物迁移模型都需要初始条件。对于非稳定水流模型,初始条件就是在某一个选定的初始时刻($t = 0$ 时刻)含水层中的水头分布;对于非稳定污染物迁移模型,初始条件用来描述给定初始时刻评估区内各点(x, y, z)的浓度分布状态。

D. 源汇项

源汇表示水流或污染物进入或离开模拟区域的机制。在水流模拟中可以指定源和汇的通量,也可以通过计算求得。在污染物迁移控制方程中,源汇项表示溶于水的污染物通过源进入或通过汇离开模拟区域。

E. 确定模型参数

模型的参数指运行水流模型和污染物运移模型需要输入的所有数据,包括:模型空间信息参数,如模型边界的位置、地质单元的厚度及现有污染羽的范围等;模型动力学参数,如渗透系数、孔隙度及化学反应速率常数等;与源汇有关的各种参数,如污染物进入量和排出量,或注水量和抽水量。

4)模型校准与验证

模型校准是通过调整模型输入参数,直到模型输出变量与野外观测值的误差达到精度要求的过程。模型输出变量可以从水头、流量、浓度、污染物运移时间、污染物去除率等指标中选择。

当数据资料较丰富时可开展模型验证。使用校准后的模型以稳定流或非稳定流的形式在新的时间段运行,使用预测结果与野外观测值进行对比,如误差无法达到精度要求需对模型进一步校准。

A. 校准与验证依据

(1)模拟的地下水流场要与实际地下水流场基本一致。

(2)模拟的地下水动态过程要与实测动态过程基本相似。

(3)从均衡的角度出发,模拟的地下水均衡变化与实际要素基本相符。

(4)校准后的水文地质参数要符合实际水文地质条件。

B. 校准与验证方法

a. 拟合-校正法

(1)利用多孔(或群孔)抽水试验资料或地下水动态长期观测资料反求水文地质参数,即解逆问题,有直接解法和间接解法两类。鉴于目前逆问题的直接解法在数值计算中稳定性差,一般可采用间接解法通过拟合-校正方法反求水文地质参数,校准和验证数值模型。

(2)校准和验证是建立数值模型的两个阶段,必须使用相互独立的不同时间段的资料分别完成。采用校准阶段的资料反求水文地质参数,即校准模型;采用验证阶段的资料,即验证模型。

b. 拟合

(1)水文地质参数可根据含水层的特征分区给出初始估计值,在模型的校准过程中,可对分区进行调整,但应与其水文地质特征相符。

(2)在模型校准中,原则上不同水文地质参数分区中和第一类边界上均应有控制观测井的实测地下水水位及水质资料,作为拟合的依据。

(3)一般情况下,原则上观测井地下水水位的实际观测值与模拟计算值的拟合误差应小于拟合计算期间内水位变化值的10%。水位变化值较小(<5m)的情况下,水位拟合误差一般应小于0.5m。

(4)要求地下水位计算曲线与实际观测值曲线的年际、年内变化趋势一致,以水位拟合均方差小于允许误差作为解收敛的判断标准。地下水模拟流场应与实测流场形态一致,地下水的流向应相同。

（5）要求地下水中污染物浓度计算值与观测值的穿透曲线吻合，变化趋势一致。一般情况下，计算值与观测值进行拟合，相关系数须大于 0.85。

（6）结合具体预测目标，对于进行详细预测且影响到重大地下水环境管理决策的评估对象，需提高模型校准的要求，对于一般预测和验证性的模拟预测，可适当降低校准目标。

5）敏感性分析

敏感性分析是地下水模拟预测中常用的一种研究不确定性的方法，其目的是分析模型对输入参数不确定性的敏感程度，表征各模型参数对模型的相对影响能力。敏感性分析是在合理的范围内（模型参数值的不确定范围）改变模型输入参数，并观察模型响应变化的过程。衡量模型响应的指标主要包括水头、流速、污染物浓度等。

6）模型预测结果分析

校准和验证完善的模型可用于预测研究区地下水污染在时间和空间上的变化趋势和分布特征，以及推测可能的污染途径。

模型预测工作的核心是设计合理的模拟情景，因此需要明确评估目标，确认评估所关注的关键问题。

常见的模拟情景有精确预测情景和保守预测情景。精确预测情景即将模型参数做可能范围内的最精确估计，参数取值最大限度反映评估区的真实情况。保守预测情景即模型参数取最保守的值，反映最不利状态下的污染趋势。精确预测情景和保守预测情景之间的差别反映了模型结果的不确定性程度。

7）不确定性分析

模型不确定性分析是指由于模型建立在一定的假设基础上，即使经过良好校准的模型由于数据的不充足和对模拟过程的过度简化或过度复杂化，地下水水流或污染物运移模型的运算结果仍然会存在一定的误差或者不确定性。如果地下水模拟预测的预报结果对规划和设计有重要意义，必须对模型的不确定性予以分析，从而评估模型预测的可靠性。常用的评价不确定性的方法有：敏感性分析、蒙特卡罗方法、一阶误差分析等。通过对参数不确定的分析，模拟结果可以表达为可能结果的区间，从而反映模拟参数的不确定性。

8）模型的完善

如果有后续长期监测，发现了系统性能的明显变化，则需要对概念模型和模型参数进行修改，进行模型的完善。

4. 地下水污染模拟预测评估技术成果

1）书写报告

地下水污染模拟预测评估成果报告应当完整地体现地下水污染模拟预测评估的全部工作。

地下水污染状况概化部分应描述评估区地下水环境基本状况、地下水污染程度和范围，识别评估区地下水污染问题和可能成因，总结污染源解析结果，分析污染物迁移转化机制和污染受体特征。

地下水污染趋势预测部分说明工作分级和评估工具的确定依据，对预测结果的分析和讨论进行文字表达,说明评估区污染未来发展趋势。同时,对各评估阶段的主要结论辅以公式、表格、图件等形式的说明。对于应用数值模型进行模拟预测的项目,需说明模型使用条件,包括模型的选择依据、适用情况、模型建立过程及应用过程。

2)提交图件

地下水污染模拟预测评估技术报告的图件反映地下水污染概念模型和地下水污染趋势预测的成果。

水文地质条件概化成果图包括平面图和剖面图。地下水污染状况概化成果图采用剖面图、平面图或者三维立体图表示。图中应包括最大污染深度以上岩性结构及水文地质特征、主要污染源及主要污染物特征、主要污染物在水土介质中的分布特征等。单层地下水污染浓度垂向变化显著或存在多个受污染含水层时,需结合水文地质条件对污染分布进行三维展示。

污染趋势预测成果图是在概念模型上建立的平面图、剖面图的基础上添加预测结果,表征地下水水流和污染物迁移的趋势,如进行数值运算,需包括模型计算区网格剖分图、水文地质参数分区图、初始流场和拟合流场图、初始浓度场和拟合浓度场图、观测点水头和污染物浓度拟合曲线图及误差情况图,预测流场和浓度场图,预测水头和浓度的时间变化曲线等。最终成果中还可包括可视化视频。

3)模型文件

要求提供模拟最终结果所依托的原始模型项目文件和模型使用说明,以保证项目管理方运行项目文件可再现模拟结果。

3.6.2 地下水健康风险评估

1. 工作内容和流程

1)工作内容

A. 风险评估准备

明确启动条件:根据第一、二阶段的地下水环境调查评价结果,在摸清地下水污染源特征、污染羽空间分布和趋势基础上,判断污染物是否为有毒有害物质,然后判断地下水有毒有害物质是否有相关的饮用水标准,启动相应的地下水健康风险评估工作。

基础资料审核:审核监测点和暴露点状况、污染源及污染区域状况。

关注污染物识别:根据地下水环境调查和监测结果,将对人群等敏感受体具有潜在风险且需要进行风险评估的污染物,确定为关注污染物。

污染区域分析:根据地下水污染现状及模拟预测的结果,健康风险评估范围包括地下水污染羽所在区域及受污染羽潜在影响的区域。

受影响人群估算:估算影响人群,含人口数量、人口分布、人口年龄构成等。

B. 危害识别

识别关注污染物的危害效应,包括理化性质、毒性效应、人群流行病学、关键效应分析等。

C. 暴露评估

暴露评估是分析调查关注污染物迁移和危害敏感受体的可能性。根据水文地质条件、土地利用方式及地下水功能等资料,确定评估区(污染区及潜在污染区内)关注污染物的暴露情景、暴露途径和受体类型,计算各途径暴露浓度和各暴露途径下的总暴露剂量。

科学采用地下水污染静态和动态数据确定暴露浓度。根据地下水环境调查评价的结果,首先采用有代表性的地下水污染现状监测数据计算健康风险;依据《地下水污染模拟预测工作指南》,分析地下水污染模拟预测的结果,补充地下水污染模拟预测数据为暴露浓度开展动态健康评估。

D. 毒性评估

在危害识别的工作基础上,确定与关注污染物相关的毒性参数,包括非致癌参考剂量、参考浓度、致癌斜率因子和单位致癌因子等。

E. 风险表征

风险表征是风险量化和综合评估的过程。目的是初步确定风险控制的目标污染物、关键暴露途径及风险水平。方法是采用风险评估模型计算不同关注污染物在不同暴露途径下的风险值,并对评估结果进行主控因素分析和不确定性分析。

F. 地下水污染健康风险控制值计算

在风险表征的基础上,判断计算得到的风险值是否超过可接受风险水平。如风险评估结果未超过可接受风险水平,则结束风险评估工作;否则,分别计算关注污染物基于致癌风险和非致癌风险的地下水风险控制值。进行关键参数取值的敏感性分析。

基于致癌风险和非致癌风险的地下水风险控制值,提出关注污染物相应的地下水风险控制值。

2)工作流程

健康风险评估工作流程包括风险评估准备、危害识别、暴露评估、毒性评估、风险表征和风险控制值计算等步骤,工作流程如图 3-7 所示。

2. 风险评估准备

1)明确启动条件

A. 判断检出指标是否有毒有害

根据《地下水环境状况调查评价工作指南》,分析第一、二阶段的地下水环境调查评价结果,识别地下水污染源特征、污染羽空间分布和趋势,判断地下水检出指标是否属于有毒有害污染物质,当地下水有毒有害污染物检出时,进一步判断是否有相关标准。

B. 判断指标是否在相关标准内

a. 检出有毒有害指标在饮用水相关标准内

(1)地下水污染羽涉及地下水饮用水源(在用、备用、应急、规划水源)补给径流区和保护区,地下水有毒有害指标超过《地下水质量标准》(GB/T 14848)中的Ⅲ类标准、《生活饮用水卫生标准》(GB 5749)等相关的饮用水标准时,直接启动地下水污染修复(防控)工作,可不开展地下水污染健康风险评估工作,基于标准值开展地下水环境管理工作。地下水有毒有害指标检出但未超标时,工作终止。

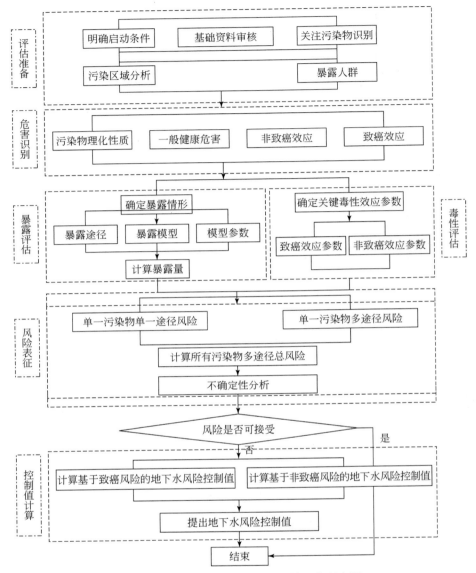

图 3-7　地下水污染健康风险评估工作程序图

（2）地下水污染羽不涉及地下水饮用水源（在用、备用、应急、规划水源）补给径流区和保护区，地下水有毒有害指标超过《地下水质量标准》（GB/T 14848）中的Ⅲ类标准、《生活饮用水卫生标准》（GB 5749）等相关的标准时，启动地下水污染健康风险评估工作。

b. 检出有毒有害指标不在饮用水相关标准内

标准中未列出的有毒有害指标只要检出，即启动地下水健康风险评估工作。

2）基础资料审核

审核第一、二阶段的地下水环境调查评价的基本资料，包括监测点和暴露点状况、污染源及污染区域状况。

A. 监测点和暴露点状况

确认评估区内监测点个数和分布,确认评估区内暴露点个数和分布,确认评估区内地下水水质监测资料,确认评估区水文地质条件。

B. 污染源及污染区域状况

识别污染源及其类型,分析污染历史,判断污染源排放特征(增加/稳定/减小),分析地下水污染现状和趋势。

3)关注污染物识别

根据地下水环境调查和监测结果,将对人群等敏感受体具有潜在风险且需要进行风险评估的污染物,确定为关注污染物。关注污染物应为有毒有害物质,具体判定满足以下三点。

(1)在饮用水标准中所含污染物,超标样本几何均值超过标准的 1.5 倍时,监测点至少有 5 个且检出率>5%,便列为关注污染物。

(2)饮用水标准中未列出污染组分,只要检出,便列为关注污染物。

(3)根据地下水污染特征和利益相关方意见,确定进行风险评估的污染物。

4)污染区域分析

启动地下水污染健康评估后,应识别健康评估区域,明确评估范围和对象。健康风险评估区域包括污染源和受体或潜在受体。根据地下水污染现状及模拟预测的结果,健康风险评估区域应包含地下水污染羽及其潜在影响的区域。

5)暴露人群

收集评估区敏感人群信息,包括人口数量、人口分布、人口年龄构成;收集评估区人口流动情况;收集评估区人群用水类型、地下水用途及占比;收集评估区规划的人口数量,当相关规划缺少人口材料时,采用该地区相应土地利用类型内平均承载人口情况确定人口数量。

3. 危害识别技术要求

按照调查要求进行污染识别,获得以下信息:

(1)较为详尽的相关资料信息;

(2)地下水等样品中污染物的浓度数据;

(3)土壤的理化性质分析数据;

(4)所在地气候、水文、地质特征信息和数据;

(5)调查区及周边地区土地利用方式、敏感人群及建筑物等相关信息。

根据环境调查和监测结果,将对人群等敏感受体具有潜在风险且需要进行风险评估的污染物,确定为关注污染物。

4. 暴露评估技术要求

1)分析暴露情景

暴露情景是指特定的土地利用方式下,污染物经由不同暴露路径迁移和到达受体人群的情况。根据不同土地利用方式下人群的活动模式,需要分两种典型的暴露情景,即以住宅用地为代表的敏感用地(简称"敏感用地")和以工业用地为代表的非敏感用地(简称"非敏感用地"）的暴露情景。

（1）敏感用地方式下，儿童和成人均可能会长时间暴露污染下而产生健康危害。对于致癌效应，考虑人群的终生暴露危害，一般根据儿童期和成人期的暴露来评估污染物的终生致癌风险；对于污染物的非致癌效应，儿童体重较轻、暴露量较高，一般根据儿童期暴露来评估污染物的非致癌危害效应。

（2）非敏感用地方式下，成人的暴露期长、暴露频率高，一般根据成人期的暴露来评估污染物的致癌风险和非致癌效应。

2）确定暴露途径

（1）对于敏感用地和非敏感用地，需要考虑经口摄入地下水、皮肤接触地下水、吸入室外空气中来自地下水的气态污染物、吸入室内空气中来自地下水的气态污染物这几个主要的暴露途径。

（2）特定用地方式下的主要暴露途径应根据实际情况分析确定，风险评估模型参数应尽可能根据现场调查获得。

3）计算敏感用地暴露量

A. 经口摄入地下水

敏感用地方式下，人群可经口摄入地下水。对于单一污染物的致癌和非致癌效应，计算经口摄入地下水途径对应的地下水暴露量的推荐模式。

B. 皮肤接触地下水途径

敏感用地方式下，人群可经皮肤直接接触地下水。对于单一污染物的致癌和非致癌效应，计算皮肤接触地下水途径对应的地下水暴露量的推荐模型。

C. 吸入室外空气中气态污染物途径

敏感用地方式下，人群可因吸入室外空气中来自地下水中的气态污染物而暴露于污染地下水。对于单一污染物的致癌和非致癌效应，计算吸入室外空气中气态污染物对应的地下水暴露量的推荐模型。

D. 吸入室内空气中气态污染物途径

敏感用地方式下，人群吸入室内空气中来自地下水中的气态污染物。对于污染物的致癌和非致癌效应，计算吸入室内空气中气态污染物对应地下水暴露量的推荐模型。

4）计算非敏感用地暴露量

A. 饮用地下水途径

非敏感用地方式下，人群可因饮用地下水而暴露于地下水污染物。对于单一污染物致癌和非致癌效应，计算该途径对应的地下水暴露量的推荐模型。

B. 皮肤接触地下水途径

非敏感用地方式下，人群可经皮肤直接接触地下水。对于污染物的致癌和非致癌效应，计算皮肤接触地下水途径对应的地下水暴露量的推荐模型。

C. 吸入室外空气中气态污染物途径

非敏感用地方式下，人群可经吸入室外空气中来自地下水中的气态污染物途径而暴露于污染地下水。对于污染物的致癌和非致癌效应，计算吸入室外空气中气态污染物途径对应的地下水暴露量的推荐模型。

D. 吸入室内空气中气态污染物途径

非敏感用地方式下,人群可经吸入室内空气中来自地下水中的气态污染物途径而暴露于污染地下水。对于污染物的致癌和非致癌效应,计算吸入室内空气中气态污染物途径对应的地下水暴露量的推荐模型。

5. 毒性评估技术要求

1) 分析污染物毒性效应

分析污染物经不同途径对人体健康的危害效应,包括致癌效应、非致癌效应、污染物对人体健康的危害机理以及剂量–效应关系。

2) 确定污染物相关参数

A. 致癌效应毒性参数

致癌效应毒性参数包括呼吸吸入单位致癌因子(IUR)、呼吸吸入致癌斜率因子(SFi)、经口摄入致癌斜率因子(SFo)和皮肤接触致癌斜率因子(SFd)。

B. 非致癌效应毒性参数

非致癌效应毒性参数包括呼吸吸入参考浓度(RfC)、呼吸吸入参考剂量(RfDi)、经口摄入参考剂量(RfDo)和皮肤接触参考剂量(RfDd)。

C. 污染物的理化性质参数

风险评估所需的污染物理化性质参数包括无量纲亨利常数(H')、空气中扩散系数(D_a)、水中扩散系数(D_w)、土壤–有机碳分配系数(K_{oc})、水中溶解度(S)。

D. 其他污染物相关参数

其他污染物相关参数包括消化道吸收因子(ABSGI)、皮肤吸收因子(ABSd)。

6. 风险表征技术要求

1) 风险表征技术要求

应根据每个采样点样品中关注污染物检测数据,计算致癌风险和危害商,如关注污染物的检测数据呈正态分布,可选择所有采样点污染物浓度数据95%置信区间的上限值计算致癌风险和危害商。

风险评估得到的污染物的致癌风险和危害商,可作为确定污染范围的重要依据。计算得到的地下水中单一污染物的致癌风险值超过 10^{-6} 或危害商超过 1 的采样点,其代表的区域应划定为风险不可接受的污染区。

2) 计算地下水污染风险

A. 地下水中单一污染物致癌风险

对于单一污染物,计算经口摄入地下水、皮肤接触地下水、吸入室外空气中地下水气态污染物和吸入室内空气中地下水气态污染物途径致癌风险。计算单一地下水污染物经所有暴露途径致癌风险。

B. 地下水中单一污染物危害商

对于单一污染物,计算经口摄入地下水、皮肤接触地下水、吸入室外空气中地下水气态污染物、吸入室内空气中地下水气态污染物途径危害商的推荐模式。计算单一地下水污染物经所有途径非致癌危害商。

3）风险不确定性分析

应分析造成污染场地风险评估结果不确定性的主要来源,包括暴露情景假设、评估模型的适用性、模型参数取值等多个方面。

4）风险结果表达

A. 污染物可接受风险

单一污染物基于致癌效应的最大可接受致癌风险为 10^{-6};单一污染物基于非致癌效应最大可接受危害商为 1。根据风险可接受水平,划分为风险可接受区域和风险不可接受区域。

B. 评估区特定人群超过可接受风险的人数

根据评估的可接受致癌风险,按以下公式计算评估区特定人群超过可接受风险的人数,便于进行地下水污染风险防控管理。

特定人群超过可接受风险的人数以 EC 表示,按公式计算:

$$EC = CR \times P \tag{3-15}$$

式中,CR 为致癌风险;P 为评估区域受影响的特定人群总数。

5）暴露风险贡献率分析

计算单一污染物经不同暴露途径的致癌风险、危害商贡献率和不同污染物经所有暴露途径致癌风险和非致癌危害商贡献率,计算获得的百分数越大,表示特定暴露途径或特定污染物对于总风险值或危害指数的影响越大,可为制订污染地下水风险管理或治理与修复方案提供重要的信息。

7. 计算风险控制值的技术要求

1）可接受致癌风险和危害商

本书计算基于致癌效应的地下水风险控制值时,采用单一污染物的可接受致癌风险为 10^{-6};计算基于非致癌效应的地下水风险控制值时,采用单一污染物的可接受危害商为 1。

2）计算地下水风险控制值

A. 基于致癌风险的地下水风险控制值

对于单一污染物,计算基于经口摄入地下水、皮肤接触地下水、吸入室外空气中来自地下水的气态污染物、吸入室内空气中来自地下水的气态污染物途径致癌风险的地下水风险控制值。

B. 基于非致癌风险的地下水风险控制值

对于单一污染物,计算基于经口摄入地下水、皮肤接触地下水、吸入室外空气中来自地下水的气态污染物、吸入室内空气中来自地下水的气态污染物途径的非致癌风险的地下水风险控制值。

3）分析确定地下水风险控制值

比较经过上述计算得到的基于致癌风险的地下水风险控制值、基于非致癌风险的地下水风险控制值,选择较小值作为地下水的风险控制值。特定污染地下水修复目标值的确定,应综合考虑修复技术、经济、时间等方面的可行性。

3.6.3　地下水污染修复(防控)评估

1. 工作内容和流程

1) 工作内容

A. 地下水环境调查

地下水环境调查包括第一阶段、第二阶段和第三阶段共三个阶段。通过三个阶段的调查,确定地下水污染范围、程度、特征参数和受体暴露参数等。具体过程参见《地下水环境状况调查评价工作指南》。

地下水污染修复(防控)工作开展的地下水环境调查,为确定地下水污染修复(防控)目标、识别地下水污染修复(防控)的主要参数、制订设计修复(防控)工程方案提供依据。

B. 修复(防控)目标确定

根据地下水环境调查结果,选择适用或适合的技术标准作为修复(防控)目标。对于尚无适用或适合要求的目标污染物及其含量的技术标准,则基于风险制定修复(防控)目标。目标确定需兼顾地下水使用功能和技术经济可行性。

C. 修复(防控)技术比选及方案确定

根据地下水污染修复(防控)目标,分析不同地下水修复(防控)技术适用性与经济性。利用列表分析法、评分矩阵法等方法,初步筛选地下水污染修复(防控)技术。通过技术可行性评估,确定适宜的修复(防控)技术。针对确定的修复(防控)技术,进行修复(防控)方案比选,确定详细的修复(防控)方案。

D. 修复(防控)工程设计及施工

修复(防控)工程设计包括初步设计和施工图设计。初步设计内容包括初步设计说明书、初步设计图纸和工程概算书。施工图设计包括设计图纸和工程预算。

工程施工涉及场地准入条件和许可、工程施工服务与监理、工程质量控制管理、施工安全生产与劳动保护等。

E. 修复(防控)工程运行及监测

修复(防控)工程设施建成后,需进行长期的运行、监测及维护工作,确保修复(防控)工程的可行性和有效性,主要包括修复(防控)工程的运行和维护、修复(防控)效果的监测与评价、修复(防控)目标可达性评估等内容。

F. 修复(防控)终止

通过对修复(防控)工程的监测和效果评估,经环境保护行政主管部门评估审查,关闭和清理修复(防控)系统。

G. 修复(防控)过程中的责任分工

地下水污染修复(防控)工作程序中涉及了环境保护主管部门、污染责任方及第三方实施单位。环境保护主管部门对地下水污染修复(防控)工作实施统一监督管理。污染责任方承担地下水污染修复(防控)的义务,负担有关费用。由于历史原因不能确定地下水污染责任人的,由有关地方人民政府依法负责地下水污染修复(防控),并负担有关费用。受委托开展地下水污染修复(防控)工作的机构应该遵守相关的国家及地方的法律法规。

2) 工作流程

工作程序包括地下水环境调查、修复(防控)目标确定、技术比选及方案确定、工程设计及施工、工程运行及监测、终止等环节,具体工作流程见图3-8。

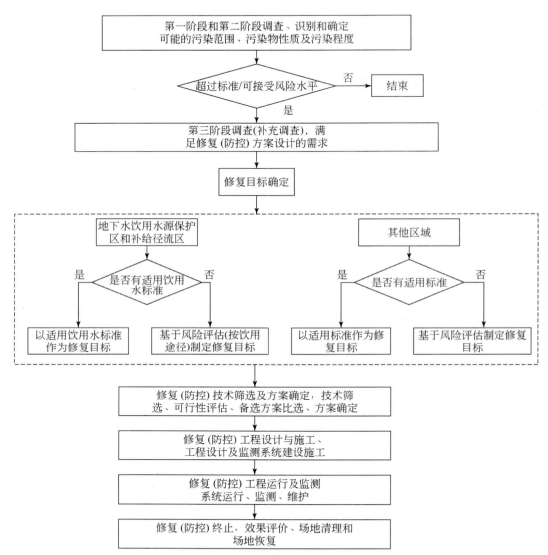

图3-8　地下水污染修复(防控)工作流程图

2. 地下水环境调查

1) 第一、二阶段地下水环境调查

第一阶段环境调查通过收集与调查对象相关的资料及现场勘查,对可能的污染进行识别,分析和推断调查对象存在污染或潜在污染的可能性,确定收集资料的准确性。为下一阶段布设监测点位、采集样品提供科学指导。

若第一阶段环境调查表明调查对象内存在可能的污染,如工业污染源、加油站、垃圾填埋场、矿山开采等可能产生有毒有害物质的设施或活动,以及由于资料缺失等原因造成无法排除是否存在污染时,作为潜在污染调查对象进行第二阶段环境调查初步采样分析,初步确定污染物种类和浓度(程度)。

2)第三阶段地下水环境调查

基于第二阶段环境调查结果,针对地下水环境质量超标(由人为污染原因引起的)或风险不可接受的区域,开展第三阶段的地下水环境调查。获得满足识别调查对象及周边区域的特征,界定迁移转化过程,确定受体,提供满足修复技术筛选和工程设计的数据。具体包括以下三方面。

(1)确定地下水污染的性质和范围,包括污染源、关注污染物、污染羽的范围和体积、污染羽迁移可能性。

(2)调查区地质和水文地质特征,包括受影响含水层、岩性、深度、含水层类型、地下水流向、地下水排泄位置(如地表水、湿地)。

(3)确认是否存在非水相液体(NAPL)及其位置。

地下水环境调查的具体工作要求参见《地下水环境状况调查评价工作指南》。

3. 修复(防控)目标确定

1)原则确定

地下水污染修复(防控)目标确定遵循以下三个原则。

A. 科学合理性原则

综合考虑修复(防控)周期、成本、修复(防控)技术可行性,以及对人群健康和环境的影响,科学合理制定地下水污染修复(防控)目标。

B. 功能适宜性原则

考虑不同地下水使用功能制定修复(防控)目标,并考虑用途,包括工业用地、农业用地、居民住宅用地、建筑用地及其他商业用地等。

C. 安全性原则

地下水污染修复(防控)目标的设置应确保修复(防控)后不产生健康和生态环境风险。

2)修复(防控)目标确定方法

A. 地下水饮用水源保护区和补给径流区

地下水饮用水水源保护区和补给径流区,包括已建成的在用、备用和应急水源,在建或规划的地下水饮用水源地的水源地保护区及其补给径流区等。

选择适用标准作为修复(防控)目标。适用标准选择按照以下优先顺序。

(1)适用标准:《地下水质量标准》(GB/T 14848)中Ⅲ类标准。

(2)相关适合标准:如果地下水修复(防控)后用于饮用水使用,且《地下水质量标准》(GB/T 14848)中缺乏目标污染物标准时,可参考《生活饮用水卫生标准》(GB 5749),及美国环保署或世界卫生组织发布的相关饮用水质量标准。

（3）若无相关标准，按照饮用地下水的暴露途径计算地下水风险控制值。

B. 其他区域

（1）具有农田灌溉、矿泉水等功能区域地下水，采用相关的标准（《农田灌溉水质标准》、《饮用天然矿泉水标准》）制定修复（防控）目标。地下水污染影响了地表水环境质量，由地表水环境功能要求，采用地下水污染模拟预测结果，计算地下水污染修复（防控）目标。

（2）不具有饮用、灌溉等地下水使用功能且不影响地表水环境功能的地下水污染修复（防控）区域，采用风险评估方法，确定基于风险的修复（防控）目标。

风险评估模型可采用《场地风险评估导则》和《地下水污染健康风险评估工作指南》中的模型。根据以上所确定的场地参数、污染物毒理学和暴露参数等，由污染物可接受风险水平推算地下水污染修复（防控）目标。推荐单种污染物可接受的非致癌危害商为 1，可接受的致癌风险水平为 10^{-6}。

4. 修复（防控）技术筛选及方案制定

1）地下水污染修复（防控）技术筛选

A. 技术筛选原则

地下水污染修复（防控）技术筛选遵循以下原则。

（1）技术有效性原则：选择的修复（防控）技术能够有效降低污染物的毒性、迁移性或污染物浓度。

（2）经济合理性原则：选择的修复（防控）技术应具有合理性，并考虑修复（防控）成本的可承受性。

（3）技术安全性原则：选择的修复（防控）技术符合相关的法律、法规和行业标准；修复（防控）施工不会对施工人员、周边人群健康以及生态环境产生危害。

（4）可实施性原则：选择的修复（防控）技术应具有许可及施工、运行、维护等技术和管理方面的可实施性。

B. 技术特性分析

收集现有成熟的地下水污染修复（防控）技术资料，分析各技术优缺点、适用条件和适用范围等内容。

C. 修复（防控）技术筛选

初筛过程主要考虑因素为污染区域的污染特征、环境（土壤和地下水）特性、修复（防控）技术成熟度、有效性、成本和周期等。采用列表分析法或评分矩阵法等方法进行比较分析，提出至少 3 种修复（防控）技术，进行可行性评估。

a. 列表分析法

根据污染区域的污染特征，初步筛选修复（防控）技术。列表比较分析各修复（防控）技术适用污染物、适用条件、主要技术经济指标、技术应用的优缺点，确定至少 3 种修复（防控）技术，进行下一步可行性评估。

b. 评分矩阵法

评分矩阵见表 3-18 中技术可接受性得分，主要考虑调查对象现在的使用功能与国家相关法律规范要求、公众可接受性等。其中修复时间和修复费用可根据实际调查对象的具体情况确定。可以使用技术组合进行技术初筛。

表 3-18　修复(防控)技术矩阵评分法表

因子	可接受性		成熟度		有效性		修复时间		修复费用		环境影响		总分	备注
权重														
评分	评分	评述	评分	评述	评分	评述	评分	评述	评分	评述	评分	评述		
技术 1														
技术 2														
……														

根据地下水污染修复区实际条件,确定表 3-18 中各指标的权重,权重总值为 1。各指标按 1~5 分赋值。每项技术的总分为将各因子权重与分值乘积的加和,总分越高表明该技术越有利于在该修复对象中应用,选择得分较高的至少 3 种修复(防控)技术,进行下一步可行性评估。

D. 修复(防控)技术可行性评估

地下水污染修复(防控)技术可行性评估可采用实验室小试、现场中试和模拟分析评估等方式。

a. 实验室小试

模拟污染场地的水文地质条件,制订实验室试验方案。针对初步筛选的技术,开展室内试验,用以评估地下水污染修复(防控)技术的效果,确定地下水污染修复(防控)技术的关键参数。

b. 现场中试

若对地下水污染修复(防控)技术适用性不确定,条件允许时,应在污染场地现场开展技术验证的中试试验,验证实际修复(防控)效果,评估技术的适用性,明确工程管理要求和制定二次污染防范措施等。

现场中试应根据修复(防控)模式、修复(防控)技术特点,结合场地条件、污染物类型和空间分布状态,选择至少 3 种不同的修复(防控)单元开展中试,一般要求每个单元面积不低于 $1600m^2$,加油站等地下水污染面积较小的,可以适当减少中试面积。

c. 模拟分析评估

基于构建的地下水污染概念模型,选择特征污染物作为模拟因子,利用确定性模型或数值模拟模型,评估地下水污染修复(防控)技术的有效性,筛选适用的地下水污染修复(防控)技术。

E. 确定修复(防控)技术

通过分析比较所筛选的地下水修复技术优势与不足,开展技术可行性评估,选择和确定修复技术,制订修复(防控)方案。

2)修复(防控)方案确定与比选

A. 备选修复(防控)方案内容

根据选择的地下水污染修复(防控)技术,制订地下水修复备选方案。主要内容包括:修复(防控)技术的工艺参数;修复(防控)工程规模;修复(防控)计划及时间进度安排;目标可达性分析(包括分项目标和总体目标),预期效果评价及风险分析;投资估算与资金筹措、投资-效益分析;安全生产与劳动保护措施;环境影响分析,包括修复(防控)期间对周围居民及生态环境的影响等;二次污染防护措施;场地恢复、场地目前和将来的用途。

B. 备选修复(防控)方案内容要点

备选修复(防控)方案内容具体要点包括:修复(防控)方案中的具有详细工艺、修复(防控)规模、时间要求、修复(防控)程度、监测方案、效果评估方案、投资估算及安全生产、劳动保障、环保措施等。

a. 修复(防控)工艺参数

地下水污染修复(防控)技术的工艺参数应该通过总结实验室小试和现场中试结果确定。工艺参数包括但不限于技术类型与修复流程,修复材料性能指标与用量,装备类型与能力,修复(防控)需要时间、条件、能耗,工程占地面积等。

b. 修复(防控)工程量确定

根据确定的修复(防控)技术或技术组合方案,结合工艺流程和参数,以及污染物种类、污染程度、修复(防控)范围及修复(防控)目标等确定修复(防控)工程量。

估算修复(防控)工程量时,应以每种目标污染物的浓度等值线图为基础,以修复(防控)目标为依据,采用专业软件或估算等方法进行。对于复合型污染,应将每种目标污染物的浓度等值线图进行叠加。

c. 修复(防控)工程设计

修复(防控)工程设计分为初步设计和施工设计两个阶段。工程施工在修复(防控)工程设计基础上执行,修复(防控)工程运行及监测。地下水污染修复(防控)工程运行及监测目的是确保修复(防控)工程的可行性和有效性。修复(防控)终止前应对修复(防控)效果进行评估。

C. 备选修复(防控)方案比选

基于以下各项内容对修复(防控)方案进行比选,比较各方案的优劣项,确定最佳修复方案。

a. 符合国家、地区和行业的相关法律法规及标准

修复(防控)方案是否符合相关的国家、地区和行业法律、法规和标准。

b. 公众健康与环境保护

修复(防控)方案降低地下水污染对公众健康的风险,提高环境保护水平。

c. 修复(防控)有效性

筛选方案时,应当比选所筛选不同技术的有效性,包括:降解、固定或处置有害物质的数量,降低污染物毒性和活性的程度,污染物降解/分解/转化的不可逆水平,修复(防控)后残存物的类型和数量等。优选能够有效去除有毒污染物、减少污染总量、防止污染物向受体迁移的技术方案。

d. 可实施性

可实施性是指修复(防控)过程获得许可及施工、运行维护等在技术和管理上的可行性,包括技术上和管理上的可实施性。比选技术可实施性,包括修复(防控)过程中,施工和运行是否满足技术规范的要求,以及技术的不确定性、实现目标的可能性、技术问题造成修复(防

控)工程延期的可能性和未来增加修复(防控)行动的可能性。

管理可实施性包括是否获得相关部门的许可,社区的接受程度,以及施工的各类保障条件(工程服务、设备、材料和人力资源等)。

e. 工程投资估算

为确保不同技术方案工程投资的可比性,由具有资质的专业投资评估单位负责工程投资估算。参照现行有关规范、规定及有关工程资料,明确投资估算范围和投资估算依据(包括国家、相关行政主管部门及地方制定的投资估算指标和基价等)。比较不同技术方案所需的工程及投资规模,主要包括:

(1)基建投资。①建筑工程费,包括和项目相关的土建建设、设备购置及配套设施;②其他费用,包括和项目相关的无形及递延资产;③预备费,即基本预备费。

(2)运行维护费。项目建成后的运行、监测、维护费用。

f. 劳动保护与环境影响

比较修复(防控)系统建设或运行过程中对人体健康和环境的可能影响,评价因素包括残存的风险水平和风险来源,同时评价劳动保护措施和风险规避措施的有效性及可靠性等。

g. 公众接受度

通过不同渠道获得公众对修复(防控)技术方案所关注的要点,以及对不同技术方案的接受程度。

D. 修复(防控)方案确定

综合分析和比选不同备选修复(防控)技术方案的优势和劣势,识别不确定因素对技术有效性的影响,确定地下水修复(防控)方案。

(1)保护公众健康与环境,符合国家、地区和行业相关法律法规和标准是备选技术方案的必备条件。

(2)修复(防控)有效性、可实施性、工程规模与投资是综合分析的关键,也是决策的核心。

(3)公众接受度的评价可在公示后进行。在综合分析的基础上,确定最优技术方案。

(4)技术上选择治理效果好,环境效益明显,无二次污染的环境友好技术;在满足技术有效性、目标可达的前提下,选择经济合理的修复(防控)方案。

编制修复(防控)方案报告,修复(防控)方案评估报告编制的主要目的是记录该筛选和评估过程,以便设计人员能够把握选择方案的过程。方案评估报告提供各种方案的全面比较,并推荐最优方案。

5. 修复(防控)工程设计及施工

1)修复(防控)工程设计与施工要求

A. 工程设计与施工从业资格要求

施工企业、勘查单位、设计单位及工程监理单位应当具备下列条件:①具有中华人民共和国境内注册的独立法人资格;②具有相应等级的资质证书;③配备持有相应的执业资格证书的专业技术人员;④具有从事相关工程所应有的技术装备;⑤符合法律、行政法规规定的其他要求。

B. 工程设计与施工总体要求

(1)设计与施工符合国家和地区法律、法规要求。

(2)施工前,修复(防控)技术方案与工程设计要经地(市)级以上环境主管部门审批通过。

(3)具备场地准入及施工许可。

(4)配备污染区域相关图件,详细标注污染空间分布,修复(防控)规模、范围,处理单元的位置,场地修复(防控)设施分布情况,施工完成后运行、监测和维护系统的位置,修复(防控)活动可能影响到的湿地、河流及生物栖息地等。

(5)制订初步运行、监测和维护计划,并设计监测系统。

(6)设计应考虑防止修复(防控)实施过程中污染物在环境介质之间的转移。

(7)修复(防控)工程设计与施工须配有详细的记录,以备核查。

(8)制订保障施工人员与周围居民的健康和安全计划。

(9)修复(防控)工程可能对其他生物资源产生影响时,应制订详细的环境保护措施。

2)修复(防控)工程设计

地下水污染修复(防控)工程设计分为初步设计和施工图设计两个阶段。对于突发事件导致的污染场地修复(防控)工程设计,且合同中无初步设计的约定,经环境主管部门同意,可在方案确定后直接进入施工图设计阶段。

各阶段设计文件编制应按如下原则进行:初步设计文件应满足编制施工图设计文件的需要;施工图设计文件应满足设备材料采购、非标准设备制作和施工的需要,对于将项目分包给几家设计单位或实施设计分包的情况,设计文件相互关联处的内容应当满足各承包或分包单位设计的需要。此外,工程设计中还应附加与场地地下水修复(防控)相关的工程技术文件,包括安全和健康计划、废物管理计划、质量保证计划、监测取样计划、意外事故应急计划、施工进度规划,以及与修复(防控)工程有关的其他要求,可以视具体情况采用不同格式编写。

A. 初步设计

初步设计包括总体设计、各专业设计、环境保护措施设计和工程概算,形成初步设计文件,包括设计总说明、各专业设计说明和设计图纸、工程概算书。

设计总说明内容包括工程设计的主要依据、工程建设规模和设计范围。

(1)工程设计的主要依据:①国家政策、标准和规范;②政府有关主管部门批准的批文、可行性研究报告、立项书、方案文件等。

(2)工程建设规模和设计范围包括工程的设计规模、设计范围与分工。设计所需要的基础资料有:①场地所在的区域位置、气候气象、水文地质、地形地貌;②污染特性及分布范围;③修复(防控)总体目标、分项目标等;④周围居民区、学校、公共设施等分布情况,周边运输条件;⑤场地附属建/构筑物;⑥场地当前和未来可能的用途等。

(3)提请在设计审批时需解决或确定的主要问题有:①有关规划(城市建设、土地利用、水资源利用等)和能源供应的协作问题;②工程规模的校核、总概算(投资)中存在的问题;③设计选用标准方面的问题;④主要设计基础资料、施工条件落实情况等影响设计进度和设计文件批复时间的因素。

（4）各专业设计：包括设计说明书、设计图纸、主要设备表、计算书等。

（5）环境保护措施。制定降低地下水污染修复(防控)工程对场地及周围居民和环境影响的防范措施，设计修复(防控)工程实施过程中产生的二次污染、残余废物的处理措施。

（6）工程概算。工程概算的编制依据有：①国家有关建设和造价管理的法律、法规和方针政策；②批准的建设项目设计任务书；③初步设计项目一览表；④能满足编制设计概算的各专业经过校审并签字的设计图纸(或内部作业草图)、文字说明和主要设备表；⑤当地主管部门的现行建筑工程和专业安装工程的概算定额(或预算定额、综合预算定额)、单位估价表、材料及构配件预算价格、工程费用定额和有关费用规定的文件资料等；⑥现行有关设备原价及运杂费率；⑦现行有关其他费用定额、指标和价格；⑧污染场地自然条件和施工条件；⑨类似工程的预算及技术经济指标。

（7）总概算项目应按费用划分如下几个部分：①工程费用；②预备费；③固定资产投资方向调节税；④施工期贷款利息；⑤其他费用。

B. 施工图设计

施工图设计阶段，应绘制合同要求所涉及的所有专业的设计图纸。当合作设计时，应依据主设计方审批的初步设计文件，按所分工内容进行施工图设计。

a. 设计图纸、主要设备表和计算书

设计图纸包括处理系统各单元的详细设计，确定工程具体的构筑物尺寸、材料、设备规格和数量、工程量、辅助设施、堆放场规划等，并绘制设计图纸。

主要设备表包括主要设备或仪表名称，处理系统的附件/配件规格、各项技术参数、单位和数量等。计算书根据初步设计审批意见进行设计计算，视工程繁简程度，按照国家有关规定、规范及本单位设计措施进行计算。采用计算机计算时，应注明软件名称，并附相应的简图及输入数据。

b. 工程预算

（1）编制依据为国家有关法律、法规、方针政策，现行定额、指标和价格，场地的自然条件和施工条件等。

（2）文件内容包括单位工程预算书、总预算书和工程量清单。编制工程预算时，还应进一步校核污染介质规模，预计可能的不确定性因素的影响。

C. 工程设计检验

工程设计过程中，通常应进行设计检验。设计检验的目的是确保工程设计充分满足各项规范要求，提高设计可信度，并且将不可预料的设计变动减小到最低限度。按工程设计一般要求进行检查，指出修复(防控)工程技术中的不足或缺陷，并提出修改意见。

3）修复(防控)工程施工

A. 场地准入条件与许可

本次研究开工前，应获得施工许可证，申请领取前应当具备下列条件。

（1）已经确定工程施工单位；

（2）具备满足施工需要的施工图纸及技术资料；

（3）具备保证工程质量和安全的具体措施；

（4）建设资金已经落实；

(5)满足法律、行政法规规定的其他条件。

B. 工程施工服务与监理

修复(防控)工程开始后,应指派现场工程师、投资方代表、工程监理参与场地修复(防控)工程的实施。现场工程师负责按照施工图组织施工,负责工程质量和进度,解决施工过程中出现的技术与工程问题。投资方代表负责联络、协调投资者和承包方,检查并批准工程承包方所要求的现场设计变更。工程监理主要负责检查相关设计材料(主要是施工图),检查施工进展和质量,对现场作业进行全面监理并指导最后的工程验收。

工程监理单位由投资方委托,应订立书面委托监理合同。依照行政法规及修复(防控)有关的技术标准、设计文件和工程承包合同,工程监理代表投资方对承包单位在施工质量、建设工期和建设资金使用等方面实施监督。工程监理认为工程施工不符合工程设计要求、施工技术标准和合同约定时,有权要求施工企业改正,当工程监理发现工程设计不符合修复(防控)工程质量要求时,应当要求设计单位改正。

C. 工程质量控制管理

施工必须按照工程设计图纸和施工技术标准施工。工程设计的修改由原设计单位负责,施工单位不得擅自修改工程设计。为确保工程质量,所有用于工程有关的材料都必须符合国家有关规定要求,具有材质证明或试验证明材料,并于材料使用前报监理工程师同意并备案。对每个进入场地的施工人员,均要求达到一定的技术等级,具有相应的操作技能;特殊工种必须持证上岗,并定期进行复检。

D. 施工安全生产与劳动保护

地下水污染修复(防控)工程施工单位应对设计和施工过程的健康安全问题进行评价,指出与场地污染物及处理过程二次污染有关的危害。安全生产与劳动保护措施的内容包括工程目标、场地控制、药剂需求、工作危险分析、保护措施和设备、监测策略和行动水平、污染排除,以及应急预案等。

应急预案包括日常操作和维护检查过程、意外事故处理过程、预防程序、隔离/保护措施,应详细说明如何识别意外事故或紧急情况,一旦发生紧急意外事故当地政府机构、居民应采取的措施等。

6. 修复(防控)工程运行、维护及监测

1)运行、维护及监测内容

地下水污染修复(防控)工程运行及监测的目的是确保工程的有效性和目标可达性,其主要内容如下:

(1)运行和维护修复(防控)工程系统;

(2)定期检查和评估地下水修复(防控)效果;

(3)确保制度化控制等措施的有效性;

(4)监测并报告修复(防控)系统运行情况;

(5)根据修复(防控)系统运行情况调整修复(防控)目标和修复(防控)方案;

(6)当能够实现预期修复(防控)目标时,预测修复(防控)工期。

2)运行、维护及监测方案

污染场地分为应急修复(防控)场地和长期修复(防控)场地。其中长期修复(防控)场地包括以下几种情况：

（1）修复（防控）中需要工程化控制/制度化控制；

（2）需要开展监测自然衰减；

（3）要求监控地下水污染羽流；

（4）要求定期采样分析，以证实场地介质（地下水、地表水、沉积物、生物或其他）中污染物的削减。

不同类型污染场地所需的运行、监测及维护要求不同。

对于长期修复（防控）场地，需根据场地特点编制专门的运行、维护及监测指导手册，具体包含监测计划、意外事故应急预案、健康及安全保障计划、记录表、修复（防控）设备操作及维修手册、零部件购买地点、设备编号等。场地条件变化或调整运行、维护及监测方法时，应及时更新指导手册的内容。长期修复（防控）场地的监测计划包括：①监测采样井位置及样品数，采样井包括所有的供水井、自备井与其他井等；②所有监测井的日常观测记录；③采样频率；④地下水样品的分析项目和分析方法；⑤质量保证/质量控制措施；⑥监测井的检查及维护要求；⑦监测井的关闭和处置。

应急修复（防控）场地不要求制订详细的监测计划和年度报告，但要求制订应急预案并提交应急响应报告，需要对所有监测井中的污染物进行采样分析，两轮采样间隔不少于 6 个月；不需要制定运行、维护及监测指导手册，但需要编制设备目录，包括设备名称、用途、操作及维修步骤等。

监测计划包括运行工况监测、有效性监测和趋势监测。基于监测类型、场地位置和特性及修复（防控）行动，制订相应的监测计划。不同类型污染场地的监测计划要求不同。

A. 运行工况监测

运行工况监测主要针对工程运行的相关参数，确保工程运行与设计的一致性，主要内容包括：

（1）监测污染地下水的范围与体积；

（2）监测地下水水位，确定地下水流通道，评价地下水污染修复（防控）工程的运行状况；

（3）评价运行工况监测的结果，如果数据显示系统运行不正常，则须对系统进行维修或调整。

B. 有效性监测

有效性监测是指对环境介质定期进行分析，对污染项目、地下水水位、水温、水量及其他相关指标进行监测。监测频率原则上为每月一次，获取系列监测数据，评价修复（防控）目标的可达性。

（1）地下水污染修复（防控）工程的有效性监测：①布设地下水监测网，以评价修复（防控）区域上下游地下水污染物的动态变化；②监测网尽可能覆盖重点修复（防控）区域。

（2）自然衰减的监测。对于自然衰减，需布设地下水监测系统，以监测修复（防控）过程中污染羽流的污染特性和运移过程，获得校准污染羽流降解评价模型的数据序列，评价自然衰减的有效性。

监测井设置应满足以下要求：①污染源区至少设置 1 口监测井，用于监测源区的污染羽流;②污染源区下游的污染羽流内至少设置 1 口监测井;③地下水污染羽流前缘的下游至少设置 1 口控制井;④在污染羽流的中心线上至少设置 3 口监测井。

自然衰减的监测井应进行季度采样,完成 8 个季度的采样。

对数据进行分析,在年度报告中评价自然衰减效果。

(3)污染羽流监测。无论人工修复(防控)还是自然衰减,都应通过建立监测网,对污染羽流进行监测,并确定监测污染羽流的范围以及与敏感受体的关系。通常在污染羽流迁移路径上布设监测井,按季度连续采样,采样周期不少于 8 个季度。其要求如下:①将地下水污染详细调查的所有监测井作为修复(防控)工程运行的监测井;②根据地下水动态及模型分析,在污染羽流前缘向下游运动 2~3 年的距离上至少布设 1 口控制监测井;③一旦控制监测井中检测到污染物,须增设监测井,按照校核的模型预测结果确定井距;④根据污染羽流趋势分析结果,可以减少上游采样频率;⑤一旦羽流到达了排泄点,应根据场地特定条件,进一步对监测网进行修正。

根据污染羽流监测结果,及时调整修复(防控)策略。如到达排泄点之前,污染羽流已经稳定,则采用监测自然衰减技术。

C. 趋势监测

如果有足够的定性与定量数据信息,应进行趋势监测,以更好地分析修复(防控)工程对污染控制是否有效,判断修复(防控)目标是否可达。条件允许的情况下,可对地下水污染修复(防控)效果进行模拟预测并结合监测结果进行验证。地下水质量变化趋势分析的监测要求包括:

(1)每个季度监测 1 次,持续 8 个季度。

(2)若监测值未表现出明显的污染趋势变化,则可减少监测采样频率。利用图形对趋势进行直观分析,包括污染物水平和垂向浓度等值线图、时间序列图、不同流线上的各监测井与污染物浓度图等。为了量化直观分析中可能产生的不确定性,可以使用统计学检验来将数值结果转化为概率和可靠性的客观陈述。以下给出了修复(防控)监测中常用的统计学检验方法。①污染物浓度是否有代表性:置信区间计算。②污染物浓度变化是否明显存在随时间变化的趋势:Mann-Whitney 检验(U 检验)或 Mann-Kendall 检验。如果连续 8 个季度的地下水监测结果的 Mann-Whitney 检验表明污染物没有明显下降趋势,则可能预示需要改变修复(防控)技术方案。③监测数据是否高于修复(防控)目标值:t 检验。

(3)如果监测结果显著低于修复(防控)目标值或差异不显著时,则达到验收标准。

3)运行、维护及监测实施

A. 检查与评估

每年对修复(防控)工程的例行的检查和评估应不少于 1 次。当场地出现影响修复(防控)工程运行的重大事件时,如气候变化或系统运行故障等事件,应及时进行检查和评估。

(1)为确保系统运行及监测工作持续有效进行,应根据场地特性制定检查方案,包括如下内容:①检查正在实施的运行、维护及监测系统,确保符合要求;②评估场地条件,包括场地本身、场地建筑物及处理系统;③评估指导手册实施情况及进度;④检查场地记录是否及时、全面;⑤检查制度化控制的实施情况;⑥进行公众健康及安全检查。

(2)对检查结果和场地监测数据进行年度评估,应包括如下内容:①评估场地修复(防控)的目标可达性;②评估系统运行状况及有效性,识别修复(防控)系统需要维修或调整单元;③记录场地修复(防控)和/或监测系统的调整情况;④在评估基础上提出调整意见或得出新的结论;⑤向公众发布场地修复(防控)的相关信息。

B. 运行、维护及监测结果报告

a. 阶段性结果报告

阶段性报告分为月报告、季度报告和半年度报告。主要内容及要求包括:

(1)如果修复(防控)系统含有现场运行设备,应报告该阶段内设备的运行天数、阶段及累计处理量等;

(2)以图表的形式表示污染物的分析结果,并在相关图件中标注各阶段监测点位和重要数据;

(3)处理系统污染物削减总量;

(4)例行维护及检查表;

(5)系统故障和/或维修记录,并附说明;

(6)结论、意见和建议。

b. 年度结果报告

年度结果报告应包括所有阶段性监测报告及全年监测结果,并给出结论和建议,具体包括:

(1)区域和场地位置图;

(2)污染区域的地下水位等值线图、污染物浓度等值线图;

(3)所采用检测方法的简要说明;

(4)所有阶段性数据及相关结论和意见;

(5)利用工程化控制和处理系统进行修复(防控)的场地,应基于阶段性的报告,给出工程方面的结论、意见和建议。

7. 修复(防控)终止

1)修复(防控)工程验收

地下水污染修复(防控)工程验收应由地(市)以上环保主管部门组织开展。验收前应进行修复(防控)效果评估,判断修复(防控)目标是否实现。

A. 修复(防控)效果评估监测井设置

评估修复(防控)效果的监测井应不低于 6 口。验收监测井应根据地下水的流向进行设置,其中修复(防控)工程所在区域的地下水上游不少于 1 口,修复(防控)工程区内不少于 3 口,修复(防控)工程所在区域的地下水下游不少于 2 口。

验收的监测井可以利用地下水环境调查和修复(防控)工程运行中建设的监测井,但其数量一般不应超过验收监测井总数的 60%,新建监测井布设在地下水环境调查确定的污染最严重的区域,或者根据不同类型的修复(防控)工程进行合理的布设。未通过验收前,应保持地下水验收监测井完好。

B. 修复(防控)效果监测验收方法

地下水污染修复(防控)工程验收时,可采用逐个对比法或 t 检验的方法判断场地是否达到验收要求。

（1）当修复（防控）区域的面积小于或等于 10000m² 时，应采用逐个对比法进行评价。当检测值低于目标值时，达到验收要求；当检测值高于或等于目标值时，未达到验收要求。

（2）当修复（防控）区域的面积大于 10000m² 时，当低于检测限的样本数占总样本数的比例较小（<25%）时，应采用 t 检验的方法进行评价；当低于检测限的样本数占总样本数的比例较大（≥25%）时，应采用逐个对比法进行评价。

2）修复（防控）系统关闭

A. 修复（防控）系统关闭条件

经监测与评价，防控工程出现如下情况之一可关闭修复（防控）系统。

（1）修复（防控）效果达到验收标准；

（2）从技术或经济上考虑，继续修复（防控）可行性不大时，即使修复（防控）目标尚未完全实现，环境主管部门可依据场地具体情况，要求关闭系统；

（3）当自然衰减监测系统、污染羽流监测系统分别满足条件时，可关闭系统。

修复（防控）系统关闭前，需报环境主管部门审批；环境主管部门根据修复（防控）工程运行情况，判定是否关闭系统。

B. 自然衰减系统

若监测结果表明，自然衰减技术能够完全实现修复（防控）目标，可通过系统的长期监测及其他污染控制手段，确保自然衰减达到修复目标。当达到修复目标后，修复系统还需继续运行一段时间，直至地下水质稳定达标后关闭。

根据污染物分布状况、污染物本身特性及场地环境条件，通过测定以下指标进行自然衰减系统的效果评估。

（1）污染物总量，包括自由相、残留相和溶解相；

（2）地下水溶解氧、硝酸盐、二价铁离子、硫酸盐、甲烷等含量和氧化还原电位等；

（3）土壤或地下水中的微生物特性；

（4）地下水动力学条件（流向、流速、水位）；

（5）其他必要的数据资料。

C. 污染羽流监测系统

根据地下水监测结果，辅以数学模型模拟，预测污染羽流的变化趋势。当满足如下条件之一时可终止污染羽流监测。污染羽流本身满足不需要监测的条件，具体条件如下：

（1）污染羽流最终排泄到地表水体，地表水体具有足够的环境容量，不会对鱼类、野生动植物资源、环境及公众健康造成风险；

（2）通过污染物转化归宿分析及建立迁移模型，论证敏感受体可接受性，结果表明污染羽流对敏感受体的影响降低到可接受的范围。

当出现下列情况时，需实施另一种修复（防控）策略：

（1）现场数据表明敏感受体可能受到威胁；

（2）先前未识别的敏感受体正在受到威胁；

（3）污染物降解产物比原污染物具有更高的迁移特性和更大的危险性。

D. 修复（防控）系统的关闭和后续监控

本次研究负责人在关闭系统前，需向环境主管部门提交申请，经批准后方能实行。修复

(防控)系统关闭后,仍然需要对工程化控制或制度化控制系统进行监控,或实施额外的地下水监测计划来跟踪污染羽流。

3)场地清理

地下水污染修复(防控)工程完成后,满足下列条件之一时,应对修复(防控)系统进行清理。

(1)场地修复(防控)系统已关闭;

(2)制度化控制或工程化控制不再继续实施。

4)场地恢复

除非经过当地环境主管部门和其他相关部门的同意,否则应将修复(防控)工程区域尽可能恢复到工程实施前的状态,如地形、水文、植被等。

恢复时应考虑:

(1)用于场地地形恢复的填充材料应满足场地修复(防控)后的环境标准,不含放射性废物或固体废物。填充材料的质量报告(包括采样、分析和检测报告)应一并提交当地环境主管部门。

(2)未被污染的土壤应回填到场地原来位置或进行合理处置。

5)地下水污染修复(防控)工程评估报告编制

地下水污染修复(防控)工程完成后,应撰写修复(防控)工程评估报告,报环境主管部门备案。

3.6.4　地下水污染防治区划评估

1. 工作内容与流程

1)工作内容

综合考虑地下水水文地质结构、脆弱性、污染状况、水资源禀赋和行政区划等因素,建立地下水污染防治区划分体系,划定地下水污染治理区、防控区及保护区。将保护区划分为一级保护区、二级保护区及准保护区;防控区划分为优先防控区、重点防控区和一般防控区;治理区划分为优先治理区、重点治理区和一般治理区。

2)工作流程

地下水污染防治区划分工作的流程见图 3-9,具体内容如下:

(1)确定评估范围。以行政区或地下水系统为评估范围。

(2)收集资料。根据地下水污染源荷载、脆弱性、功能价值、污染现状评估的指标体系,收集相关数据资料,并开展必要的补充调查工作。

(3)地下水污染源荷载、脆弱性和功能价值的指标体系评估。根据资料分析结果,采用各指标体系的评估方法,开展地下水污染源荷载分区、地下水脆弱性分区、地下水功能价值分区等工作。

(4)地下水污染现状评估。根据地下水质量目标、标准限值、对照值(或背景值)开展地

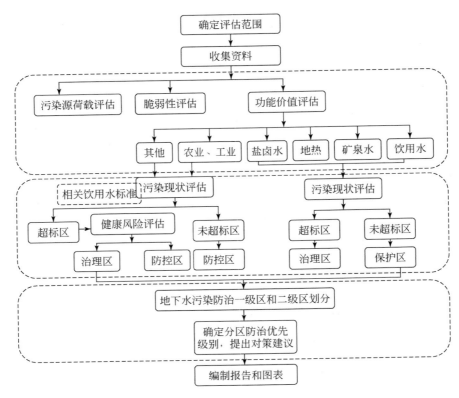

图 3-9 地下水污染防治区划分工作流程图

下水污染现状评估,评估指标主要是"三氮"、重金属和有机类等污染指标,分别形成"三氮"、重金属和有机类等污染分布图。

(5)地下水污染防治区划分。根据地下水使用功能和污染现状评估结果,划分保护区、治理区的一级区和二级区,以及防控区一级区;通过地下水污染源荷载、脆弱性、功能价值的图层叠加,划分防控区二级区;根据区划防控值,确定地下水污染防治的优先等级,提出针对性的地下水污染防治对策建议。

(6)编制报告和成果图表。汇总和综合分析各阶段成果,编写地下水污染防治区划分技术报告和图。

2. 地下水污染源荷载评估

1)地下水重点污染源分类

地下水重点污染源主要包括工业污染源、矿山开采区、危险废物处置场、垃圾填埋场、加油站、农业污染源和高尔夫球场等。通过填写污染源清单信息(主要包括名称、所在地区、所属水文地质单元、地理坐标、重点污染源基础信息、监测井信息和水质监测状况、主要污染指标等信息),完成对不同污染源的调查。地表污水主要指水质为 V 类和劣于 V 类的地表水体,通过填写监测断面的水质监测状况、主要污染指标等信息完成调查。

2）单个污染源荷载风险评估指标体系

单个地下水污染源荷载风险计算公式如下（图 3-10）：

$$P = T \times L \times Q \tag{3-16}$$

式中，P 为污染源荷载风险指数；T 为污染物毒性；L 为污染源释放可能性；Q 为可能释放污染物的量。

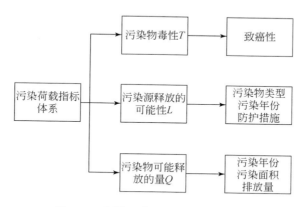

图 3-10　污染源荷载评估指标体系图

A. 污染物毒性

污染物的毒性考虑污染物的物理化学性质、降解、迁移性等因素，与受体的致癌或非致癌风险直接相关，因此筛选和识别有毒、致癌风险较高的污染物是毒性指标评估的基础。在污染物指标明确的情况下，优先采用表 3-19 的毒性评分，存在多种污染物时一般取毒性最高的 T 作为计算值；若无法确定污染物指标时，采用表 3-20 进行计算。缓冲区半径是指在污染源占地面积的基础上污染物可能迁移扩散的半径范围，主要与污染物类型有关。

表 3-19　主要污染物及其毒性评分表

致癌/非致癌污染物	类型	毒性	
		得分	参考文献
1,1,2,2-四氯乙烷	CD	2.8	IRIS
2,4,5-涕丙酸	C	2.1	IRIS
2,4,6-三氯酚	CD	1.8	IRIS
砷	C	3.7	HEAST
苯	CL	2	IRIS
双(2-乙基己基)邻苯二甲酸二酯	CD	1.5	IRIS
四氯化碳	CD	2.5	IRIS
氯仿	C	1.2	IRIS
二氯乙烷	CD	2.4	IRIS
二氯甲烷	CD	1.3	IRIS
六氯苯	CD	3.7	IRIS

致癌/非致癌污染物	类型	毒性	
		得分	参考文献
六氯丁二烯	CD	2.3	IRIS
林丹	C	3.6	HEAST
三氯乙烯	CD	1.5	HEAST
三氟硝铵	C	1.3	IRIS
氯乙烯	CL	3.8	HEAST
亚硝酸盐	C	1	–
铬	C	2.7	IRIS
镉	C	1.7	HEAST
铅	C	1.3	MCL
1,2-二氯乙烯	ND	0.2	IRIS
2,4-二氯苯氧基乙酸	N	0.5	IRIS
甲草胺	N	0.5	IRIS
滴灭威	N	1.3	IRIS
锑	N	1.9	IRIS
阿特拉津	N	0.8	IRIS
苯达松	N	1.1	IRIS
铍	N	0.8	IRIS
甲苯酚	N	0.2	IRIS
氰草津	N	1.2	IRIS
氰化物	N	2	IRIS
异狄氏剂	N	2.5	IRIS
乙基二丙基硫氨基甲酸酯	NL	0.1	IRIS
六氯环戊二烯	ND	0.6	IRIS
铁	N	0.5	MCL
汞	ND	2	HEAST
甲氧氯	N	2.3	IRIS
赛克津	N	0.1	IRIS
镍	N	1	IRIS
硝基苯	ND	1.8	IRIS
硒	N	1	HEAST
银	N	1	IRIS
四氯乙烯	ND	0.5	IRIS
钒	N	1	IRIS
MTBE	N	1.5	–

注:C 为致癌物质;N 为非致癌物质;D 为比水重的非水相有机物;L 为比水轻的非水相有机物。

表 3-20　污染源毒性指标评分表

污染源	毒性类别	T 评分	缓冲区半径推荐值/km
工业	石油加工、炼焦及核燃料加工业	2.5	1.5
	有色金属冶炼及压延加工业	3	1
	黑色金属冶炼及压延加工业	2	1
	化学原料及化学制品制造业	2.5	2
	纺织业	1	2
	皮革、毛皮、羽毛(绒)及其制品业	1	2
	金属制品业	1.5	1
	其他行业	0.2	1
矿山	煤炭开采和洗选业、石油和天然气开采业	1.5	1.5
	黑色金属矿采选业	2	1
	有色金属矿采选业	3	1
	非金属矿采选业	1	1
危险废物处置场	工业危废、危险化学品为主	2	1
垃圾填埋场	生活垃圾、农业垃圾为主	1.5	2
加油站或石油开采、储运和销售区	总石油类、多环芳烃类	2.5	1.5
农业种植或污灌	化肥、农药、重金属为主	1.5	1.5
规模化养殖场	抗生素药物为主	1	1
高尔夫	农药	1.5	1.5
地表污水	工业、生活、农业废水排放等	1	1

注：矿山和工业分类参照国民经济行业分类与代码(GB/T 4754—2011)。

B. 污染源释放可能性

污染源释放可能性与其防护措施有着密切关系。一般情况下,有防护措施且存在年限时间较短,污染源释放可能性较低;若由于时间久、防护措施维护不当等原因,污染源释放可能性会增加;若未采取任何防护措施,污染源释放可能性认定为 1。

C. 可能释放污染物的量

可能释放污染物的量与污染源规模、污染物排放量等因素相关,污染源规模越大,污染物排放量越高,则可能释放到地下水中污染物的量越大。

D. 单个污染源荷载风险等级划分

将单个污染源风险按上式进行计算,计算结果 P 值由大到小排列,根据取值范围分为低、较低、中等、较高、高 5 个等级,在 GIS 环境下编辑得出每一类污染源的荷载风险等级分区图。

3)综合污染源荷载评估方法

依据各污染源计算结果叠加形成污染源荷载等级图。荷载综合指数计算公式:

$$P_I = \sum W_i \times P_i \tag{3-17}$$

式中,P_l 为污染源荷载综合指数;W_i 为第 i 类污染源类型的权重(表 3-21);P_i 为第 i 类污染源的荷载。P_l 值越大,表明污染源荷载越大。

表 3-21　荷载指标权重 W_i 推荐值表

评估因子	工业污染源	矿山或石油开采区	垃圾填埋场	危险废物填埋场	加油站及油库	农业污染源	高尔夫球场	地表污水
权重	5	5	3	2	3	4	1	1

4)地下水污染源荷载评分结果及分区

对地下水污染源荷载综合指数(P_l)进行等间距分级(表 3-22),一般划分成五级,按污染源荷载由强到弱依次为强、较强、中等、较弱、弱,在 GIS 环境下编辑得出地下水污染源荷载评估综合分区图。

表 3-22　地下水污染源荷载评价标准分级表

地下水污染源荷载综合指数值 P_l	[0,20]	(20,40]	(40,60]	(60,80]	(80,200]
地下水污染源荷载级别	低	较低	中等	较高	高

3. 地下水脆弱性评估

地下水脆弱性评估主要针对我国浅层地下水的水文地质条件,提出适合的孔隙潜水、岩溶水及裂隙水的地下水脆弱性评估方法,得出在天然状态下地下水对污染所表现的本质敏感属性。地下水脆弱性评估与污染源或污染物的性质和类型无关,取决于地下水所处的地质与水文地质条件,是静态、不可变和人为不可控制的。因此地下水脆弱性评估首要是判别地下水类型,然后识别不同类型地下水脆弱性的主控因素,并收集相应的指标资料。资料来源于水文地质调查、环境地质调查、气象、土壤质地类型、地下水监测孔钻孔报告等。

1)孔隙潜水脆弱性评估

孔隙潜水脆弱性评估建议采用 DRASTIC 模型。其在应用时假设条件如下:

(1)污染物由地表经土壤层、包气带进入含水层;

(2)污染物随水流入渗到地下水中;

(3)污染物随水流动。

DRASTIC 模型由地下水位埋深(D)、净补给量(R)、含水层厚度(A)、土壤带介质(S)、地形(T)、包气带介质类型(I)和含水层渗透系数(C)等 7 个水文地质参数组成。模型中每个指标都分成几个区段,每个区段赋予评分。然后根据每个指标对脆弱性影响大小计算相应权重,最后通过加权求和,得到地下水脆弱性指数(DI),详见式(3-18)。

$$DI = D_W D_R + R_W R_R + A_W A_R + S_W S_R + T_W T_R + I_W I_R + C_W C_R \tag{3-18}$$

式中,DI 为地下水脆弱性指数,字母 D、R、A、S、T、I、C 说明参见表 3-23,下标 R 表示指标值,下标 W 表示指标的权重。根据 DI 值,将脆弱性分为低脆弱性、较低脆弱性、中脆弱性、较高脆弱性和高脆弱性等类别。DI 值越高,地下水脆弱性越高,反之脆弱性越低。孔隙潜水脆弱性各评估指标的数据来源、说明及建议权重见表 3-24,指标等级划分和赋值见表 3-25。

表 3-23　DRASTIC 模型各指标说明和权重建议值一览表

指标	数据来源	说明	权重
地下水位埋深(D)	水平年高水位期水位统测资料	地下水位埋深指地表到潜水面的距离,单位为 m,精度至少满足 1:5 万	5
地下水垂向净补给量(R)	降水量减去地表径流量和蒸散量或降水量乘以降水入渗系数	以大气降水为区域潜水补给最主要来源时,可近似采用降水入渗补给量代替垂向净补给量;在有其他主要的补给途径时,要综合考虑各种补给来源对潜水的补给量。在农灌区需叠加灌溉回归量,在地表水和地下水有水力联系的评估区需叠加地表水渗漏量,单位为 mm/a	4
含水层厚(A)	含水层顶底板等值线图或钻孔资料	含水层厚度可以从含水层顶、底板等值线图中计算得出,或从钻孔资料分析得出,单位为 m,按 2~4 个钻孔/100km^2 分析	3
土壤介质(S)	钻孔柱状图或区域土壤分区图	土壤层为地表厚度 2m 或小于 2m 的风化层,按 4~10 个钻孔/100km^2 分析	2
地形坡度(T)	DEM 坡度提取	利用 1:5 万或 1:1 万地形图的 DEM 提取后,在 GIS 中可自动生成坡度值,单位为%	1
包气带介质类型(I)	钻孔柱状图或野外剖面	包气带是指潜水水位以上或承压含水层顶板以上土壤层以下的非饱和区或非连续饱和区的岩层,根据钻孔资料获取包气带介质类型。按 4~10 个钻孔/100km^2 分析计算,以专家和有经验的水文地质工作者进行判断定名,或者收集当地国土部门已完成的包气带岩性图	5
含水层渗透系数(C)	经验值或野外抽水试验	含水层渗透系数从野外抽水试验获取,或从钻孔资料分析得出,按 2~4 个钻孔/100km^2 分析,单位为 m/d	3

表 3-24　孔隙潜水脆弱性评估指标等级划分和赋值一览表

指标	评分									
	1	2	3	4	5	6	7	8	9	10
D	>30	(25,30]	(20,25]	(15,20]	(10,15]	(8,10]	(6,8]	(4,6]	(2,4]	≤2
R	0	(0,51]	(51,71]	(71,92]	(92,117]	(117,147]	(147,178]	(178,216]	(216,235]	>235
A	>50	(45,50]	(40,45]	(35,40]	(30,35]	(25,30]	(20,25]	(15,20]	(10,15]	≤10
S	非涨缩和非凝聚性黏土(岩石)	黏质壤土(黏土)	粉质壤土	壤土	砂质壤土(砂土)	胀缩或凝聚性黏土	粉砂、细砂	砾石/中砂、粗砂	卵砾石	薄或缺失
T	>10	(9,10]	(8,9]	(7,8]	(6,7]	(5,6]	(4,5]	(3,4]	(2,3]	[0,2]
I	黏土	亚黏土	亚砂土	粉砂	粉细砂	细砂	中砂	粗砂	砂砾石	卵砾石
C	[0,4]	(4,12]	(12,20]	(20,30]	(30,35]	(35,40]	(40,60]	(60,80]	(80,100]	>100

　　根据上述各指标的评分和权重值,经计算可知地下水脆弱性综合指数取值范围为 20~200。DRASTIC 的地下水脆弱性级别与综合指数对应关系见表 3-25。

表 3-25　孔隙水脆弱性评价标准一览表

地下水脆弱性综合指数值 DI	[20,70]	(70,100]	(100,120]	(120,150]	(150,200]
地下水脆弱性级别	低	较低	中等	较高	高

2) 岩溶水脆弱性评估

岩溶地下水脆弱性评估可根据岩溶地区的特点和评估尺度建立相应指标体系。对比例尺大于 1∶5 万的区域评价推荐使用 PLEIK 模型,对比例尺小于 1∶5 万的大区域评价推荐使用 REKST 模型。不同类型的评估区可根据自然地理特征和水文地质特征对评估指标进行适当调整。

A. PLEIK 模型

该模型共包括 5 个指标:P 为保护性盖层厚度;L 为土地利用类型;E 为表层岩溶带发育强度;I 为补给类型;K 为岩溶网络系统发育程度。

B. REKST 模型

该模型共包括 5 个指标:R 为岩石岩性;E 为表层岩溶(补给量 R 或径流模数 M);K 为岩溶化程度(或含水层 A);S 为土壤层;T 为地形。REKST 模型参数的权重是根据研究区实际情况来分配的,推荐权重为 2∶5∶3∶4∶1,其地下水脆弱性指标由下式确定:

$$REKST = 2 \times R + 5 \times K + 3 \times E + 4 \times S + 1 \times T \tag{3-19}$$

3) 裂隙水脆弱性评估

裂隙水是指保存在坚硬岩石裂隙中的地下水,主要分布于基岩山区,平原区埋藏于松散沉积物之下的基岩中,地表很少出露。裂隙水具有强烈的非均匀性、各向异性和随机性。推荐采用 DRASTIC 模型进行评估计算,评估方法及参数使用可参照孔隙水脆弱性评估所述进行计算。

4) 地下水脆弱性评分结果及分区

综上,地下水脆弱性评估结果是对地下水脆弱性指数进行分级,一般划分成五级,按脆弱性由高到低依次为高、较高、中等、较低、低,在 GIS 环境下编辑得出地下水脆弱性评估分区图。对评估地区的地下水脆弱性进行定期跟踪评价。

4. 地下水功能价值评估

1) 地下水使用功能分类

地下水的使用功能主要包括饮用水、饮用天然矿泉水、地热水、盐卤水、农业用水、工业用水等。可将饮用天然矿泉水、地热水、盐卤水等特殊矿产资源且具有较高的社会经济价值定义为"地下水特殊使用功能";对于其他不确定使用功能的地下水定义为"其他类"。通过填报地下水使用功能清单信息(主要包括名称、所在地区、所属水文地质单元、地理坐标、使用功能基础信息、监测井信息、水质监测状况、主要水质指标等信息),完成对不同使用功能的调查,并在 GIS 环境下编制地下水使用功能分类图。

2) 地下水功能价值评估指标体系

在明确地下水使用功能的基础上,地下水功能价值等级的计算综合考虑两个方面因素:

地下水水质和地下水富水性。计算公式如下：

$$VI = V_Q \times V_W \tag{3-20}$$

式中，VI 为地下水功能价值综合指数；V_Q 为地下水水质；V_W 为地下水富水性。不同的使用功能其 V_Q 和 V_W 的评分标准不同。

（1）地下水质量现状评估。饮用水、农业和工业用水及其他不确定功能用水：根据收集的资料和调查的结果对地下水质量进行评估，评估方法采用《地下水质量标准》（GB/T 14848）、《生活饮用水卫生标准》（GB 5749）中的单因子污染评价法和综合污染评价法，其评分标准见表3-26。

表 3-26　地下水质量现状评估分级标准一览表

单因子污染评价	I	II	III	IV	V
评分	5	4	3	2	1
综合污染评价	优良	良好	较好	较差	极差
评分	5	4	3	2	1

地下水质量现状评估的最终评分按单因子污染评价法和综合污染评价法中分数最高分计算，即地下水质量现状评估分级 = Max（单因子污染评价分级，综合污染评价分级）。对于未列入《地下水质量标准》（GB/T 14848）、《生活饮用水卫生标准》（GB 5749）的指标，需指明检出组分名称和检出值。

饮用天然矿泉水、地热水、盐卤水等特殊功能用水：凡符合相应功能水质标准的评分 V_Q = 5，不符合的评分 V_Q = 1。饮用天然矿泉水水质标准参见《饮用天然矿泉水》（GB 8537）和《饮用天然矿泉水检验方法》（GB/T 8538）等标准；地热水在本指南中主要针对含有某些特有的矿物质（化学）成分、可作为理疗热矿水开发利用的地热水进行评估。地热水水质标准（水温25℃）参见表3-27；地下盐卤水是一种重要的盐化工业原料，具有很高的经济价值，一般情况下其水质标准为卤化矿化度大于 50g/L、盐水矿化度 30～50g/L。

表 3-27　地热水水质标准统计表（水温 25℃）

成分浓度	有医疗价值浓度	矿水浓度	命名矿水浓度	矿水名称
二氧化碳/（mg/L）	250	250	1000	碳酸水
总硫化氢/（mg/L）	1	1	2	硫化氢水
氟/（mg/L）	1	2	2	氟水
溴/（mg/L）	5	5	25	溴水
碘/（mg/L）	1	1	5	碘水
锶/（mg/L）	10	10	10	锶水
铁/（mg/L）	10	10	10	铁水
锂/（mg/L）	1	1	5	锂水
钡/（mg/L）	5	5	5	钡水
锰/（mg/L）	1	1	—	—

成分浓度	有医疗价值浓度	矿水浓度	命名矿水浓度	矿水名称
偏硼酸/(mg/L)	1.2	5	50	硼水
偏硅酸/(mg/L)	25	25	50	硅水
偏砷酸/(mg/L)	1	1	1	砷水
偏磷酸/(mg/L)	5	5	—	—
镭/(g/L)	10~11	10~11	>10~11	镭水
氡/(Bq/L)	37	47.14	129.5	氡水

注:1. 本表根据以下资料综合制定:①1981年全国疗养学术会议修订的医疗矿泉水分类标准;②原地矿部水文地质工程地质研究所编写的《地下水热水普查勘探方法》(地质出版社);③卫生部文(73)卫军管第29号《关于北京站热水井水质分析和疗效观察工作总结报告》。2. 本表引自国家标准 GB 11615《地热资源地质勘查规范》。

(2)地下水富水性评估:地下水含水层的富水性表征地下水资源的埋藏条件和丰富程度,可用于评估基准年的单井涌水量表征。

饮用水、农业和工业用水及其他功能用水的评分标准见表3-28。

表 3-28　地下水富水性评分标准一览表

单位涌水量/(m³/d)	>5000	(3000,5000]	(1000,3000]	(100,1000]	≤100
评分	5	4	3	2	1

饮用天然矿泉水、地热水、盐卤水等特殊功能用水的富水性可根据相关调查报告或专家咨询进行评分,一般情况下特殊功能富水性高时评分 $V_W = 5$,中时 $V_W = 3$,少时 $V_W = 1$。

3)地下水功能价值评分结果及分区

将地下水功能价值按式(3-20)进行计算,计算结果 VI 值由大到小排列,根据使用功能及 VI 取值范围分为低、较低、中等、较高、高5个等级(表3-29),在 GIS 环境下编辑得出不同使用功能的地下水功能价值等级分区图。

表 3-29　地下水使用功能指标评分推荐表

地下水功能价值指数值 VI	高	较高	中等	较低	低
地下水型饮用水(城镇及农村)	≥20	[9,20)	[3,9)	若水质为Ⅳ类及以下,即 $V_Q \leq 2$,无需考虑富水性,VI=1	
特殊使用功能(饮用天然矿泉水、地热水、盐卤水)	25	15	5	若水质不满足相应标准,即 $V_Q = 1$,无需考虑富水性,VI=1	
农业、工业及其他	≥20	[15,20)	[10,15)	[5,10)	<5

5. 地下水污染现状评估

地下水污染现状评估是指在不同的地下水使用功能区内评估人类活动产生的有毒有害物质的程度。主要采用"三氮"、重金属和有机类等有毒有害污染指标,在扣除背景值的前提下进行评估,直观反映人为影响的污染状况,根据评估指标超过标准的程度进行分区。

1) 对照法

根据收集的资料和调查的结果,参照《地下水质量标准》(GB/T 14848)、《生活饮用水卫生标准》(GB 5749),以及特殊使用功能水质相关标准分别对"三氮"、重金属和有机类等污染指标进行指标对照评估。若"三氮"、重金属和有机类等污染指标:①在评估区内未检出,则定义为未检出区;②若有检出但未超标,则定义为检出区;③若超过相关使用功能标准限值,则定义为超标区。①和②可合并为未超标区。

2) 地下水污染现状分区图

基于 GIS 平台,根据上述结果编制地下水污染现状分区图件,主要反映地下水中三氮、重金属和有机类污染物在评估区的分布情况。

6. 地下水污染防治区划分

1) 地下水污染防控值的计算

根据地下水污染源荷载(PI)、脆弱性(DI)和功能价值(VI)的评分结果,采用式(3-21)计算得出不同区域的防控值:

$$R = PI \times DI \times VI \tag{3-21}$$

式中,R 为评价区的防控值;PI 为污染源荷载综合指数;DI 为脆弱性综合指数;VI 为地下水功能价值综合指数。结果一般采用等间距法划分为高、中、低三个等级,在 GIS 环境下编辑成图。

2) 地下水污染防治区划分结果和分区

A. 保护区

(1) 对于明确地下水饮用水水源(包括城镇及农村集中式)、特殊使用功能(一般指饮用矿泉水、地热水和盐卤水等)区域,且地下水污染现状评估结果是未超标区,则评定为相关使用功能的保护区。

(2) 在已确定的地下水饮用水水源保护区范围内,二级保护区划分需按照《饮用水水源保护区划分技术规范》确定的一级保护区、二级保护区及准保护区进行分区和分级。

(3) 在已确定的地下水特殊使用功能(一般指饮用矿泉水、地热水和盐卤水等)区域,二级区划需叠加区划防控值的计算结果。根据防控值的高低确定优先等级,一般划为二级保护区(防控值高区)和准保护区(防控值中或低区)。

B. 治理区、防控区的划分

(1) 对于明确地下水饮用水水源、特殊使用功能区域,且地下水污染现状评估结果为超标区,并确定为人为污染,则评定为相关使用功能的治理区。

(2) 对于地下水饮用水水源和特殊使用功能的治理区范围,一般划分为两级,即优先治理区(已发生人为污染超标的地下水饮用水水源功能区)、重点治理区(已发生人为污染超标的特殊使用功能区)。

(3) 对于农业用水、工业以及其他不明确地下水使用功能区域,若地下水污染现状评估结果为未超标区,则一般认定为防控区;若地下水污染现状评估结果为超标区,且确定为人为污染,则开展地下水健康风险评估(参见《地下水健康风险评估工作指南》),如健康风险评估结果未超过可接受健康风险水平,则一般认定为防控区,如健康风险评估结果超过可接受健康风险水平,则认定为治理区。

（4）在步骤（3）中划分的防控区范围内，二级区划需根据使用功能叠加区划防控值的计算结果划分。若为农业用水区，其划分为优先防控区（防控值高区）和重点防控区（防控值中或低区）；若为工业及其他不明确使用功能区域，则划分为重点防控区（防控值高区）和一般防控区（防控值中或低区）。

（5）在步骤（3）中划分的治理区范围内，需根据使用功能叠加污染严重程度进行划分。若为农业用水，严重超标区，则划分为重点治理区；非严重超标，则为一般治理区；若为工业及其他不明确使用功能区域，若非严重超标和严重超标区，则划分为一般治理区。

C. 区划结果

在前两步骤初步确定了地下水污染防治区划分的结果，即根据地下水使用功能和污染现状得出一级区划结果，分为保护区、防控区和治理区（表3-30）。再根据不同的使用功能、区划防控值的高低又得到不同优先等级的二级区划结果，即一级保护区、二级保护区和准保护区；优先防控区、重点防控区和一般防控区；优先治理区、重点治理区和一般治理区，具体结果分析见表3-30。最后，根据评估区内行政区单元调整各一级区划和二级区划结果的边界，服务于管理需求。

表 3-30　地下水污染防治区划结果分析详表

一级区划	二级区划	使用功能	污染现状	防控 R 值	对策建议（推荐）
保护区	一级保护区	饮用水一级保护区	未超标	不需考虑	依据国家和地方有关法律严格保护，禁止在饮用水水源一级保护区内新建、改建、扩建与供水设施和保护水源无关的建设项目；已建成的与供水设施和保护水源无关的建设项目，由县级以上人民政府责令拆除或者关闭。禁止在饮用水水源一级保护区内从事网箱养殖、旅游、游泳、垂钓或者其他可能污染饮用水水体的活动。一级保护区物理隔离设施覆盖率100%。监测频次建议每月开展1次常规指标监测，每年开展1次水质全分析
	二级保护区	饮用水二级保护区	未超标	不需考虑	禁止在饮用水水源二级保护区内新建、改建、扩建排放污染物的建设项目；已建成的排放污染物的建设项目，由县级以上人民政府责令拆除或者关闭。在饮用水水源二级保护区内从事网箱养殖、旅游等活动的，应当按照规定采取措施，防止污染饮用水水体
		特殊使用功能	未超标	高	
	准保护区	饮用水准保护区	未超标	不需考虑	禁止在饮用水水源准保护区内新建、扩建对水体污染严重的建设项目；改建建设项目，不得增加排污量。禁止建设城市垃圾、粪便和易溶、有毒有害废物的堆放场所，因特殊需要建立转运站的必须经有关部门批准并采取防渗漏措施；化工原料、矿物油类及有毒有害矿产品的堆放场所必须有防雨、防渗措施；不得使用不符合《农田灌溉水质标准》（GB 5084）的污水进行灌溉
		特殊使用功能	未超标	中或低	

续表

一级区划	二级区划	使用功能	污染现状	防控R值	对策建议(推荐)
防控区	优先防控区	农业	未超标;超标但健康风险评估结果未超过可接受健康风险水平	高	严格执行环境影响评价政策,做好相应的地下水污染防渗措施等。可在防控值相对较低、条件较好的防控区内新建建设项目
	重点防控区	农业		中低	
		工业及其他		高	
	一般防控区	工业及其他		中低	
治理区	优先治理区	乡镇饮用水	超标	不需考虑	取缔违法建设项目和活动,优先开展地下水污染修复工作,以饮用水水源地和特殊使用功能区为中心分区块开展详细调查,制定修复目标,启动地下水污染修复工作
		特殊使用功能	超标		
	重点治理区	农业	健康风险评估结果超过可接受健康风险水平且为V类		加大整治、搬迁和关闭地下水系统内威胁农业用水的重点污染源,严厉打击违法排污行为。污水灌区宜布置在防渗条件较好的厚土层区,并严格控制灌溉定额和采取防渗措施。对大量使用农药化肥的耕地,严格控制使用量。废渣、矿渣及城市垃圾的堆放须经过调查研究,选择合理的地点。进行修复评估工作,以井灌供水区为中心分区块开展详细调查,制定修复目标,启动地下水污染修复工作
		农业	健康风险评估结果超过可接受健康风险水平		
	一般治理区	工业及其他	健康风险评估结果超过可接受健康风险水平且为V类		强化重点水环境污染治理区的综合整治,整治区域内石化、电镀、印染、制革等重污染型产业,加大截污管网和污水集中处理设施建设力度;加大畜禽养殖和面源污染治理力度,划定畜禽禁养区。结合有关规划,及时关闭区域内不符合地下水污染区划和产业布局要求的污染企业;加快推进污水处理设施及配套管网建设。逐步开展地下水污染修复工作,根据土地功能和地下水污染途径,制定修复目标,筛选修复技术,推进典型污染企业的修复示范工程

注:"特殊使用功能"指地下水具有饮用天然矿泉水、地热水、盐卤水等使用功能;"其他"指不明确地下水使用功能区域。

　　有条件的地区开展地下水污染防治区立体分层划分工作。需要注意的是,考虑到地层构造及沉积作用,我国很多地区(如华北平原)地层沉积以砂、砂砾石、黏性土层等相互交错出现,因此含水层存在单一层向多层转化分布的规律。所以建议在有条件的情况下分层进行区划,在单一结构含水层区和多层结构含水层区分别考虑相应的地下水脆弱性、地下水功能价值和地下水污染现状特点,获得立体式分层区划结果。

　　根据地下水功能价值和污染状况等因素重大变化,动态调整划分结果。如果有后续长期监测,发现不同区域内地下水污染状况发生明显变化,则需要对划分范围进行修改,动态调整保护区、防控区和治理区的划分结果。

3.7　全程质量控制

3.7.1　质控人员架构

为保障数据质量与代表性,需要对调查监测全过程进行相应的质量管理和控制,并建立专门的质控小组进行调查监测的质控管理,负责调查监测中的质控工作的开展与实施。具体要求如下。

1. 基本调查质控流程

地下水基础状况调查评估工作全程质量控制流程见图3-11。

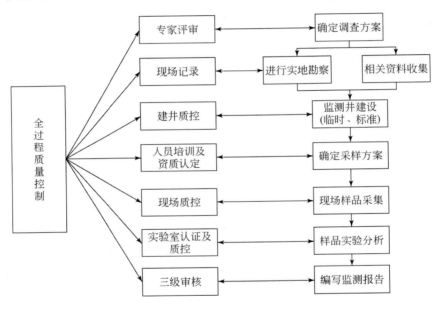

图 3-11　全程质量控制流程图

2. 质控小组成员要求

质控小组成员需进行相关培训与考核后方可进行相关质控工作。

3. 质控小组主要任务

质控小组负责布点、建井、采样、分析全过程的质量控制工作。调查布点设计、环境监测井设计、环境监测井施工监理、环境监测井验收、环境样品采集、环境样品分析等均需要由相应的质控负责人员分别组织专家审核、进行现场质控和按比例抽样质控,并在质控报表上签字确认后,才可进入下一监测程序。

3.7.2　监测资质管理

1. 建井资质要求

进行监测井建设施工的单位应具有相关的资质:同时具备水文地质勘察综合类甲级资质和水井施工甲级资质,或通过建井施工培训和考核的其他单位。

2. 监理资质要求

监测井建设过程中应由经过相关培训考核的各质控小组人员进行现场监理,并填写现场监理表,作为成井验收的依据。

3. 采样资质要求

所有承担地下水及土壤样品采集的人员均需通过相关采样方法与器具使用培训和考核,取得相应资质后方可承担采样任务,不具备资质的采样人员采集的样品不具代表性,不予采纳。每次采集同一监测井位样品的采样人员宜固定下来,不宜有较大的人员流动性。

4. 实验室资质要求

所有承担地下水样品分析测试的实验室需在分析测试样品的时间段内具备在有效期内的相应监测项目的计量认证和实验室认证,还需要通过项目质量控制组的考核认证,获得接样资质,并定期接受质控小组盲样检查、不定期抽样检查和实验室间比对。

5. 实验室分析人员资质要求

所有实验室承担地下水及土壤样品分析的人员均需通过相关培训和考核后方可承担分析任务,未通过考核的分析人员对样品分析测试的结果不予认可。承担同一批次的实验室分析人员宜固定下来,不宜有较大的人员流动性。

6. 三级审核资质要求

对监测结果报告除加盖分析实验室认证章外,还需要有实验室技术负责人签字,委托单位技术负责人签字,地市级质控小组成员签字确认,该监测数据结果才能予以采纳,录入信息库。

3.7.3　监测仪器设备管理

所有监测调查仪器设备需通过相应的国家质量认证、ISO 标准认证或等效的其他认证,具备齐全的产品说明和技术规格说明,符合调查技术要求。每个调查小组需建立仪器基本情况目录,包含仪器名称、基本参数、用途、铭牌编号、校准维护记录、维修保养记录、使用时间、使用人员、备注等内容,并报相应的质控小组备案。每次使用前需进行校准,使用后要进行清洗维护。

主要使用的监测调查仪器类型有:场地调查仪器、快速筛查仪器、建井钻井设备、土壤取样器具、地下水采样器具、样品保存设备和样品分析测试仪器。

1. 钻井设备要求

建设环境监测井的钻井设备每次钻井前需要用无磷洗涤剂及纯净水进行清洗;在进入施工场地前还需对设备连接处和动力装置进行漏油检测,有燃油和润滑油泄漏的钻具,未经过防漏处理前不得入场;进入场地后所有备用钻具应放置在干净的塑料布上,避免受地面污染。在连续钻进多个监测井时,完成一口井孔后,需在钻进下一口井孔前对钻具再次进行彻底清洁后,才可以进行下一次钻进。

2. 采样设备要求

地下水及土壤采样设备在每次采样前均需用无磷洗涤剂及纯净水进行清洗、干燥,样品保存容器需要依据不同的采样项目进行先期准备和清洗(具体容器材质要求和清洗程序参见《地下水采样技术指南(试行)》)。使用一次性贝勒管采样时应做到一井一管,不可交叉重复使用;使用连续采样设备时,在每口监测井或监测点位采集样品前都要进行清洗,若无现场清洗条件,需按照污染物浓度从低到高的顺序进行样品采集;样品保存容器宜依据样品理化性质选取相应的一次性样品容器,若无条件使用一次性样品容器的,需保证每个容器每次都盛装同一性质样品,并在采样前进行相应的洗涤干燥。

3. 样品分析测试仪器要求

进行样品分析测试的仪器检出限应至少低于被检测项目的检出限要求,并定期做加标回收率和标准曲线进行校准,其他管理规定应符合实验室基本要求。

3.7.4　监测设计要点

监测布点和监测井建设都要进行先期设计,设计方案执行审核、批准制度。地下水监测井设计和监测布点方案由有关专家进行审核。设计一经批准,应严格遵照执行。变更设计应经原设计审批机构批准。

3.7.5　监测实施要点

1. 布点要点

(1)以"双源"为监测重点布置监测井。围绕地下水饮用水水源地和水源地补给径流范围内重要的污染源或潜在的污染源布设监测井。

(2)同时兼顾背景区域和特征污染源区监测。应在地下水污染源的上游、中心、两侧及下游区分别布设监测井,以评估地下水的污染状况。

(3)监测点布设应考虑水文地质条件,通过收集水文地质资料或开展地球物理勘探明确地下水流向,对于水文地质条件复杂或多个水文地质单元要根据实际情况,灵活增加监测点数量;监测井主要布设在污染源周边、污染区、周围环境敏感点等;尽可能从现有的国控、省控等监测网点的监测井中选择符合现有井筛选标准的井布设监测点,此外经常使用的民井、生产井及泉水也可作为备用监测点,经过筛选后使用,现有监测井点不能满足要求的情况下,再进行新监测井点的建设。

(4)根据范围和对象不同,水源地及周边地下水进行分层监测,水源地的地下水的补给区、主径流带及已识别的污染区为监测重点,监测点可适当加密。污染源及周边地区地下水水质的监测工作以浅层地下水为主,兼顾有水力联系的深层承压水,在实际操作时,各地可根据实际情况适度调整监测点密度,应以发现污染问题、基本摸清污染情况为原则灵活掌握布点数量和精度。原则上,该调查精度不按照场地修复工作的更高精度进行要求。

2. 监测井建设要点

(1)环境监测井的基本原则是在建设、使用和废止过程中不会对环境造成二次污染。

(2)监测井建设应坚持一井(组)一设计,一井一编码,所有调查井统一编码的原则。监测井设计执行审核、批准制度。

(3)监测井位置和监测层位选择应符合地下水调查规划及其实施方案的要求。

(4)要求各环境监测井水文地质与成井资料齐全,明确监测层位和监测动态要素,坐标、高程准确,保护设施坚固,适宜水样采集。

(5)进行监测井建设施工的单位应具有相关的资质,监测井建设过程中应有质控小组人员进行现场监理。

(6)选择适当的建井材料,防止材料之间化学和物理的相互作用,以及材料与地下水的相互作用,宜用 PVC 或不锈钢(316)材料。

(7)井管之间宜采用螺纹连接,并在螺纹处加密封圈或缠绕聚四氟乙烯带密封。禁止使用有机黏合剂粘接。

(8)监测井过滤材料应由化学性质稳定、成分已知、尺寸均匀的球形颗粒构成,宜采用分级石英砂作为过滤层滤料。

(9)为了防止地表水或者邻近地层的水进入监测井,在过滤层上部环状间隙应使用密封材料进行封隔,使用的材料为膨润土和水泥。

(10)钻进设备及机具进入场地前应用无磷洗涤液和纯净水进行彻底清洗,采用冲洗液回转钻进成孔时,尽量使用清水钻进,禁止使用其他添加剂。

(11)严禁使用岩屑和监测井周围的材料作为监测井回填材料。

(12)为保护监测井及井内的监测仪不受人为损坏,防止地表水及污染物质进入监测井内,应建设监测井井口配套保护设施。

(13)监测井(组)竣工后,应依据设计并按照规定内容在现场进行逐项验收。

(14)对每个监测井建立《基本情况表》,监测井的撤销、变更情况应记入原监测井的《基本情况表》内,新换监测井应重新建立《基本情况表》。

(15)应指派专人对监测井的设施进行经常性维护,设施一旦损坏,必须及时修复。每年测量监测井井深一次,当监测井内淤积物淤没滤水管或井内水深小于 1m 时,应及时清淤。每两年对监测井进行一次透水灵敏度试验,当向井内注入灌水段 1m 井管容积的水量,水位复原时间超过 15min 时,应进行洗井。

3. 样品采样要求

(1)采样人员必须通过岗前培训、持相关资质证上岗,切实掌握地下水采样技术,熟知采样器具的使用和样品固定、保存、运输条件。

(2)采样过程中采样人员不应有影响采样质量的行为,如使用化妆品,在采样时、样品分装时及样品密封现场吸烟等。汽车应停放在监测点(井)下风向 50m 以外处。

(3)每批水样,应选择部分监测项目加采现场平行样和现场空白样,与样品一起送实验室分析。

(4)每次测试结束后,除必要的留存样品外,样品容器应及时清洗。

（5）各监测站应配置水质采样准备间,地下水水样容器和污染源水样容器应分架存放,不得混用。地下水水样容器应按监测井号和测定项目,分类编号、固定专用。

（6）同一监测点(井)应有两人以上进行采样,注意采样安全,采样过程要相互监护,防止中毒及掉入井中等意外事故的发生。

（7）注意防止采样过程中的交叉污染,在两个钻孔之间钻探设备应该进行清洁,同一钻孔不同深度采样时也应对钻探设备、取样装置进行清洗,与土壤接触的其他采样工具重复使用时也应清洗。

4. 样品分析要求

详细要求请参见《环境监测质量管理规定》《实验室资质认定评审准则》等。具体要求包括以下几个方面。

（1）实验室分析基础条件质控的具体要求内容需要涵盖以下几个方面:①监测人员;②实验室环境;③实验室环境条件的监控;④实验用水;⑤实验器皿;⑥化学试剂;⑦监测仪器;⑧试剂的配制和标准溶液的标定;⑨原始记录;⑩记录要求;⑪异常值的判断和处理;⑫监测结果的表示方法。

（2）实验室内部质量控制的具体要求内容需要涵盖以下几个方面:①实验室内部质量控制和实验室间质量控制;②各实验室应采用各种有效的质量控制方式进行内部质量控制与管理;③分析方法的适用性检验;④空白值测定;⑤检出限的估算;⑥精密度检验;⑦准确度检验;⑧干扰试验。

（3）实验室分析质量控制程序内容需要涵盖以下几个方面:①对送入实验室的水样先核对;②每批水样分析时,应同时测定现场空白和实验室空白样品;③校准曲线控制;④精密度控制;⑤准确度控制;⑥原始记录和监测报告的审核。

（4）实验室间质量控制:①质控小组应制订并实施年度实验室间比对、质控考核计划,定期使用标准物质或稳定的模拟地下水样对承担样品分析任务的实验室组织实验室间比对和质控考核活动,判断各实验室间测定结果间是否存在显著差异,有利于有关实验室及时查找原因,减少系统误差。②质控小组定期对承担样品分析任务的质量保证工作进行检查、指导,并经常组织技术讲座、培训和技术交流等活动。

<h1 style="text-align:center">参 考 文 献</h1>

[1] 张春鹏,郭雅芬,过仲阳. 遥感技术在环境监测中的应用探讨[J]. 测绘与空间地理信息,2006,(4):32-34.

[2] 石丽娜,赵旭东,韩发. 遥感技术在环境监测中的应用和发展前景[J]. 贵州农业科学,2010,(1):175-178.

[3] 何原荣. 矿区环境高分辨率遥感监测及其信息资源开发利用的方法与应用研究[D]. 长沙:中南大学,2011.

[4] 喻文科,秦普丰,周俊宇,陈海. 水环境监测中的遥感应用探讨[J]. 绿色科技,2013,(4):183-187.

[5] Jin Z L,Benson G C,Lu C Y. Excess molar enthalpies of 2,2-dimethyl-3,6-dioxaheptane+n-hexane+(n-decane or n-dodecane)ternary mixtures at 298.15 K[J]. Thermochimica Acta,1995,(2):185-192.

[6] Aristodemou E,Thomas-Betts A. DC resistivity and induced polarisation investigations at a waste disposal site and its environments[J]. Journal of Applied Geophysics,2000,(2):275-302.

[7] Tezkan B,Hördt A,Gobashy M. Two-dimensional radiomagnetotelluric investigation of industrial and domestic waste sites in Germany[J]. Journal of Applied Geophysics,2000,44(2-3):237-256.

[8] Buselli G,Lu K. Groundwater contamination monitoring with multichannel electrical and electromagnetic methods[J]. Journal of Applied Geophysics,2001,(1):11-23.

[9] 叶成明,李小杰,郑继天,等. 国外地下水污染调查监测井技术[J]. 探矿工程(岩土钻掘工程),2007,(11):57-60.

[10] 周志芳,汤瑞凉,汪斌. 基于抽水试验资料确定含水层水文地质参数[J]. 河海大学学报(自然科学版),1999,(3):5-8.

[11] 陈则连,原国红,赵丙君. 微水试验技术的应用研究[J]. 工程勘察,2009,(7):31-34.

[12] 程永进,刘金辉,周义朋. 示踪法在地浸采铀溶浸液流速测定中的应用[J]. 现代矿业,2010,(12):72-73.

[13] 孙恭顺,梅正星. 实用地下水连通试验方法[M]. 贵阳:贵州人民出版社,1988.

[14] 卢德生,缪俊发. 地下水现场弥散试验参数计算[J]. 岩土工程技术,1999,(3):60-62.

[15] Li G,Liu G,Zhou C,et al. Spatial distribution and multiple sources of heavy metals in the water of Chaohu Lake,Anhui,China[J]. Environmental Monitoring & Assessment,2012,(5):2763.

[16] Buesseler K O,Doney S C,Karl D M,et al. Ocean Iron Fertilization:Moving Forward in a Sea of Uncertainty[J]. Science,2008,(5860):162-162.

[17] 林良俊,文冬光,孙继朝,等. 地下水质量标准存在的问题及修订建议[J]. 水文地质工程地质,2009,(1):63-64.

[18] 张岚,王丽,鄂学礼. 国际饮用水水质标准现状及发展趋势[J]. 环境与健康杂志,2007,(6):451-453.

[19] 姚普,刘华,支兵发. 珠江三角洲地区地下水污染调查内容综述[J]. 地下水,2009,(4):74-75.

[20] 潘乃礼. 地下水水质现状和预测评价的理论与方法[M]. 北京:原子能出版社,1995.

[21] 贺北方,王效宇,贺晓菊,等. 基于灰色聚类决策的水质评价方法[J]. 郑州大学学报(工学版),2002,(1):10-13.

[22] 叶巧文,张新政. 基于灰色聚类的水质评价方法[J]. 五邑大学学报(自然科学版),2003,(4):4-7.

[23] 张晓宇,艾志录,李梦琴,等. 极限糊精酶的研究进展及展望[J]. 中国食品添加剂,2004,(3):32-35.

[24] 郑建青. 水环境质量评价的灰色聚类分析[J]. 科技进步与对策,2004,(9):40-41.

[25] 张海涛,雷晓东,张芳,等. 灰色关联度法在盘锦市曙光地区地下水水质评价中的应用[J]. 世界地质,2005,(1):68-71.

[26] 邓峰. 水质评价的一种新方法——模糊综合指数法[J]. 中国环境科学,1991,(1):63-66.

[27] 马建华,季凡. 水质评价的模糊概率综合评价法[J]. 水文,1994,(3):21-25.

[28] 杨维,潘俊,陈曦,等. 模糊聚类法在地下水质量评价中的应用[J]. 沈阳建筑大学学报(自然科学版),2001,(4):279-281.

[29] 邹立芝,魏余广. 用模糊综合评判法评价昌宁盆地地下水水质[J]. 长春地质学院学报,1997,(3):337-341.

[30] 郑成德. 流域水资源丰富度评价的模糊综合评判[J]. 地理与地理信息科学,1998,(1):42-46.

[31] 汤洁,李艳梅,卞建民,等. 物元可拓法在地下水水质评价中的应用[J]. 水文地质工程地质,2005,(5):1-5.

[32] 毛兴华. 常用水质评价方法的选择[J]. 水科学与工程技术,2006,(1):21-23.

[33] 耿冬青,张洪国. 改进的BP网络在地下水水质评价中的应用[J]. 世界地质,2000,(4):366-369.

[34] 李祚泳. BP网络用于水质综合评价方法的研究[J]. 环境工程,1995,(2):51-53.

[35] 付永锋,张建,罗光明,等. 基于改进BP神经网络的地下水水质评价——以新疆和田地区为例[J]. 西

北农林科技大学学报(自然科学版),2004,(11):129-132.

[36] 孙涛,潘世兵,李永军. 人工神经网络模型在地下水水质评价分类中的应用[J]. 水文地质工程地质, 2004,(3):58-61.

[37] 周天骧,阿木古楞. 塔里木河干流流域地下水中化学成分的因子分析[J]. 新疆大学学报(自然科学版),1994,(3):99-103.

[38] 张信贵,吴恒,易念平. 城市区域地下水环境变异的水化学因子分析[J]. 广西师范大学学报(自然科学版),2005,(4):94-98.

[39] 何兴江,张信贵,易念平. 基于 SPSS 的城市区域地下水变异 Factor Analysis 过程[J]. 地质与勘探, 2006,42(1):93-96.

[40] 苏艺,许兆义,鄢贵权. 对应分析方法在地下水环境系统分析中的应用[J]. 北京交通大学学报,2004, (4):48-53.

[41] 傅湘,纪昌明. 区域水资源承载能力综合评价:主成分分析法的应用[J]. 长江流域资源与环境,1999, (2):168-173.

[42] 伊元荣,海米提·依米提,王涛,等. 主成分分析法在城市河流水质评价中的应用[J]. 干旱区研究, 2008,(4):497-501.

[43] 陈武,李凡修,梅平. 应用多目标决策-理想点法综合评价水环境质量[J]. 环境工程,2002,(3): 64-65.

[44] 李祚泳. 水文水资源及水环境分析的若干进展[J]. 工程科学与技术,2002,(2):1-4.

[45] 侯珺,黄川友. 可拓分析法在区域地下水质量评价中的应用[J]. 水资源与水工程学报,2005,(3): 72-74.

[46] 魏文秋,孙春鹏. 模糊神经网络水质评价模型[J]. 武汉大学学报(工学版),1996,(4):21-25.

[47] 孙涛,潘世兵,李纪人,等. 疏勒河流域水土资源开发及其环境效应分析[J]. 干旱区研究,2004,(4): 313-317.

[48] 费宇红,张兆吉,郭春艳,等. 区域地下水质量评价及影响因素识别方法研究——以华北平原为例[J]. 地球学报,2014,(2):131-138.

[49] Lasserre C,Morel P H,Gaudemer Y,et al. Postglacial left slip rate and past occurrence of M≥8 earthquakes on the Western Haiyuan Fault, Gansu, China[J]. Journal of Geophysical Research Atmospheres, 1999, (B8):17633-17651.

[50] Thapinta A,Hudak P F. Use of geographic information systems for assessing groundwater pollution potential by pesticides in Central Thailand[J]. Environment International,2004,(1):87-93.

[51] Babiker I S,Mohamed M A,Terao H,et al. Assessment of groundwater contamination by nitrate leaching from intensive vegetable cultivation using geographical information system[J]. Environment International,2004, (8):1009-1017.

[52] Chowdary V M, Rao N H, Sarma P B S. Decision support framework for assessment of non- point- source pollution of groundwater in large irrigation projects [J]. Agricultural Water Management, 2005, (3): 194-225.

[53] Posen P,Lovett A,Hiscock K,et al. Incorporating variations in pesticide catabolic activity into a GIS- based groundwater risk assessment[J]. Science of the Total Environment,2006,(2):641-652.

[54] Duffy C J,Brandes D. Dimension reduction and source identification for multispecies groundwater contamination [J]. Journal of Contaminant Hydrology,2001,(1):151-165.

[55] 王路德. 用 R 型因子分析法计算综合评价的权重[J]. 湖北体育科技,1992,(1):65-70.

[56] Singh K P,Malik A,Sinha S. Water quality assessment and apportionment of pollution sources of Gomti river

(India) using multivariate statistical techniques——a case study [J]. Analytica Chimica Acta, 2005, (1): 355-374.

[57] Belousova A P. Methods of Groundwater Pollution Risk Estimation for Ecosystem Sustainability [C]//Zektser I S, Marker B, Ridgway J, et al. Geology and Ecosystems. Boston, MA: Springer, 2006.

[58] 张云, 刘长礼, 张胜, 等. 生活垃圾对环境的污染评价方法探讨 [J]. 地球学报, 2003, 24(4): 379-384.

[59] 崔建国, 杨云龙. 地下水水质预测中 GM(1, 1) 模型参数的简易识别法 [J]. 地下水, 1996, (4): 150-152.

[60] 杨海燕, 夏正楷. 模糊数学在地下水资源污染评价中的应用 [J]. 水土保持研究, 2005, (4): 107-109.

[61] 汪家权, 王维平, 钱家忠, 等. 计划用水动态管理模型及其应用 [J]. 水利水电技术, 2002, (5): 1-4.

[62] 张英, 孙继朝, 黄冠星, 等. 珠江三角洲地区地下水环境背景值初步研究 [J]. 中国地质, 2011, (1): 190-196.

[63] 冉敬, 杜谷, 杨乐山, 等. 关于检出限的定义及分类的探讨 [J]. 岩矿测试, 2008, (2): 155-157.

[64] 解天民. 环境分析化学实验室技术与运营管理 [M]. 北京: 中国环境科学出版社, 2008.

第4章 河北省"双源"清单填报情况

4.1 河北省地下水饮用水源地分布及基本概况

4.1.1 河北省地下水饮用水源地基本概况

1. 饮用水水源地基本信息分类统计

2012~2016年的河北省"双源"清单填报过程中,共填报饮用水水源地443个,其中城镇集中式饮用水水源地218个,典型乡镇饮用水水源地203个,农村"以奖促治"水源地22个(其中供水方式为集中式的15个,分散式的7个)。按水源地类型分,河流型水源地1个,占水源地总数的0.23%;湖库型水源地14个,占水源地总数的3.16%,地下水型水源地428个,占总数的96.61%。

其中城镇水源地中,无河流型水源地;湖库型水源地13个,占城镇水源地总数的5.96%,地下水型水源地205个,占总数的94.04%。典型乡镇水源地中,河流型水源地1个,占典型乡镇水源地总数的0.49%;无湖库型水源地;地下水型水源地202个,占总数的99.51%。"以奖促治"农村水源地中,湖库型水源地1个,占"以奖促治"村庄水源地总数的4.55%,地下水型水源地21个,占总数的95.45%。河北省水源地基本信息见表4-1~表4-3。

表 4-1 河北省城镇集中式饮用水水源地基本信息汇总表

地市名称	水源地类型	水源地个数	服务人口/10⁴ 人	实际取水量/(10⁴m³/a)
石家庄市	湖库型	1	231.30	9000.00
	地下水	24	260.24	59.21
	小计	25	491.54	9059.21
承德市	湖库型	1	5.00	365.00
	地下水	25	71.81	6871.57
	小计	26	76.81	7236.57
张家口市	地下水	22	128.08	17.05
	小计	22	128.08	17.05
秦皇岛市	湖库型	3	82.63	11799.40
	小计	3	82.63	11799.40
唐山市	湖库型	2	83.66	4666.00
	地下水	29	170.48	13085.40
	小计	31	254.14	17751.40

续表

地市名称	水源地类型	水源地个数	服务人口/10⁴ 人	实际取水量/(10⁴m³/a)
廊坊市	地下水	11	88.69	6909.68
	小计	11	88.69	6909.68
保定市	湖库型	1	73	17.48
	地下水	29	235.16	4121.10
	小计	30	308.16	4138.58
沧州市	湖库型	1	40.00	6.46
	地下水	17	103.06	11.39
	小计	18	143.06	17.85
衡水市	湖库型	1	32.65	0.00
	地下水	11	79.35	11.94
	小计	12	112.00	11.94
邢台市	湖库型	1	0.00	0.00
	地下水	19	274.92	3551.88
	小计	20	274.92	3551.88
邯郸市	湖库型	2	93.00	4395.00
	地下水	18	154.38	6587.05
	小计	20	247.38	10982.05
全省合计	河流型	—	—	—
	湖库型	13	641.24	30249.34
	地下水	205	1566.17	41226.28
	总计	218	2207.41	71475.62

表 4-2　河北省典型乡镇集中式饮用水水源地基本信息汇总表

地市名称	水源地类型	水源地个数	服务人口/10⁴ 人	实际取水量/(10⁴m³/a)
石家庄市	地下水	26	12.67	657.29
	小计	26	12.67	657.29
承德市	河流型	1	1.30	30.00
	地下水	5	2.43	52.16
	小计	6	3.73	82.16
张家口市	地下水	15	12.52	705.77
	小计	15	12.52	705.77
秦皇岛市	地下水	4	19.92	406.52
	小计	4	19.92	406.52
唐山市	地下水	14	29.95	1296.25
	小计	14	29.95	1296.25

地市名称	水源地类型	水源地个数	服务人口/10^4 人	实际取水量/(10^4m^3/a)
廊坊市	地下水	45	23.44	556.94
	小计	45	23.44	556.94
保定市	地下水	25	20.23	163.30
	小计	25	20.23	163.30
沧州市	地下水	14	14.88	187.49
	小计	14	14.88	187.49
衡水市	地下水	15	17.29	382.25
	小计	15	17.29	382.25
邢台市	地下水	25	28.02	619.23
	小计	25	28.02	619.23
全省合计	河流型	1	1.30	30.00
	湖库型	—	—	—
	地下水	202	200.89	6043.75
	总计	203	202.19	6073.75

表 4-3　河北省"以奖促治"农村饮用水水源地基本信息汇总表

地市名称	水源地类型	水源地个数	服务人口/10^4 人	实际取水量/(10^4m^3/a)
唐山市	地下水	13	1.20	24.36
	小计	13	1.20	24.36
衡水市	湖库型	1	0.47	30.24
	小计	1	0.47	30.24
邢台市	地下水	8	6.45	98.18
	小计	8	6.45	98.18
合计	河流型	—	—	—
	湖库型	1	0.47	30.24
	地下水	21	7.65	122.54
	总计	22	8.12	152.78

2. 饮用水水源地分布

各级饮用水水源地按照行政区域划分,石家庄市 51 个,占总数的 11.51%;承德市 32 个,占总数的 7.22%;张家口市 37 个,占总数的 8.35%;秦皇岛市 7 个,占总数的 1.58%;唐山市 58 个,占总数的 13.09%;廊坊市 56 个,占总数的 12.64%;保定市 55 个,占总数的 12.42%;沧州市 32 个,占总数的 7.22%;衡水市 27 个,占总数的 6.09%;邢台市 53 个,占总数的 11.96%;邯郸市 35 个,占总数的 7.90%。

城镇饮用水水源地按照行政区域划分,石家庄市 25 个,占总数的 11.47%;承德市 26 个,占总数的 11.93%;张家口市 22 个,占总数的 10.09%;秦皇岛市 3 个,占总数的 1.38%;唐山市 31 个,占总数的 14.22%;廊坊市 11 个,占总数的 5.05%;保定市 30 个,占总数的 13.76%;沧州市 18 个,占总数的 8.26%;衡水市 12 个,占总数的 5.50%;邢台市 20 个,占总数的 9.17%;邯郸市 20 个,占总数的 9.17%。

典型乡镇集中饮用水水源地按照行政区域划分,石家庄市 26 个,占总数的 12.8%;承德市 6 个,占总数的 3.0%;张家口市 15 个,占总数的 7.4%;秦皇岛市 4 个,占总数的 2.0%;唐山市 14 个,占总数的 6.9%;廊坊市 45 个,占总数的 22.2%;保定市 25 个,占总数的 12.3%;沧州市 14 个,占总数的 6.9%;衡水市 14 个,占总数的 6.9%;邢台市 25 个,占总数的 12.3%;邯郸市 15 个,占总数的 7.4%。

农村"以奖促治"水源地按照行政区域划分,唐山市 13 个,占总数的 59.09%;衡水市 1 个,占总数的 4.55%;邢台市 8 个,占总数的 36.36%。

3. 饮用水水源地服务人口及取水量

本次调查的饮用水水源地总服务人口 2417.72×10^4 人,占河北省总人口的 34.37%;实际取水量 $77702.15 \times 10^4 \mathrm{m}^3 / \mathrm{a}$,人均集中水源取水量 32.19L/(人·d)。其中,城镇水源地服务人口 2207.41×10^4 人,实际取水量 $71475.62 \times 10^4 \mathrm{m}^3 / \mathrm{a}$,人均集中水源取水量 32.38L/(人·d);典型乡镇水源地服务人口 202.19×10^4 人,实际取水量 $6073.75 \times 10^4 \mathrm{m}^3 / \mathrm{a}$,人均集中水源取水量 30.04L/(人·d);"以奖促治"村庄水源地服务人口 8.12×10^4 人,实际取水量 $3122.54 \times 10^4 \mathrm{m}^3 / \mathrm{a}$,人均集中水源取水量 18.82L/(人·d)。

调查结果表明,地下水水源地是饮用水的主要供水水源。443 个各级饮用水水源地中,地下水水源地 428 个,占水源地总数的 96.61%,服务人口 1774.71×10^4 人,占总服务人口的 73.40%,实际供水量 $47392.57 \times 10^4 \mathrm{m}^3$,占总供水量的 60.99%。

地表水水源地分为河流型和湖库型水源地,在各级饮用水水源地中,1 个河流型水源地,服务人口 1.3×10^4 人,取水量 $30 \times 10^4 \mathrm{m}^3 / \mathrm{a}$;14 个湖库型水源地,服务人口 641.71×10^4 人,取水量 $30279.5830 \times 10^4 \mathrm{m}^3 / \mathrm{a}$。

4. 饮用水水源保护区

1)各级饮用水水源保护区划情况

全省各级饮用水水源地中,划分已批复的水源保护区共 153 个,划分待批复的共 42 个,初步划分的共 179 个,已划分的共 3 个,未划分的共 66 个。

218 个城镇集中式饮用水水源地中,本次调查划分已批复的水源保护区共 153 个,13 个是湖库型水源地,140 个是地下水型水源地;划分待批复保护区的共 27 个,均是地下水型水源地;未划分保护区的水源地 38 个,均是地下水型水源地。203 个典型乡镇水源地中,本次调查划分待批复的水源保护区共 15 个,均是地下水型水源地;初步划分保护区的共 179 个,1 个是河流型水源地,178 个是地下水型水源地;未划分保护区的水源地 9 个,均是地下水型水源地。22 个以奖促治农村集中式饮用水水源地中,本次调查已划分水源保护区共 3 个,1 个是湖库型水源地,为衡水市衡水湖自然保护区,2 个是地下水型水源地,为邢台市南和县贾宋镇地下水型水源地和南和县和阳镇地下水型水源地;未划分保护区的水源地 19 个,均是地下水型水源地。

2）各级饮用水水源保护区面积

已划定和初步划分保护区的饮用水水源地 377 个，面积 11563.68km²，占河北省面积的 6.16%。城镇饮用水水源地已划定和初步划分保护区 180 个，面积 11411.72km²，占河北省面积的 6.08%。其中一级保护区面积 974.29km²，二级保护区面积 4028.59km²，准保护区面积 6408.84km²。典型乡镇饮用水水源地已划定和初步划分保护区 194 个，面积 145.26km²，占河北省面积的 0.08%。其中一级保护区面积 28.51km²，二级保护区面积 116.75km²。"以奖促治"农村水源地已划定和初步划分保护区 3 个，面积 6.7km²，占河北省面积的 0.003%。

3）各级饮用水水源保护区人口情况

各级水源保护区内共有居住人口 219.12×10⁴ 人。城镇水源保护区内居住人口 173.7816×10⁴ 人，其中一级保护区 59.2645×10⁴ 人，二级保护区 80.0506×10⁴ 人，准保护区 34.4665×10⁴ 人。一级保护区、二级保护区和准保护区人口密度，分别为 608 人/km²、199 人/km² 和 54 人/km²。典型乡镇水源保护区内居住人口共 41.87×10⁴ 人，其中一级保护区 14.69×10⁴ 人，二级保护区 27.18×10⁴ 人。一级保护区和二级保护人口密度，分别为 5154 人/km² 和 2328 人/km²。"以奖促治"农村水源地内居住人口 3.47×10⁴ 人。

4）各级水源保护区土地利用情况

城镇水源保护区内现有耕地 44.46×10⁴ 亩，占城镇水源保护区总面积的 2.60%，其中一级保护区内耕地 10.54×10⁴ 亩，二级保护区内耕地 22.56×10⁴ 亩。乡镇水源保护区内现有耕地 10.11×10⁴ 亩，占典型乡镇水源保护区总面积的 46.4%，耕地负荷为 695.91 亩/km²。二级保护区耕地负荷高于一级保护区，分别为 716.15 亩/km² 和 613.00 亩/km²；地下水型水源地耕地负荷最大，河流型较小。

5. 饮用水水源重大环境污染与突发事故

近几年来，河北省各级饮用水水源地未发生过重大环境污染和突发事故。饮用水水源地主要为地下水型，水源补给主要靠大气降水、地表水及农田灌溉下渗，污染威胁主要是农业种植、畜禽养殖、农村生活污染源和少部分乡镇工业污染源（表 4-4、表 4-5）。

表 4-4　河北省城镇饮用水水源保护区人口、面积统计表

地市名称	保护区类型	面积/km²	保护区内人口/10⁴ 人	耕地面积/亩
石家庄市	一级	597.01	15.6965	18.17
	二级	2197.78	1.7350	19.60
	准保护区	4513.02	0.00	1.70
	合计	7307.81	17.4315	39.47
承德市	一级	23.95	0.0053	1539.84
	二级	98.66	2.6870	10835.95
	准保护区	0.00	0.00	0.00
	合计	122.61	2.6923	12375.79

续表

地市名称	保护区类型	面积/km²	保护区内人口/10⁴ 人	耕地面积/亩
张家口市	一级	17.59	0.5068	6.96
	二级	206.45	8.69	88.79
	准保护区	0.00	0.00	0.00
	合计	224.04	9.1968	95.75
秦皇岛市	一级	62.57	0.1875	22.03
	二级	270.20	1.8004	8.92
	准保护区	0.00	0.00	0.00
	合计	332.77	1.9879	30.95
唐山市	一级	99.37	3.2013	17956.55
	二级	311.71	25.3394	145493.30
	准保护区	704.97	34.4665	113150.40
	合计	1116.05	63.0072	276600.25
廊坊市	一级	17.93	0.00	3.31
	二级	40.09	0.00	0.11
	准保护区	0.00	0.00	0.00
	合计	58.02	0.00	3.42
保定市	一级	46.23	25.9971	30654.09
	二级	81.68	20.1277	30673.69
	准保护区	0.00	0.00	0.00
	合计	127.91	46.1248	61327.78
沧州市	一级	17.81	0.00	0.20
	二级	45.46	1.1611	17.63
	准保护区	0.00	0.00	0.00
	合计	63.27	1.1611	17.83
衡水市	一级	22.23	0.00	0.00
	二级	58.16	0.00	0.00
	准保护区	0.00	0.00	0.00
	合计	80.39	0.00	0.00
邢台市	一级	26.66	2.33	0.94
	二级	284.80	4.26	4302.60
	准保护区	692.35	0.00	465.00
	合计	1003.81	6.59	4768.54
邯郸市	一级	42.95	11.34	55180.01
	二级	433.61	14.25	34126.17
	准保护区	498.50	0.00	0.00
	合计	975.06	25.59	89306.18

续表

地市名称	保护区类型	面积/km²	保护区内人口/10⁴ 人	耕地面积/亩
小计	一级	974.29	59.2645	105382.09
	二级	4028.59	80.0506	225566.76
	准保护区	6408.84	34.4665	113617.10
	合计	11411.72	173.7816	444565.95

表 4-5 河北省典型乡镇饮用水水源保护区人口、面积统计表

地市	水源地类型	保护区合计			一级保护区			二级保护区		
		保护区人口/万人	保护区面积/亩	保护区耕地面积/亩	保护区人口/万人	保护区面积/亩	保护区耕地面积/亩	保护区人口/万人	保护区面积/亩	保护区耕地面积/亩
石家庄市	地下水	13.1612	76951.7	39977.9	7.1392	26773.5	9755.5	6.0220	50178.2	30222.4
承德市	河流型	0.28	400.5	60	0.1400	103.5	15.0	0.1400	297.0	45.0
	地下水	1.7832	2223.9	1152	0.3620	528.9	237.7	1.4212	1695.0	914.3
张家口市	地下水	2.937	17104.1	6195.1	0.4470	3505.9	1816.7	2.4900	13598.2	4378.4
秦皇岛市	地下水	0	58.8	31.9	0.0000	8.4	2.9	0.0000	50.4	29.0
唐山市	地下水	4.9482	43396	19587.7	0.0680	1072.3	298.3	4.8802	42323.7	19289.4
廊坊市	地下水	5.2803	15457.8	7245.8	0.3830	275.0	82.8	4.8973	15182.8	7163.0
保定市	地下水	4.2411	30211.8	7847.4	0.7500	5861.4	2886.0	3.4911	24350.4	4961.4
沧州市	地下水	2.0437	9344.8	3210.1	0.0467	91.8	24.3	1.9970	9253.0	3185.8
衡水市	地下水	0	58.8	0	0.0000	58.8	0.0	0	0	0
邢台市	地下水	4.3184	1395.9	832.4	4.3184	1395.9	832.4	0.0000	0.0	0.0
邯郸市	地下水	2.8757	21280.6	14945.3	1.0384	3082.1	1522.0	1.8373	18198.4	13423.3
合计	河流型	0.28	400.5	60	0.1400	103.5	15.0	0.1400	297.0	45.0
	地下水	41.5888	217484.2	101025.6	14.5527	42654.1	17458.6	27.0361	174830.1	83567.0
	总计	41.8688	217884.7	101085.6	14.6927	42757.6	17473.6	27.1761	175127.1	83612.0

4.1.2 河北省地下水饮用水源地环境概况

1. 城镇饮用水水源地水质及影响分析

根据统计结果,河北省 218 个城镇水源地中,达到Ⅲ类水质标准的水源地有 189 个,占水源地总数的 86.70%,服务人口 2030.37×10⁴ 人。

调查共涉及 187 个城镇地下水水源地,其中,72 个水源地地下水埋藏条件为潜水,占地下水水源地数量的 38.5%;115 个水源地地下水埋藏条件为承压水,占全部的 61.5%。这 115 个水源地受地表污染的可能性较小,72 个地下水埋藏条件为潜水的水源地有可能受地表污染。

城镇共有13个湖库型饮用水水源地,水质均能达到《地表水环境质量标准》Ⅲ类以上要求,受上游来水影响较小。

不能满足《地下水质量标准》(GB 3838)Ⅲ类要求的有27个,占13.3%。服务人口177.04×10^4人,占总人口的11.30%。超标水源地中,水质类别为Ⅳ类的水源地16个,Ⅴ类的11个,主要超标因子为氟化物、亚硝酸盐和氨氮等,评价结果详见表4-6。

表4-6 河北省城镇饮用水水源地水质评价结果汇总表

地市名称	水源地类型	水源地个数	达标水源地个数	达标水源地服务人口/10^4人
石家庄市	湖库型	1	1	231.30
	地下水	24	22	260.24
	小计	25	23	491.54
唐山市	湖库型	2	2	83.66
	地下水	29	29	170.48
	小计	31	31	254.14
秦皇岛市	湖库型	3	3	82.63
	小计	3	3	82.63
邯郸市	湖库型	2	2	93.00
	地下水	18	18	154.38
	小计	20	20	247.38
邢台市	湖库型	1	1	0.00
	地下水	19	15	254.40
	小计	20	16	254.40
保定市	湖库型	1	1	73
	地下水	29	29	235.16
	小计	30	30	308.16
张家口市	地下水	22	15	76.21
	小计	22	15	76.21
承德市	湖库型	1	1	5.00
	地下水	25	23	68.87
	小计	26	24	73.87
沧州市	湖库型	1	1	40.00
	地下水	17	6	17.01
	小计	18	7	57.01
廊坊市	地下水	11	8	73.03
	小计	11	8	73.03
衡水市	湖库型	1	1	32.65
	地下水	11	11	79.35
	小计	12	12	112.00

续表

地市名称	水源地类型	水源地个数	达标水源地个数	达标水源地服务人口/10^4 人
全省合计	湖库型	13	13	641.24
	地下水	205	176	1389.13
	总计	218	189	2030.37

2. 典型乡镇饮用水水源地水质及影响分析

根据统计结果,203 个典型乡镇水源地中,达到Ⅲ类水质标准的水源地 124 个,占水源地总数的 61.08%,服务人口 131.45×10^4 人。

2009 年全省调查的 202 个典型乡镇地下水型饮用水水源地,按地下水埋藏条件,埋藏条件为承压水的水源地 104 个,约占 51%;埋藏条件为潜水的水源地 98 个,约占 48%。104 个承压水型地下水水源地水质受到地面污染影响的可能性较小;98 个潜水型地下水水源地水质易受到地面污染的影响。典型乡镇共有 1 个河流型饮用水水源地,位于承德市鹰手营子矿区,水质超标,为劣Ⅴ类。

超标水源地 79 个,服务人口 70.74×10^4 人,其中毒理学指标超标水源地 61 个,服务人口 57.43×10^4 人;物理和一般化学指标超标水源地 21 个,服务人口 14.81×10^4 人;生物指标超标水源地 21 个,服务人口 10.04×10^4 人,详见表 4-7。

表 4-7 河北省乡镇饮用水水源地水质评价结果汇总表

地市	水源地类型	水源地个数/个	达标水源地数量/个	不达标水源地数量/个	水质达标率/%
石家庄市	地下水	26	16	10	61.54
唐山市	地下水	14	12	2	85.71
秦皇岛市	地下水	4	3	1	75.00
邯郸市	地下水	15	6	9	40.00
邢台市	地下水	25	20	5	80.00
保定市	地下水	25	25	0	100.00
张家口市	地下水	15	11	4	73.33
承德市	河流型	1	0	1	0.00
	地下水	5	5	0	100.00
沧州市	地下水	14	6	8	42.86
廊坊市	地下水	45	16	29	35.56
衡水市	地下水	14	4	10	28.57
合计	河流型	1	0	1	0.00
	地下水	202	124	78	61.39
	总计	203	124	79	61.08

3. "以奖促治"农村饮用水水源地水质及影响分析

此次调查的 21 个"以奖促治"农村地下水型饮用水水源地,其中 7 个为分散式供水的水井,由于分散供水多存在安全隐患;其余 14 个水源地为集中供水,水质好于分散式供水。"以奖促治"农村湖库型饮用水水源地 1 个,水质达到《地表水环境质量标准》Ⅲ类要求。

4.2　河北省污染源分布及基本概况

1. 危险废物处置场

根据河北省危废处置场清单填报结果,全省危废处置场共计 24 个。

其中只有 1 个为非稳定运行的正规危废处置场,其余均为正规危废处置场,分布在保定市、沧州市、邯郸市、衡水市、石家庄市、邢台市、唐山市、秦皇岛市和张家口市。在上报的危废处置场中,有 7 个危险废物处置场设有监测井,并定期开展常规检测,污染物有铜、砷、COD 等。

2. 矿山开采区

根据河北省矿山开采区清单填报结果,全省上报的矿山开采区共计 7544 个,其中,大型矿山 131 个,中型矿山 173 个,小型矿山 7240 个。

河北省矿山开采区主要为金属矿、非金属矿及煤矿采选。在 7544 个矿山开采区中,露天开采 6266 个,井下开采 1067 个,复合开采 211 个,矿山总面积共计 3260km² 。主要污染物为 COD、SS、铁、铅、锌、氰化物等。

在上报的 7544 个矿山开采区中,有 30 个矿山布设了地下水环境监测井,并开展了常规地下水监测工作,目前正在运行的地下水环境监测井有 132 眼。监测项目为:pH、铁、锰、总硬度、硫酸根、重金属等。

3. 规模化养殖场

根据河北省规模化养殖场清单上报情况,全省上报的规模化养殖场共计 2651 个。

养殖种类以猪、肉牛、肉鸡、奶牛和蛋鸡 5 类为主,占地面积共计 61522hm² ,其中 145 个规模化养殖场位于水源地保护区范围内,有监测井并定期开展常规监测的有 2 个,监测井 18 眼,污染物以 COD、氨氮为主。

4. 高尔夫球场

根据河北省高尔夫球场清单上报情况,上报球场共计 11 家。

河北省 11 个高尔夫球场总占地面积为 1420hm² ,均无监测井,未开展常规监测。使用的农药涉及高效氯氰氨脂、井冈霉素、绿杀、阿米西达、西川国光、先正达、球道颗粒肥、草坪专用肥等。

5. 工业污染源

根据河北省工业污染源清单填报结果,全省上报的主要工业污染源数量 2869 个(含主要工业园区 182 个,主要工业污染源 2687 个)。

其中开展常规监测的工业污染源共计 35 个,现有监测井 133 眼,工业污染源占地总面积为 3060×10⁴hm² 。工业污染源涉及的行业类别繁多,主要有金属制品业、化学原料及化学制品制造业、纺织业、交通运输设备制造业、通信设备、机制纸及纸板制造、电气机械及器材制造业、黑色金属冶炼及压延加工业、淀粉及淀粉制品的制造、食品加工制造、机器零部件制造、仓储等。主要污染指标有 COD、悬浮物、硫化物、铅、氨氮等。

6. 垃圾填埋场

根据河北省垃圾填埋场清单填报结果,全省上报的正规/非正规垃圾填埋场共计149个。其中,开展了常规监测的垃圾填埋场有68个,有地下水监测井共计302眼,评价等级大多为Ⅰ~Ⅱ类,个别评价等级为Ⅲ、Ⅳ类。主要的污染指标有:总磷、氨氮、总大肠菌群、挥发性酚类等。

7. 加油站和储油库

根据河北省石油生产及销售区加油站(油库)清单填报结果,全省上报的加油站(油库)数量共计5086个。在上报的加油站(油库)中有63个未正常营业,其余均正常运行。上报的5086个加油站(油库)中属中石油管辖范围的有926个,属中石化管辖范围的有1250个,属中海油管辖范围的有21个,属于民营及其他管辖范围的有2428个。上报的5086个加油站(油库)使用的储油罐数量为17505个,其中单层罐的储油罐数量为15576个。

上报的5086个加油站(油库)中有防渗池的加油站(油库)数量为2420个,占总数的47.6%,无防渗池的加油站(油库)数量为2666个,占总数的52.4%;输油管为单层管的加油站(油库)数量为4470个,占总数的87.9%,输油管为双层管的加油站(油库)数量为155个,占总数的3.0%;其中43个加油站(油库)发生过严重泄漏事故;处于地下水源地保护区的加油站(油库)数量为109个,占总数的2.1%;开展常规监测的加油站(油库)的数量为123个,占总数的2.4%;现有监测井数量为562眼。主要污染指标有石油类、苯系物、甲基叔丁基醚等。

8. 再生水农用区

河北省符合调查评估要求的再生水农用区只有1个,污灌区面积$1.5×10^4$亩,属于中型灌区,有1眼监测井开展常规监测,主要污染指标有COD、氨氮、油类、总氮、总磷。

4.3　小　　结

2012~2017年的工作中,河北省共完成了11个设区(市),包括辛集市、定州市的8类源18345条数据收集、网上录入和核查。

从上述数据可以看出,河北省11个设区(市)间的双源数量差异明显。各类污染源中,矿山开采区、加油站、规模化养殖场和工业污染源这几类的数量最多,分别为7544个、5086个、2651个和2869个,再生水农用区、高尔夫球场及危险废物处置场三大污染源的数量较少,全省总数42个。

从水文地质单元分区来看,河北省位于黄淮海平原及其周边山丘水文地质区,主要包括黄淮海平原水文地质亚区和燕山、太行山地水文地质亚区两类亚区。八类污染源分布不均,加油站、规模化畜禽养殖场在河北省范围内分布较广,有2846个加油站、1799个养殖场分布在燕山、太行山地水文地质亚区,其余分布在黄淮海平原水文地质亚区;地下水水源地、重点工业园区及垃圾填埋场在全省范围内分布较均衡,分别有106个地下水水源地、85个工业污染源和35个垃圾填埋场分布在燕山、太行山地水文地质亚区,其余分布在黄淮海平原水文地质亚区。矿山开采区大多分布于燕山、太行山地水文地质亚区;河北省危险废物处置场和高尔夫球场较少,大多分布在黄淮海平原水文地质亚区。

其中,2.9%污染源具备地下水环境监测井,污染源周边现有1198眼地下水环境监测井,1.9%地下水污染源开展了地下水环境常规监测,具体见表4-8。

表4-8 河北省地下水污染源清单统计表

类别	总数/个	具有监测井的污染源		开展监测的污染源		监测井数量/个
		数量/个	比例/%	数量/个	比例/%	
矿山开采区	7544	30	0.40	30	0.40	132
工业污染源	2869	37	1.29	35	1.22	133
加油站	5086	170	3.34	123	2.42	571
规模化养殖场	2651	123	4.64	18	0.68	37
危险废物处置场	30	6	20.00	6	20.00	22
垃圾填埋场	153	77	50.33	68	44.44	302
再生水灌区	1	1	100.00	1	100.00	1
高尔夫球场	11	0	0.00	0	0.00	0
合计	18345	444	2.42	281	1.53	1198

第5章 典型地下水饮用水水源地地下水基础环境状况调查评估

近年来,世界人口的持续增长和污染源的增多,使暴露在外的地表水受到越来越严重的污染[1]。而地下水具有分布广泛、开采便利等优点,这些都使得地下水成为人们的主要饮用水源,更促使各国重视把优质地下水优先用作饮用水的供水水源[2]。例如,法国饮用水的65%都来自地下水,瑞士84%,德国72%,澳大利亚甚至超过了90%[3]。对于国内,地下水资源供给全国近70%的人口,全国95%以上的农村人口饮用地下水[4,5]。但由于长期以来对地下水污染问题缺乏关注,地下水污染十分严重[6-8]。因此,为了科学有效地了解地下水饮用水水源地的情况,本章详细地介绍了典型地下水饮用水水源地的基础环境状况调查工作的过程,为以后解决我国饮用水水源的安全问题提供了帮助。

5.1 典型水源地的筛选确定与技术要求

5.1.1 典型水源地筛选确定

根据国家统一要求和"水源地筛选原则",在2013年河北省选择某市市区生活饮用水水源地作为典型水源地开展调查评估工作,该水源地实际开采量为$4.0 \times 10^4 m^3/d$,属中型水源地。水源地位于冲洪积扇中上部,以开采奥陶系灰岩岩溶裂隙水为主,少量为第四系松散层孔隙地下水,目前共有水源井12眼,其中3眼第四系水源井,其余9眼为基岩水源井。

同时水源地处于该市城区,且位于工矿企业周边,人口较为密集,人类生产生活活动较为频繁,对地下水水质存在一定的风险。

5.1.2 水源地调查技术要求

1. 目标与任务

地下水饮用水水源地地下水基础环境状况调查评估具体目标是:

(1)基本摸清河北省地下水饮用水水源地分布和建设状况;

(2)掌握水源地汇水区地下水水质状况;

(3)识别潜在污染源;

(4)提出水源地保护建议。

全省地下水饮用水水源地地下水基础环境状况调查评估工作的实施,可为建立健全地下水环境监管体系,进一步推进地下水环境保护工作,正确判断河北省地下水环境形势,科学制定地下水环境保护政策,切实保障地下水环境安全提供科学依据。

2. 技术路线

地下水饮用水水源地地下水基础环境状况调查评估的技术路线可概括为以下几个步骤,具体见图 5-1。

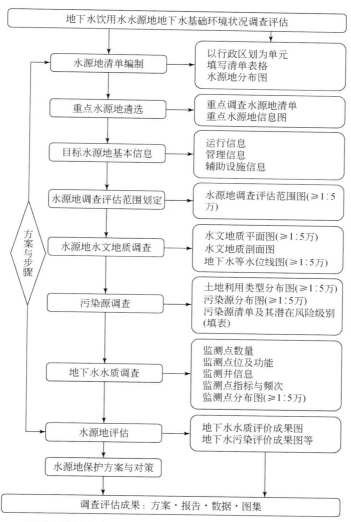

图 5-1　地下水饮用水水源地地下水基础环境状况调查评估的技术路线图

(1)以行政区为单元,编制水源地清单。

(2)遴选详细调查评估的水源地清单。

(3)调查目标水源地信息组成与运行信息。

(4)划定水源地调查评估范围。

(5)开展水文地质调查。

(6)进行土地利用调查,编制潜在污染源清单,划分污染源风险等级。

(7)建立水质监测网,进行地下水水质和污染调查。

(8)进行地下水环境质量和污染程度评价。

（9）提出水源地保护方案。

3. 技术要点

1）资料收集

调查对象确定后，通过资料调研和现场踏勘等方法，收集调查对象的基本资料，完成对基础信息表格的填写，主要资料如表 5-1 所示。

表 5-1　水源地收集的资料和信息统计表

类型	名称	资料来源（参考）
数据	水源地开采井长系列开采量数据/（m³/d）	水利部门或水源地专门管理机构
	水源地开采井长系列水质监测数据	环保部门与水源地专门管理机构
	水源地开采井长系列水位监测数据	水利部门
	水源地保护区长系列水位监测数据	水利部门
	水源地保护区长系列水质监测数据	水利部门
	所在水文地质单元长系列地下水位监测数据	水利部门
	所在水文地质单元长系列地下水水质监测数据	水利部门
图件	水源地地形图	国土部门地勘单位
	区域水文地质图（平面图，剖面图）	国土部门的水文地质勘察单位
	近几年的岩溶地下水和孔隙地下水等水位线图	国土部门的水文地质勘察单位
	不同岩性或不同地质年代岩层等厚度线图	国土部门地勘单位
	水源地一级、二级、准保护区	划定保护区的环保部门
	开采井、监测井井孔结构柱状图（小比例尺）	国土部门水文地质勘察施工单位
	土地利用现状分布图	环保部门或规划部门
	水源地保护区污染源分布图	环保部门
	水源地所在水文地质单元污染源分布图	环保部门
	水源地所在水文地质单元地下水污染分区图	环保部门
	水源地区域范围内开采井、监测井分布图	环保部门或水利部门
报告	区域水文地质勘察报告	国土部门水文地质勘察单位
	区域地下水资源及相关环境问题调查评价报告	国土部门或环保部门
	水源地保护区论证报告	划定保护区的环保部门
	水源地供水勘查报告	国土部门水文地质勘察单位
	所在水文地质单元建设项目环境影响评价报告	环保部门
	保护区建设项目环境影响评价报告	环保部门
	水源地供水工程设计书或报告	国土部门或环保部门
	水源地取水水源论证报告	国土部门或环保部门
	水源地环境基础状况的调查评估报告	环保部门或水利部门
	典型饮用水水源地有机污染物调查报告	环保部门
	重大水污染事件调查与处置报告	环保部门

2) 现场踏勘

现场踏勘的主要任务包括:①对场地基本地质、水文地质特征等的描述;②对水源地的基本情况、管理状况、辅助设施建设情况、土地利用状况、污染源分布状况、海水入侵状况的调查;③对水源地监测井信息及周边地区的风险源的调查等;④对取水井进行一次采样分析。

A. 水源地基础信息调查

采集信息包括重点调查的水源地的基本情况、管理状况、辅助设施建设情况、土地利用状况、污染源分布状况、海水入侵状况;钻孔信息、土壤样品采集信息、水文地质信息;监测井信息、地下水采样信息、样品分析测试信息等。

B. 水源地调查评估范围

在现场踏勘和资料收集整理的基础上,圈定各案例地区水源地调查范围。

调查范围确定:①水源地保护区,包括水源地一级、二级保护区内部所有区域;②扩展调查区,在核定水源地一级、二级保护区边界和范围的基础上,以二级保护区边界为基准,沿地下水流向向上游拓展地下水 1000 天流程等值线为边界,将该边界圈定的范围作为扩展调查区。若所圈定的拓展调查区边界范围内存在如下情况,则需按如下方法对边界进行修订:

(1)存在另外一个地下水饮用水源地,则取两个水源地地下水分水岭作为该方向的边界;

(2)若存在目标含水层的天然边界,则以其为边界;

(3)若目标含水层为承压含水层,则以该含水层补给区为边界;

(4)若边界附近存在地下水污染现象,则应将其污染源纳入边界范围内。

在资料收集整理的基础上,圈定水源地调查评估范围。

C. 水源地水文地质调查

水文地质条件是地下水埋藏、分布、补给、径流,水质和水量及其形成的地质条件总称。水文地质调查是指为提高研究区水文地质研究程度,为国民经济建设、社会发展、生态环境建设保护提供基础水文地质资料、可供规划和开发利用的地下水资源,而进行的一项基础性、综合性、公益性的不同精度要求的地质调查。水文地质调查的基本任务是通过资料收集、踏勘、测绘、钻探、物探、遥感、监测、采样、试验等手段,在调查研究区气候、地形、水文、地质构造、地层等基础上,重点查明:①含水层与隔水层的岩性、空隙结构、渗透性、空间分布等特征;②地下水的水位埋深、水位动态变化规律、流向、流速;③地下水的补给来源、排泄途径;④在现有水文地质参数不满足需要情况下,可利用已有水井、水文地质监测井(孔),开展水文地质试验(抽水试验、弥散试验等),结合地面综合物探方法调查与水文物探测井资料,获取研究区的水文地质参数。

水文地质调查的成果主要以水文地质调查报告和水文地质图的形式体现。特别是水文地质图,是进行水源地保护和监管的基础。该图件一般包括平面图、剖面图、等水位线图等。

基于本次水源地水文地质调查工作(至少为 1∶5 万),编制大比例尺(至少为 1∶5 万)水文地质平面图和剖面图、大比例尺(至少为 1∶5 万)地下水流场图。以资料收集为主,若缺失则应补充完善。

D. 水源地污染源调查

本专题开展的污染源调查与其他专题的区别在于：

(1)调查的范围不同,本专题仅调查所划定的水源地调查范围内的污染源;

(2)调查的目的不同,本专题除了关注污染源对地下水的影响外,更关注其对开采井水质的影响。

本专题污染源调查的步骤包括：

(1)对调查与评估范围内的土地使用类型进行至少为1:5万精度的调查,土地使用类型划分见表5-2;

(2)对每一种土地使用类型进行潜在污染源调查,污染源类型划分见表5-2;

(3)对各种污染源进行风险等级划分,划分依据见表5-3;

(4)编制污染源清单,包括土地使用类型、潜在污染源类型、名称、位置、特征描述、主要污染物、风险级别等;

(5)编制土地利用类型与污染源分布图(比例尺至少为1:5万)。

表5-2 不同土地利用类型下的典型地下水潜在污染源统计说明表

土地利用类型 (一级类)	土地利用类型 (二级类)	潜在污染源
耕地	水田、水浇地、旱地	农药、化肥、植物残余物、污水灌溉
园地	果园、茶园、其他园地	农药、化肥、植物残余物、污水灌溉
林地	有林地、灌木林地、其他林地	动物废物、植物残余物
草地	天然牧草地	动物废物
	人工牧草地	污水灌溉、化肥、植物残余物
	其他草地	动物废物
商业及服务用地	批发零售用地	商店、商场、超市、各类批发(零售)市场、加油站等
	住宿餐饮用地	宾馆、酒店、饭店;化粪池、污水处理系统等
	商务金融用地	办公楼、各种商业性活动办公场所等
	其他商服用地	洗车场、洗染店、废物回收站、洗浴场、美容美发店、照相馆、高尔夫球场、垃圾填埋场、危废处置场等
工矿仓储用地	工业用地	化学肥料、化学生产、冶金业(有色、黑色)、橡胶、油漆、医药等生产、纺织印染、制革业、造纸、食品加工、机械制造、建材业等
	采矿用地	矿山剥离和掘进、采矿、选矿等生产
	仓储用地	化学用品储存等
住宅用地	城镇住宅用地	住宅、公寓、别墅等
	农村宅基地	村庄

续表

土地利用类型（一级类）	土地利用类型（二级类）	潜在污染源
公共管理与公共服务用地	机关团体用地	办公楼
	新闻出版用地	出版社、杂志社等
	科教用地	办公楼、培训场所
	医卫慈善用地	医药品残留等
	文体娱乐用地	各种生活垃圾、化粪池、污水处理系统
	公园与绿地	农药、化肥
	风景名城设置用地	植物残余物、生活垃圾
特殊用地	军事设置用地	燃料、储油罐
	领事馆用地	生活垃圾
	监教场所用地	生活垃圾
	宗教用地	生活垃圾
	殡葬用地	墓地（杀虫剂等）
交通运输用地	铁路用地	交通运输、有机物泄漏
	公路用地	交通运输
	街巷用地、农村道路	生活垃圾、燃料等
	机场用地	油漆、燃料等
	港口码头用地	储存装置、燃料
	管道运输用地	输运煤炭、石油、天然气等管道的渗漏
水域及水利设施用地	河流水面、湖泊水面、水库水面、坑塘水面、沿海滩涂、内陆滩涂、沟渠	废水、生活垃圾等
	水工建筑用地	建材等
	冰川及永久积雪	几乎无
其他土地	空闲地	
	设施农用地	养殖场
	田坎、盐碱地、沼泽地、沙地、裸地	几乎无

3）人员访谈

通过访问水源地知情人员（水源地主管部门及人员）获知水源地类型、运行时间等相关信息；访问水源地所在区域地质勘查局、地质调查院、水文地质队等单位，获知水源地及水源地所在水文地质单元地质及与地下水质量相关信息；访问水源地所在区域环保、水利等部门，获知水源地地下水水质信息等；访问水源地所在区域气象部门，获知水源地附近的气象信息。

开展水源地地下水管理状况调查。内容包括水源地的管理单位、地下水监测机制、环境保护管理机构设置方式和相关管理制度。

表 5-3　土地利用及其对地下水产生危害的风险说明表

最小风险 ↓ 最大风险	A	1. 水域及水利设施用地：河流、湖泊、沟渠、水井、水库；天然草地、谷场、牧场、用于森林产品管理的林地等 2. 文体娱乐用地：娱乐运动场所；公园与绿地等 3. 交通运输用地：公路、铁路、街道等 4. 城镇及农村居民住宅用地、耕地等 5. 机构用途用地：学校、医院、疗养院、监狱、车库（修理厂）、盐储库、污水处理设施等 6. 商业用地：农场设施、汽车销售和设施、干洗机、图片处理器、医学艺术、家具剥离器、机器店、散热器维修、印刷业、燃油经销商等 7. 工业用地：农副食品加工业（食品制造业、饮料制造业、烟草制品业等）
	B	8. 工业用地：纺织业（纺织服装、鞋帽制造业）；皮革、毛皮、羽毛（绒）及其制品业）等 9. 工业用地：木材加工及木、竹、藤、棕、草制品业，家具制造业，造纸及纸制品业等 10. 工业用地：电子电器设备制造业等
	C	11. 工业用地：非金属矿物制品业，黑色金属冶炼及压延加工业，有色金属冶炼及压延加工业，金属制品业等 12. 商业用地：高尔夫球场等 13. 仓储用地：化学药品和石油的地下储存 14. 废物处置用地：用于废物处置的注射井、大体积的废物和生活垃圾填埋场、危废的处理储存和处置场地等
	D	15. 采矿用地：石油和天然气开采业，黑色金属矿采选业，有色金属矿采选业，非金属矿采选业等 16. 工业用地：医药制造业，石油加工、炼焦及核燃料加工业，煤炭开采和洗选业，化学原料及化学制品制造业，化学纤维制造业，橡胶制品业，塑料制品业，加油站等

4. 现场调查

在系统收集历年来已有水质监测网点的监测资料，以及现场踏勘的成果总结基础上，建立水源地供水安全监测网。

（1）监测点布设原则：①反映调查与评估范围内地下水总体水质状况；②供水目标含水层为监测的重点；③反映地下水补给来源和地下水与地表水水力联系；④将与地下水存在水力联系的地表水监测纳入监测点；⑤重点监控地下水已污染区段或水质异常区段；⑥充分考虑工业、农业、矿山、城市等活动对地下水水质的潜在影响；⑦尽可能地从经常使用的民井、生产井及泉点中选择监测点；⑧监测点不应轻易调整，以保证监测的连续性；⑨重点以已有监测网为基础，补充调查精度要求缺失的监测点。

（2）监测点数目。监测点布置数量按照本书第 3 章相关要求执行。

（3）制订地下水监测布点方案。整理资料收集和现场踏勘的资料，初步推断调查对象污染或者可能遭受污染的可能性，以及污染的主要途径（如土壤、地表水、沉积物、地下水和大气等）、主要污染物种类、污染程度及大概的污染范围、可能的污染物来源。根据调查对象的地下水监测点布设方法，制订监测点位布设方案，并组织专家评审。

（4）监测项目。以《地下水质量标准》（GB/T 14848）为基础，综合《地下水污染调查评价规范》（DD 2008）和《生活饮用水卫生标准》（GB 5479），详见表 5-4。

表 5-4 水源地地下水调查评估监测因子一览表

指标类型	指标名称
现场指标	水位、水温、色度、浑浊度、嗅和味、肉眼可见物、pH、溶解氧、Eh、EC、总碱度
常规指标 （必测）	Na^+、K^+、Ca^{2+}、Mg^{2+}、硫酸盐（以 SO_4^{2-} 计）、氯化物（以 Cl^- 计）、硝酸盐（以 N 计）、亚硝酸盐（以 N 计）、氨氮（以 N 计）、总磷（以 P 计）、氟化物（以 F^- 计）、碘、溴、TDS、总硬度（以 $CaCO_3$ 计）、高锰酸盐指数、耗氧量（COD_{Mn} 法，以 O_2 计）、挥发酚（以苯酚计）、铝、铁、锰、铜、锌、硒、砷、汞、镉、铬（六价）、铅、氰化物、硫化物
微生物指标	总大肠菌群、耐热大肠菌群、大肠埃希氏菌、菌落总数
常规有机物	石油类、阴离子合成洗涤剂、三氯甲烷、四氯化碳

（5）监测频次。所有指标 3 次/年，分别在平水、枯水和丰水期各监测 1 次；开采井每年至少进行一次全分析监测。

5.2 典型水源地的基本状况

5.2.1 水源地自然地理特征

该典型水源地属于暖温带半湿润季风气候区，年平均降水量 648.1mm，年最大降水量可达 1007.7mm，最小为 385.2mm，其中北部山区较大，南部平原略小，降水多集中于 6~8 月，占全年降水量的 75%。

该水源地地处山前倾斜平原地貌类型，属两条河流冲洪积扇中上部。其地势由东北向西南倾斜。北部较为平坦，东南部为丘陵地形。高程一般为 18~25m，水源地二级保护区和准保护区按地貌单元可划为冲洪积倾斜平原和构造剥蚀低山丘陵。

5.2.2 水源地保护区划分范围

根据"该水源地保护区划分报告"，水源地保护区划分成果见表 5-5。

表 5-5 某市水源地保护区划分基本情况一览表

一级保护区		二级保护区		准保护区	
面积/m^2	范围	面积/km^2	范围	面积/km^2	范围
141119.440	以水源井（井群）为中心向外延伸 64.0m	4.468	北界为一号断层；南界为第四系孔隙水漏斗边界；东界至煤系地层边界；西南边界为区域向斜边界	3.777	补给区一带灰岩裸露区

（1）一级保护区：一级保护区为以各水源井为圆心，以 64m 为半径的圆形；水厂院内的井群的一级保护区，以井群连接线为内边界，分别向外围扩展 64m 的多边形，总面积为 141119.440m^2。

（2）二级保护区：依据水源地水文地质条件，水源地已形成地下水水位降落漏斗，二级保护区划分北界为一号断层，该断层为阻水断层以作为隔水边界；南界为第四系孔隙水漏斗边界；东界至煤系地层边界；西南边界为区域向斜边界，面积为 4.468km²。

（3）准保护区：依据水源地岩溶地下水系统的特征，为了防御地下水污染，将水源补给区一带灰岩裸露区划为准保护区，面积为 3.777km²。

5.2.3　地下水开采情况

该典型水源地的水厂位于城区一带，现状具有水源井 12 眼，其中 3 眼水源井开采第四系孔隙水，9 眼开采奥陶系岩溶水。该水源地设计开采量为 $4.7 \times 10^4 m^3/d$，目前实际开采量为 $4.0 \times 10^4 m^3/d$。

水厂地下水开采主要工艺为：从各水源井抽地下水后，通过输水管线进入水厂内清水池，经过加液氯杀菌消毒，由配水泵房高压泵送入城市供水管网，进入各用水户。该水源地自建厂以来供水量较为稳定，一直维持在 $3.3 \times 10^4 t/d$ 左右，年季变化不大。年内供水高峰期一般出现在 6 ~ 8 月，最大供水量可达 $4.5 \times 10^4 t/d$。

5.2.4　污染源和风险源调查

该市区卫星遥感解译资料显示，该水源地周边土地被工业场地包围，整体环境状况质量不佳。

该水源地地下水污染源和风险源调查表明，水源地一级保护区内无污染源及排污口，水源地二级保护区主要包括工业企业、加油站、医院等三类污染源和风险源。

5.3　环境水文地质特征

调查区出露地层比较齐全，除个别地层缺失外，从元古宇至新生界均有出露。地层走向多以北北东方向延伸，该水源地被第四系所覆盖。

1. 地层

调查区主要由第四系冲积形成的粉土、粉质黏土、砂土及卵石组成，其厚度 80 ~ 230m。其中 0 ~ 10m 为全新统，主要岩性为粉土、粉质黏土；10 ~ 116m 为上更新统，主要岩性为细砂、中砂、卵石及黏土；116 ~ 230m 为中更新统，主要岩性为黏土含卵石。下伏基岩为奥陶系，主要为白云质灰岩及豹皮状灰岩。

2. 地下水赋存特征

调查区地处于冲洪积扇中部地带，主要赋存地下水类型为第四系孔隙水和奥陶系岩溶裂隙水，依据地下水类型及富水特征分析，属上更新统及中更新统，第四系厚度 63.55 ~ 99.40m，含水层为多层结构，主要由数层砂、砾石组成。第四系中松散岩类孔隙水含水层岩性以中粗砂为主，下部为卵砾石层，主要岩性为卵砾石及粗砂，含水层顶板为 10m 厚的黏性土。底部大部分地区为黏土与下伏奥陶系灰岩接触，局部为砂砾石直接与下伏奥陶系灰岩接触,形成第四系孔隙水补给下伏灰岩的天窗,单位涌水量 $10 \sim 20 m^3/(h \cdot m)$,水化学类型为 $HCO_3-Ca \cdot Mg$ 型,矿化度小于 $0.5 g/L$,水质良好,水位埋深 50m 左右。

奥陶系碳酸盐岩岩溶裂隙水在某向斜西北翼水文地质单元之中部,上部被第四系所覆盖。某向斜西北翼呈北北东向近似条形展布,单元内灰岩岩溶发育,富水性强,是该市区供水的主要基岩含水层。

奥陶系灰岩的富水性与岩溶发育规律基本一致,该水源地处于一号断层附近,又是某向斜西北翼的转折处,因此岩溶发育,富水性强,据该水源地 4 号井、5 号井抽水试验资料,单位涌水量分别达到 $188.0 m^3/(h \cdot m)$ 和 $450 m^3/(h \cdot m)$,水量极丰富。地下水水质良好,属 $HCO_3-Ca \cdot Mg$ 型,水矿化度小于 $0.5 g/L$,调查区东南侧该水源地对此层水开采量较大。该水源地水文地质剖面图见图 5-2。

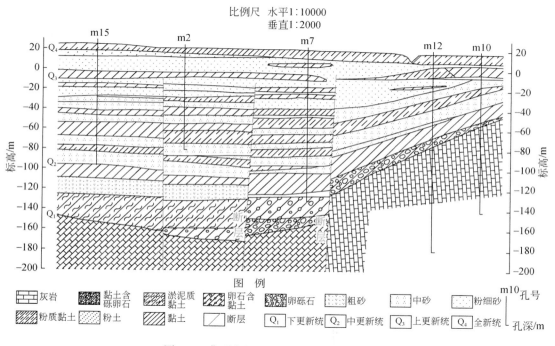

图 5-2　典型水源地调查区水文地质剖面图

3. 地下水补径排条件

1) 第四系孔隙水补径排特征

第四系孔隙水的补给来源,主要有大气降水入渗、地表河水入渗和灌溉回归入渗补给。排泄途径主要是人工开采、向下越流补给奥陶系岩溶水。该水源地由于开采强度大,成为该市市区多层地下水下降漏斗的中心,地下水由周边向漏斗中心径流。由于长期开采地下水,地下水位多年来呈下降趋势,自 2008 年该市关停工矿企业自备井,水位呈逐年回升趋势,2002 年第四系水位埋深 50m,2013 年 12 月实测该水源地第四系水位埋深 30.0m。

2）奥陶系岩溶水补径排特征

某向斜西北翼奥陶系灰岩岩溶水主要接受上覆第四系孔隙水的下渗越流补给,其次为降水入渗及河流侧渗补给,岩溶水区域流向自东北流向西南,但该水源地由于开采强度大,已成为该市水位下降漏斗的中心,岩溶水水位埋深30.86m。地下水由周边向中心径流。人工开采是本区岩溶水的主要排泄方式。

4. 地下水动态特征

调查区第四系松散岩类孔隙水水位动态变化受气象、水文与人为因素的影响,最低水位一般出现在6月,最高水位出现在9月,水位年变幅约2m,主要接受降水入渗及侧向径流补给,排泄于人工开采及侧向流出。

区域奥陶系碳酸盐岩类岩溶裂隙水主要为侧向径流补给,人工开采是主要排泄方式。区域流向自北东向南西,开采漏斗区自周边向中心汇流。动态类型为降水间接补给上升-开采下降型,年最低水位一般出现在6~9月,最高水位2~3月,近年来由于该市自2008年关停企业自备井,水位呈现逐年回升的趋势,水位年变幅4.5m左右,目前现状已基本稳定,回升幅度有所减小。

5.4　调查方案与程序

5.4.1　监测点布设

在调查布点原则的基础上,本着以最少监测点获取足够的、有代表性的地下水水质状况信息原则,确定监测点的基本数量与点位。水源地调查区80km² 范围内,布设区域地下水监测井20个(包括动态井5眼,自备井8眼,水源地水源井7眼),其中第四系水源井8眼,基岩井12眼;承压水监测井20个。调查区监测井基本信息见表5-6。

表5-6　典型水源地调查区监测井信息一览表

顺序号	编号	监测井性质	地下水类型	井深/m
1	HJ001	奥陶系水源井	承压水	205
2	HJ002	奥陶系水源井	承压水	125
3	HJ003	奥陶系监测井	承压水	200
4	HJ004	第四系水源井	承压水	75
5	HJ005	奥陶系水源井	承压水	163.6
6	HJ006	奥陶系水源井	承压水	396.5
7	HJ007	奥陶系水源井	承压水	402.3
8	HJ008	第四系水源井	承压水	96
9	HJ009	第四系监测井	承压水	70
10	HJ010	奥陶系监测井	承压水	200

续表

顺序号	编号	监测井性质	地下水类型	井深/m
11	HJ011	奥陶系自备井	承压水	250
12	HJ012	第四系监测井	承压水	80
13	HJ013	第四系监测井	承压水	150
14	HJ014	奥陶系自备井	承压水	300
15	HJ015	第四系自备井	承压水	65
16	HJ016	奥陶系自备井	承压水	300
17	HJ017	第四系自备井	承压水	45
18	HJ018	奥陶系自备井	承压水	200
19	HJ019	第四系自备井	承压水	86
20	HJ020	第四系自备井	承压水	80

5.4.2　监测指标

　　地下水水质调查内容包括水质监测值、水质类别、主要超标指标和超标倍数等。充分利用历史数据进行分析，并于 2012 年 11～12 月进行 1 次取样监测。根据全国对水源地水质调查指标的统一要求，根据某市水源地实际情况确定水源地水源井地下水水质调查检测指标共 62 项，见表 5-7。

表 5-7　典型水源地地下水水质调查检测指标统计表

指标类型	指标名称
天然背景离子（必测）	钾、钙、钠、镁、硫酸盐、氯离子、碳酸根、碳酸氢根
常规指标（必测）	pH、溶解氧、氧化还原电位、电导率、色、嗅和味、浑浊度、肉眼可见物、总硬度、溶解性总固体、铁、锰、铜、锌、挥发性酚类、阴离子合成洗涤剂、高锰酸盐指数、硝酸盐氮、亚硝酸盐氮、氨氮、氟化物、氰化物、汞、砷、硒、镉、六价铬、铅、硼、银、滴滴涕、六六六
必测和选测特征指标	三氯甲烷、四氯化碳、一氯二溴甲烷、二氯一溴甲烷、1,2-二氯乙烷、二氯甲烷、三氯甲烷、1,1,1-三氯乙烷、六氯苯、乙苯、二甲苯、1,1-二氯乙烯、1,2-二氯乙烯、1,2-二氯苯、1,4-二氯苯、三氯乙烯、三氯苯、四氯乙烯、甲苯、苯、苯乙烯、苯并(a)芘、氯乙烯、氯苯

5.5　典型水源地地下水环境问题识别

5.5.1　地下水水质评价

　　对研究区 20 眼地下水监测井，共计 62 项指标开展检测。

按照《地下水质量标准》(GB/T 14848)评价总硬度等指标,结果表明,20 眼监测井中有两眼存在超标情况。有两项指标超出《地下水质量标准》(GB/T 14848)Ⅲ类标准限值,超标指标包括总硬度、硝酸盐等指标,其超标率均达到 10%,其超标倍数,分别为 0.05 ~ 0.12、0.08 ~ 0.62。具体见表 5-8。

表 5-8　调查区污染指标超标情况表

序号	指标名称	超标井数	超标率/%	超标倍数	最大超标倍数监测井
1	总硬度	2	10	0.05 ~ 0.12	HJ003
2	硝酸盐氮	2	10	0.08 ~ 0.62	HJ015

按照《地表水环境质量标准》(GB 3838)和《生活饮用水卫生标准》(GB 5749)分别对其他指标进行评价,有机污染物三氯甲烷、四氯化碳、三氯乙烯、四氯乙烯指标均有检出,其指标普遍检出率分别达到 50%、25%、20% 和 30%,但其均远远小于标准限值。研究区水质有机指标检出情况见表 5-9。调查范围内 4 项指标检出,其中二级保护区内的 5 个监测井均有有机指标检出。

表 5-9　调查区污染物指标检出情况表

序号	指标名称	检出井数	检出率/%	超标井数	超标倍数
1	三氯甲烷	10	50	0	—
2	四氯化碳	5	25	0	—
3	三氯乙烯	4	20	0	—
4	四氯乙烯	6	30	0	—

对水源地地下水质量综合评价结果表明,调查范围内 20 眼监测井中有 15 眼监测井地下水属于Ⅲ类,3 眼监测井地下水属于Ⅳ类水,2 眼监测井地下水属于Ⅴ类水。

5.5.2　地下水污染指标对照值与背景值的选取

进行地下水污染现状评价的关键是对照值的选取。对照值主要来源有背景值监测井结果、地区最早的分析资料或区域中无明显污染源部分补充调查资料的统计结果。应优先考虑使用背景值监测结果。

研究区 20 眼监测井地下水检测分析结果表明,有两项无机指标超出《地下水质量标准》(GB/T 14848)Ⅲ类标准限值,包括总硬度、硝酸盐氮指标。因此,研究区地下水无机污染现状评估仅选取此两项指标进行评估。水源地地下水无机化学组分背景值见表 5-10。总硬度和硝酸盐氮的背景值取自 1990 年《某市河流与地下水补排关系研究报告》。

表 5-10　无机指标背景值确定表

指标	总硬度	硝酸盐氮
背景值/（mg/L）	44.2	5.9

对表 5-9 中确定的 4 项有机指标进行污染评估，有机组分背景值按零计算。

5.5.3　污染综合评价结果

研究区地下水污染综合评估结果统计数据见表 5-11。其中主要无机污染指标为总硬度、硝酸盐氮；有机物中卤代烃类污染较广的指标为三氯甲烷、四氯乙烯、三氯乙烯、四氯乙烯，检出指标少量为 II 级轻污染，大多为 I 级未污染，其他有机指标均未检出。综合污染级别达到 V 级（严重污染）的监测井位达到 2 个，污染级别为 IV 级（较重污染）和 III 级（中污染）的监测井位分别有 10 个、8 个，无轻污染和未污染的监测井位，整个研究区地下水污染处于中污染到严重污染状况。

表 5-11　综合污染级别结果统计表

污染级别	I 级（未污染）	II 级（轻污染）	III 级（中污染）	IV 级（较重污染）	V 级（严重污染）	VI 级（极重污染）
井数	0	0	8	10	2	—

5.5.4　主要问题和成因分析

1. 主要问题

本次调查区范围内共检测 20 眼监测井，检测结果表明超标无机指标有总硬度、硝酸盐氮，主要检出有机污染物三氯甲烷、四氯化碳、三氯乙烯、四氯乙烯指标，其指标普遍检出率分别达到 50%、25%、20% 和 30%，但其均值远远小于标准限值。

2. 原因分析

结合资料收集、现场踏勘整理的周边潜在污染源及水文地质信息，地下水污染主要与三个方面因素有关。

一是来源于城市和农村生活污水、农业种植业和养殖业污染等污染物的排放等方面，此外工业污染、加油站储油罐等地下设施也是地下水潜在的风险源，它们通过大气降水淋滤，以及地表水体入渗进入地下水中，对地下水水质造成影响。

二是工业企业排放的废水一般性质比较复杂，尤其是钢铁、陶瓷等行业排放的废水中含有有毒有害的污染物质，如果直接排放会对地下水造成影响。

三是受地下水流场控制，该水源地作为下游地区受上游及周边污染源影响，该区地下水质恶化明显。

5.6 典型水源地地下水环境保护的建议

1. 完善地下水环境监测网建设,建立地下水环境监测长效机制

研究建设河北省地下水水源和污染源监测网。建议通过国土、水利、环保联合共建地下水监测网络,增加监测设备,开展监测人员技能培训等软硬件设施的建设,大力提升地下水环境监测能力。制定地下水监测井建设运行维护长效管理机制,保障地下水监测能力基础设施。同时建立地下水环境信息共享平台,逐步完善信息共享机制,全面掌握地下水水质状况。建立地下水污染防治综合数据平台,建立地下水环境风险分析和预测体系。建立区域、集中式饮用水水源、重点污染源周边地下水环境状况数据库,形成统一的地下水环境监测、评价及信息发布机制,建立地下水长期、系统的监测评价、风险评估、应急预警体系。

2. 保障地下水水源环境安全,防范水源补给区地下水环境风险

科学划定水源准保护区,取缔水源保护区内违法建设项目和活动。尽快完成集中式地下水饮用水水源保护区划分审批工作,建立地下水饮用水水源风险评估和防范机制。针对规划中环境污染严重或风险较大的地区,及时研判地下水环境风险,预测地下水污染趋势,采取措施防范地下水环境恶化。

3. 加强重点污染源地下水污染防治,实施污染源分级管理

加强矿山、工业园、危废处置、垃圾填埋场、高尔夫球场等防治工作,动态更新河北省地下水污染源清单,推进土壤和地下水污染协同控制,着力解决重金属和有毒有害等污染防治工作。

研究建立我省地下水污染源分级分类管理制度。根据地下水环境状况调查评估结果,建立优先治理清单,实施地下水污染源监测预防、污染控制和修复治理的分级管理体系。

4. 建立我省(市)地下水环境管理平台,实施信息化动态管理

在对地下水基础环境状况调查评估进行业务需求调查的基础上,设计并建立集自动控制、计算机技术及远程通信技术于一体的地下水基础环境信息管理系统,实现地下水调查与评估数据的查询、统计汇总等功能,并将污染状况综合评估、脆弱性评估、污染风险评估等子系统与地下水环境信息管理系统相集成,最终构建一个上下左右互连互通、充分共享数字环境资源的全省地下水环境信息服务与决策支持系统。为今后地下水监测、监督、防止地下水污染、保护地下水环境提供技术支持,为全国地下水可持续开发和生态环境保护提供基础数据与决策依据。

5. 落实企业地下水污染防治责任,开展地下水污染治理示范

加快落实工业污染源、加油站、垃圾填埋场等地下水建井、定期报告和污染防治责任。按照"边调查、边治理"原则,针对典型地下水污染严重和责任主体明确的企业,应尽快开展详细调查评估和治理示范,使污染责任主体为其行为付出相应代价。

参 考 文 献

[1] 张宝祥. 黄水河流域地下水脆弱性评价与水源保护区划分研究[D]. 北京:中国地质大学(北京),2006.

［2］孙才志，潘俊.地下水脆弱性的概念、评价方法与研究前景［J］.水科学进展，1999，10(4):444-449.

［3］ Kobus H. Soil and groundwater contamination and remediation technology in Europe［J］. Groundwater Updates，2000:3-8.

［4］卜华，陈占成.饮用水水源地保护区划分研究——以山东羊庄盆地地下水水源地为例［J］.地质调查与研究，2008，31(3):236-241.

［5］钱会，马致远.水文地球化学［M］.北京:地质出版社.

［6］ Duan L，Sun Y Q，Wang W K. Assessment of regional groundwater quality based on health risk in Xi'an Region，P. R. China［J］. Asian Journal of Chemistry，2014，26(7):1951-1956.

［7］ Wang W K，Duan L，Yang X T，et al. Shallow groundwater hydro- chemical evolution and simulation with special focus on Guanzhong Basin，China［J］. Environmental Engineering and Mana- gement Journal，2013，12(7):1447-1455.

［8］ Duan L，Wang W K，Sun Y Q. Ammonium nitrogen adsorption- desorption characteristics and its hysteresis of typical soils from Guanzhong Basin，China［J］. Asian Journal of Chemistry，2013，25(7):3850-3854.

第6章 典型地下水饮用水水源补给区基础环境状况调查评估

近年来,随着降水量减少、地下水的超量开采,加之社会经济的快速发展,村镇地区地下水区域水位下降、地面沉降、地下水污染等环境地质问题进一步凸显,部分地区的地下水水质已无法达到生活饮用水标准[1]。地下水水质的优劣直接影响到人民的身体健康,为了切实保障人民群众饮水安全[2],国家在2008年修订的《水污染防治法》中,增加了饮用水源保护的专门章节[3];环保部陆续出台了一系列指导性文件,对划分水源保护区、保护集中式和分散式水源地和水源地环境应急等方面都提出了明确的要求。目前,全国环保重点城市的水源地达标率95.3%,水环境质量较好[4]。但是,在环境管理方面也存在一些问题,部分水源地的水质不能达到国家标准,有的水源地受到工业、农业或者生活污染的影响,有的水源地供水量不能满足实际需求,有的供水管网老旧,存在渗漏等二次污染问题,有的对水质的监测能力不足,监测的项目少、频次较低,还有的城市没有备用或者应急的供水水源[5]。因此,科学地评价水环境与污染源的基础环境状况,制定水环境保护对策,对于水资源的可持续利用具有重要的理论与实际意义[6]。

6.1 典型水源地的筛选确定与技术要求

6.1.1 典型水源地筛选确定

根据国家统一要求和"水源地筛选原则",在2016年选择河北省北部某区生活饮用水水源地作为典型地下水饮用水水源补给区开展调查评估工作。

该水源地为利用海外协力基金贷款项目建设的供水水源地,该水源地紧邻河流。根据掌握的资料,该水源地始建于1998年,设计供水能力$5.0 \times 10^4 \mathrm{m}^3/\mathrm{a}$,原为后备水源地,自2010年开始启用,目前该水源地的现状供水规模为$4.0 \times 10^4 \mathrm{m}^3/\mathrm{a}$。该水源地取水口全指标分析结果显示,取水口水质无人为污染造成的超标,但该水源准保护区及补给区范围内存在"七类污染源"。同时补给区内的第四系浅层地下水存在氨氮等指标的污染现象,该水源地符合重点调查水源地遴选原则。

6.1.2 水源地补给区调查技术要求

1. 目标与任务

地下水饮用水源地补给区基础环境状况调查评估的具体目标是:

(1)收集整理重点调查的水源地的相关资料,包括水源地的基本属性、管理状况、水文地

质条件、水质状况、敏感点(或风险源)等;

(2)划定重点水源地的补给区或调查范围;

(3)布设监测井,开展水质监测;

(4)开展地下水水质与污染状况评价。

2. 技术路线

地下水饮用水水源补给区地下水基础环境状况调查评估的技术路线可概括为以下几个步骤,具体见图 6-1。

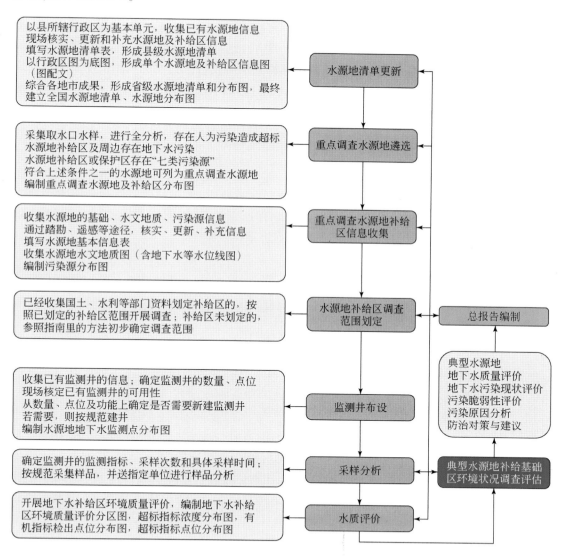

图 6-1　典型地下水饮用水水源补给区地下水基础环境状况调查评估的技术路线图

3. 主要调查方法

全国城镇集中式地下水水源补给区基础环境状况调查应在充分收集利用已有资料基础

上,以地面调查为主,根据任务需要,结合调查精度、工作目的等,选择以下调查方法。

1) 遥感技术

在区域调查中,宜选用 TM 和环境卫星遥感数据,用于区分地貌类型、地质构造、水体、地下水溢出带、土地利用变化等。

在场地调查中,宜选用高分辨率卫星和航空遥感数据,用于识别点、线、面污染源,如城市垃圾、工业固体废物的堆放规模、工业企业布局等的调查。

2) 污染源调查

污染源调查要查明导致地下水污染的发生源(人为污染源包括点源、线源和面源)的类型、污染物的特征和主要组成,污染物的排放方式、排放强度和空间分布,污染物接纳场所的特征(包括废水排放去向、接纳废水和固体废弃物的场所及特征),水的利用情况及废水处理状况等;了解与受污染地下水有水力联系的地表水污染情况,包括主要污染物及其分布、污染程度和污染范围等。

污染源调查优先采用已有污染源普查资料、土壤污染状况调查资料,辅助开展实地取样检测工作。

3) 地球物理勘探

地球物理勘探方法用于调查人类活动频繁区域的地质、水文地质条件和地下水污染空间分布特征调查。在一定条件下,可利用地球物理勘探技术,探明地下管道,初步识别土壤或浅层地下水污染物的分布情况,为监测点布设方案提供依据。

4) 水文地质钻探

钻孔设置要求目的明确,尽量一孔多用,如水样和/或岩(土)样采取、试验等,项目结束后应留作监测孔。对新打钻孔要保存相应的土样,如发现污染物质则可对土样进行及时补充分析。

5) 分析测试

承担地下水基础环境调查评价样品测试工作的实验室及其承担测试指标应具有国家级或省级质量技术监督部门的计量认证资质。

6) 地下水污染动态监测

在地下水补给区基础环境状况调查过程中,应及时分析地下水污染调查结果,全面掌握地下水环境状况,提出地下水水源、污染来源和区域环境监测网优化方案,开展地下水动态连续环境监测,建立环保、国土和水利的地下水动态长效联合监测机制。地下水环境监测网点部署方案应在充分分析掌握区域水文地质条件基础上,结合污染源类型、地下水污染现状、污染物特征、污染途径、污染影响等布设。

4. 重点调查水源地信息收集及整理

1) 资料收集及调查目的

地下水补给区是指含水层接受大气降水、地表水、回渗(归)水以及其他含水层等入渗补给的地区。地下水补给区通常以水文地质单元为划分边界,包括分水岭、河流、隔水层等,面积有大有小,并不固定,有时因人为作用而改变,查明补给区的补给条件是正确进行地下水资源评价、开发和保护的基础。

　　一般说来,潜水埋藏浅,受气候和人为因素的直接影响大,易受污染;而承压地下水埋藏深,受气候的直接影响小,流量稳定,水质也比较好,不易受污染,是很好的供水水源。但是,如果承压地下水补给区的自然条件遭到破坏,水源补给有了变化,那么承压区的水质将受到影响,且这种影响往往需要一段时间才能看出来。另外,承压水的补给区往往很远,如果在承压区过量开采地下水,地下水位下降形成漏斗区之后,补给非常困难,就会造成很大危害,且一旦污染,很难恢复。

　　获取水源地基础信息、水源地及补给区所在区水文地质信息和污染源信息,为后续调查评估提供基础。

　　水源地基础信息包括:水源地的基本情况、管理状况、辅助设施建设情况;水源地补给区及周边污染源分布状况、海水入侵状况;钻孔信息、水文地质信息;监测井信息等。

　　水文地质信息包括:含水层与隔水层的岩性、空间分布等特征;地下水的水位埋深、水位动态变化规律、流向、流速;地下水的补给来源、排泄途径;水源地主开采层位、开采井、开采量等。特别地,暗河饮用水水源地需调查水源地所在岩溶管道系统组成结构、岩溶管道系统中水的补给来源、径流方向与速度、排泄途径。

　　污染源信息包括:污染源类型、位置、污染物及其排放规律、潜在污染途径、主要监控措施等。

　　2) 资料收集要求

　　省环保部门依据重点水源地清单,将资料收集任务下达至各个重点水源地所在县(区)、地市环保部门,并指派专门人员对资料收集的过程和结果进行全程的协调、帮助和监督;各级环保部门指派专业人员对其辖区内的各个重点水源地的资料进行系统收集,并将收集的资料归总,上报至省级环保部门。

　　资料类型包括研究报告、图件、数据及其他。主要资料归口部门见表6-1。

表6-1　水源补给区资料分布信息参考表

类型	名称	资料来源(参考)
数据	水源地所在调查区内已有长系列地下水位监测数据	环保、水利等相关部门
	水源地所在调查区内已有长系列地下水水质监测数据	环保、水利等相关部门
图件	水源地及补给区地形图	国土部门地勘单位
	区域水文地质图(平面图,剖面图)	水文地质勘察单位
	近几年的岩溶地下水和孔隙地下水等水位线图	水文地质勘察单位
	不同岩性或不同地质年代岩层等厚度线图	地勘单位
	开采井、监测井井孔结构柱状图	水文地质勘察施工单位
	水源地及补给区区域范围内开采井、监测井分布图	环保部门或水利部门

类型	名称	资料来源(参考)
报告	区域水文地质勘查报告	水文地质勘察单位
	区域地下水资源及相关环境问题调查与评价报告	国土部门或环保部门
	水源地保护区划分技术报告	划定保护区的环保部门
	水源地供水勘查报告	水文地质勘察单位
	水源地所区重点建设项目环境影响评价报告	环保部门

3)信息可靠性的验证与补充

省环保、国土相关部门将水源地所在行政区提交的资料进行整理后,指派专门人员到水源地及补给区所在地进行现场踏勘,验证已收集到的水源地信息的真实性,同时补充水源地及补给区其他信息。

现场踏勘的主要任务包括:

(1)对场地基本地质、水文地质特征等的描述;

(2)对水源地及补给区的基本情况、管理状况、辅助设施建设情况、污染源分布状况、海水入侵状况的调查;

(3)对水源地及补给区监测井信息核实及周边地区的风险源的调查等。

5. 水源地补给区调查范围划定

在现场踏勘和资料收集整理的基础上,圈定水源地补给区。已经根据收集的国土、水利等部门资料划定补给区的,按照已划定的补给区开展调查;未划定补给区的,可参照如下方法初步确定调查范围。

对于孔隙裂隙水源地:①优先以水源地所在水文地质单元为调查区;②若水文地质单元范围过大(面积大于300km²),水源地补给区调查范围应包括水源地保护区(包括水源地一级、二级保护区内部所有区域)和扩展调查区,在核定水源地一级、二级保护区边界和范围的基础上,以二级保护区边界为基准,沿地下水流向向上游拓展地下水1000天流程等值线为边界,将该边界圈定的范围作为扩展调查区。

若所圈定的拓展调查区边界范围内存在如下情况,则需按如下方法对边界进行修订:

(1)存在另外一个地下水饮用水水源地,则取两个水源地地下水分水岭作为该方向的边界;

(2)若存在目标含水层的天然边界,则以其为边界;

(3)若目标含水层为承压含水层,则以该含水层补给区为边界;

(4)若边界附近存在地下水污染现象,则应将其污染源纳入边界范围内。

在地下河发育的岩溶区,优先以水源地所在的地下河系统为单元,确定为本次水源地调查范围;水源地地下河系统范围较大时(地下河主管道长度大于5km时),调查区以水源地所在的地下河出口或泉点、天窗等为起点,沿地下河主管道上溯5000m设定,暗河如有支管道,则沿地下暗河支管道顺延上溯至5000m,宽度则沿地下河主管道和一级支流管道向两侧各延伸600m水平距离,落水洞(消水洞、漏斗、竖井)等污染物极易进入地下的负地形区亦纳入调查区,范围为负地形所处第一地形分水岭或落水洞周边200m水平距离(不足200m的,以第一地形分水岭为界)。

6. 监测井布设

1）监测点布设原则

监测点布设采用区域控制、突出重点、分层监测的布点方法。在区域地下水水文地质条件调查和地下水流动系统识别的基础上,充分考虑工业、农业、养殖、矿山、加油站等污染源对地下水水质的潜在影响,优先在补给区,尤其是存在潜在污染源的区域布点,适当控制主径流带。

A. 对于孔隙、裂隙水源地

（1）应可反映调查与评估范围内地下水总体水质状况,以地下水补给区为监测重点,存在潜在污染源的区域,监测点可适当加密。

（2）取水口以开采层为监测重点,存在多个含水层时,应实施多水平监测井分层监测,或至少在与目标含水层存在水力联系的含水层中布设监测点;污染源下游监测点可适当加密,以浅层监测为主;裂隙发育的水源地,监测布点应位于相互连通的裂隙网络。

（3）重点以已有监测网为基础,补充调查精度要求缺失的监测点,尽可能地从经常使用的民井、生产井及泉点中选择监测点。

（4）将与地下水存在水力联系的地表水监测纳入监测点。

B. 岩溶水地区（特别是南方岩溶发育地区）监测点的布设重点追踪地下暗河,按地下河系统径流网形状和规模布设采样点,沿暗河主管道布设至少 3 个监测点,在主管道与支管道间的补给–径流区,适当布设采样点,在重大或潜在的污染源分布区适当加密。

2）监测点数目

监测点布置数量按照本书第 3 章相关要求执行。

3）布设步骤

（1）将可用的已有监测井标识在水源地调查区内（比例尺≥1∶5 万）上。

（2）核定调查区内监测井是否满足本方案中关于监测点点位和数量的要求;若不满足,则在图上确定要补充的监测井的点位。

（3）进行现场踏勘,核定要补充的监测井点位处是否有可利用的水井作为监测井;若无,则应新建监测井。

（4）将最终确定的所有监测井按照功能进行编号,并将其标识在水源地调查范围综合图（比例尺≥1∶5 万）上,形成水源地地下水监测点分布图,同时附上监测井的信息。

7. 监测要求

1）监测指标

（1）水源开采井的监测指标:《地下水水质标准》（DZ/T 0290）中要求的 93 项指标。

（2）除水源开采井以外的监测点,监测指标划分为必测指标和特征污染物指标两类。必测指标包括:①现场指标,即水位、水温、色度、浑浊度、嗅和味、肉眼可见物、pH、溶解氧、Eh、EC 和总碱度,共 11 项。②常规化学指标,即 Na^+、K^+、Ca^{2+}、Mg^{2+}、硫酸盐、氯化物、硝酸盐氮、亚硝酸盐氮、氨氮、总磷、氟化物、碘化物、TDS、总硬度、耗氧量、挥发酚、阴离子合成洗涤剂、铝、铁、锰、铜、锌、硒、砷、汞、镉、六价铬、铅、氰化物和硫化物,共 30 项。③常规微生物指标,总大肠菌群和菌落总数,共 2 项。④放射性指标,即总 α 放射性和总 β 放射性,共 2 项。⑤常规有机物,即六六六（总量）、滴滴涕（总量）、三氯甲烷、四氯化碳、苯和甲苯,共 6 项。

除监测必测指标外,还应将调查范围内的所有特征污染物指标列为监测指标。特征污染物指标依据潜在污染源释放的特征污染物而定。

2)监测频次

必测指标 3 次/a,分别在丰、平、枯水期各监测 1 次;特征污染物指标 1 次/月。

6.2　典型水源地补给区的基本概况

6.2.1　自然地理特征

该水源地位于河流形成的 U 形河道的二级阶地内,共有水源井 11 眼,供水能力为 $5.0 \times 10^4 m^3/a$,2010 年前为自来水公司备用水源地,2010 年后陆续开始供水,现状供水量为 $4.0 \times 10^4 m^3/a$。

该水源地建有水源井基地,并对全部水源井设置供水井房,在井房周边设置有围墙进行保护。资料显示,该水源地 11 眼水源井井深为 380~424m,取水段为 190~424m,全部开采奥陶系灰岩岩溶承压水,水源井第四系部分全被黏土封填。

6.2.2　气象水文条件

水源地所处区域属暖温带大陆性季风气候,四季分明,冬季多西北风,干燥寒冷,夏季多东南风,炎热潮湿,春季干旱多风,秋季天高气爽。根据市气象局 1957~2010 年观测资料,多年平均气温 11.3℃,极端最低气温−22.7℃;极端最高气温 39.6℃。多年平均降水量为 605.1mm,降水年际变化较大,最大为 957.9mm(1967 年),最小为 287.3mm(2002 年)。同时降水量具有年内分配不均的特点。降水多集中于每年 7~8 月,此时段降水约占全年降水量的 80%。此外该区有多条河流、煤矿老采区的塌陷坑等地表水体。

6.2.3　地形地貌及地层岩性

水源地所在区域北部是山区,南部为平原,地形北高南低,地形波状起伏,略向南倾;东部地形平坦,略向南西倾。河流纵贯南北,从东北部的山口流入,从区内中部流过。根据地貌成因和形态,全区共划分出三种地貌成因类型:构造剥蚀类型、剥蚀堆积类型和堆积类型。

(1)构造剥蚀类型:地貌形态为低山丘陵,标高 100~300m,相对高差 100~200m。山脊走向北部多为 NW 向,南部近 EW 向,山顶呈浑圆状或长垣状,组成物为白云岩、白云质灰岩、灰岩、砂岩、页岩等。一般是白云岩、灰岩等坚硬岩石构成丘陵地形;页岩、泥岩等组成谷地。山腰凹凸不平,坡脚 20°~30°,山间沟谷、冲沟发育,多被坡洪积物所覆盖。

(2)剥蚀堆积类型:地貌形态为山前坡洪积倾斜平原,标高 25~50m。地形波状起伏,北部起伏较大,且有零星的由石炭−二叠系组成的残丘分布,相对高差 10~50m。大面积被上更新统坡洪积黄土状粉土等所覆盖,南部起伏较小,地形总体向南西方向倾斜,坡降 1.3%。

山前冲沟发育,并有近南北向的小河谷切割。此外,因受煤矿开采的影响,人工物理地质现象发育,如塌陷坑洼地、煤渣山等均有分布。

(3)堆积类型:地貌形态为冲洪积平原区,根据微观形态和形成的动力差异,进而划分为三个亚区。

二级阶地亚区:分布于河流东西两侧,西部较窄,东部较宽阔。标高 15~50m,高出一级阶地 1~2m。地形北东高、南西低,呈缓倾斜状,坡降 1.2‰。组成物为全新统冲洪积砂、粉土、粉质黏土等,厚度 10~50m。其下部主要为粗颗粒相沉积,构成该区主体。区内东北隅,有散落于平原之上的、大小不等的残山分布。由于煤矿开采,同样可见塌陷坑积水洼地,深度一般为 1~5m。

一级阶地亚区:分布于现代河流河谷地段,呈带状分布。一般宽 1~2km,形似牛轭湖,河床蜿蜒蛇曲,表现出平原河谷特点。河谷边界一般不太明显,呈缓坡状与二级阶地接触。河流一级阶地不太发育,且不对称、不连续。河谷中多为漫滩,地形起伏不平,高出河床 0.5~1.0m,组成物为粉细砂、砂砾石、淤泥质粉土等。

风积沙地亚区:地貌形态主要为起伏不平的沙地,其次为沙垅或沙丘,延伸方向多为 NW 或 SN 向,高差 1~3m,局部可达 5m,组成物为粉细砂。该形态实际为地表河流沉积后期经风力吹扬改造而成的地貌景观。

资料显示,该区地层层位较多,其中中、新元古界的蓟县系、青白口系主要出露于北部山区;寒武系、奥陶系分布于山麓边缘;石炭系、二叠系在山麓有零星出露,绝大部分隐伏于倾斜平原区;区内第四系分布最广,构成南部倾斜平原区的主体。

6.3 调查区环境水文地质特征

调查区场地下地层由上到下为第四系、石炭-二叠系、奥陶系,区内赋存第四系孔隙水、石炭-二叠系基岩裂隙水、奥陶系灰岩岩溶水等,分别进行描述。

6.3.1 水文地质分区

根据资料分析,调查区的北部为山区,南部为平原,由区域水文地质特征,可划分为两个水文地质区、四个亚区。各水文地质区、亚区特点分述如下。

1. 低山丘陵水文地质区

(1)裂隙岩溶潜水亚区:分布于调查区以北山区,同时包括裸露的残山。组成物主要为碳酸盐岩及碎屑岩,它们共同特点是裂隙、岩溶发育,以岩溶为主,为地下水的赋存创造了有利条件。区内构造节理、裂隙同样发育,主要受构造线控制,它们一般为张性节理裂隙,延伸较长、较深,宽 0.5~1cm,局部达 10~20cm(少数被红色黏土充填),为降水渗入补给、地下水流通创造了极为有利条件。1993 年左右调查山区基岩井单井出水量 700~800m³/d,据少数钻孔资料证实,地下水埋深大于 100m,钻孔单位涌水量小于 50m³/(d·m)。

(2)山间沟谷孔隙水潜水亚区:分布于调查区北侧两处山间沟谷中,由上更新统坡洪积黄土状粉土,下部夹砂砾、碎石层组成,厚度不等,富水性差,单井出水量小于 1000m³/d,可供当地居民生活用水,在调查区内无该水文地质单元。

2. 倾斜平原水文地质区

位于调查区基岩山区的南部,地表被第四系所覆盖,基底为区域向斜老地层。根据含水层岩性、沉积和埋藏条件可将该区划分为四个含水组。平原区水文地质区依据地貌条件、岩性、沉积环境的差异又可分为两个亚区。

(1)山前坡洪积平原孔隙潜水–承压水亚区:该亚区基岩埋深较浅,基岩埋深小于50m,局部近山前零星出露。含水层1~3层,单层厚5~20m,岩性为粉细砂、砂砾石,上部为潜水、下部为微承压水。其前缘含水层厚10~25m,岩性为细砂、砂砾石。该区以单层结构为主,近前缘渐变为多层结构。该区含水层岩性颗粒较细、厚度较薄,富水性较差,单井出水量小于1000m³/d,因受煤矿开采影响,第四系含水层为基本疏干区。

(2)冲洪积平原孔隙潜水–承压水亚区:地貌条件为冲洪积平原,含水层较厚、颗粒较粗,自上而下,普遍存在四个含水组,为多层结构分布区。第Ⅰ、Ⅱ含水层以砂层、砂砾石层为主;第Ⅲ、Ⅳ含水组以砂砾石层、卵砾石层为主。各含水层之间均有比较稳定的隔水层,第Ⅰ含水组上部为潜水,以下各组为承压水。第Ⅱ+Ⅲ含水组较富水地段在古冲洪积扇的轴部,长13km,宽2.5~3.0km,富水性较好,单井出水量大于2000m³/d;周围广大地区,富水性中等,单井出水量1000~2000m³/d。

调查区内的含水层(组)主要是第四系孔隙水及奥陶系灰岩裂隙岩溶水,二者有密切的水力联系。为了深入分析研究该区水文地质条件,在前人调查资料的基础上,结合本次调查结果分别编制了调查区第四系水文地质图、奥陶系灰岩水文地质图(图6-2、图6-3)。

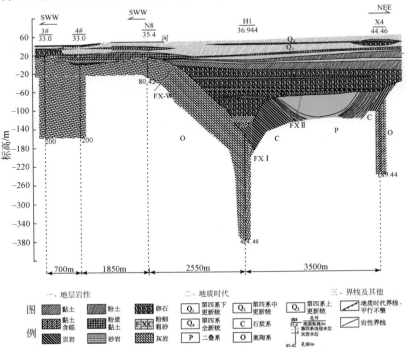

图6-2　典型水源补给区东西向水文地质剖面图

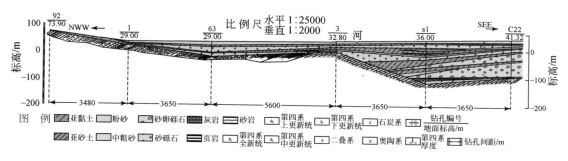

图6-3　典型水源补给区南北向水文地质剖面图

6.3.2　第四系含水组划分

依区域第四系含水组划分原则,第四系含水层可分为四个含水组,对调查区内第四系含水组的划分情况介绍如下。

1. 第 I 含水组

调查区内第 I 含水组包括全新统、上更新统,底板埋深 30 ~ 50m。含水层岩性特点是上游粗、下游细;上部粗、下部细,主要岩性为砂砾石、中细砂含砾石、中砂、细砂、粉细砂等。含水层厚度 10 ~ 30m,层数为 2 层,上部为潜水,下部为微承压水。单井出水量一般小于1000m³/d,个别 1000 ~ 2000m³/d。地下水以潜水形式存在水化学类型为 HCO_3-Ca 型,靠近地表河流附近呈现 $HCO_3 \cdot SO_4-Ca$,矿化度小于 0.5g/L。受到煤炭开采等原因,在调查区西北大部分被疏干。

2. 第 II 含水组

相当于中更新统上部第二个沉积旋回,底板埋深一般为 40 ~ 70m。含水层厚度在调查区以北为 10 ~ 14m,层数为 1 ~ 2 层。岩性主要为粗砂、中细砂、砂砾石,往南渐变为中砂、细砂等含小砾石。顶部有一层比较稳定的隔水层,厚度 5 ~ 15m,富水性规律,其余广大地区一般为 1000 ~ 2000m³/d,个别小于 1000m³/d,为承压水,局部为潜水微承压水。

3. 第 III 含水组

相当于中更新统下部第一个沉积旋回,为承压水,底板埋深在 80 ~ 120m,由北往南呈渐变关系。含水层厚度变化较大,调查区附近 40 ~ 45m,层数一般为 1 层,南部 1 ~ 3 层。岩性主要为细砂、中砂及砾卵、卵砾石等。顶板隔水层厚 6 ~ 20m,分布较稳定,富水性好,单井出水量一般为 1000 ~ 2000m³/d,个别大于 2000m³/d。水化学类型 $HCO_3-Ca \cdot Mg$ 型,矿化度小于 0.5g/L。

4. 第 IV 含水组

相当于下更新统(又称底部卵砾石层),为承压水,一般沉积在古地形最低凹处,底板埋深,调查区一带为 150 ~ 190m,含水层在调查区北部为 1 ~ 2 层,厚度一般为 10 ~ 50m,该水源地附近厚达 60 ~ 70m,岩性为砾卵石,砾卵石层中含少量黏土、砂等。该含水组顶部隔水层厚 4 ~ 10m,到调查区南部一带则为 10 ~ 30m,分布较稳定,单井出水量大于 2000m³/d。水化

学类型 HCO_3–Ca · Mg 型,矿化度小于 0.5g/L。

第四系地下水主要以大气降水入渗、河水渗漏及农灌回渗补给,另外,还夺取东部邻区第四系中的地下水。排泄方式除农田灌溉、农村人畜用水及部分工业开采外,第四系地下水还垂直排向煤系及奥陶纪地层中。

6.3.3　奥陶系灰岩水文地质特征

奥陶系灰岩除北部山区裸露外,南部山前倾斜平原区则被第四系所覆盖或被石炭–二叠系所掩埋。本次调查区内基本为平原区,奥陶系灰岩水大部分覆盖在第四系、石炭–二叠系以下,根据前人资料,对调查区内奥陶系灰岩水进行介绍。

1. 奥陶系灰岩埋藏条件

1)裸露型灰岩

分布于调查区北部山区等地,标高 100~300m,面积约 13km²。

2)覆盖型灰岩

主要分布于调查区一带,环带状分布,区域该部分灰岩面积约 183km²。顶板标高为 −100~−200m,东北高、西南低,上部被第四系所覆盖。

3)掩埋型灰岩

分布于调查区以西广大地段,区域该部分灰岩面积约 248km²,灰岩顶板标高 −200~−1800m,向西部倾斜,上部被石炭–二叠系所掩埋。

2. 奥陶系灰岩岩溶发育规律

1)岩溶与地层岩性密切相关

奥陶系下统主要为含燧石结核白云岩及薄状层灰岩、竹叶状灰岩夹页岩,含硅质、镁、泥质高。因此,岩溶发育相对较差,岩溶有顺层发育,具多层性和带状分布的规律。

2)岩溶与地质构造有关

一般位于背斜轴部、背向斜转折端及断裂附近岩溶发育。该处岩溶最为发育,位于该断裂带附近的水源地及调查区水源地钻孔中,一般溶洞直径 1~10cm,最大可达 700cm。

3)岩溶发育具有垂直分带规律

统计资料表明,裸露灰岩区岩溶有三层溶洞;覆盖区及掩埋区大体有五层岩溶,地下岩溶随灰岩埋藏深度增加,岩溶相应减弱。一般标高 −67~−400m 岩溶发育较好,−400~−500m 次之,−500~−600m 较差,−800m 以下更差,仅发育有小晶洞,甚至无溶蚀现象。

3. 奥陶系灰岩水文地质分区

1)奥陶系灰岩水文地质分区

分区原则主要依据灰岩埋藏条件的不同,分为裸露型、覆盖型、掩埋型三种。三区灰岩为统一含水体,北部为灰岩裸露的山区,为大气降水直接补给区,地下水类型为潜水,地下水运动通道主要为溶洞、裂隙及断裂带,以垂直运动为主,侧向径流缓慢。南部平原区下部,无论是覆盖型还是掩埋型灰岩,地下水为承压水,有统一流场,径流条件好,掩埋区相对较差。

2）奥陶系灰岩水富水性分区

（1）强富水区：其边界西部基本以石炭系与奥陶系地质界线为界，东部推测为奥陶系中统与下统分界线，东北部包括部分掩埋区地段。富水性不均一，单位用水量 200～1000m³/（d·m）。该区富水原因主要是岩溶、裂隙较发育，构造上处于开平向斜转折端，断裂构造发育，断裂带均为含水性不均一的岩溶水提供了沟通和导水作用。

（2）中等富水区：分布于富水区东西外围，西部边界以灰岩顶板标高–800m 为界，向北到山区断层（阻水边界），东部边界为寒武系与奥陶系地质界线。该区富水性中等，单位涌水量 50～200m³/（d·m）。

（3）弱富水区：分布于调查区西部，灰岩顶板标高–800m 以下。推测单位涌水量小于 50m³/（d·m），该区灰岩埋藏较深，岩溶发育甚差，无钻孔资料，目前无开采利用价值。

4. 其他含水岩系水文地质特征

石炭–二叠系及寒武系等地层含水岩系的水文地质特征，在该区属于非生活用水集中开采供水层，多为煤炭开采的矿坑排水，在此仅进行简单介绍。

1）石炭–二叠系裂隙含水层

石炭–二叠系为含煤地层，厚超 1800m，主要含水层为两段：山段为二叠系，含水层岩性为中粗砂等，厚 60～100m，单位涌水量为 8.88～64.8m³/（d·m），渗透系数为 0.123～9.84m/d；下段为石炭系，含水层为中粗砂岩等，厚 25～80m，单位涌水量 8.64～177.84m³/（d·m），渗透系数为 0.012～12.29m/d。地下水位埋深较大，主要取决于煤层开采深度。

2）寒武系及青白口系、蓟县系裂隙含水层

寒武系及青白口系、蓟县系，分布于向斜西北翼及东南翼，北部裸露，东南部被第四系覆盖。含水层为灰岩、白云岩等，裂隙、岩溶不太发育且极不均一，单位涌水量 48～2160m³/（d·m），本次调查区仅在东南角有少部分出露。

6.3.4　调查区地下水系统特征

1. 调查区地下水系统结构

根据以上分析，区域共有四种不同的地下水系统，分别是：第四系松散层类孔隙水系统、石炭–二叠系裂隙水系统、奥陶系覆盖型岩溶水系统和奥陶系掩埋型岩溶水系统。各地下水子系统之间联系较为复杂（图6-4），现分述如下。

1）第四系松散层类孔隙水系统

位于区域地下水系统的最上部，是调查评价区内农业灌溉用水的主要来源。该子系统接受大气降水、河流入渗及侧向径流补给，其排泄方式以侧向流出和人工开采为主，并通过含水组底板越流向石炭–二叠系裂隙水系统和奥陶系覆盖型岩溶水系统排泄。

2）石炭–二叠系裂隙水系统

分布于区域中部、西部地区，该子系统接受上覆第四系松散层类孔隙水系统的越流和系统内侧向径流补给，其排泄方式以侧向流出和矿坑排水为主。该系统内赋存地下水目前尚

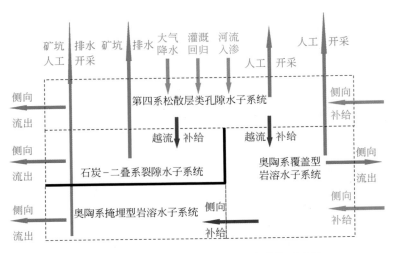

图 6-4　典型水源补给区地下水系统结构示意图

无开采利用价值。

3）奥陶系覆盖型岩溶水系统

分布于区域东南部地区,该子系统接受上覆第四系松散层类孔隙水系统的越流和系统内侧向径流补给,其排泄方式以侧向流出和人工开采为主。该系统内赋存地下水目前是调查评价区内工业和生活用水的主要来源。

4）奥陶系掩埋型岩溶水系统

分布于区域中西部地区(石炭–二叠系裂隙水系统之下),该子系统接受奥陶系覆盖型岩溶水系统侧向径流补给,其排泄方式以侧向流出、矿坑排水和人工开采为主。

5）相互关系

由以上分析可知,该区域地下水的补给主要是通过第四系松散层类孔隙水系统接受大气降水或地表水体入渗,而后通过越流和侧向径流,在各子系统之间进行水量交流,尤其是第四系松散层类孔隙水系统与奥陶系覆盖型岩溶水系统之间水力联系较为密切。而石炭–二叠系裂隙水系统只与上覆第四系松散层类孔隙水系统有水力联系,与奥陶系覆盖型岩溶水系统和奥陶系掩埋型岩溶水系统之间没有水力联系。

2. 地下水补给、径流、排泄条件

该区含水层层位较多,水文地质条件比较复杂,从第四系、奥陶系岩溶水等几方面补径排关系进行介绍。

1）地下水补给、排泄条件

A. 第四系地下水的补、排条件

调查区第四系含水层(组)主要接受大气降水、河水及其他地表水体的入渗、灌溉回归、侧向径流补给等,垂向上第四系各含水组之间逐层向下径流补给。地下水排泄方式主要为人工开采、直接或间接垂直补给下伏的石炭–二叠系或奥陶系灰岩地下水、侧向径流及蒸发等。

B. 奥陶系灰岩地下水的补、排条件

灰岩裸露区直接接受大气降水入渗补给,覆盖型及掩埋型灰岩地区补给来源主要为上游灰岩地下水侧向径流补给,在覆盖区通过"天窗"直接接受第四系底部卵砾石层的垂向补给或越流补给。无论是裸露型还是覆盖型或者是埋藏型灰岩,彼此间水力联系密切,连通性好,导水性强,局部抽水可波及全区,水位具有等幅面状变化规律。

奥陶系灰岩地下水排泄方式主要为人工开采、侧向径流排出,局部地区可顶托补给第四系第Ⅳ含水组。由于石炭–二叠系底部有厚层的泥岩、页岩等与奥陶系灰岩接触,奥陶系灰岩水与石炭–二叠系之间水力联系较差,只在构造裂隙、陷落柱发育部位,顶托补给石炭–二叠系,在大断裂带或陷落柱遭到破坏时可使奥陶系灰岩直接补给石炭–二叠系地层。

2)地下水径流条件

A. 第四系地下水径流特征

资料显示,调查区的西北部存在大面积的第四系孔隙水疏干区,工作区的东部位于第四系水位下降漏斗内,该漏斗影响面积约292km²。

目前受到两个漏斗的影响第四系地下水流向均指向相邻的地下水降落漏斗,地下水总体流向与地表水流向基本一致,即为北东—南西方向。

B. 奥陶系岩溶水地下水径流特征

根据工作安排,与2016年4月对调查区内的奥陶系岩溶水进行了水位统测工作,目前奥陶系岩溶地下水的总体流向为东北向西南流动,水位标高$-6 \sim 3$m,水位埋深在$36.77 \sim 42.61$m,流向与第四系总体流向一致。

3. 地下水水化学特征

地下水水化学成分及特征主要为气象、水文、地层岩性、地质地貌、补径排条件等综合因素作用的结果。根据收集资料调查区地下水化学特征如下。

1)第四系地下水水化学特征

第四系地下水的物理性质为无色、无味、无嗅、透明,水化学类型一般为HCO_3-Ca(或$HCO_3-Ca \cdot Mg$)型水。与河水有密切联系的河漫滩处或引河水灌溉的局部地段水化学类型为$HCO_3 \cdot SO_4-Ca \cdot Mg$型水。其中区内局部地下水中$SO_4^{2-}$增高原因是矿坑排水所致。

2)奥陶系岩溶地下水水化学特征

奥陶系岩溶地下水物理性质为无色、无味、无嗅、透明,水温$11 \sim 18℃$,水化学类型为$HCO_3-Ca \cdot Mg$(或HCO_3-Ca)型水。第四系较薄处水化学类型为$HCO_3 \cdot SO_4-Ca$型水,SO_4^{2-}、矿化度增高,其原因是该处第四系厚度较薄,河水较易渗入补给灰岩水所致。

3)石炭–二叠系基岩裂隙水水化学特征

由于调查区内各矿所处的结构位置不同,开采层位及石炭–二叠系地下水补给条件的差异,水质较复杂,各项指标变化较大。水的物理性质为灰、黑、橙黄等色,无味、无嗅,不透明、有黑色沉淀,水化学类型主要为$HCO_3 \cdot SO_4-Ca \cdot Mg$、$HCO_3-Ca \cdot Mg$及$HCO_3-Na$型水。

6.4　调查方案与程序

6.4.1　调查区范围的确定

该水源地开采奥陶系岩溶裂隙水,其地下水主要来源为北部奥陶系灰岩裸露型岩溶裂隙水通过导水断裂带进行直接补给,其次还接受灰岩上覆第四系松散岩类孔隙水第Ⅳ含水组的越流补给。水源地保护区划分为一级、二级和准保护区。准保护区划分是在分析水源地水文地质条件、地下水补径排关系的基础上,将可直接接受地表河流补给的西部的基岩浅埋区,及东部的采空塌陷及岩溶陷落柱分布区等划定为水源地的准保护区。准保护区的设定主要是考虑到水源地的补给范围进行的。因此本次调查范围应包含准保护区,最终确定调查评价范围64km²(图6-5)。

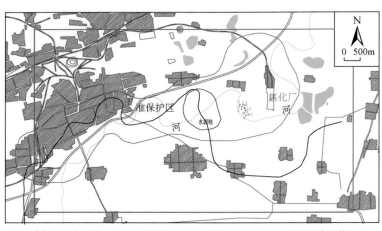

图 例 ▢水源地二 ▢水源地准 ⑩水源井位 ▢焦化厂 ▢调查区范围
　　　级保护区　　保护区　　置及编号

图 6-5　典型水源补给区地下水调查区范围图

6.4.2　资料收集与现场踏勘情况

1. 资料收集及现场调查访问

1)水源地补给区调查资料收集情况

根据调查方案,水源地补给区调查需要收集资料类型包括研究报告、图件、数据等共计12份,资料收集情况如下(表6-2)。

表6-2　水源地补给区资料收集情况一览表

序号	数据	资料来源
1	水源地所在调查区内已有长系列地下水位监测数据	环保部门收集
2	水源地所在调查区内已有长系列地下水水质监测数据	环保部门收集
3	水源地及补给区地形图	测绘部门收集
4	区域水文地质图(平面图,剖面图)	测绘部门收集
5	近几年的岩溶地下水和孔隙地下水等水位线图	国土部门收集
6	不同岩性或不同地质年代岩层等厚度线图	国土部门收集
7	开采井、监测井井孔结构柱状图	国土部门收集
8	水源地及补给区区域范围内开采井、监测井分布图	国土部门收集
9	水源地保护区划分技术报告	国土部门收集
10	水源地供水勘察报告	国土部门收集
11	区域水文地质勘察报告	国土部门收集
12	区域地下水资源及相关环境问题调查与评价报告	环保部门收集

2)调查踏勘及访问过程

2016 年 5 月确定水源地作为重点调查对象,随后开展了该水源地补给区的主要地下水污染源识别及调查、水质样品采集及分析化验等工作。其中现场调研工作按照具体的要求和任务,对典型案例地区开展相关工作。在现场调研过程中,针对前期资料收集过程中无法获得的基本信息和不能确定是否准确的部分信息,调查组采用人员访问方法对所需信息进行补充。受访人员包括水源地管理站人员、周边村镇居民、当地政府相关部门等,进一步确定了部分基本信息。

2. 调查范围地下水污染源

调查区水源地作为当地的集中供水水源地,水源地供水安全尤为重要,为此在收集水源地补给区相关污染源资料的基础上,调查过程中对调查区内的污染源及相应的情况也进行调查及核实。地下水污染源分为天然污染源和人为污染源,人为污染源根据产生污染物的行业不同,又划分为工业污染源、农业污染源、居民生活污染源及地表水体污染源。人为污染源的分布与土地利用密切相关。

调查显示,调查区水源地补给区内主要的地下水污染源分为工业污染源、农业污染源、居民生活污染源及地表水体污染源等四大部分,主要污染源及概况如下。

1)工业污染源

工业污染源是指工业生产过程中排放的废水、废气、废渣,统称"三废"。其中未经处理的废水和废渣淋滤液渗入地下,污染土壤和地下水,是地下水的主要污染源。工业污染源多呈点状、线状分布。

调查区工业较为发达,主要为煤炭采掘、钢铁炼焦等行业,煤炭采掘涉及区域基本覆盖全区。煤矿的开采给环境带来不同程度的污染,此外煤矿开采过程中形成的地表积水坑变为地表污染源。

调查区的东部、东南部分布着数量众多的钢铁、炼焦等企业,这部分企业为环境重污染企业,势必影响区域地表水及地下水水质。

根据本次调查及区域污染源普查信息,调查区内主要工业污染源有 4 家工业企业,钢铁有限公司、焦化有限公司、洗煤厂,另外还存在 1 处加油站,企业基本信息及具体位置见表 6-3 和图 6-6。

表6-3　水源地保护区企业基本信息一览表

企业名称	行业类别	产品名称	废水排放	受纳水体
钢铁有限公司	炼钢	钢坯	不外排	其他
焦化有限公司	焦化	焦炭、煤气	已拆除	地表水系
洗煤厂	洗选业	精煤	不详	地表水系
工业广场	煤炭开采	原煤	停产	地表水系
加油站	加油站	汽油	不排水	地表水系

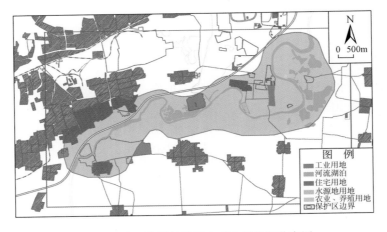

图6-6　典型水源补给区内工业污染源分布图

2) 居民生活污染源

居民生活污染源是指人类生活产生的污染物发生源,生活污染源主要是指生活污水和生活垃圾等。调查评价区内生活污染源主要有生活污水、生活垃圾、化粪池、沼气池等。区内各村庄生活污水大多未进行集中处理,生活垃圾零散堆放。

3) 农业污染源

农业污染源主要有化肥、牲畜和禽类的粪便,以及农灌引用的污水,多为面状污染源。

(1) 化肥施用:2007 ～ 2009 年全区化肥施用量分别为 368135t、374283t、373930t 和379781t。区内施用的化肥主要有氮肥、磷肥、钾肥和复合肥,其中氮肥、复合肥施用量较大,磷肥、钾肥施用量较小,调查区化肥多年平均施用量在 5000t 左右,施用量较其他县(区)相对较小,农业化肥的使用经过降水及灌溉用水回灌进入地下水,从而引起面状污染。

(2) 污水灌溉:污水主要来自城镇工业及生活污水、煤矿疏干排水。调查区灌溉污水主要来源于矿井水、城市污水和工业废水,多年平均污灌量 $1535×10^4 m^3/a$,灌溉面积约 $1.82×10^4$ 亩/a,污水灌溉同样通过灌溉用水回灌进入地下水循环,从而引起地下水环境问题。

4) 地表水体污染源

调查区内河流为地表河流及其支流。随着社会、工业的发展,地表河流遭到了不同程度的污染,其中硝酸盐氮是河流的主要污染因子。此外,当地内采煤活动形成的塌陷坑,大量积水,多被开发成鱼塘等渔业生产,这些积水塌陷坑内人类进行的生产活动也是区内主要的地表水体污染源。

6.4.3　地下水监测井布设及样品采集

资料收集与现场踏勘工作结束后,针对重点调查对象,地方需要开展现场调查工作,主要包括地下水监测及采样点位的布设,地下水及土壤样品的采集、指标的测定。

1. 水源地补给区调查地下水监测井设置

根据工作方案,共进行 2 期地下水监测,分别为 2016 年 5 月、2016 年 12 月。共监测地下水井 61 点次,取得地下水水质样品 74 件。具体地下水监测点布点情况如下(表 6-4、表 6-5、图 6-7)。

表 6-4　调查区第四系地下水监测井基本情况一览表

序号	样品编号	井深/m	监测井用途	监测层位	备注
1	HZY01	40	专用监测井	第四系孔隙水	
2	HZY02	50	专用监测井	第四系孔隙水	
3	HZY03	50	工业用水	第四系孔隙水	
4	HZY04	50	专用监测井	第四系孔隙水	
5	HZY05	50	专用监测井	第四系孔隙水	
6	HZY06	60	农业用水	第四系孔隙水	
7	HZY07	60	农业用水	第四系孔隙水	
8	HZY08	60	农业用水	第四系孔隙水	
9	HZY09	60	农业用水	第四系孔隙水	NSH042 重合
10	HZY010	60	农业用水	第四系孔隙水	对照井
11	HZY013	60	农业用水	第四系孔隙水	
12	HZY018	70	农业用水	第四系孔隙水	
13	HZY019	70	农业用水	第四系孔隙水	
14	HZY020	70	农业用水	第四系孔隙水	
15	HZY021	70	农业用水	第四系孔隙水	

序号	样品编号	井深/m	监测井用途	监测层位	备注
16	NSH010	70	生活用水	第四系孔隙水	
17	NSH011	70	生活用水	第四系孔隙水	
18	NSH012	70	生活用水	第四系孔隙水	
19	NSH013	70	生活用水	第四系孔隙水	
20	NSH014	70	生活用水	第四系孔隙水	
21	NSH023	70	农业用水	第四系孔隙水	
22	NSH024	60	农业用水	第四系孔隙水	
23	NSH025	60	农业用水	第四系孔隙水	
24	NSH026	60	农业用水	第四系孔隙水	
25	NSH027	70	农业用水	第四系孔隙水	
26	NSH028	70	农业用水	第四系孔隙水	
27	NSH029	70	农业用水	第四系孔隙水	
28	NSH030	70	农业用水	第四系孔隙水	
29	NSH031	70	农业用水	第四系孔隙水	
30	NSH032	70	农业用水	第四系孔隙水	
31	NSH033	70	农业用水	第四系孔隙水	
32	NSH034	70	农业用水	第四系孔隙水	
33	NSH035	70	农业用水	第四系孔隙水	
34	NSH036	70	农业用水	第四系孔隙水	
35	NSH037	70	农业用水	第四系孔隙水	
36	NSH038	70	农业用水	第四系孔隙水	
37	NSH039	70	农业用水	第四系孔隙水	
38	NSH040	70	农业用水	第四系孔隙水	
39	NSH041	70	农业用水	第四系孔隙水	
40	NSH042	70	农业用水	第四系孔隙水	HYZ09 重合

表 6-5 奥陶系岩溶地下水监测井基本情况一览表

序号	样品编号	井深/m	监测井用途	监测层位	备注
1	HZY011	200	生活用水	奥陶系岩溶水	NSH009 重合
2	HZY012	325	生活用水	奥陶系岩溶水	NSH008 重合,对照井

续表

序号	样品编号	井深/m	监测井用途	监测层位	备注
3	HZY013	60	农业用水	第四系孔隙水	
4	HZY014	350	生活用水	奥陶系岩溶水	NSH015 重合
5	HZY015	350	生活用水	奥陶系岩溶水	NSH021 重合
6	HZY016	350	生活用水	奥陶系岩溶水	NSH019 重合
7	HZY017	250	生活用水	奥陶系岩溶水	NSH007 重合
8	HZY022	401	生活用水	奥陶系岩溶水	
9	HZY023	390	生活用水	奥陶系岩溶水	
10	HZY024	387	生活用水	奥陶系岩溶水	NSH001 重合
11	HZY025	424	生活用水	奥陶系岩溶水	NSH003 重合
12	HZY026	382	生活用水	奥陶系岩溶水	
13	HZY027	381	生活用水	奥陶系岩溶水	NSH02 重合
14	HZY028	392	生活用水	奥陶系岩溶水	NSH04 重合
15	NSH001	387	生活用水	奥陶系岩溶水	
16	NSH002	381	生活用水	奥陶系岩溶水	
17	NSH003	424	生活用水	奥陶系岩溶水	
18	NSH004	392	生活用水	奥陶系岩溶水	
19	NSH005	385	生活用水	奥陶系岩溶水	
20	NSH006	230	农业用水	奥陶系岩溶水	
21	NSH007	250	农业用水	奥陶系岩溶水	
22	NSH008	325	生活用水	奥陶系岩溶水	
23	NSH009	350	生活用水	奥陶系岩溶水	
24	NSH015	350	生活用水	奥陶系岩溶水	
25	NSH016	200	生活用水	奥陶系岩溶水	
26	NSH017	200	生活用水	奥陶系岩溶水	
27	NSH018	350	生活用水	奥陶系岩溶水	
28	NSH019	350	生活用水	奥陶系岩溶水	
29	NSH020	350	生活用水	奥陶系岩溶水	
30	NSH021	350	生活用水	奥陶系岩溶水	
31	NSH022	350	生活用水	奥陶系岩溶水	

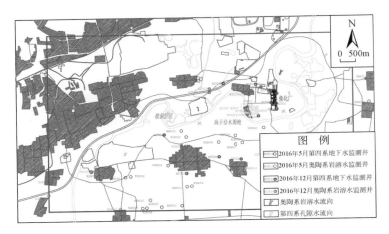

图 6-7　典型水源补给区地下水监测井布设图

1) 浅层地下水取样点

浅层地下水共调查 2 期,监测目的层位第四系的浅层地下水(第 Ⅰ、Ⅱ 含水组),调查深度在 80m 以内,各监测井中筛管埋深为 20~80m,取水层位为第四系浅层地下水,符合本次调查深度及层位要求。两期共监测地下水监测点 39 点次,取水样样品 40 件。

2) 奥陶系岩溶水地下水取样点

奥陶系岩溶水共进行 2 期监测,地下水监测井的深度为 300~420m,岩溶水取水段在 50~420m,与该地区岩溶水的主开采段相同,符合本次调查深度及层位要求,为该地区的主要生活饮用水的开采层。两期共设置奥陶系岩溶水 21 点次,取水样样品 34 件。

2. 样品采集及监测内容

地下水监测样品监测项目的确定在满足全国统一要求的基础上,结合区内主要污染源的特征指标,确定地下水监测项目指标如下:

(1) 现场指标,即水位、水温、色度、浑浊度、嗅和味、肉眼可见物、pH、溶解氧、Eh、EC 和总碱度,共 11 项。

(2) 常规化学指标,即 Na^+、K^+、Ca^{2+}、Mg^{2+}、硫酸盐、氯化物、硝酸盐氮、亚硝酸盐氮、氨氮、总磷、氟化物、碘化物、TDS、总硬度、高锰酸盐指数、挥发酚、阴离子合成洗涤剂、铝、铁、锰、铜、锌、硒、砷、汞、镉、六价铬、铅、氰化物和硫化物,共 30 项。

(3) 有机物指标,即六六六(总量)、滴滴涕(总量)、三氯甲烷、四氯化碳、苯和甲苯,共 6 项。

(4) 特征污染物指标

区内存在以炼铁、焦化、采煤为主的工业企业污染源,同时区域存在大量的农田、菜地等农药化肥使用的情况,因此水质化验指标除去必测指标外,还应将涉及的工业企业、农业污染的所有特征污染物指标列为监测指标。最终确定特征污染监测指标如下:多环芳烃类:萘、苊烯、苊、芴、菲、蒽、荧蒽、芘、䓛、苯并[a]蒽、苯并[b]荧蒽、苯并[k]荧蒽、苯并[a]芘、茚并[1,2,3-cd]芘、二苯并[a,h]蒽、苯并[g,h,i]苝等;有机氯农药类:六氯苯、α-六六六、β-六

六六、γ-六六六、δ-六六六、p,p′-DDE、p,p′-DDD、o,p′-DDT、p,p′-DDT 等;挥发性有机污染物:氯乙烯、1,1-二氯乙烯、二氯甲烷、反式 1,2-二氯乙烯、顺式 1,2-二氯乙烯、1,1,1-三氯乙烷、1,2-二氯乙烷、三氯乙烯、1,2-二氯丙烷、溴二氯甲烷、1,1,2-三氯乙烷、一氯二溴甲烷、四氯乙烯、氯苯、乙苯、间、对二甲苯、苯乙烯、邻二甲苯、溴仿、1,3-二氯苯、1,4-二氯苯、1,2-二氯苯、1,2,4-三氯苯等。

6.5　典型水源地补给区地下水环境问题识别

水源地补给区调查项目调查的含水层包含第四系含水层和奥陶系岩溶水含水层,对样品分析化验结果进行统计分析如下。

6.5.1　项目监测结果统计

1. 第四系浅层地下水检出率情况

1)常规指标检出状况

通过对 2016 年 12 月常规指标检出值的统计分析,本次研究共进行 47 项常规指标检测工作,共有 37 项检测指标检出,Mg^{2+}、Na^+、Ca^{2+}、Cl^-、高锰酸盐指数、溶解性总固体等 19 项监测因子检出率为 100%,铁、亚硝酸盐等 6 项监测因子检出率在 40%～80%,共有碳酸盐、肉眼可见物、臭和味、汞、镉、铬、铅、银、钼、镍等 10 项监测因子未检出。

2)有机指标检出状况

2016 年 12 月的水质样品监测中对有机指标进行了化验,在检测的有机指标中,萘、苊烯、苊、芴、菲、蒽、荧蒽、蒮、1,1-二氯乙烯、二氯甲烷、三氯甲烷、1,1,1-三氯乙烷、1,2-二氯乙烷、苯、三氯乙烯、1,2-二氯丙烷、甲苯、1,1,2-三氯乙烷、氯苯、乙苯、间、对二甲苯、苯乙烯、邻二甲苯、1,2-二氯苯等 24 项指标有检出,检出率为 3%～97%,其余 30 项指标未检出。

2. 深层地下水检出率情况

1)常规指标检出状况

通过对 2016 年 12 月常规指标检出值的统计分析,本次研究共进行 47 项常规指标检测,有 33 项检测指标检出,总硬度、溶解性总固体、钾、钠、钙等 18 项监测因子检出率为100%,铁、铜、砷等 6 项监测因子检出率在 20%～80%,共有汞、铬、镉、氰化物、挥发性酚等14 项监测因子未检出,检出率 0%。

2)有机指标检出状况

2016 年 12 月有机指标监测过程中,岩溶水中的萘、苊烯、苊、芴、菲、蒽、荧蒽、蒮等 8 项指标有检出,检出率为 7.69%～100%,其余 46 项指标未检出。

6.5.2　地下水环境质量评价

1. 地下水评价指标

据统计,本次地下水检测指标共计 105 项,其中 39 项指标未列入《地下水水质标准》(DZ/T 0290)和《地表水环境质量标准》(GB 3838),因此按照评价的要求在前一章节对监测结果进行统计。

根据本次地下水监测指标结合《地下水水质标准》(DZ/T 0290)、《地表水环境质量标准》(GB 3838)等的指标限值,最终确定参与地下水质量评价的指标为 66 项,其中无机指标35 项,有机指标 31 项,分别为:

无机指标:色、嗅和味、浑浊度、肉眼可见物、pH、总硬度、溶解性总固体、硫酸盐、氯化物、铁、锰、铜、锌、铝、挥发性酚类(以苯酚计)、高锰酸盐指数、氨氮、硫化物、钠、亚硝酸盐氮、硝酸盐氮、氰化物、氟化物、碘化物、汞、砷、硒、镉、铬(六价)、铅、银、钡、钴、钼、镍共计 35 项。

有机指标:三氯甲烷、四氯化碳、苯、甲苯、萘、蒽、荧蒽、苯并[b]荧蒽、苯并[a]芘、六氯苯、γ-六六六、总六六六、总滴滴涕、氯乙烯、1,1-二氯乙烯、二氯甲烷、1,2-二氯乙烯、1,1,1-三氯乙烷、1,2-二氯乙烷、三氯乙烯、1,2-二氯丙烷、1,1,2-三氯乙烷、四氯乙烯、氯苯、乙苯、二甲苯、苯乙烯、溴仿、1,4-二氯苯、1,2-二氯苯共计 31 项。

2. 地下水环境质量评价结果

地下水环境质量评价结果按照第四系浅层地下水、奥陶系岩溶水两部分,分别进行单指标评价及综合指标评价,评价结果如下。

1)第四系浅层地下水单指标评价结果

(1)由 2016 年 12 月第四系浅层地下水单指标评价结果,参与评价的监测因子为 66 项,监测因子以 Ⅰ 类指标为主,占到 83%,其次是 Ⅱ 类、Ⅲ 类,各占 8%、4%,Ⅳ、Ⅴ 类指标各占3%、2%,由于部分监测井位于焦化厂内部,地下水水质状况较差,故 Ⅳ、Ⅴ 类指标所占比例较大,本次研究中 Ⅳ、Ⅴ 类指标合计占到 5%。

(2)由 2016 年 12 月地下水单指标评价结果可知共 10 眼井出现 Ⅴ 类指标,占本期监测井的 67%,检出指标最多的是 HZY04(4 个),其次为 HZY01、HZY03(2 个),HZY05、HZY06、HZY08、HZY013、HZY019、HZY020、HZY021 等为 1 个 Ⅴ 类指标。

(3)由各监测指标分析,2016 年 12 月浅层地下水中共有 12 项因子被评价为 Ⅳ、Ⅴ 类指标,其中 7 项因子被评价为 Ⅴ 类指标、11 项因子被评价为Ⅳ类指标。7 项 Ⅴ 类指标分别是硫酸盐、硝酸盐氮、溶解性总固体、锰、高锰酸盐指数、色度、浑浊度,11 项Ⅳ类指标分别是氨氮、铁、硫酸盐、硝酸盐氮、锰、铝、挥发性酚、亚硝酸盐、高锰酸盐指数、浑浊度、1,1,2-三氯乙烷。

2)第四系浅层地下水综合质量评价结果

根据地下水综合评价方法进行评价可知,2016 年 12 月第四系浅层地下水中有 2 眼监测井地下水水质综合评价结果为Ⅲ类,占总监测井的 13%;有 10 眼监测井地下水水质综合评价结果为 Ⅴ 类,占总监测井的 67%;有 3 眼监测井地下水水质综合评价结果为Ⅳ类,占总监测井的 20%。

有 13 眼监测井地下水综合评价等级为Ⅳ类、Ⅴ类,Ⅳ类地下水的主要影响因子为:浑浊度、锰、铁、铝、硫酸盐、挥发性酚类、高锰酸盐指数、1,1,2-三氯乙烷、硝酸盐氮、亚硝酸盐氮、氨氮等 11 项指标。Ⅴ类地下水的主要影响因子为:色度、浑浊度、高锰酸盐指数、锰、硫酸盐、溶解性总固体、硝酸盐氮等 7 项指标。

3)奥陶系岩溶水地下水单指标评价结果

由 2016 年 12 月奥陶系岩溶地下水单指标评价结果可知,各监测因子以Ⅰ类指标为主,占到 88.11%,其次是Ⅱ类、Ⅲ类,各占 6.53%、4.66%,Ⅳ、Ⅴ类指标相对较少,只占了 0.47%、0.23%。

单组分评价法评价结果显示,奥陶系岩溶地下水出现了Ⅳ、Ⅴ类指标,指标为浑浊度:浑浊度Ⅳ类指标点位分别为 HZY023 与 HZY026,浑浊度Ⅴ类指标点位为 HZY014。

本次共调查奥陶系岩溶地下水水井 13 眼,评价结果显示,共有 2 眼监测井出现Ⅳ类指标,有 1 眼监测井出现Ⅴ类指标。除去个别监测井出现Ⅳ类、Ⅴ类指标外,其余监测井的监测指标均为Ⅲ类及以下指标。

4)奥陶系岩溶水综合质量评价

2016 年 12 月奥陶系岩溶地下水监测井综合评价结果以《地下水水质标准》(DZ/T 0290)的Ⅲ类水为主,共计 10 眼,占比为 77%,出现 2 眼Ⅳ类水,1 眼Ⅴ类水,共计占比为 23%,其Ⅳ、Ⅴ类水的主要影响因子为浑浊度,除浑浊度外其余指标均为Ⅲ类或优于Ⅲ类。

分析浑浊度较高的原因与水中悬浮状态的胶体物质高有关,主要为黏土、泥沙,其他监测的不论有机指标还是无机指标均能满足《地下水水质标准》(DZ/T 0290)Ⅲ类或优于Ⅲ类标准,没有出现有机物和无机物异常高值的现象,因此这部分原因与成井质量不高、水井维护不利等有关。

6.5.3 地下水污染评价

1. 地下水污染评价指标选取

1)污染指标的筛选

A. 调查区内主要污染源及特征指标

根据调查结果可知,调查评价区内主要污染源类型包括工业企业(煤炭开采、钢铁炼焦)、农业生活污染源、农业污染源等,各类污染源及其主要污染指标如表 6-6 所示。

表 6-6 污染源种类及主要污染指标统计表

污染源		潜在污染物	主要污染指标
工业污染源	焦化、钢铁	危险化学品、工业污水、重金属、石油产品和燃料、其他危险和丢弃的化学品	COD_{Mn}、硫化物、挥发性酚类、氰化物、石油类、氨氮、苯类、多环芳烃类、氟化物、铜、锌、铅、砷、镉、汞
	煤炭开采	矿泄漏或尾矿、矿坑排水、矿物质硫化物、其他危险和丢弃的化学品、石油产品和燃料	pH、石油类、硫化物、铁、锰、溶解性总固体、溶解性总固体

污染源		潜在污染物	主要污染指标
农业污染源	饲养动物场/屠宰场	化学喷雾剂、昆虫控制剂、细菌、病毒、粪便	COD_{Mn}、氨氮、硝酸盐、磷、氯化物、粪大肠杆菌、溶解性总固体、细菌总数
	作物灌溉区和非灌溉区	杀虫剂、肥料、无机盐、沉积物	敌敌畏、DDT、硝酸盐、氮、磷
生活污染源	农村聚居区	生活废水、生活垃圾	COD_{Mn}、氨氮、硝酸盐、磷

B. 水质现状调查情况

水源地补给区内第四系浅层地下水水质较差,以Ⅲ、Ⅳ类、Ⅴ类水为主,主要水质影响因子为肉眼可见物、浑浊度、锰、铁、铝、硫酸盐、挥发性酚类、高锰酸盐指数、1,1,2-三氯乙烷、硝酸盐氮、亚硝酸盐氮、氨氮、色度、溶解性总固体等 14 项指标。

其中肉眼可见物、浑浊度、色度、硫酸盐、溶解性总固体等多为常规水质化学指标,不参与污染评价。因此通过地下水现状质量评价确定参与污染评价的指标为锰、铁、铝、硫酸盐、挥发性酚类、高锰酸盐指数、1,1,2-三氯乙烷、硝酸盐氮、亚硝酸盐氮、氨氮等 10 项指标。

C. 特征污染指标确定

结合地下水现状质量评价及各类污染源特征指标的情况,确定本次参与评价的指标 18 种,分别为:①无机指标为锰、铁、铝、硫酸盐、挥发性酚类、高锰酸盐指数、硝酸盐氮、亚硝酸盐氮、氨氮等 9 种指标。②同时兼顾有机指标检出、超标及对应标准的情况,确定参与评价的有机指标为萘、蒽、荧蒽、1,2-二氯乙烷、苯、甲苯、1,1,2-三氯乙烷、乙苯、二甲苯等 9 种指标。

2)污染指标及背景值确定

按照地下污染评价方法及确定的主要污染评价指标,对参与评价的背景值、标准值等进行统计。参与评价标准值《地下水水质标准》(DZ/T 0290)中Ⅲ类指标限值,背景值的确定第四系浅层地下水、奥陶系岩溶水分别以 HZY010、HZY012 为基准(有机组分等原生地下水中含量微弱的组分背景值按零计算),这两处地下水均位于第四系浅层地下水、奥陶系岩溶水地下水流向的上游,地下水水质综合评价结论为Ⅲ类地下水。各类参评指标统计结果见表6-7。

表6-7　参评特征污染物指标背景值及标准值统计表

序号	评价项目	单位	对照值/背景值	标准值	选用标准
一、无机指标					
1	锰	mg/L	0.47/0.006	0.1	《地下水水质标准》(DZ/T 0290)中Ⅲ类指标
2	铁	mg/L	0.01/0.01	0.3	
3	铝	mg/L	0.054/0.031	0.2	
4	硫酸盐	mg/L	187.7/13.91	250	
5	挥发性酚类	mg/L	0.002/0.002	0.002	
6	高锰酸盐指数	mg/L	0.8/0.2	3.0	
7	硝酸盐氮	mg/L	2.45/3.47	20	
8	亚硝酸盐氮	mg/L	0.009/0.001	1.0	
9	氨氮	mg/L	0.03/0.03	0.5	

续表

序号	评价项目	单位	对照值/背景值	标准值	选用标准
二、有机指标					
10	萘	μg/L	0	100	
11	蒽	μg/L	0	1800	
12	荧蒽	μg/L	0	240	
13	1,2-二氯乙烷	μg/L	0	30	《地下水水质标准》
14	1,1,2-三氯乙烷	μg/L	0	5	（DZ/T 0290）
15	苯	μg/L	0	10	中Ⅲ类指标
16	甲苯	μg/L	0	700	
17	乙苯	μg/L	0	300	
18	二甲苯	μg/L	0	500	

注:2.45/3.47 表示前为第四系浅层地下水对照值,后为奥陶系岩溶水对照值

2. 地下水污染评价结果

1）第四系浅层地下水单指标污染评价结果

调查区水源地补给区内地下水污染情况较为严重,调查的 14 眼地下水监测井出现不同程度的污染,其中 HZY01、HZY03、HZY04、HZY05、HZY06、HZY013、HZY019 等 7 眼监测井均有指标达到极重污染（Ⅵ）级别,占比 50%；HZY08、HZY09 等 2 眼监测井有指标达到严重污染（Ⅴ）级别,占比 14%；HZY021 有指标达到严重污染（Ⅳ）级别,占比 2%；HZY02、HZY07、HZY018、HZY020 为中污染（Ⅲ）级别,占比 34%。

2）第四系浅层地下水综合污染评价结果

调查区水源地补给区内浅层第四系地下水受到了污染,主要污染物为铁、锰、铝、挥发性酚类、硫酸盐、硝酸盐氮、氨氮、高锰酸盐指数、1,1,2-三氯乙烷、苯、1,2-二氯乙烷等 11 项,部分污染物的超标有一定的地质背景原因,但大部分污染物的超标与工业企业、人类生产活动、地表水体等有关。

3）奥陶系岩溶水地下水单指标污染评价结果

由地下水污染评价结果统计表可知,水源地补给区内奥陶系岩溶地下水监测指标以未污染（Ⅰ）、轻污染（Ⅱ）、中污染（Ⅲ）为主,HZY014、HZY015、HZY016、HZY017、HZY026 等 5眼监测井中出现中污染（Ⅲ）指标,占比 42%,HZY028、HZY022、HZY023、HZY024、HZY025、HZY011 等 6 眼监测井中出现轻污染（Ⅱ）指标,占比 50%,HZY027 未污染,占比 8%。

氨氮、挥发性酚类、1,2-二氯乙烷、苯、甲苯、1,1,2-三氯乙烷、乙苯、二甲苯等 8 项指标全部监测井中均为未污染（Ⅰ）,高锰酸盐指数、铝、亚硝酸盐氮、蒽、萘、荧蒽等 6 项指标在部分监测井中出现轻污染（Ⅱ）指标,铁、硫酸盐、硝酸盐氮、锰等 4 项指标在部分监测井中出现轻污染（Ⅱ）、中污染（Ⅲ）指标,是部分监测井中出现中污染（Ⅲ）的主要贡献指标。

4）奥陶系岩溶水地下水综合污染评价结果

由综合评价结果可知,水源地内奥陶系岩溶地下水监测指标以轻污染（Ⅱ）、中污染

（Ⅲ）为主，其中 HZY014、HZY015、HZY016、HZY017、HZY026 等 5 眼监测井污染综合评价结果为中污染（Ⅲ），占比 42%，HZY028、HZY022、HZY023、HZY024、HZY025、HZY011 等 6 眼监测井污染综合评价结果为轻污染（Ⅱ）指标，占比 50%，HZY027 污染综合评价结果为未污染，占比 8%。

从空间上分析，中污染（Ⅲ）监测井主要分布于地表河流南岸区域，主要影响指标为硫酸盐、硝酸盐、铁、锰等，仅 HZY026 一眼地表河流北岸的奥陶系水井为中污染（Ⅲ），影响指标为铁。地表河流北岸奥陶系岩溶水为轻污染（Ⅱ）、未污染（Ⅰ），可见整体地下水质量优于南岸。

6.5.4　地下水污染问题

1. 第四系浅层地下水污染问题

调查区水源地补给区内第四系浅层地下水水质较差，不能满足地下水保护区内水质标准的要求。水源地补给区内第四系浅层地下水受到区内污染源的影响，出现不同程度的污染，主要污染因子为铁、锰、铝、挥发性酚类、硫酸盐、硝酸盐氮、氨氮、高锰酸盐指数、1,1,2-三氯乙烷、苯、1,2-二氯乙烷等。主要污染源为工业污染源、地表河流污染源和区域农业污染源。焦化厂及附近地区是补给区内主要污染区域，补给区内还受到农业污染源、地表水体污染源的影响。

2. 奥陶系岩溶水污染问题

地下水污染评价结果可知，除去 2016 年 12 月部分水源井受到浑浊度影响出现个别Ⅳ、Ⅴ类水外，其余各项监测指标在各期均能满足《地下水水质标准》（DZ/T 260）的Ⅲ类水或优于Ⅲ类水，奥陶系岩溶水质较好。奥陶系岩溶水中浑浊度较高原因可能与监测井常年不用水井维护不利、成井质量不高引起水中悬浮状态的胶体物质高有关。奥陶系岩溶水出现了硫酸盐、硝酸盐、铁、锰等轻污染（Ⅱ）的现象，污染程度较轻。水源地所在的北岸奥陶系岩溶水质要优于南岸，同时奥陶系岩溶水中检出了如萘、菲等多环芳烃类指标。

6.5.5　地下水污染成因分析

1. 调查区地下水化学特征

1）地下水化学特征

A. 第四系浅层地下水水化学特征

对 2 期地下水化验数据中的基本离子进行分析可知，该水源地补给区内第四系浅层地下水水化学类型以 HCO_3-Ca、$HCO_3 \cdot SO_4$-Ca 型水为主，在补给区内某焦化厂及周边监测井出现 $SO_4 \cdot HCO_3$-Ca、$SO_4 \cdot HCO_3$-Ca $\cdot$ Mg 型水。

B. 奥陶系岩溶裂隙水水化学特征

对 2 期地下水化验数据中的基本离子进行分析可知，该水源地补给区内奥陶系岩溶地下水水化学类型以 HCO_3-Ca $\cdot$ Mg、HCO_3-Ca 型水为主，但在西南部一带，受地表水渗漏补给影响，出现 $HCO_3 \cdot SO_4$-Ca $\cdot$ Mg、$HCO_3 \cdot SO_4 \cdot$ Cl-Ca $\cdot$ Mg 型地下水。

2）地下水化学特征分析

　　根据地下水水质基本离子数据，分别绘制 2 期的 Piper 三线图见图6-8、图6-9，第四系地下水与奥陶系地下水水化学类型的联系较为密切，两者的投影位置有一定关联及重合，结合监测点的空间分布及含水层类型，在 Piper 三线图上可划分为 2 个小区。

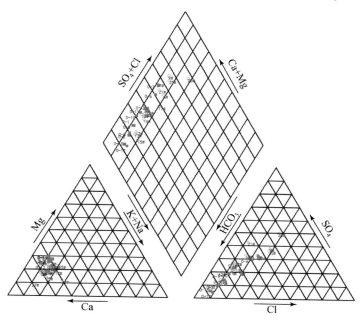

图 6-8　2016 年 5 月水化学 Piper 三线图

0-1. 奥陶系水井；1#等. 第四系水井

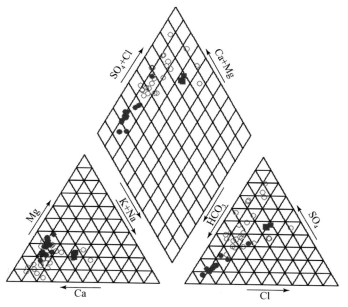

图 6-9　2016 年 12 月水化学 Piper 三线图

○第四系；●奥陶系岩溶水；■地表水

（1）1区为第四系浅层含水层水化学类型集中分布区。观察其阴阳离子三角分区，阴离子三角分区内水化学基本离子中主要表现在硫酸盐、氯离子的变化大，其阴离子投影位置呈现带状分布，而阳离子三角分区，投影位置相对集中，因此地下水中阴离子对地下水化学类型变化起重要作用。

地表水的水化学类型分布也位于该分区内，其阴离子区内的投影与第四系位置靠近，说明地表水对于附近的地下水有一定的补给关系。

区内还出现了部分奥陶系岩溶水监测点，从该点位置可以看出，这部分岩溶水监测井位于第四系的浅埋区，该地区由于第四系岩层薄，岩性颗粒大，利于河流等地表水体的补给。因此该区内分布的监测点，不论是第四系地下水还是奥陶系地下水的水质均与地表河流联系较为密切。

（2）2区为奥陶系岩溶水水化学类型的分布区，奥陶系岩溶水监测点的水化学投影大部分落在该区，且分布相对集中，观其奥陶系岩溶水的离子变化，岩溶水的水化学离子变化也是以阴离子升高为主，与第四系地下水的阴离子变化趋势是一致的，说明第四系地下水对奥陶系岩溶水有一定的影响，通过地表水与第四系水的关系，说明地表水的水质与岩溶水有间接关系。观察该水源地水井水化学类型的投影位置可知，均位于2区的下端，说明该水源地水源井的水质目前受地表河流影响较小，但由于水源地位于河流在地表形成的近似牛轭湖的地貌单元内，地表河流水在一定时间后也会对其产生影响。而南部地区第四系厚度大，水质未受到地表河流影响。

2. 调查区地下水水质动态变化特征

地下水水化学成分及特征主要为气象、水文、地层岩性、地质地貌、补径排条件等综合因素作用的结果。根据收集资料调查区地下水化学特征如下。

1）第四系地下水水质动态变化特征

收集到该水源地补给区内地下水水质长观孔的2008～2015年多年水质监测数据并进行分析，地下水监测指标中氯化物、硫酸盐、硝酸盐、pH、溶解性总固体、总硬度等浓度的动态变化趋势为逐年升高，高锰酸盐指数浓度多年动态变化总体趋势为逐年减少，亚硝酸盐氮多年较为平稳。

（1）从反映综合指标的溶解性总固体看，2008年、2015年的浓度分别为198.6mg/L、381.7mg/L，7年间浓度升高183.1mg/L，增长0.9倍，年增加26.2mg/L。从区域水化学指标影响最大的硫酸盐看，2008年、2015年的浓度分别为15.3mg/L、53.5mg/L，7年间浓度升高38.2mg/L，增长2.5倍，年增加值5.46mg/L，浓度变化趋势明显。

（2）从污染指标"三氮"看，氨氮多年均未检出，亚硝酸盐氮和硝酸盐氮均有检出，从硝酸盐氮指标看，2008年、2015年的浓度分别为2.12mg/L、15.12mg/L，7年间浓度升高13.0mg/L，增长6.1倍，年增加值1.86mg/L，从亚硝酸盐氮指标看，2011年、2015年的浓度分别为0.0015mg/L、0.0036mg/L，5年间浓度升高0.0021mg/L，增长1.4倍，因此亚硝酸盐氮和硝酸盐氮浓度变化趋势明显，逐年升高，在硝酸盐氮、亚硝酸氮同时存在的水体中，说明地下水中受到氮污染，地下水正处于自净过程中，硝化反应在不断进行，污染危害仍然存在。高锰酸盐指数浓度逐年递减。

从以上分析可知，水质长观孔显示监测的第四系浅层地下水指标均能满足地下水Ⅲ类标准,但是第四系浅层地下水水质多数指标呈现浓度升高的趋势,地下水水质指标逐年变差。

2)奥陶系岩溶地下水水化学特征

根据岩溶地下水监测井的2007~2015年多年水质监测数据并进行分析,地下水监测指标中氯化物、pH、硝酸盐氮、总硬度等指标浓度动态变化较为平稳,变化幅度小,仅呈现微升高或持平状态;硫酸盐、溶解性总固体、总硬度等指标浓度动态变化趋势为逐年升高,但浓度变化程度小。

从以上分析可知,奥陶系岩溶水质长观孔水质资料显示,岩溶水多年水质指标均满足地下水Ⅲ类标准,未发现明显的污染迹象或趋势。

3. 地下水主要污染途径及方式

1)区域内地下水补径排关系

水源地补给区内地下水存在第四系松散层类孔隙水系统、石炭-二叠系裂隙水系统、掩埋型岩溶水系统、覆盖型岩溶水系统等四个含水系统。地下水含水系统自上而下的垂向分布为:第四系松散层类孔隙水系统—石炭-二叠系裂隙水系统—掩埋型岩溶水系统或第四系松散层类孔隙水系统—覆盖型岩溶水系统。

第四系松散层类孔隙水系统分布于全区,第四系松散层类孔隙水系统接受大气降水、河流入渗以及侧向径流补给,其排泄方式以侧向流出和人工开采为主,并通过第四系的含水组底板越流向石炭-二叠系裂隙水系统或覆盖型岩溶水系统排泄。

石炭-二叠系裂隙水系统,上覆第四系松散层类孔隙水系统,下为掩埋型岩溶水系统。石炭-二叠系裂隙水系统直接接受上覆第四系松散层类孔隙水系统的越流和系统内侧向径流补给,其排泄方式以侧向流出和矿坑排水为主。与下部的掩埋型岩溶水系统由于存在良好的隔水层,水力联系小。

奥陶系掩埋型岩溶水系统与区内石炭-二叠系裂隙水系统分布一致,该含水系统主要接受岩溶水系统上游的侧向径流补给(北部山区基岩裸露区),其排泄方式以侧向流出、矿坑排水为主,较少有开采此层的现象。

覆盖型岩溶水系统,该含水系统除去接受奥陶系裸露型岩溶水系统的侧向补给以外,还接受上覆第四系含水层的越流补给,覆盖型岩溶水系统直接接受上覆第四系浅层含水组的直接补给;而在西南部覆盖型岩溶水系统接受上覆第四系深层(第Ⅳ含水组)地下水的直接越流补给,第四系浅层地下水需经过第四系深层(第Ⅳ含水组)地下水后才能间接补给岩溶水。大气降水补给,其排泄方式以侧向流出和人工开采为主。目前该系统内赋存地下水是调查评价区内工业和生活用水的主要来源。

由以上分析可知,水源地补给区内大气降水及地表水等地面补给源,主要补给第四系松散层类孔隙水系统的浅层地下水,而后通过越流补给向下深层地下水,深层地下水向下越流补给奥陶系岩溶水系统。因此区内地表等污染源在天然状态下不直接影响奥陶系岩溶水系统。

2)区域地下水主要污染源分析

A. 工业污染源分析

工业污染源是指工业生产过程中排放的废水、废气、废渣,统称"三废"。其中未经处理的废水和废渣淋滤液渗入地下，污染土壤和地下水，是地下水的主要污染源。工业污染源多呈点状、线状分布。在水源地补给区内，主要工业污染源为焦化场，在本次调查过程中也出现了焦化行业特征污染物挥发性酚类等超标现象，超标点位在焦化厂区内。主要污染源包括该行业的酚氰废水处理设施及其管道、各类物料储罐、各类污废水池水工构筑物、无组织废气排放粉尘等。

B. 地表水体污染源分析

区内主要地表水污染源为地表河流及其支流、塌陷坑。

地表河流为沿岸的纳污水体。地表河流虽然为季节性河流，但由于接受上游，长期以来接受沿岸矿业开采、钢铁等相关工业企业、沿岸村镇居民生活污水的排放，地表水水质变化大，污染物浓度高。另外在该水源地西侧有一条地表河流，常年接受煤矿的矿坑排水，也是区域地表水污染源之一。该水源地补给区东部为原某煤矿的矿区，现已停产。但该区域内有煤矿开采形成的采煤塌陷区，存在面积较大的塌陷坑，目前多被附近村民用于渔业养殖。

区内河段应执行《地表水环境质量标准》（GB 3838）Ⅲ类水域功能及标准。为了解地表河流及塌陷坑积水水质现状，在本次调查过程中对地表水质进行了一期监测。由监测结果及评价结果可知，区内塌陷坑地表水水质出现氟化物为Ⅴ类指标，硫酸盐超标的现象。由地表河流地表水参与评价的指标可知出现6种指标的超标或超过Ⅲ类标准的现象，其中氨氮、氟化物、高锰酸盐指数等指标为劣Ⅴ类指标，铁、硫酸盐、锰等指标出现超标现象。

由此分析地表水环境质量差，加上地表水与地下水之间的水力联系，易引起第四系浅层地下水的水质变差甚至超标。因此补给区内地表水体也是重要的地下水污染源，主要的地表水污染因子为铁、硫酸盐、锰、氨氮、氟化物、高锰酸盐指数等6项，地表水污染因子与上文中第四系浅层地下水的部分超标因子相吻合。同时该水源地补给区内包气带岩性以砂性土为主，虽然第四系浅层地下水水位埋深较大，但包气带岩性颗粒较粗，缺少黏性土的有效保护区，包气带的防污性能差，地表水能够持续不断补给第四系地下水，其水质好坏与第四系浅层地下水水质有一定关系。补给区内的地表水体作为地下水的补给源之一，对地下水水质的变化具有重要影响。

C. 生活及农畜污染源

生活污染源主要包括补给区内村民生活污水、生活垃圾、化粪池、沼气池等污染源，区内各村庄生活污水大多未进行集中处理，生活垃圾仍存在零散堆放的问题。农畜污染源主要包括农业生产使用的化肥农药、养殖业的牲畜和禽类的粪便及养殖废物等，同时也包括周边农田引地表水进行农灌作业等行为，多为面状污染源。

4. 地下水污染问题及成因结论

水源地补给区第四系浅层地下水由本次调查及评价结果可知，第四系浅层地下水水质较差，不能满足地下水保护区内水质标准的要求（GB/T 14848，Ⅲ类标准限值），以Ⅲ类、Ⅳ类、Ⅴ类水为主，Ⅳ类、Ⅴ类水的主要影响因子为肉眼可见物、浑浊度、锰、铁、铝、硫酸盐、挥发性酚类、高锰酸盐指数、1,1,2-三氯乙烷、硝酸盐氮、亚硝酸盐氮、氨氮、色度、溶解性总固体等14项指标。由地下水污染评价结果可知，第四系浅层地下水受到区内污染源的影响，出现不同程度的污染，主要污染因子为铁、锰、铝、挥发性酚类、硫酸盐、硝酸盐氮、氨氮、高锰酸盐指数、1,1,2-三氯乙烷、苯、1,2-二氯乙烷等11项。主要污染源为工业污染源、地表河流污染源和区域农业污染源。

水源地的奥陶系岩溶地下水除去部分水源井受到浑浊度影响出现个别Ⅳ、Ⅴ类水外,其余各项监测指标在各期均能满足《地下水水质标准》(DZ/T 0290)的Ⅲ类水或优于Ⅲ类水,奥陶系岩溶水质较好。奥陶系岩溶水中浑浊度较高,分析原因可能与监测井常年不用、水井维护不利、成井质量不高等引起的水中悬浮状态的胶体物质高有关。由地下水污染评价结果可知,奥陶系岩溶水出现了硫酸盐、硝酸盐、铁、锰等轻污染(Ⅱ)的现象,污染程度较轻。水源地所在的北岸奥陶系岩溶水质要优于南岸。同时奥陶系岩溶水中检出了如萘、菲等多环芳烃类指标。

水源地补给区内大气降水及地表水等地下水补给源,主要补给第四系松散层类孔隙水系统的浅层地下水,而后通过越流向下补给深层地下水,深层地下水向下越流补给奥陶系岩溶水系统。

水源地内主要地下水污染源有工业企业污染源、生活及农畜污染源、纳污水体河。这些污染源主要对第四系浅层地下水产生影响。水源地附近第四系厚度大,第四系浅层地下水受污染不能直接补给影响奥陶系岩溶地下水,只能通过自下越流补给影响第四系深层地下水后,由第四系深层地下水再越流影响奥陶系岩溶地下水,地表污染源对奥陶系岩溶水的影响为间接影响,对第四系浅层地下水的影响为直接影响。

6.6　典型水源地补给区地下水环境保护的建议

1. 完善地下水环境监测网建设,建立地下水环境监测长效机制

研究建设河北省地下水水源和污染源监测网。建议通过国土、水利、环保联合共建地下水监测网络,增加监测设备,开展监测人员技能培训等软硬件设施的建设,大力提升地下水环境监测能力。制定地下水监测井建设运行维护长效管理机制,保障地下水监测能力基础设施。同时建立地下水环境信息共享平台,逐步完善信息共享机制,全面掌握地下水水质状况。建立地下水污染防治综合数据平台,建立地下水环境风险分析和预测体系。建立区域、集中式饮用水水源、重点污染源周边地下水环境状况数据库,形成统一的地下水环境监测、评价以及信息发布机制,建立地下水长期、系统的监测评价、风险评估、应急预警体系。

2. 加强重点污染源地下水污染防治,实施污染源分级管理

加强地下水重点行业和重点企业地下水污染防治工作。加强矿山、工业园、重点化工企业等防治工作,动态更新我省地下水污染源清单,推进土壤和地下水污染协同控制,着力解决重金属和有毒有害等污染防治工作。

研究建立我省地下水污染源分级分类管理制度。根据地下水环境状况调查评估结果,建立优先治理清单,实施地下水污染源监测预防、污染控制和修复治理的分级管理体系。

3. 建立我省(市)地下水环境管理平台,实施信息化动态管理

在对地下水基础环境状况调查评估进行业务需求调查的基础上,设计并建立集自动控制、计算机技术及远程通信技术于一体的地下水基础环境信息管理系统,实现地下水调查与评估数据的查询、统计汇总等功能,并将污染状况综合评估、脆弱性评估、污染风险评估等子系统与地下水环境信息管理系统相集成,最终构建一个上下左右互连互通、充分共享数字环境资源的全省地下水环境信息服务与决策支持系统。为今后地下水监测、监督、防止地下水污染、保护地下水环境提供技术支持,为全国地下水可持续开发和生态环境保护提供基础数据与决策依据。

4. 建立我省地下水污染防治区划分信息系统

研究建设河北省地下水污染防治区综合信息系统,便于资源整合和信息查询。有条件的地区分别考虑相应的地下水脆弱性、地下水功能价值和地下水污染现状特点,开展地下水污染防治区立体分层划分工作。根据地下水功能价值和污染状况等因素重大变化,动态调整防治分区信息系统。

5. 落实企业地下水污染防治责任,开展地下水污染治理示范

加强重点工业污染源、水源地补给区等地下水建井、定期监测和场地环境调查工作。明确地下水污染的责任主体,针对环境污染严重或风险较大的地区及时开展地下水污染治理的示范工作。

参 考 文 献

[1] 杨峰. 北京市村镇分散水源地保护措施研究[D]. 北京:中国地质大学(北京),2009.

[2] 管旭. 山东省饮用水水源地环境状况调查、评估与管理对策研究[D]. 济南:山东大学,2015.

[3] 蓝楠. 饮用水水源污染防治条例制定的最新动态探微[C]. 昆明:2009 年全国环境资源法学研讨会,2009:55-57.

[4] 2012 年全国水环境质量状况[EB]. 中国环境保护部网站,2013.

[5] 温家宝主持会议研究城市饮用水安全保障工作[EB]. 中国环境保护部网站,2007.

[6] 陈梁擎. 北京市大兴区水环境现状评价与保护对策研究[D]. 北京:中国农业大学,2004.

第7章 典型危险废物处置场地下水基础环境状况调查评估

由于经济快速发展及第二产业比例较大,我国工业危险废物年产生量和历史存量迅猛增加。虽然工业危险固体废物量约占工业固体废物总量的1%,但由于其种类繁杂(47类、600多种)、成分复杂、有毒物质含量大,已成为我国三大重点防控污染物之一[1,2]。

垃圾填埋处置方法可以追溯到公元前3000～前1000年古希腊克里特岛,在古埃及、古罗马等考古均发现填埋场,现如今仍能观测渗滤液渗出[1]。1904年美国伊利诺伊州旧金山市建立起第一座现代卫生填埋场。1942年,纽约开始以废弃河道爱运河处置危险废物。我国于1988年建设第一座符合国际卫生填埋标准的危险废物安全填埋场——深圳市危险废物安全填埋场。截至2010年,我国已建集中危险废物处置场644座,但多采用综合利用末端处置方式,包含综合利用、焚烧和安全填埋一体化的集中处置中心仅31座,未能根本扭转我国危险废物安全处理处置率不高的现状[3-5]。

安全填埋场是种不可再生资源,由于具有高环境风险[6,7]、高健康风险[2,8,9]特征及对水文地质环境高标准[10-12]要求,能作为安全填埋场的城市用地十分有限,所以安全填埋场的合理选址尤为关键。对平原型安全填埋场来说,施工期人工挖掘土方,营运期置换为包裹着的危险废物,并人为切断危险废物和环境间水力联系,即采用岩土工程的方法降低危险废物环境风险、控制环境污染的工程实践,让安全填埋场及其周边局部范围承担起区域内环境风险和污染[13];由于危险废物和原土方在容重、组分、稳定化程度等方面的差异,安全填埋场并不安全,主要包括危险废物施工作业粉尘、稳定化过程产气、产水及工程稳定性等问题[14]。由于危险废物填埋场处置对象以重金属等无机物为主,环境影响潜伏期较长,需要持续关注安全填埋场对环境的影响和自身安全性,即使在封场作业较长时间后,尤其是在重新利用场地土地资源时[15]。因此,开展从项目规划论证到封场关闭的全生命周期评价,是规避安全填埋场环境风险和保障填埋场安全性的关键问题[16]。

由于防渗系统和覆盖层等切断危险废物和外部环境的联系,安全填埋场库区逐步形成完整的、相对独立的、受人工控制的水循环系统,且基本水文过程包括渗滤液产生、运移和排泄[17]。识别渗滤液产生量、渗漏去向等关键影响因素,进而有效预测渗滤液产生量、污染负荷和浓度水平,是确定渗滤液处置工艺、预测环境影响、制订应急处置方案的基础[18]。渗滤液渗漏影响地下水水质是安全填埋场引发的主要环境问题之一,也是安全填埋场地下水环境影响评价的主要内容[2]。

本章选取了河北省某典型危险废物处置场作为调查对象,在掌握区域内水文地质条件的基础上,开展样品采集、保存、室内测试,以及地下水质量评价、地下水污染现状评价及地下水污染评价工作。

7.1　典型危险废物处置场的筛选确定与技术要求

7.1.1　典型危险废物处置场的筛选确定

根据国家统一要求和危险废物处置场筛选原则,在 2015 年选择河北省北部某农药化工企业自建的危险废物填埋场作为典型调查场地。该场地位于其所处县级地下水水源地的径流补给区内。

7.1.2　典型危险废物处置场调查技术要求

1. 目标与任务

在危险废物处置场现场调查与相关资料收集基础上,结合集中式地下水饮用水源分布特征及危险废物处置场对其影响程度,完成危险废物处置场重点调查对象的地下水调查与评估工作,形成各省(市)危险废物处置场地下水基础环境状况调查与评估报告,为下一步开展危险废物填埋场地下水污染防治工作,以及科学制定地下水环境保护相关政策提供基础依据。

2. 技术路线

依据全国地下水基础环境状况调查评估总体技术路线,制定危险废物处置场地下水基础环境状况调查评估工作技术路线。

3. 技术要点

1)调查方法

典型危险废物处置场地下水基础环境状况调查应在充分收集利用已有资料的基础上,以地面调查为主,根据任务需要,结合调查精度、工作目的等,选择性地采取以下调查方法。

A. 遥感技术

在区域调查中,宜选用 TM 和环境卫星遥感数据,用于区分地貌类型、地质构造、水体、地下水溢出带、土地利用类型变化等。

在场地调查中,宜选用高分辨率卫星和航空遥感数据,用于识别点、线、面污染源,如危险废物堆放规模、工业企业布局等的调查。

B. 污染源调查

污染源调查要查明导致地下水污染的发生源(人为污染源包括点源、线源和面源)的类型、污染物的特征和主要成分,污染物的排放方式、排放强度和空间分布,污染物接纳场所的特征(包括废水排放去向、接纳废水和固体废弃物的场所及特征),水的利用情况及废水处理状况等;了解与受污染地下水有水力联系的地表水污染情况,包括主要污染物及其分布、污染程度和污染范围等。

污染源调查优先采用已有的污染源普查资料、土壤污染状况调查资料,辅助开展实地取样检测工作。

C. 地球物理勘探

地球物理勘探方法用于调查人类活动频繁区域的地质、水文地质条件和地下水污染空间分布特征调查。在一定条件下,可利用地球物理勘探技术,探明地下管道,初步识别土壤或浅层地下水污染物的分布情况,为监测点布设提供依据。

D. 水文地质钻探

钻孔设置要求目的明确,尽量一孔多用,如水样和/或岩(土)样采取、试验等,项目结束后应留作监测孔。对新打钻孔要保存相应的土样,如发现污染物质则可对土样进行及时补充分析。

E. 分析测试

承担地下水基础环境调查评价样品测试工作的实验室及其承担测试指标应具有国家或省级质量技术监督部门的计量认证资质。

F. 地下水污染动态监测

在调查过程中,应及时分析地下水污染调查结果,全面掌握地下水环境状况,提出地下水水源、污染来源和区域环境监测网优化方案,开展地下水动态连续环境监测,建立环保、国土和水利的地下水动态长效联合监测机制。地下水环境监测网点部署方案应在充分分析掌握区域水文地质条件基础上,结合污染源类型、地下水污染现状、污染物特征、污染途径、污染影响等进行制定。

2) 资料收集

收集资料包括危险废物处置场可行性研究报告、环境影响评价报告、工程地质勘察报告、现场图片集、基本信息调查表、水文地质环境信息调查表、监测井信息表、监测井平面图、历史监测数据等。收集资料的来源见表 7-1。

表 7-1　危险废物处置场资料收集清单及其来源、用途与要求说明表

编号	名称	来源	用途	要求
1	处置场可行性研究报告	运行单位	信息收集与审核	复印版
2	处置场环境影响评价报告书	运行单位	信息收集与审核	复印版
3	处置场工程地质勘察报告	运行单位	信息收集与审核	复印版
4	处置场现场图片集	现场调查	数据库建立	电子版(JPG 格式)
5	处置场监测井信息	现场走访	监测井信息收集	纸质版或电子版
6	处置场监测井平面图	现场走访	信息收集	纸质版或电子版
7	填埋场历史监测数据	运行单位	数据分析	纸质版或电子版

3) 现场调研

现场调研的主要任务:

(1) 补充资料收集过程中无法获得的基本信息;

(2) 核实所收集资料的准确性;

(3) 获得实时现场图片信息;

（4）判断现有地下水监测井的有效性；

（5）判断是否需要进行水文地质勘查；

（6）判断是否需要增设新的地下水监测井。

4）水文地质勘查

基本水文地质调查应以收集已有水文地质资料为主，当不能满足调查要求时，需要进行水文地质勘探，获取水文地质信息，为监测井布点提供依据。应基本查明水文地质结构，地下水补、径、排条件，地下水流场特征。

A. 水文地质结构调查

应调查场地及周边一定范围内的含水层、相对隔水层、隔水层的岩性、厚度及其变化情况，以剖面图表示，资料丰富时，可以以立体图表示。

B. 地下水补给、径流、排泄条件调查

地下水补给条件应包括降水、人工回灌、地表水补给等因素，应以收集资料为主。主要收集危险废物处置场及其周边所在地区的降水量及水化学变化（月、年）；收集或观测地表水水位、流量、水质变化，分析地表水与地下水的相互关系。地下水径流条件应主要关注含水层渗透系数、水力坡度、厚度等因素，一般用水文地质结构图、水化学资料等分析某一地段的径流条件。地下水排泄条件包括蒸发、开采、径流、泉等因素。

C. 地下水流场特征调查

掌握危险废物处置场及其周围一定范围内井（孔）地下水埋深，绘制地下水位等值图，确定地下水流向、分析水力坡度变化。

D. 水文地质参数获取

在现有水文地质参数不满足需要的情况下，可利用已有水井、水文地质监测井（孔），开展水文地质试验（抽水试验、弥散试验等），结合水文物探测井资料，获取研究区的水文地质参数。

4. 监测井布设

1）布点原则

（1）一般填埋型场地地下水监测井至少为5眼，综合处置型场地地下水监测井至少为6眼，其中后者填埋场监测井应满足《危险废物填埋污染控制标准》（GB 18598）要求。

（2）充分考虑监测井代表性、布点的科学性，并充分利用现有监测井，若不能满足数量与质量要求，需增加监测井。

（3）对填埋场四周衬层交接或折叠等易发生泄漏区，监测点应予以加密。

（4）监测点与处置场距离可根据场地水文地质单元岩土性质与类型、水文地质参数及监测方位等因素适当延长或缩减。

（5）基于处置场区域地下水水质现状监测网点及历史监测情况（或基于区域地下水易污性评价分区）布设监测井。

（6）与地下水联系紧密的地表出露泉眼点处可作为场地地下水监测点位。

（7）岩溶区地下水监测点可沿与填埋场有紧密联系的地下水通道布设。

2）一般填埋型场地布点方法

监测点布置数量按照第3章相关要求执行。

3) 土壤监测点布置要求

土壤采样点位布设原则上要求新建钻孔点位为土壤采样点位,可根据调查对象特点,调整土壤采样点位,尽可能保持土壤采样与地下水监测点的对应关系。

5. 样品采集

监测井每年采样 1 次;土壤监测与场地新建监测井成孔过程同步;根据填埋场对渗滤液处理方式的不同,对渗滤液或渗滤液处理液进行监测,采样频次与地下水相同,即每年采样 1 次。

6. 分析测试

危险废物处置场地下水基础环境状况调查必测指标参见表 7-2。选测指标参照《国家危险废物名录》,根据各危险废物处置单元特征污染组分进行筛选,选测指标中无机与有机类应分别选择不少于 3 项进行测试。

表 7-2 危险废物处置场地下水调查必测监测指标一览表

指标类型	指标名称
天然背景	钾、钙、钠、镁、硫酸盐、氯离子、碳酸根、碳酸氢根
常规指标	pH、溶解氧、氧化还原电位、电导率、色、嗅和味、浑浊度、肉眼可见物、总硬度、溶解性总固体、铁、锰、铜、锌、挥发性酚类、阴离子合成洗涤剂、高锰酸盐指数、硝酸盐氮、亚硝酸盐氮、氨氮、氟化物、氰化物、汞、砷、硒、镉、六价铬、铅、总大肠菌群
特征指标	根据危废处置场渗滤液或渗滤液处理液中主要特征污染物确定必测特征指标

危险废物处置场土壤监测指标参见表 7-3。

表 7-3 危险废物处置场调查土壤监测指标一览表

指标类型		项目名称
理化指标		含水率、可溶盐、氧化还原电位、阳离子交换容量(CEC)、土壤颗粒级配、土壤有机质含量、土壤黏土矿物组成
无机指标		镉、汞、铜、铅、总铬、六价铬、锌、镍、钡、铍、钼、锑、银、砷、硒、氟化物、氰化物
有机指标	综合	滴滴涕(总量)、六六六(总量)、二噁英
	农药	六氯苯、七氯、七氯环氧、艾氏剂、狄氏剂、异狄氏剂、氯丹、毒杀芬、甲基对硫磷、马拉硫磷、乐果、敌百虫、乙酰甲胺磷、五氯酚、甲草胺、阿特拉津、甲胺磷
	卤代烃类	三氯甲烷、四氯化碳、1,1,1-三氯乙烷、三氯乙烯、四氯乙烯
	单环芳烃类	苯、甲苯、乙苯、二甲苯
	多环芳烃类	萘、苊、二氢苊、芴、菲、蒽、荧蒽、芘、苯并[a]蒽、䓛、苯并[b]荧蒽、苯并[k]荧蒽、苯并[a]芘、茚并[1,2,3]芘、二苯并[a,h]蒽、苯并[g,h,i]苝
	其他	三氯乙醛、挥发酚、邻苯二甲酸酯

7.2 典型危险废物处置场的基本概况

7.2.1 典型危险废物填埋场基础建设概况

该典型危险废物填埋场于 2000 年 8 月开始建设,其中土建工程的重点环节——防渗工程,由技术人员携带进口施工设备到现场进行铺设、焊接。

该场址利用修建调整公路时取土形成的取土坑,呈不规则的椭圆形,坑长约 200m,宽 55~60m,面积约 12000m²,平均深度为 7m,整个坑容积约 84000m³。根据农药厂已存的固体废物量及发展情况,规划分三期进行建设,一期工程计划从坑的北头起至 40m 处,面积约 1000m²,有效容积为 7300m³。去掉预留填埋土层,有效容积为 6000m³。按每年 400m³ 的填埋量计,一期工程可使用 15 年。至 2009 年下半年,该填埋场已运行近 9 年时间,实际固废填埋量达 9328.5t。

7.2.2 危险废物产生企业基本信息

该典型危险废物企业主要生产苯嗪草酮、霜脲氰、甲基砷酸钠、2,4-D 丁酯等农药产品。企业在农药生产过程中产生一定量的固体废物,这些固废已无回收利用价值,该企业决定自筹资金建设固体废物填埋场,对集团内部各企业生产过程产生的固废进行填埋处理。

本工程建成运行后,填埋的固体废物主要来自各公司生产过程中产生的工艺废渣和污水处理站产生的污泥(表 7-4),主要成分为氯化钠,另含小于 1% 的氰化物及其他微量有机物,含湿量不大于 40%。根据《国家危险废物名录》的规定,应属于危险废物,代码为 HW04。

根据该危险废物填埋场接纳的危险废物固体废物浸出结果,共有氟化物、氰化物、总铜、总锌、总镉、总铅、总钡等 7 项无机离子检出,邻苯二甲酸二丁酯、邻苯二甲酸二辛酯、甲苯 3 项有机指标检出。

表 7-4 典型危险废物产生企业各公司填埋固废种类及主要成分统计表

分厂名称	生产产品	产品产量 /(t/a)	固废填埋量/(t/a)	固废主要成分
农药厂	废水处理站污泥	—	98	硫酸钙 75%;氢氧化铁 4.9%;水 20%;PAM 0.1%
A 公司	三氯吡氧乙酸	130	55	氯化钠 59%、活性炭 14%、甲苯 4%、反应中间体及其他杂质 23%
	氨氯吡啶酸	219	80.5	硫酸铵 82.4%、氯化铵 2.8%、水分 13.8%、产品及其他有机杂质约 1%
B 公司	苯嗪草酮	400	209	氯化钠 94.4%(其中氰化钠<0.024%)、碳酸钠和碳酸氢钠 3%、水分 1.5%、不可滤残渣 0.2%、有机溶剂 0.9%
	烯草酮	9.5	21	氯化钠 85.2%、水分 3.5%、有机杂质 11.3%

续表

分厂名称	生产产品	产品产量 /(t/a)	固废填埋量/(t/a)	固废主要成分
C 公司	2,4-D 丁酯	260		
	吡唑草胺	76	40	氯化钾 42.30%、硫酸钠 43.60%、氯乙酸钾 6.54%、水 4%、吡唑 1.78%、苯胺 1.78%

7.2.3　危险废物的填埋方式

1. 填埋方式

该典型固体废物填埋场实际填埋操作过程严格按照设计方案中规定的填埋操作工艺（包括最上层覆土工艺过程）进行。基本操作流程见图 7-1。

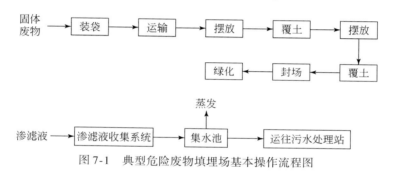

图 7-1　典型危险废物填埋场基本操作流程图

首先各公司将每天产生的固废及时装入编织袋中,对于含氰化物的固废要掺入一定量的次氯酸钠,用塑料绳扎紧,用小车送到厂区内专用废渣储存库存放。在每年 4 月、12 月（非雨季）各填埋一次,每次集中填埋作业需持续一周左右。

集中填埋期间,固废装入企业自备专用运输车,设专人押运至填埋场。各公司经理、厂长到现场亲自指挥填埋。将固废慢搬轻放地卸下,一层一层摆放整齐,摆放一层固废,在上面散一层石灰,再覆盖 200mm 厚的黏土并夯实,如此循环操作,直到填至距地面 1m 高时,在其上覆一层 200mm 厚的黏土,再加一层 400mm 的自然土,然后再覆一层 400mm 厚的营养土,最后压实。封场后顶面要形成坡度,以保证雨水向四外径流,坡度为 2%,平整斜坡。

对于外部断面未封场部分断面,用塑料布盖严防止雨水与废渣接触并且再覆盖一层草帘子,防止风吹日晒损害塑料布。固废上部塑料布与草帘子用土压好,下部塑料布与草帘子用石头或场内乱石压好,断面用铅丝固定好,防止被风吹掉。

2. 渗滤液处置方式

该典型固体废物填埋场产生渗滤液量为 3 ~ 4m³/a,渗滤液经管网收集后汇至集水池,定期由专车送至污水处理厂集中处理。

7.2.4　危险废物填埋场防渗措施

　　填埋场工程设计选用高密度聚乙烯膜(HDPE)作为防渗材料,填埋场底部和四周设防渗层,以防止污水淋滤液污染地下水及周围环境。参照国内外先进经验,并根据填埋物的物化特性,采取如下防渗措施。

　　(1)底部:平整场地,垫素土层夯实,上铺100mm厚三七灰土,后铺一层1.5mm厚的HDPE膜,再加无纺布垫层,再加200mm厚细砂层,上面再铺200mm厚卵砾石排水层,最后铺一层100mm厚粗砂石。

　　(2)侧壁:以毛石(MU20)水泥砂浆(M5)砌筑的挡土墙为基础,靠下部1m处开始布设1.5mm厚的HDPE膜,为防止侧渗,当填埋场达到1m后,每填一层,即在填埋物和护坡之间填入黏土并夯实。

　　(3)分期隔离坝:用毛石砌筑1m高的隔离坝,面上铺1.5mm的HDPE膜,已防止渗滤液渗出。

7.2.5　渗滤液收集系统及处置

　　在填埋场的底部,依地势布置渗滤液收集管(防渗层要具有1%的坡度,以使渗滤液借重力即沿坡度流入集液池),管材为HDPE管,在分期隔离坝前部设置垃圾渗滤液收集池(集水池),垃圾渗滤液收集池为钢筋砼结构,池容积为4m×4m×2m。《某危险固体废物填埋场回顾性技术评估报告》对垃圾渗滤液进行了产水量及成分的分析,结果如下。

1. 渗滤液的产生量及成分

　　根据企业统计,该填埋场运行几年来,渗滤液的年产生量统计见表7-5。由此可见该垃圾填埋场每年的渗滤液产生量较少,为2.4~4.6m³/a。

表7-5　典型危险废物填埋场渗滤液产生量统计表

年份	集水池体积	集水池水位深度/m	渗滤液产生量/m³
2001	32m³ (4m×4m×2m)	0.15	2.4
2002		0.23	3.7
2003		0.22	3.5
2004		0.26	4.2
2005		0.25	4.0
2006		0.29	4.6
2007		0.28	4.4
2008		0.23	3.6
2009		0.19	3.1

2. 渗滤液组分分析结果

　　(1)据《某危险固体废物填埋场回顾性技术评估报告》中对垃圾渗滤液的组分分析结果

可知,渗滤液中 COD、氨氮、硝酸盐、氯化物、氰化物、砷、氟化物(常规指标以 GB 14848 的 Ⅲ 类标准作为识别)、邻苯二甲酸二丁酯、邻苯二甲酸二辛酯等含量较高,如发生渗漏可能会影响地下水。

(2)在本次调查中,对垃圾场集液池内的垃圾渗滤液进行取样分析化验,结果统计如下,常规指标以《地下水质量标准》Ⅲ类标准作为识别,有机指标检出即作为主要污染指标(在分析中使用《地下水水质标准》(DZ/T 0290)相关指标为限值),分析渗滤液水质中某类指标如果大于标准,即作为主要的污染指标进行调查及分析。分析后得出,垃圾渗滤液中主要的污染物指标为:常规指标为铁、氯化物、硫酸盐、硝酸盐、溶解性总固体、铜、砷、锰、镍、挥发性酚、氰化物、亚硝酸盐等 12 项指标,这些指标均大于标准的 10 倍以上,有机指标为萘、荧蒽、苯并[a]芘、总六六六、二氯甲烷、三氯甲烷、1,2-二氯乙烷、苯、甲苯、氯苯、乙苯、二甲苯、苯乙烯、1,2-二氯苯等 14 项指标。

7.2.6 污染物来源及去向

该典型固体废物填埋场产生的渗滤液,经渗滤液收集管网汇至集水池,定期由专用车辆运往污水处理站集中处理。污水处理站位于该厂内,采用微电解、催化氧化预处理+生化(厌氧+好氧)+絮凝沉淀、催化氧化深度处理的综合处理工艺(VTBR 专利技术)。

污水处理站设计处理能力为 100m³/d,进水水质为 pH 3~9、COD 59335mg/L、硫酸盐 6854mg/L、氯化物 25799mg/L、TN 1948mg/L、TP 266mg/L。

填埋场运行几年来,渗滤液最大产生量为 4.6m³/a,渗滤液水质为 pH 4.5、COD 819mg/L、BOD₅ 262mg/L、硫酸盐 5000mg/L、氯化物 2260mg/L、硝酸盐(以 N 计)10mg/L 及微量的重金属。可见相对于处理站设计处理能力,渗滤液的量很小,而且渗滤液水质满足处理站设计进水水质要求。因此,渗滤液进入污水处理站处理不会对处理系统造成冲击。

7.3 典型危险废物处置场环境水文地质特征

7.3.1 区域地层概况

区域内地层简单,仅见中生界白垩系下统与新生界第四系,断裂构造不发育,仅调查区西北部发现两条北西—南东向断层。其他地区未发现明显的构造。简述如下:

(1)白垩系下统大面积出露于调查区的西北部,为一套山前河床相沉积,多呈黄褐色,岩性以砾岩为主,其次为砂岩,钙质泥岩。砾石分选性及磨圆度均较好,粒径为 2~10cm,成分多为火山岩,泥质胶结,呈松散状态。

(2)第四系中更新统洪积地层在调查区大面积分布(未发现地表露头)。该地层顶板埋深为 50~120m,受基底地形形态影响厚度变化较大,揭穿厚度为 42~145m。其岩性特征是棕红色含砾(卵)石黏土并夹薄层砂砾石,砂砾不纯,多呈半滚圆状,为洪水或冰水堆积而成。

(3)第四系上更新统–全新统坡洪积或洪坡积地层大面积分布于地表,厚度从数米到上百米不等,岩性为砂碎石和亚砂土、亚黏土互层,碎石分选性差,多呈半棱角状,成分为白垩系砾岩。

7.3.2　含水层分布及特征

1. 第四系上更新统−全新统坡洪积含水层

含水层岩性多为薄层含泥质的砾石层,分选差,磨圆度不好,粒径大小悬殊。含水层累计厚度为 2 ~ 6.5m,单位涌水量一般为 0.13m³/(h·m),地下水水化学类型多为 HCO₃-Ca·Na 型或 HCO₃-Na·Ca·Mg 型,矿化度 0.3 ~ 0.7g/L。含水层渗透系数仅为 0.005m/d 左右,属于弱含水地层,无供水意义。

2. 白垩系下统基岩含水层

白垩系下统地层在调查区范围内均有分布,在调查区西北总直接出露地表,东半部为第四系松散层所覆盖。含水层岩性以砾石为主,砂岩、钙质泥岩次之,多呈胶结到半胶结状,孔隙较发育,裂隙多呈闭合状,且多为泥质充填,富水性相对较弱,据钻孔抽水试验及相关分析资料;单井出水量 9.19m³/h,单位涌水量一般为 0.59m³/(h·m),渗透系数为 2.16m/d。地下水水化学类型为 HCO₃-Na 型,矿化度 0.5g/L 左右,具有一定的供水意义。

3. 第四系中更新统洪积隔水层

大面积分布于调查区,地下水水位埋深为 90 ~ 130m,标高 42 ~ 145m,其岩性多为棕红色含砾(卵)石黏土,局部有薄层砂砾石,泥质胶结。该层含水极为贫弱,渗透系数小于0.002m/d,可视为相对隔水层。

7.3.3　地下水补给条件

大气降水是调查区地下水的主要补给源,而气象、地形地貌及包气带岩性是影响调查区降水入渗的主要因素。调查区属北寒温带大陆性半干旱气候区,多年平均降水量仅为367.5mm,降水量主要集中在 6 ~ 8 月(多以暴雨的形式出现),约占全年降水量的64%。年均蒸发量1700mm,对地下水补给极为不利。另外,坡洪积裙地带地下水除接受大气降水的补给外,尚能接受位于调查区西北部基岩裂隙水的侧向补给。其中一部分基岩裂隙水突破边界线转变为第四系松散层孔隙水,另一部分沿基岩裂隙运移直接补给位于第四系松散层之下的基岩裂隙水。

7.3.4　地下水径流条件

在地貌形态上,调查区属山前坡洪积裙地形。第四系含水层岩性多为薄层含泥质的砾石层,分选性差,磨圆度不好,径流条件相对较好,途径短。径流方向与坡洪积裙倾斜方向一致,即自西北流向东南,水力坡度(41‰)小于地形坡度(75‰)。白垩系含水层岩性多为砾岩,砂岩、钙质泥岩次之,多呈胶结到半胶结状,孔隙较发育,但裂隙多呈闭合状,基岩裂隙水沿裂隙自高处向低处运移,但径流条件较差。

7.3.5　地下水排泄条件

基岩裂隙水带和坡洪积孔隙含水层之地下水主要以侧向径流的方式向下游含水层排泄,排泄方向与地层倾向一致。另外尚有部分地下水是以人工开采的方式排泄。但是由于调查区地下水位埋深较大,受含水层岩性水力坡度等因素的影响,调查区内地下水排泄条件较差。

7.4　调查方案与程序

7.4.1　调查区范围的确定

根据全国统一要求,结合该典型危险固体废物填埋场周边水文条件,确定本次工作的调查区范围为 49km²。

7.4.2　资料收集与现场踏勘情况

1. 资料收集与整理

收集资料包括危险废物处置场可行性研究报告、环境影响评价报告、工程地质勘察报告、现场图片集、基本信息调查表、水文地质环境信息调查表、监测井信息表、监测井平面图、历史监测数据等,在收集资料的基础上完成危险废物处置场基本信息调查表、水文地质信息调查表和地下水监测井信息表(见表7-6)。

表 7-6　危险废物处置场资料收集清单及收集完成情况表

编号	名称	来源	要求	收集情况
1	处置场可行性研究报告	填埋场运行单位	复印版	×
2	处置场环境影响评价报告书	填埋场运行单位	复印版	√
3	处置场工程地质勘察报告	填埋场运行单位	复印版	×
4	处置场现场图片集	现场调查	电子版(JPG 格式)	√
5	处置场监测井信息	现场走访	纸质版或电子版	√
6	处置场监测井平面图	现场走访	纸质版或电子版	√
7	填埋场历史监测数据	填埋场运行单位	纸质版或电子版	√

2. 踏勘情况

通过现场座谈、收集资料、实地考察等工作,了解了该场的历史沿革、生产工艺、主要地下水污染源分布、地下水监测井布置,以及该场的后期发展规划等相关情况,并对基础资料进行收集,该填埋场目前有地下水监测井1眼,井深180m,作为监测井日常监测。

7.4.3　监测点布设及样品采集

资料收集与现场踏勘工作结束后,针对重点调查对象,地方需要开展现场调查工作,主要包括地下水监测及采样点位的布设,地下水及土壤样品的采集、指标的测定。

1. 地下水监测井布设要求

根据调查区目前收集的所处的水文地质单元及地下水流场可知,项目地下水流场自西北向东南流动,而厂区的平面布置大致为西南—东北分布,地下水流场与厂区边界近似垂直,因此确定参考第一种监测井布设方式,目前该垃圾填埋场在东南部设置有1眼180m的专用地下水监测井,因此还需重新设置必要的地下水专用监测井,具体位置视现场施工条件确定。按照监测点布设的相关要求,确定监测层位为第四系松散层类孔隙水。

2. 地下水环境监测井结构设计

1)建井材料准备

建井材料主要包括成井管材、过滤材料和封隔材料。选择适当的建井材料,防止材料之间,以及材料与地下水之间发生物理、化学相互作用。

成井管材:采用直径180mm的螺旋卷钢管材。

过滤材料:采用粒径2~4mm的冷口大砂。

封隔材料:采用水泥作为封隔材料。

2)钻进

采用回转钻进钻探方式成孔:钻孔开孔直径为400mm,以保证围填滤层厚度不低于50mm。钻进设备及机具进入场地前进行彻底清洗,回转钻进成孔时,使用清水钻进,孔壁不稳定时,采用临时套管护壁。

3)成井

过滤器选择要求:人工凿孔缠丝型。

井管连接要求:采用直缝焊接方式。

井孔冲洗要求:监测井管安装前,对钻孔进行冲孔、换浆。冲孔时将冲孔钻杆下放到孔底,大泵量冲孔排渣,待孔内岩渣排净后,将孔内冲洗液黏度降低至18~20s,密度降低至1.1~1.15g/cm³。

滤层围填要求:回填滤料的高度超过监测含水层的顶板和底板,一般比过滤管长出1~2m。过滤层材料由导管下入钻孔与监测管的环状间隙。围填滤料时,仔细检查过滤层的顶部深度并核实过滤层材料用量,避免过滤层出现架桥和失稳的空穴。

封隔层密封要求:封隔层厚度为5m,采用水泥浆封隔时,过滤层上方,填入细砂作为缓冲层,防止水泥浆通过砾石进入过滤器和井中。

孔口保护结构要求:为防止监测井被破坏和防止地表水、污染物质进入井内,监测井建立平台、井口保护管、锁盖等。保护管与水泥平台同时安装,保护管高出平台0.5m。井口平台应为正方形(1m×1m),地表下埋深0.3m,高出地表0.2m。井口保护管由钢管制作,管长

1m,直径比监测井管直径大 100mm。保护管顶端安装可开合的盖子,并留上锁位置。监测井管位于保护管中央。

4）洗井

监测井完井后应及时进行洗井,洗井方法选用抽水法,监测井抽出水清澈透明且浊度在 5NTU 以下时,方停止洗井工作。

3. 地下水监测井设置

结合国家统一要求,由该典型危废填埋场所处的水文地质单元及地下水流场可知,项目地下水流场大致自西北向东南流动,而厂区的平面布置大致为西南—东北分布,地下水流场与厂区边界近似垂直,目前该垃圾填埋场在东南部设置有 1 眼 180m 的专用地下水监测井,因此还需重新设置必要的地下水专用监测井,为此填埋场新设置 4 眼地下水监测井,建成环场地的地下水监测系统,按照监测点布设的相关要求,确定监测层位为第四系松散层类孔隙水。

监测井多利用现有农灌水井及生活用水监测井,根据本次工作的安排,共布设地下水监测点 18 个,全部为第四系监测井。本次工作监测点布点见表 7-7。

表 7-7　典型危险废物填埋场地下水监控井基本情况一览表

样品编号	位置	采样方法	井深/m	井径/mm	成井材料	备注
WQNY001	填埋场西北	贝勒管	150	200	钢管	新建
WQNY002	填埋场东南		150	200	钢管	
WQNY003	填埋场东南		180	200	钢管	另建
WQNY004	填埋场西南		150	200	钢管	
WQNY006	村庄 1	泵采	200	300	钢管	
WQNY007	村庄 2	泵采	200	300	钢管	
WQNY008	村庄 3	泵采	200	300	钢管	
WQNY009	村庄 4	泵采	180	300	钢管	
WQNY010	村庄 5	泵采	200	300	钢管	
WQNY011	村庄 6	泵采	200	300	钢管	
WQNY012	村庄 7	泵采	190	300	钢管	机民井
WQNY013	村庄 8	泵采	210	300	钢管	
WQNY014	村庄 9	泵采	220	300	钢管	
WQNY015	村庄 10	泵采	200	300	钢管	
WQNY016	村庄 11	泵采	200	300	钢管	
WQNY017	村庄 12	泵采	200	300	钢管	
WQNY018	村庄 13	泵采	200	300	钢管	
WQNY019	村庄 14	泵采	200	300	钢管	
WQNYW01	渗滤液样	贝勒管				

4. 样品监测内容

1）地下水监测项目

根据以往工作经验，对危险废物堆存场有可能产生的污染指标进行调查，水质调查测试指标共计 100 项，包括常规监测指标 47 项（9 项为选测指标）和有机指标 53 项，详见表 7-8。

2）土壤监测项目

危险废物处置场土壤监测指标详见表 7-9。

表 7-8　典型危险废物填埋场地下水水样测试项目一览表

指标类型		指标名称
常规监测指标	必测项目	pH、总硬度、硫酸盐、氯化物、高锰酸盐指数、氨氮、亚硝酸盐、硝酸盐、氟化物、挥发性酚类、汞、氰化物、总大肠菌群、阴离子洗涤剂、铁、锰、铜、锌、砷、硒、镉、六价铬、铅、溶解性总固体、电导率、钾、钠、钙、镁、碳酸盐、碳酸氢盐、色度、浑浊度、嗅和味、肉眼可见物、游离二氧化碳
	选测项目	石油类、总铬、钡、铍、钼、硼、锑、银、镍
有机指标	卤代烃	三氯甲烷、四氯化碳、1,1,1-三氯乙烷、三氯乙烯、四氯乙烯、二氯甲烷、1,2-二氯乙烷、1,1,2-三氯乙烷、1,2-二氯丙烷、溴二氯甲烷、一氯二溴甲烷、溴仿、氯乙烯、1,1-二氯乙烯、1,2-二氯乙烯
	氯代苯类	氯苯、邻二氯苯、间二氯苯、对二氯苯、1,2,4-三氯苯
	单环芳烃	苯、甲苯、乙苯、二甲苯、苯乙烯
	有机氯农药	总六六六、α-BHC、β-BHC、γ-BHC（林丹）、δ-BHC、滴滴涕、p,p'-DDE、p,p'-DDD、o,p-DDT、p,p'-DDT、六氯苯
	多环芳烃	萘、苊、二氢苊、芴、菲、蒽、荧蒽、芘、苯并[a]蒽、䓛、苯并[b]荧蒽、苯并[k]荧蒽、苯并[a]芘、茚并[1,2,3]芘、二苯并[a,h]蒽、苯并[g,h,i]苝

表 7-9　典型危险废物填埋场土壤监测指标统计表

指标类型	项目名称	项目数量
重金属	镉、汞、铜、铅、铬、锌、镍、砷、六价铬	9
有机农药	α-六六六、γ-六六六、β-六六六、δ-六六六、六六六、p,p'-DDE、p,p'-DDT、p,p'-DDD、p,p'-DDT、滴滴涕	10
共计		19

7.5　水土污染评价与评估

7.5.1　样品监测结果分析

1. 检出率分析方法

分别对本次工作采集的 5 件浅层地下水水样、5 件深层地下水水样的监测结果进行检出率的分析,地下水测试样品中的监测指标以检出率分析评价其水质状况,计算公式如下:检出率=检出样品总数/样品总数×100%。

2. 常规监测项目地下水检出率情况

对取得的地下水水质常规化验数据进行统计分析,项目水样常规化验项目达 47 项,根据总体统计结果,其中检出指标 36 项,占总指标的 77%,其中检出率达到 100% 的指标有 20 项,占总检测指标的 42%。共有 27 项检测指标检出,钾、钠、钙、镁等 20 项监测因子检出率为 100%,铜、砷等 16 项监测因子检出率在 7% ~ 71%;挥发性酚类、汞、镉等 11 项监测因子未检出。

3. 有机指标地下水检出率情况

对地下水水质有机化验数据进行统计分析,项目水样有机化验项目 54 项,根据总体统计结果,其中检出指标 17 项,占总指标的 31%,未检出指标有 37 项,占总检测指标的 69%。

通过对有机指标检出率分析可知,有机指标检出 17 项,其中 16 项为半挥发性有机指标,1 项为挥发性有机指标(三氯甲烷)。以菲、荧蒽的检出率最高,达到 78%,其次为萘、芘(72%),其他有检出的还有芴、苯并[a]芘、蒽、总滴滴涕、p,p′-DDT、苊烯、苊、䓛、苯并[b]荧蒽、苯并[a]蒽、p,p′-DDE、p,p′-DDD、三氯甲烷等。

7.5.2　地下水环境质量评价

根据收集的资料和调查的结果,对地下水质量进行评价,评价方法采用《地下水质量标准》(GB/T 14848)中的单项组分评价方法和综合评价。

1. 地下水评价指标

评价指标《地下水质量标准》(GB/T 14848)中有标准的指标为主,最终确定参加本次评价的为 pH、总硬度、溶解性总固体、硫酸盐、氯化物、铁、锰、铜、锌、挥发性酚类、高锰酸盐指数、亚硝酸盐氮、硝酸盐氮、氟化物、碘化物、氰化物、汞、砷、硒、镉、铅、铬六价、钡、镍和钴,共 25 项。

2. 地下水质量评价方法

1)地下水质量单指标评价

按指标值所在的指标限值区间确定地下水质量类别,不同地下水质量类别的指标限值相同时,从优不从劣。例如,氨氮类 Ⅰ、Ⅱ 类标准值均为 0.02mg/L,若水质分析结果为 0.02mg/L,应定为 Ⅰ 类,不定为 Ⅱ 类。

2)地下水质量综合评价

采用《地下水质量标准》中推荐的综合评价加附注的评分方法,即首先进行各单项组分评价,划分各组分所属质量类别,进而对各类别分别确定单项组分评价分值 F_i,然后按下式计算综合评价分值 F。

3. 地下水质量评价结果

1)地下水质量单指标评价

由地下水单指标评价结果统计表可知,项目各监测因子以 Ⅰ 类指标为主,占到 71%,

其次是Ⅱ类、Ⅲ类、Ⅳ类,各占13%、7%、8%,Ⅴ类指标仅占1%,Ⅳ、Ⅴ类两类指标合计占到9%。

对单个监测井中指标进行分析可知,调查区内出现Ⅴ类指标的有3眼井,分别为WQNY001(铁)、WQNY002(亚硝酸盐氮)和WQNY003(亚硝酸盐氮);全部监测井均有Ⅳ类指标的情况,全部出现Ⅳ类指标的监测指标为氟化物,属于区域性的超标,其他出现Ⅳ类指标的还有溶解性总固体(1眼)、亚硝酸盐氮(2眼)、锰(1眼)等,均为零星的检出,且检出点位置不一,无明显的指向性。

由各监测指标分析,第四系地下水中共有2项因子出现Ⅴ类指标,分别为亚硝酸盐、铁;第四系地下水中Ⅳ类指标共有铁、氟化物、溶解性总固体、亚硝酸盐氮、锰等5项指标,其余检测指标均为Ⅰ~Ⅲ类指标。

2)地下水质量综合评价结果

根据监测结果及综合评价结果,对该固体废物填埋场调查区内18眼监测井进行地下水质量进行综合评价,评价结果表明,该固体废物填埋场调查区18眼地下水监测中的地下水质量均为较差,综合评价指数为4.257~7.151。

4. 地下水超标评价分析

1)地下水超标评价

根据项目监测结果,应对监测结果进行超标评价。常规监测指标评价以地下水标准为依据,其中以Ⅲ类标准限值作为评价是否超标的依据。有机评价参考《地下水质量标准》(GB/T 14848)、《地下水水质标准》(DZ/T 0290)中限值,见表7-10。

表7-10　典型危险废物填埋场有机指标评价指标统计表　　　　　(单位:μg/L)

项目序号	指标	Ⅲ类
1	三氯甲烷	≤60
2	萘	≤100
3	荧蒽	≤400
4	苯并[a]芘	≤0.01
5	滴滴涕(总量)	≤1

2)地下水超标评价项目

常规指标为pH、总硬度、溶解性总固体、硫酸盐、氯化物、铁、锰、铜、锌、挥发性酚类、高锰酸盐指数、亚硝酸盐氮、硝酸盐氮、氟化物、碘化物、氰化物、汞、砷、硒、镉、铅、六价铬、钡、镍和钴,共25项。

有机指标的选取以既检出参加评价,参加评价的项目有萘、苊烯、苊、芴、菲、蒽、荧蒽、芘、䓛、苯并[a]蒽、苯并[b]荧蒽、苯并[a]芘、总滴滴涕、三氯甲烷等14种有机物,同时参考《地下水质量标准》(GB/T 14848)、《地下水水质标准》(DZ/T 0290)等标准,最终确定参与评价的指标为三氯甲烷、萘、荧蒽、苯并[a]芘、滴滴涕(总量)等5项指标。

3）常规指标超标评价结果

根据监测结果，某固体废物填埋场调查区内18眼监测井（不计平行样WQNY005），检出的超标无机指标共计5项，分别为铁、氟化物、溶解性总固体、锰、亚硝酸盐等，其中超标率分别为22.2%、100%、5.56%和5.56%，22.22%，其余指标均低于《地下水质量标准》（GB/T 14848）中的Ⅲ类标准限值。

（1）铁：铁监测指标超标井为4眼，超标率为22.2%，超标倍数为1.24~6.10，超标井分别为WQNY001、WQNY002、WQNY003和WQNY004。

（2）氟化物：氟化物监测指标超标井为全部18眼监测井，超标率为100%，超标倍数为0.02~0.76，属于区域第四系地下水氟化物超标。

（3）溶解性总固体：溶解性总固体监测指标超标井为1眼，超标率为5.56%，超标倍数为1.01，超标井为WQNY013。

（4）锰：锰监测指标超标井为1眼，超标率为5.56%，超标倍数为1.19，超标井为WQNY002。

（5）亚硝酸盐氮：亚硝酸盐监测指标超标井为4眼，超标率为22.2%，超标倍数为2.41~5.89，超标井分别为WQNY001、WQNY002、WQNY003、WQNY004。

4）有机指标评价结果

有机指标超标评价结果显示，有机指标均未出现超标现象。

7.5.3　地下水污染现状评价

参照《地下水污染综合评估指南》相关规定，分别从单点单因子评价、单点综合评价和评估区区域水质综合评价三方面，进行地下水环境污染评价。

1. 评价指标

根据国家统一要求，本次地下水污染现状评价以危险废物填埋场的特征污染物作为污染评价的指标，根据项目接纳危废的类型及渗滤液采集结果，分析认为项目渗滤液的主要的特征污染物为常规监测指标（铁、氯化物、硫酸盐、硝酸盐、溶解性总固体、铜、砷、锰、镍、挥发性酚、氰化物、亚硝酸盐）、有机监测指标（萘、荧蒽、苯并[a]芘、总六六六、二氯甲烷、三氯甲烷、1,2-二氯乙烷、苯、甲苯、氯苯、乙苯、二甲苯、苯乙烯、1,2-二氯苯）等共计26项。

根据特征指标的性质，确定以有机指标（本次监测结果中检出的特征指标）及常规指标里的毒性指标作为评价目标，最终确定参与地下水污染评价指标为砷、萘、荧蒽、苯并[a]芘、三氯甲烷等5项指标。

2. 地下水污染评价参数确定

地下水背景值C_0的确定根据本次工作的安排，确定采用调查区地下水流场上游的WQNY008井的地下水监测数据作为背景值进行计算。$C_{\text{Ⅲ}}$以《地下水质量标准》（GB/T 14848）及《地下水水质标准》（DZ/T 0290）中Ⅲ类指标限值为准，根据确定的评价项目确定所需的评价参数见表7-11。

表7-11　典型危险废物填埋场特征指标污染评价参数表

序号	指标	单位	C_0值		C_{III}值	
			数值	来源	数值	参考标准
1	砷	mg/L	0.002		0.05	《地下水质量标准》（GB/T 14848）、《地下水水质标准》（DZ/T 0290）III类标准
2	萘	μg/L	0.0118	WQNY008 为对照水井或检出限	100	
3	荧蒽	μg/L	0.01		400	
4	苯并[a]芘	μg/L	0.00248		0.01	
5	三氯甲烷	μg/L	0.2		60	

3. 地下水污染评价结果

1）地下水污染单指标评价结果

由地下水污染单指标评价结果可知，本次研究中各监测指标单污染评价结果以未污染（I）为主，其次为轻污染（II）、中污染（III），仅1个指标出现较重污染（IV），出现该项指标的监测因子为苯并[a]芘，出现的监测井为WQNY001，该井为本次调查目标的场地上游监测井。

2）地下水综合污染评价结果

污染综合评价结果显示，地下水17眼监测井中（WQNY008为对照井），有5眼为中污染（III），1眼为较重污染（IV），11眼为轻污染（II）。由地下水污染综合评价结果看，本次研究以轻污染和中污染为主，无严重污染、极重污染的现象。从较重污染监测点的出现位置看，该监测点位于项目的上游。

7.6　典型危险废物处置场地下水环境问题识别

7.6.1　项目主要地下水环境问题

（1）某固体废物填埋场调查区内，检出的超标无机指标共计5项，分别为铁、氟化物、溶解性总固体、锰、亚硝酸盐等，有机指标有检出，但无超标现象。

（2）根据地下水监测井污染综合评价结果，以轻污染和中污染为主，仅1眼出现较重污染的现象。

7.6.2　地下水环境问题成因的分析

本次研究存在地下水质量超标的问题，主要超标因子为铁、氟化物、溶解性总固体、锰、亚硝酸盐等。

氟化超标为区域性超标，超标倍数均较小，属于背景值超标。

溶解性总固体为零星超标，仅有一点超标，且距离项目较远，应属于偶发事件且超标倍数不高。

铁、锰、亚硝酸盐出现超标,且主要出现在本次新钻探的地下水监测井附近,分析原因如下:铁、锰超标主要出现在项目周边地下水监测井中,其中铁在区域地下水监测井中都有检出,除去场地内 4 眼监测井外,其余地下水监测井中铁含量为 0.016～0.178mg/L,均有检出,锰检出只有 3 眼,超标的是项目厂区内的地下水监测井,分析认为,项目新建的地下水监测井为铁管井,由于项目建设后,该井为专用监测井,不经常抽水,且打井过程破坏了含水层的氧化还原条件,因此项目中铁锰、亚硝酸盐的超标与地下水监测活动有关,随着时间的推移,恢复至以往天然状态即会消除该影响。

由本次调查可知,项目危废填埋场的第四系中更新统洪积隔水层大面积分布于填埋场所在区域,埋深为 90～130m,厚度为 42～145m。岩性多为棕红色含砾(卵)石黏土,局部有薄层砂砾石,泥质胶结,渗透系数小,具有较好的防渗功能。同时填埋场的建设中,又采取了进一步的防渗措施,虽然调查区内出现部分指标超标现象,但均不属于特征指标的超标,总的来说,填埋场现有的防渗措施的综合防渗效果还是比较好的。

7.7 典型危险废物处置场地下水环境保护的建议

7.7.1 加强地下水环境监测

1. 地下水环境监测井布设

根据本次工作的结论,按照《地下水环境监测技术规范》(HJ/T 164)的要求,结合该固体危险废物填埋场的实际情况,以本次工作施工的水质监测井为基础。建议后期地下水环境管理的地下水污染监测系统拟布置水质监测井 4 眼,地下水监测孔位置、监测计划、孔深、监测井结构、监测层位、监测项目、监测频率等详见表 7-12。

表 7-12 典型危险废物填埋场地下水监控计划一览表

孔号	监测孔位置	功能	相对流场方位	监测层位	监测频率	监测项目
WQNY001	填埋场西北	背景井	上游	第四系孔隙水	枯(3～5月)平(11～次年1月)丰(7～9月)三期监测	除规范规定之内的还必须包含铁、氯化物、硫酸盐、硝酸盐、溶解性总固体、铜、砷、锰、镍、挥发性酚、氰化物、亚硝酸盐、萘、荧蒽、苯并[a]芘、总六六六、二氯甲烷、三氯甲烷、1,2-二氯乙烷、苯、甲苯、氯苯、乙苯、二甲苯、苯乙烯、1,2-二氯苯
WQNY002	填埋场东南	污染源监控井	下游			
WQNY003	填埋场东南	污染源监控井	下游			
WQNY004	填埋场西南	污染源监控井	下游			

2. 地下水监测项目

应根据该固体危险废物填埋场产生的特征污染物、反映当地地下水功能特征的主要污染物,以及 GB/T 14848《地下水质量标准》中列出的项目综合考虑设定。本次工作建议确定的地下水环境监测项目为:除规范规定的项目之外还必须包含铁、氯化物、硫酸盐、硝酸盐、溶解性总固体、铜、砷、锰、镍、挥发性酚、氰化物、亚硝酸盐、萘、荧蒽、苯并[a]芘、总六六六、二氯甲烷、三氯甲烷、1,2-二氯乙烷、苯、甲苯、氯苯、乙苯、二甲苯、苯乙烯、1,2-二氯苯。

3. 地下水监测频率

地下水污染监控井为年内枯水期、平水期、丰水期三期监测,每年 3 次,当发生或发现地下水污染现象时,应加大取样频率,并根据实际情况增加监测项目。地下水监测采样及分析方法应满足《地下水环境监测技术规范》的有关规定。

地下水监测采样及分析方法应满足《地下水环境监测技术规范》的有关规定。

7.7.2　加强监测数据管理

上述监测结果应按本次研究有关规定及时建立档案,并定期向当地环保管理部门汇报,对于常规监测数据应该进行公开,满足法律中关于知情权的要求。如发现异常或发生事故,加密监测频次,改为每天监测一次,并分析污染原因,确定泄漏污染源,及时采取应急措施。

参 考 文 献

[1] Duan H, Huang Q, Wang Q, et al. Hazardous waste generation and management in China: a review [J]. Journal of Hazardous Materials,2008,158(2-3):221-227.

[2] 环保部,农业部. 第一次全国污染源普查公报[EC]. 2010. http://www. gov. cn/jrzg/2010-02/10/content _1532174. htm.

[3] 孙宁,吴舜泽,侯贵光,等. 中国危险废物集中处置设施建设现状、问题和对策[J]. 环境科学与管理, 2009,34(11):60-67.

[4] 代江燕,李丽,王琪. 中国危险废物管理现状研究[J]. 环境保护科学,2006,32(4):47-50.

[5] 席北斗,姜永海,李金慧. 危险废物填埋场地下水污染风险评估和分级管理技术[M]. 北京:中国环境科学出版社,2012.

[6] Vrijheifd M. Healtj effects of residence near hazardous waste landfill sites: a review of epidemiologic literature [J]. Environmental Health Perspectives,2000,108(S1):101.

[7] 于可利,刘华峰,李金惠,等. 危险废物填埋设施的环境风险分析[J]. 环境科学研究,2005,18(S1): 43-47.

[8] 季文佳,杨子良,王琪,等. 危险废物填埋处置的地下水环境健康风险评价[J]. 中国环境科学,2010, 30(4):548-552.

[9] Ghanbari G M, Mosaferi M, Naddafi K. Environmental health problems and indicators in Tabriz, Iran[J]. Health Promotion,2013,3(1):113-123.

[10] 王旺盛,彭社琴. 城市固体垃圾填埋场选址的地质条件评价[J]. 地质学报,2009,29(2):158-161.

[11] Moghaddas N H,Namaghi H H. Hazardous waste landfill site selection in Khorasan Razavi Province,Northeastern Iran[J]. Arab J Geosci,2011,4:103-113.

[12] Yesilnacar M I,Cetin H. An environmental geomorphologic approach to site selection for hazardous wastes[J]. Environmental Geology,2007,55(8):1659-1671.

[13] 顾宝和. 固体废弃物处理的岩土工程问题[J]. 工程地质学报,2001,9(4):424-428.

［14］孟伟,赫英臣. 固体废物安全填埋场环境影响评价技术［M］. 北京:海洋出版社,2002.

［15］黄希志,杨新海,方建民. 垃圾卫生填埋场全寿命管理探讨［J］. 环境卫生工程,2005,13(4):11-13.

［16］胡勇. 安全填埋场全生命周期地下水环境影响评价技术［D］. 上海:东华大学,2013.

［17］Albright W H,Benson C H,Apiwantragoon P. Field hydrology of landfill final covers with cornposite barrier layers［J］. Jorunal of Geotechnical and Geoenvironmental Engineering,2013,139(1):1-12.

［18］中华人民共和国环境保护部. 环境影响评价技术导则——地下水环境［M］. 北京:中国环境科学出版社,2011.

第8章 典型矿山开采区地下水基础环境状况调查评估

国民经济的发展依赖于矿产资源的开发,而人们对于能源和原材料的需求量随着经济的迅猛发展而不断地增加。长期以来,煤炭和铁矿石分别作为我国的主要能源和重要的原材料,在国民经济中占据难以替代的重要地位。矿床通常处于与地下水资源耦合的状态,为了保障采矿安全,各矿都采取疏干排水措施以保证矿床的相对疏干状态。因此,在矿山开采过程中,不可避免地会对矿区水资源造成影响。我国煤炭资源丰富,煤炭作为主体能源,在一次能源生产结构中占76.7%,在消费结构中占69.4%,煤矿资源依旧有着非常重要的作用。而且随着时代的发展,对煤矿资源的需求量也是在不断地增长,但是在开采工作中,因为环保意识差,对环境造成了严重的破坏,地下水资源的污染就是人们不断开采煤矿造成的,这样的问题需要尽快解决[1]。

在煤矿开采过程中,各种不确定因素都很可能形成污染源。例如,在开采过程中一些金属元素不小心渗透到了地下水中,从而对地下水资源造成污染。一般来说这种污染对人们的日常生活并不会造成非常严重的影响。但是一旦地表水枯竭之后,人们就会使用地下水资源,而这些水资源一般主要是供人们饮用的,这样会直接影响到人们的身体健康[2]。关于煤矿开采活动对地下水影响的研究始于20世纪80年代,前人从不同角度开展过许多研究,其中,煤矿开采活动对地下水水质的影响研究已取得很多成果。例如,武强等[3]研究煤矿开采诱发的水环境问题,发现地下水在动态交换过程中含有"有毒"或者"有害"的离子成分。杨策等[4,5]以平顶山市石龙区为例,研究采煤造成地下水的贫水化问题,研究地下水地球化学环境变迁机制。王洪亮等[6]和冯秀军[7]分别针对神木大柳塔和淄博市淄川区矿坑水等区域,分析煤矿排水对水资源的影响。矿产资源在开发利用过程中产生的废水污染是造成水源恶化的主要因素之一,如岳梅等[8]以水化学数据为依据,应用相关分析,对煤矿酸性矿排水(AMD)的水化学特点及其成因进行了研究。钟佐等[9]以淄博煤矿为例,通过现场土柱模拟试验得出污灌区地下水污染的主要原因是污水灌溉。党志[10]研究煤矸石–水相互作用的溶解动力及其环境地球效应。郑西来等[11]把污染地下水与岩石之间的相互作用表示为一系列地球化学反应,预测了部分污染因子对地下水污染扩散规律的影响。

地下水资源是人们非常重要的淡水资源之一,对人类的生产生活有着非常严重的影响,而且地下水资源对于维持地球内部的稳定也有重要的作用。所以在日常生产生活中我们都应该对地下水资源做到有效的保护。因为地下水资源是处在一种循环、交替的运动状态,一旦对一处的地下水资源造成破坏,造成的损失可能因为地下水资源的运动规律而无限扩大,这样造成的危害是很难去估量的。因此开展矿区对地下水环境的影响评估具有十分重要的意义。

8.1　典型矿山开采区的筛选确定与技术要求

8.1.1　典型矿山开采区的筛选确定

根据国家统一要求和"典型矿山开采区筛选原则",在 2015 年河北省选择河北省北部某国有大型煤矿开采区作为典型调查场地。该典型矿山是具有 60 年开采历史的国有大型煤矿,实际生产能力为 $450×10^4 t/a$,同时该典型矿山距离该市一水源地准保护区约 3km。

8.1.2　典型矿山开采区调查技术要求

1. 技术路线

依据全国地下水基础环境状况调查评估总体技术路线,调查工作步骤按照准备阶段、调查阶段与评估阶段三部分开展工作。技术路线图见图 8-1。

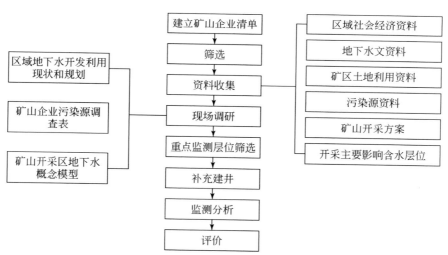

图 8-1　典型矿山开采区地下水基础环境状况调查评估技术路线图

准备阶段:包括制订辖区矿山开采区及周边区域地下水调查实施工作方案、建立辖区矿山企业清单,同时根据全国统一要求的筛选原则确定调查对象。

调查阶段:根据筛选的结果,对调查对象进行资料收集、现场调研、建井与采样分析。

评估阶段:根据地下水采样分析结果,进行综合评价,提出相应的防治措施与对策。

2. 资料收集

收集现有调查资料和科研数据,调查资料包括:矿山水文地质勘察报告、环境影响报告书、矿山开采可行性报告、矿山勘查地质报告、矿山矿藏储量报告、矿山污水处理设施设计方案等相关报告(表 8-1)。

在区域调查中,宜选用卫星遥感图像,用于区分地貌类型、水系、土地利用变化等,确定矿山开采可能的影响范围。

表 8-1　典型矿山开采区资料收集清单一览表

序号	名称	来源	用途
1	环境影响评价报告书	企业	企业基本信息、开采方案、地下水采样井位置及开采前地下水质情况
2	水文地质勘察报告	企业	区域地下水流场、补径排方式、富水性等
3	土地利用现状报告	国土局	了解矿区及周边区域土地利用现状
4	矿产资源开采可行性报告	企业	基本信息
5	矿产资源地质勘察报告	企业	区域地质结构
6	矿山企业废水处理工艺	企业	废水的水质与处理工艺、废水水质
7	尾矿库、排土场设计和施工方案	企业	分析尾矿库、排土场是否防渗、下垫面地质结构与防污性能
8	近20年调查区主要气象站的气象系列监测资料，包括多年平均及月平均降水量、蒸发量、气温等资料	气象局	了解区域降水量、降水频率等情况
9	尾矿库及选矿厂场地工程勘察报告	企业	了解尾矿库及选厂的地质状况
10	常规历史监测数据（水质、水位）	企业	了解开采过程地下水水质、水位动态变化过程

通过以上资料调查，达到如下目的。

1）包气带结构

查明包气带地层时代、岩性组成、厚度、结构及分布特征，特别是包气带中黏性土层的组成、厚度与分布特征，了解包气带岩（土）体的渗透性能。

2）地下水系统结构

查明含水层的地层时代、岩性组成、厚度与分布、边界条件、顶底板岩性、厚度和隔/透水性能。

3）补给、径流、排泄条件

查明地下水的补给来源、补给区分布，径流区的循环条件、分布范围，排泄方式、排泄区分布等，并分析地下水流场的变化情况。

3. 现场调研

1）污染源调查

通过污染源调查重点获得矿山企业的基本情况，摸清矿山污染源的基本情况，包括企业基本情况（矿种类型、开采规模、开采时间），管理情况（是否有环境管理机构、环境监测频次等），污染物排放情况（废水、固体废物与占用土地情况），污染物处理处置情况（处理设施规模与工艺、运行时间）。

2）实地调查

根据收集的地下水水文资料，现场调查矿山开采方式，尾矿库、开采区与选矿区的分布，以及地下水采样井、取水井与泉水的分布情况,分析是否满足本次调查的要求,如果满足要求,则可直接进行取样分析,如果不满足要求,需要新建监测井。在实地调查过程中应重点查清矿山类型、开采时间及尾矿库、选矿区与开采区地理坐标,以及周围敏感点的情况。

4. 水文地质调查

调查必须获得矿山开采区及周边区域地下水流场(地下水位等值线)的实际情况资料。摸清矿山开采区及周边区域地下水补给、径流和排泄情况,以及与地表水是否存在水利联系。同时调查矿区及其所在地的地下水动态特征,收集历年环境监测资料,分析地下水的变化趋势。地下水监测井(孔)充分利用已有水井、泉水与监测井(试验井)等,尤其是环境影响评价过程中使用的监测井或试验井,在不满足要求的情况下,补充建设监测井。

对已有水文地质调查资料的地区,一般可通过搜集现有资料解决;对于没有相关调查资料,或仅有部分调查资料,尚需补充调查的地区,可与环境水文地质问题调查、监测井布点同步设计。有条件的地区,针对尾矿库、排土场等重点调查区域,可补充开展 1 : 10000 污染场地水文地质调查工作。

5. 监测点布设

1)地下水监测点布设

矿山开采区及周边区域地下水监测井布设总体要求在调查区域内地下水流上下游及垂直于水流方向进行布设;地下水监测包括有矿业活动影响的含水层,同时考虑有水力联系的其他含水层,分层监测的,应做好分层止水,防止污染窜层;矿坑开采的,应同步监测矿坑涌排水。

监测点布置数量按照第 3 章相关要求执行。

2)土壤监测布点

(1)土壤调查采样点原则要求与监测井一致,同时在调查对象下游 50 ~ 100m 必须采集一个土壤剖面,剖面的深度从地表至地下水含水层顶部。

(2)采样深度一般选取 0 ~ 20cm 土壤混合样。

(3)剖面样品按 0 ~ 20cm,20 ~ 50cm,50 ~ 100cm……土壤母质层进行取样。

3)地表水监测布点

采样目的:分析矿山开采区活动过程对地表水的影响,以及地表水对地下水的影响。布点原则:

(1)在河流上游 500 ~ 1000m 设置一个背景采样点。

(2)经过矿山开采区下游 50 ~ 100m 设置一个采样点。

(3)在矿山开采区下游 2000 ~ 5000m 处设置一个采样点。

(4)对于矿坑开采类型的开采区,矿坑排水口应相应增加一个采样点。

4)制订地下水监测布点方案

整理收集现场踏勘的资料,初步推断调查对象污染或者可能遭受污染的可能性,以及污染的主要途径、主要污染物种类、污染程度及可能的污染范围。根据调查对象的地下水监测点和土壤采样点位布设方法,制订监测点位布设方案。

6. 监测项目

按照有重点调查、突出饮用水水源地的原则,考虑到目前经济技术支持能力,地下水监测的指标主要参照《地下水质量标准》(GB/T 14848)、《地下水污染调查评价规范》(1∶50000~1∶250000)和《生活饮用水卫生标准》(GB 5749),针对矿山污染的特征,将拟测定的指标分为基本指标和特征指标(表8-2)。

表 8-2　矿山开采区及周边区域地下水监测指标统计表

指标类型		指标名称
基本指标		pH、溶解氧、氧化还原电位、电导率、Cl、SO_4^{2-}、HCO_3^-、K^+、Na^+、Ca^{2+}、Mg^{2+}、总硬度、溶解性总固体、挥发性酚类、阴离子合成洗涤剂、高锰酸盐指数、硝酸盐氮、亚硝酸盐氮、氨氮、氰化物、总大肠菌群、细菌总数、总 α 放射性、总 β 放射性
特征指标	有色金属矿	铜、锌、钼、钴、汞、砷、硒、镉、六价铬、铅、镍、总铬、砷、氰化物、石油类
	黑色金属矿	铁、锰、砷、总石油烃、硫化物、总氮、总磷、石油类、锌、铜、铬、镉、钒、汞、铅、砷
	贵金属矿	总磷、溴化物、铝、铍、钡、锑、硼、银、铊、金、总铬、氰化物
	铂族金属矿	石油类、总磷、总氮、锌、铬、六价铬、铅、镉、汞、砷
	稀有稀土及分散元素矿	石油类、总磷、总氮、总锌、钍铀总量、总铬、六价铬、总铅、总镉
	化工原料非金属矿	硫化物、汞、氰化物、挥发酚、石油类、镉、铬、砷、六价铬、烷基汞、铍、苯并[芘]、镍
	煤矿	总汞、总镉、总铬、六价铬、总铜、总锌、铁、锰

在建立监测井过程中,必须同时采集土壤样品,土壤剖面必须进行拍照,建立土壤剖面图库,土壤监测指标见表8-3。

表 8-3　矿山开采区土壤监测指标统计表

指标类型		项目名称
理化指标		含水量、酸碱度、可溶盐、氧化还原电位、阳离子交换容量、颗粒级配、有机质含量、黏土矿物组成
无机指标		镉、汞、砷、铜、铅、总铬、锌、镍、总磷、总氮、氟化物、氰化物
有机指标	卤代烃类	三氯甲烷、四氯化碳、1,1,1-三氯乙烷、三氯乙烯、四氯乙烯
	单环芳烃类	苯、甲苯、乙苯、二甲苯
	多环芳烃	蒽、荧蒽、芘、苯并[a]蒽、苯并[b]荧蒽、苯并[a]芘、茚并[1,2,3]芘
	其他	三氯乙醛、挥发酚、邻苯二甲酸酯

矿山地表水监测指标详见表8-4。

表 8-4　矿山开采区及周边区域地面水监测指标统计表

指标类型	指标名称
基本指标	pH、溶解氧、挥发性酚类、阴离子合成洗涤剂、高锰酸盐指数、氨氮、氰化物、石油类

续表

指标类型		指标名称
特征指标	有色金属矿	铜、锌、钼、钴、汞、砷、硒、镉、六价铬、铅、镍、总铬、砷、氰化物
	黑色金属矿	铁、锰、砷、硫化物、总氮、总磷、石油类、锌、铜、铬、镉、钒、汞、铅、砷
	贵金属矿	总磷、溴化物、铝、铍、钡、锑、硼、银、铊、金、总铬、氰化物
	铂族金属矿	石油类、总磷、总氮、锌、铬、六价铬、铅、镉、汞、砷
	稀有稀土及分散元素矿	石油类、总磷、总氮、总锌、钍铀总量、总铬、六价铬、总铅、总镉
	化工原料非金属矿	汞、氰化物、挥发酚、石油类、镉、铬、砷、六价铬、铍、苯并[芘]
	煤矿	总汞、总镉、总铬、六价铬、总铜、铁、锰

8.2　典型矿山开采区的基本概况

8.2.1　煤矿范围及开采历史

该典型煤矿井田南北方向长约 13.70km，东西方向最大宽度约 5.10km，面积约为 37.9603km^2，矿井生产能力为 470×10^{4}t/a。该矿矿井采用立井(6 个立井)、多水平集中运输大巷、集中上山、阶段石门、各阶段石门配轨道上山、皮带运输上山及通风上山、主要巷道采用单层布置与联合布置相结合的开拓方式，矿井井田分四个水平开采，其中回风水平标高为 −120m，一水平标高为 −310m，二水平标高 −490m，三水平标高 −620m，四水平标高 −800m。矿井分 20 个采区，采区前进式布置，工作面采用后退式布置。矿井采煤方法为走向长壁采煤法，采煤工艺由投产初的炮采逐渐发展为目前的综采、综放和轻放，顶板管理方法为全部垮落法。该矿属水文地质条件复杂矿井，矿井涌水量大。目前，矿井总涌水量基本稳定在 16.0m^3/min 左右(23040.0m^3/d)。

该矿于 1958 年开始建井，1964 年正式投入生产。1973 年开始矿井改扩建，在主副井西施工直达 −490m 水平的混合井，将矿井的设计能力提高到年产 400×10^{4}t。1996 年核定矿井综合生产能力 320×10^{4}t，2002 年矿井年产量达到 410×10^{4}t，达到了设计标准。2012 年该矿进行了整合，整合后的矿井田南北走向长达到 13.67km，井面积达到 37.9603km^2，整合后实际生产能力 470×10^{4}t/a。

8.2.2　地下水污染源及治理措施

1. 矿山地面建设设施

该典型矿山地面建设主要有两个工业广场、一个选煤厂和矿井铁路专用线。

1) 一号工业广场

一号工业广场位于井田北部，矿井工业广场保护煤柱之上，紧邻公路，占地面积约 856892.60m^2，约合 85.69hm^2。该场地原为旱地，地势平坦，东北高，西南低，地表标高为

28.80 ~ 32.50m,主井、副井、混合井和中央风井等四个井筒布设其中。场区内有一座设计 400×10⁴t/a 的选煤厂,无电厂,无矸石山。根据各区生产功能,一号工业广场可划分为三个区。

(1)主要生产区,包括原煤生产系统和选煤厂等。

(2)辅助生产及材料仓库区,包括变电所、各种库房及地面加工厂房等。

(3)生产管理办公及生活福利区,包括生产调度指挥中心、生活福利建筑等。位于工业广场东侧,该矿员工及其家属大部分在此居住。工房区内有家属楼、银行、邮局、派出所、医院、学校、公交车站、超市、绿地园林等公共服务设施。

2)二号工业广场

二号工业广场位于范各庄矿井田的南翼,紧邻公路,占地面积约 83490.80m²,约合 8.35hm²。该场地原为旱地,地势平坦,地表标高为 24.90 ~ 26.80m。进风井和回风井井筒布设其中,地面建(构)筑物主要有进风井、回风井、变电站和扇风机房,除此之外,还有煤矿的矿灯房、办公楼和食堂等建(构)筑物。

3)矿选煤厂

选煤厂位于一号工业广场内,属于矿井型选煤厂,全套引进联邦德国技术和设备,1984年投产,设计能力 400×10⁴t/a(小时入洗量952t),是一座大型现代化选煤厂。该煤厂采用矿井原煤重介选矸、选后原煤块煤重介、末煤跳汰、末中煤重介旋流、煤泥浮选的联合流程,主要产品为精肥煤,可广泛应用于钢铁、冶金、化工等行业。浮选尾煤回收系统的投入,将部分煤泥掺入到末中煤,调整了产品结构,经济效益显著。实现"煤泥厂内回收,洗水闭路循环",达到标准化选煤厂的要求。

4)矿井铁路专用线

矿区范围内铁路专用线全长约 0.44km(不含工业广场内占地),占地面积约 27793.24m²,约合 2.78hm²。

2. 固体废弃物处理

该矿矿井产生的固体废弃物主要有煤矸石、煤泥、生活垃圾和锅炉灰渣。

(1)该矿目前无矸石山。矿井年排放矸石量共计约 90.0×10⁴t(约合 51.4×10⁴m³)。其中井下开拓巷道采掘的矸石年排放量约 5.0×10⁴t,先由罐笼提升至地面后,再由机车牵引直接回填至南翼采空塌陷区;矿井选煤厂原煤入洗后年产生的煤矸石约 85.0×10⁴t,全部由机车牵引直接回填至南翼采空塌陷区。

(2)该矿选煤厂原煤入洗后年产生的煤泥量约 40.0×10⁴t。

(3)矿井产生生活垃圾经分类收集后,由当地环卫部门统一进行处理。

(4)矿井锅炉灰渣年排放量较小,全部外售作为建筑材料。

3. 污水(废水)处理

由于选煤厂用水采用闭路循环方式运行,不外排,因而矿井污水(废水)主要为矿坑水、工业场地生产生活污水和居民区生活污水。

1)矿坑水

矿坑水经井底水仓沉淀后,一部分用于井下防尘及生产用水,其余部分则由水泵抽汲至地面后,经净化水厂(设计处理能力为 30000.0m³/d)净化处理达标后,全部用于地表矿区及生活区用水、该矿选煤厂和周边电厂等用水,不外排。

2)工业场地生产生活污水

工业场地生产生活污水排放量为 2800m³/d,主要污染物为 COD、BOD_5、SS、NH_3-N、TP、动植物油和总大肠菌群。该污水由矿区管网汇合后经沉淀池沉淀后直接外排入地表河流。

根据 2010 年现场检测沉淀池出水水质,COD:105 ~ 120mg/L、BOD_5:95 ~ 120mg/L、SS:200 ~ 230mg/L、NH_3-N:8 ~ 10mg/L、TP:0.6 ~ 1.5mg/L、动植物油:8 ~ 12mg/L 和总大肠菌群:8000 ~ 12000 个/L。检测结果表明:工业场地生产生活污水水质超过了《城镇污水处理厂污染物排放标准》(GB 18918—2002)一级 A 标准,对地表河流水质造成一定污染。

采矿活动对水质产生影响主要为矿井产生废水对地表水及地下水水质产生污染和不同含水层(组)串通使水质恶化。

根据收集资料,并结合现状地质环境调查,在 2007 年该矿净化水厂建成运行以前,矿坑水由水泵抽汲至地面后直接排放。由于地表水体及冲积层第一含水层 43 年来直接接纳矿坑水,加之区内及上游其他工矿企业和农业排放水的影响,因而现状采矿活动对其水质影响较严重。

8.3　环境水文地质特征

8.3.1　气象水文

矿区所属地区属于暖温带半湿润季风型大陆性气候,具有冬干、夏湿、降水集中、季风显著、四季分明等特征。井田最高年降水量为 806.3mm(2012 年),最低年平均降水量为 296mm(2002 年),最高月降水量为 316.7mm(2011 年 7 月),最低月降水量为 0mm,降水量主要集中于 7 月、8 月。

井田最大年蒸发量是 1758.0mm(2001 年),最小年蒸发量 666.9mm(2002 年),最大月蒸发量是 305.5mm(2000 年 6 月),最小月蒸发量 19.9mm(2013 年 1 月)。一般除 7 月、8 月降水量大于蒸发外,其他各月蒸发量均大于降水量,尤其是 5 月、6 月份气温转暖,而降水量很小,常显旱象,为矿区气候特点。

调查评价区及附近地区有四条地表河流和水库,随着矿井开采,地表不断塌陷,在工业广场两侧形成了大面积塌陷积水坑。

8.3.2　地形地貌

区域地势平坦开阔,总体趋势为北高南低,由东往西倾斜,地势比降 1.35‰,地表标高 22.0 ~ 34.0m,平均标高 27.0m。由于采空塌陷影响,在矿井工业广场的北部和南部已大致形成两个大的采空塌陷积水区,部分已被恢复治理为鱼塘、农田和工业用地。

8.3.3　矿区地质条件

1. 区域地质条件

1) 区域地层组成

区域范围内主要地层有:太古宇(A)、新元古界震旦系(Z)、古生界(包括寒武系、奥陶系、石炭系、二叠系)和新生界(第四系)等地层;其中,石炭系、二叠系为煤系地层。区域内缺失奥陶系上统、志留系、泥盆系和石炭系下统,石炭系中统直接覆于奥陶系中统的马家沟组石灰岩之上。

2) 区域构造特征

煤田位于燕山南麓,为一个北东向的大型复式含煤向斜构造。在大地构造上,煤田属于华北板块燕山沉降带内唐山-蓟县陷褶束中的一个复式含煤向斜,东侧与山海关背斜为邻,南部伸入华北断拗之中。

煤田受新华夏构造体系的影响,以一系列NNE向的褶曲及逆断层组成,北部受纬向构造的影响逐渐向南弯转成走向近东西向。煤田向南倾伏,其南部界线可能跨过宝坻-奔城大断层伸入华北断陷。

2. 井田地质条件

矿区地层自老而新有奥陶系、石炭系、二叠系、第四系。整个井田均被第四系冲积层所覆盖,冲积层主要由黏土层、砂层及卵砾石层组成,中上部多黏土及砂质黏土层,下部多粗砂及卵砾石层。与下伏地层呈角度不整合接触。冲积层厚度北往南逐渐增厚,厚度54~500m。

8.3.4　矿区水文地质条件

1. 第四系水文地质特征

调查区按照地下水埋藏条件可将第四系孔隙水分为深层水和浅层水。

深层(第Ⅲ含水组)地下水:富水性在20~40m³/(h·m),部分区域大于40m³/(h·m)。含水层岩性主要为中砂、粗砂、砾卵石。含水层总厚度北部小于20m,中部20~60m,南部60~100m。地下水化学类型主要为HCO_3-Ca·Na、HCO_3·Cl-Ca型。

浅层(第Ⅰ+Ⅱ含水组)地下水:含水层富水性在5~30m³/(h·m)。含水层岩性以中细砂为主,含水层总厚度在20~80m,水化学类型为HCO_3-Ca型。

第四系地下水除主要接收大气降水、地表河流及农灌回渗补给外,还夺取东部邻区第四系中的地下水,地下水主要流向为自西北向东南,水力坡度3‰左右,排泄区在第四系地下水集中开采区,以人工开采为主。

调查评价区内潜水水位于雨季6~9月随着降水而上升,而后随着蒸发、越流补给、径流流失、农业开采而下降,于第二年5月、6月出现最低水位,年变幅3~6m。多年来该层水位下降缓慢,总下降值4~6m,平均年降0.9m。

2. 奥陶系岩溶水水文地质特征

奥陶系灰岩在调查评价区及其周边的分布和产状严格受向斜构造的控制。区内奥陶系灰

岩掩埋在 $-800m$ 以上的分布面积达 $271.01km^2$,古代岩溶和近代岩溶均有发育,连通性好。掩埋在 $-800m$ 以下的灰岩认为是不含水的,由于岩溶发育不均,以及被第四系黏土和沙砾堵塞的程度不同,灰岩不同部位的富水程度差异很大。钻孔单位涌水量由 $0.21m^3/(h\cdot m)$ 升到 $531.6m^3/(h\cdot m)$,相差达 2531.62 倍。导水系数 $7000m^2/d$ 或更大。水化学类型由北部 $HCO_3\text{-}Ca\cdot Mg$ 型水,到南部则变为 $SO_4\cdot HCO_3\text{-}Ca\cdot Mg$ 型水,矿化度也由 $0.5g/L$ 上升到 $0.7g/L$。

目前在调查评价区内岩溶水是城镇集中供水、乡村分散集中供水及其工矿企业生活、生产用水的主要来源。

3. 石炭–二叠系裂隙水水文地质特征

该区石炭–二叠系厚达 $1867m$ 以上。其中富水部位仅有上下两段:上段含水层岩性为较厚的中粗砂,厚度 $60\sim 100m$,单位涌水量 $0.37\sim 2.7m^3/(h\cdot m)$,渗透系数 $0.123\sim 9.84m/d$,水化学类型为 $HCO_3\text{-}Ca\cdot Na$ 型水,$HCO_3\cdot SO_4\text{-}Ca\cdot Mg$ 型水,矿化度 $0.5\sim 1.1g/L$。下段含水层岩性为中粗砂岩,厚 $25\sim 80m$,单位涌水量 $0.36\sim 7.41m^3/(h\cdot m)$。渗透吸水 $0.012\sim 19.29m/d$。水化学类型为 $SO_4\cdot HCO_3\text{-}Ca\cdot Mg$、$CO_3\cdot SO_4\text{-}Na$,矿化度 $0.4\sim 1.0g/L$。

煤系含水层主要由直接接触的第四系含水层补给。矿坑排水为主要排泄途径,水位主要受排水的控制。

4. 该矿井田地下水循环系统

该矿井田范围内由地表河流自井田北部流向西南,流向大致与地层走向一致,地表河流平时水量很小,甚至断流。

大气降水通过下渗补给第四系底部卵石含水层,然后通过顺层和垂向补给下部其他含水层,其中以顺层补给为主。但是大气降水补给第四系底部卵石层需要通过三层隔水层,且第三隔水层厚度在 $11\sim 25m$,即使有采空塌陷,下渗补给量仍较小,大气降水对下部含水层及矿井涌水量不会造成大的影响,也决定了冲积层水向含煤地层的补给是稳定的,不受季节性变化影响。排泄包括潜水蒸发、河流排泄、侧向径流排泄和人工开采,潜水蒸发和人工开采占主导地位。

由于在基岩含水层组的隐伏露头部位,第四系底部黏土隔水层沉积很薄,局部地段甚至完全缺失,松散底卵含水层直接沉积在煤系基岩和奥灰岩溶含水层之上,形成了渗透或"越流"式的补给条件。在非隐伏露头区,第四系底部卵砾石层孔隙水上部第三隔水层厚度稳定,大大降低了承压水力系统与地表水的联系。

煤系含水层在天然状况下主要通过弱透水层接受潜水的越流补给、侧向补给。在煤田西南部和东部露头处接受冲积层的补给。矿井煤系地层不受大气降水的直接影响,矿井涌水量无季节性变化。

石炭系灰岩底至奥陶系灰岩间 $50\sim 70m$ 内,主要由隔水的黏土岩组成。奥陶系灰岩水不能直接补给含煤地层。地下水径流示图见图 8-2。奥陶系灰岩距最下一个稳定可采煤层的间距一般为 $160\sim 220m$,在正常情况下对矿井无直接充水关系,但由于岩溶陷落柱及导水断裂构造的存在,将奥灰水直接导入煤系地层,可成为矿井水的直接补给水源。

5. 受采掘破坏充水含水层特征

该矿矿井充水水源主要来自含煤地层内部的 5 煤以上 $0\sim 100m$ 段砂岩裂隙含水层、

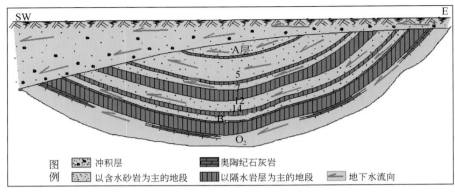

图 8-2　典型矿山开采区地下水系统径流示意图

5~12 煤砂岩裂隙含水层和 12~14 煤砂岩裂隙含水层,这三个含水层为矿井直接充水含水层。补给水源主要来自第四系底部卵砾石强含水层和煤系底部的奥陶系岩溶裂隙承压含水层,为矿井的间接充水含水层。矿井直接充水含水层和间接充水含水层,各个含水层之间都有较好的隔水层,水力联系微弱。

1)第四系冲积层含水层组

第四系冲积层含水层为井田间接充水含水层。从 2006 年至今,观测孔冲 14 及冲 17 所测得的水位基本保持稳定,冲积层补给和排泄处于平衡状态。

2)5 煤层顶板砂岩裂隙承压含水层

7 煤与上覆 5 煤顶板砂岩裂隙含水层平均间距为 32m,5 煤顶板砂岩裂隙含水层为井田直接充水含水层,单个工作面的充水强度约 0.8m³/min。

3)5~12 煤层间砂岩裂隙承压含水层组

该含水层组是 7、8、9 煤开采时直接充水含水层,富水性较 5 煤以上砂岩裂隙含水层弱,以顶板滴、淋水为主,充水不直接构成生产影响。

4)12~14 煤层间砂岩裂隙承压含水层组

2007 年 4131 下山迎头发生底板突水,最大涌水量为 0.612m³/min,最小为 0.34m³/min,使得 12~14 煤含水层水压和水位变化曲线在 2007 年下降到最低;随后对突水注浆改造,12~14 煤含水层的水压和水位恢复到原来的水平。

5)14 煤层–石炭系灰岩间砂岩裂隙及薄层灰岩岩溶裂隙承压含水层组

该含水层组水为 12 及 12 下煤层的直接充水含水层,含水层富水性弱–中等,充水强度较 5~12 煤砂岩裂隙含水层略强;石炭系薄层灰岩含水层与奥陶系岩溶裂隙含水层垂距较短,富水性较好,除非开拓石门,回采工作面通常避免揭露和破坏该含水层。

6)奥陶系灰岩岩溶含水层组

2007 年 4131 下山迎头发生 12~14 煤含水层突水,而奥灰水位在 2007 年也降至最低,可见 12~14 煤含水层和奥灰含水层有一定的联系。2008 年对 208 平 7 孔治理后,奥灰水位上升。但是随着对陷落柱的揭露和治理,以及开采水平的深入,奥灰水的疏降使得奥灰水位又趋于稳定。

6. 采矿活动对含水层水位影响

1）第四系冲积层第一含水层

根据收集资料及现场调查，由于其下冲积层第一、第二和第三隔水层的存在，尤其是冲积层第一隔水层的存在阻隔了冲积层第一含水层、地表水及大气降水与其下含水层之间的水力联系，基本不受矿井采矿活动影响，现状采矿活动对冲积层第一含水层影响较轻。

2）第四系冲积层第二、第三和第四含水层

根据收集资料，冲积层第二、第三和第四含水层水位整体上呈下降趋势，但降幅不大，与区域水位下降趋势基本一致。该三个含水层为矿坑排水的间接充水含水层，在井田东部、西南部露头处补给煤系地层含水层，其水位下降受矿坑排水的影响，其水位下降后影响矿区及周边部分生产生活供水，因此现状条件下采矿活动对冲积层第二、第三和第四含水层影响较严重。

3）5 煤层顶板砂岩裂隙承压含水层

该含水层为矿井直接充水含水层。受矿井开采 5 煤层及持续不断地疏排矿坑水影响，使 5 煤层顶板砂岩裂隙承压含水层在开采范围之上 21.16m 导水裂隙带高度内水量基本被疏干，水位发生大幅下降，目前已降至开采标高（−655.1m）附近；而在导水裂隙带高度之上的含水层受矿井间接疏降影响，并产生一定幅度的水位下降。现状开采煤层最低标高为−655.1m，承压含水层水位标高为 29.0m 左右，因而水位降深为 684.1m，根据吉哈尔经验公式，5 煤层顶板砂岩裂隙承压含水层地下水影响半径为 652.59m，影响范围为 1800.70hm²。因而现状采矿活动对 5 煤层顶板砂岩裂隙承压含水层影响严重。

4）5～12 煤层间砂岩裂隙承压含水层

该含水层主要有 5～7 煤层间砂岩裂隙承压含水层，7～9 煤层间砂岩裂隙承压含水层，9～11 煤层间砂岩裂隙承压含水层和 11～12 煤层间砂岩裂隙承压含水层，为矿井直接充水含水层。受矿井开采 5 煤层、7 煤层、8 煤层、9 煤层、11 煤层和 12 煤层及持续不断地疏排矿坑水影响，5～12 煤层间砂岩裂隙承压含水层在开采范围之上全部遭到破坏，破坏范围内水量基本被疏干，水位大致降到开采标高（−655.1m）附近。根据吉哈尔经验公式，5～12 煤层间砂岩裂隙承压含水层地下水影响半径为 749.39m，影响范围为 3732.30hm²。因而现状采矿活动对 5～12 煤层间砂岩裂隙承压含水层影响严重。

5）12～14 煤层间砂岩裂隙承压含水层

矿井开拓巷道多布设在该层。当巷道通过时，该含水层大多表现为裂隙出水，为矿井直接充水含水层。受 12 煤层采动影响，底板卸荷裂隙带对含水层构成一定程度破坏，大巷及岩石上山直接对 12 煤层底板以下 30.0～50.0m 局部范围内含水层造成破坏，破坏范围内水量基本被疏干，除北翼存在下部越流补给的区域，最低水位大致降到开采标高（−655.1m）附近。因而现状采矿活动对 12～14 煤层间砂岩裂隙承压含水层影响严重。

6）14 煤层–唐山灰岩间砂岩、灰岩裂隙承压含水层

该含水层为矿坑排水的间接充水含水层，不受开采破坏，仅通过导水通道对 12 煤底板

砂岩含水层进行越流补给,同时接受奥灰含水层补给。受矿井持续不断地疏排矿坑水影响,14 煤层–石炭系灰岩间砂岩、灰岩裂隙承压含水层整体上呈下降趋势,水位下降幅度较大,影响矿区及周边部分生产生活供水。根据收集资料,建井前该含水层原始水位可达 29.7 ~ 29.8m,现水位为–29.0m 左右,水位下降了约 58.0m。可见现状采矿活动对 14 煤层–石炭系灰岩间砂岩、灰岩裂隙承压含水层影响较严重。

　　7) 奥灰含水层组

　　该含水层为矿坑排水的间接充水含水层,不受开采破坏,通过陷落柱、大型断裂直接补给煤系地层含水层,并通过在隐伏露头顶托冲积层底部含水层而对其进行补给。受矿井持续不断地疏排矿坑水及工农业用水影响,奥灰含水层组整体上呈平盘式下降趋势,水位下降幅度较大,影响矿区及周边部分生产生活供水。

　　7. 采矿活动对含水层水量影响评估

　　依据收集资料,该矿矿井涌水量由投产时的 15396.0m³/d 增大到 84528.0m³/d,1989 ~ 2011 年,矿井平均涌水量为 37602.7m³/d,2008 年经过对 208 平 7 孔重大水害的治理后,矿井目前涌水量为 23040.0m³/d 左右,矿井正常涌水量均大于 10000.0m³/d,因而现状采矿活动对含水层水量影响严重。

8.4　调查方案与程序

8.4.1　调查范围的确定

　　依据全国统一要求,结合典型矿山煤矿周边环境水文条件,确定本次工作的调查区范围为 80km²。

8.4.2　资料收集与现场踏勘情况

　　1. 资料收集与整理

　　本次工作中收集到的调查资料包括:矿山水文地质勘察报告、环境影响报告书、矿山开采可行性报告、矿山勘查地质报告、矿山矿藏储量报告、矿山污水处理设施设计方案等相关报告。在区域调查中,宜选用卫星遥感图像,用于区分地貌类型、水系、土地利用变化等,确定矿山开采可能的影响范围。本次工作收集资料情况见表 8-5。

表 8-5　典型矿山开采区资料收集清单及收集完成情况统计表

序号	资料名称	是否收集
1	环境影响评价报告书(正在进行)	是
2	水文地质勘察报告	是
3	土地利用现状报告	是
4	矿产资源开采可行性报告	是

序号	资料名称	是否收集
5	矿产资源地质勘察报告	是
6	矿山企业废水处理工艺	是
7	尾矿库、排土场设计和施工方案	是
8	近 20 年调查区主要气象站的气象系列监测资料,包括多年平均及月平均降水量、蒸发量、气温资料	是
9	尾矿库及选矿厂场地工程勘察报告	是
10	常规历史监测数据(水质、水位)	是

2. 企业地下水监测井情况

本矿对地下水监测较为重视,初步建有地下水监测网络系统,监测内容包括地下水水位、地下水水量及水质监测,对奥灰含水层组、煤层间砂岩裂隙承压含水层、冲积层含水层组的水位和水质进行监测。水位监测每 10 天测量 1 次;水量监测每月监测 1 次;水质监测频率每年 2 次,即枯、丰水期各监测 1 次。

目前矿区设置有地下水监测点 4 个,其中第四系监测井 2 个,分别位于矿区北部、矿区东部。

3. 调查评价区地下水环境敏感目标

矿山及周边无各级自然保护区及旅游景区(点),人类工程活动主要为该矿等工矿企业及周边村庄居民日常生产生活等活动,矿区内地下水利用层位主要为第四系松散岩类孔隙水、奥陶系岩溶水,其中第四系孔隙水用途以农灌用水及部分工矿用水为主,奥陶系岩溶水主要用于生活用水。

8.4.3　监测点布设及样品采集

1. 本次调查地下水监测井的布设

结合全国统一要求,本次工作主要调查目的层为项目场地下第四系浅层地下水。该典型煤矿区煤层位于石炭–二叠系内,因此项目开采活动主要影响水层除去第四系地下水外,对于石炭–二叠系裂隙水、奥陶系岩溶水等都有可能有影响,为此本调查过程中,除监测第四系地下水外,对煤层水、奥陶系岩溶水等都进行监测布点。

监测井多利用现有农灌水井及矿区内的监测井,在矿区内新建了 7 眼地下水专用监测井,共布设地下水监测点 24 个,其中第四系监测点 7 点次,奥陶系岩溶水 7 点次,煤层地下水 10 点次。本次工作监测点布点图见表 8-6。

表 8-6　典型矿山开采区地下水监控井基本情况一览表

编号	位置	监测层位	监测功能	相对流场位置	井结构			
					井深/m	井径/mm	管材	含水层岩性
Q-01#	周边农村	Q	污染扩散井	下游	50	200	钢管	细砂

编号	位置	监测层位	监测功能	相对流场位置	井结构			
					井深/m	井径/mm	管材	含水层岩性
Q-02#	周边农村	Q	污染扩散井	两侧	50	200	钢管	细砂
Q-03#	周边农村	Q	污染扩散井	下游	60	200	钢管	细砂
Q-04#	周边农村	Q	对照井	上游	50	200	钢管	细砂
Q-05#	周边农村	Q	污染扩散井	下游	60	2300	钢管	细砂
Q-06#	周边农村	Q	污染扩散井	两侧	80	300	钢管	中细砂
Q-07#	周边农村	Q	污染扩散井	两侧	60	300	钢管	中细砂
O-01#	周边农村	O	污染扩散井	两侧	300	300	钢管	灰岩
O-02#	周边农村	O	对照井	上游	300	300	钢管	灰岩
O-03#	周边农村	O	对照井	上游	200	300	钢管	灰岩
O-04#	周边农村	O	污染扩散井	两侧	300	300	钢管	灰岩
O-05#	周边农村	O	污染扩散井	下游	300	300	钢管	灰岩
O-06#	周边农村	O	污染扩散井	下游	300	300	钢管	灰岩
O-07#	该矿工房	O	污染扩散井	内部	300	300	钢管	灰岩
CP-01#	2120 运道 515m	C-P	污染源	内部				
CP-02#	2120 运道 200m	C-P	污染源	内部				
CP-03#	一水平北翼钻孔	C-P	污染源	内部				
CP-04#	一水平北翼大巷	C-P	污染源	内部	煤矿内各开采水平面的巷道、排水、集水井内的煤层间石炭-二叠系基岩裂隙水,含水层岩性以砂岩为主			
CP-05#	206 水仓总水	C-P	污染源	内部				
CP-06#	204 车头房	C-P	污染源	内部				
CP-07#	二水平南翼大巷	C-P	污染源	内部				
CP-08#	二水平北翼大巷	C-P	污染源	内部				
CP-09#	三水平	C-P	污染源	内部				
CP-10#	一水平南翼大巷	C-P	污染源	内部				

2. 样品监测项目

按照有重点调查、突出饮用水水源地的原则,考虑到目前经济技术支持能力,地下水监测的指标主要参照《地下水质量标准》(GB/T 14848)、《地下水污染调查评价规范》(1:50000~1:250000)和《生活饮用水卫生标准》(GB 5749),针对矿山污染的特征,将拟测定的指标分为基本指标和特征指标(表 8-7)。

表 8-7 典型矿山开采区及周边区域地下水监测指标统计表

指标类型	指标名称	指标数量
基本指标	pH、Cl^-、SO_4^{2-}、HCO_3^-、K^+、Na^+、Ca^{2+}、Mg^{2+}、总硬度、溶解性总固体、挥发性酚类、高锰酸盐指数、硝酸盐氮、亚硝酸盐氮、氨氮、氰化物	16
特征指标	汞、镉、六价铬、铜、锌、铁、锰	8

选择丰水期、枯水期至少各监测 1 次水位、水质。

8.5　地下水质量与污染评价

8.5.1　样品检测结果分析

分别对本次工作采集的 5 件浅层地下水水样、5 件深层地下水水样的监测结果进行检出率的分析,地下水测试样品中的监测指标以检出率分析评价其水质状况,计算公式如下:检出率=检出样品总数/样品总数×100%。

1. 第四系地下水检出率情况

对取得的浅层地下水水质化验数据进行统计分析,本次研究水样化验项目达 30 项,根据总体统计结果,其中检出指标 27 项,占总指标的 90%,其中检出率达到 100% 的指标有 15 项,占总检测指标的 50%。

通过对常规指标检出值的统计分析,本次研究共进行 30 项常规指标检测工作,共有 27 项检测指标检出、钠、钙、镁、重碳酸根、氯化物、硫酸盐、氟、硝酸盐、溶解性总固体、矿化度、铁、耗氧量、pH、总硬度、总碱度等 15 项监测因子检出率为 100%,亚硝酸盐、铅等 12 项监测因子检出率在 7%～71%;铜、氰化物、氨氮等 3 项监测因子未检出。

2. 煤层石炭-二叠系基岩裂隙水检出率情况

对取得的浅层地下水水质化验数据进行统计分析,本次研究水样化验项目达 30 项,根据总体统计结果,对取得的石炭-二叠系基岩裂隙水地下水水质化验数据进行统计分析,本次研究水样化验项目 30 项,根据总体统计结果,其中检出指标 27 项,占总指标的 90%,检出率达到 100% 的指标有 18 项,占总检测指标的 60%。

通过对常规指标检出值的统计分析,本次研究共进行 30 项常规指标检测工作,共有 27 项检测指标检出,钠、钙、镁、重碳酸根、氯化物等 18 项监测因子检出率为 100%,亚硝酸盐、铅等 9 项监测因子检出率在 5%～90%;碳酸盐、氰化物、铬等 3 项监测因子未检出。

3. 奥陶系岩溶地下水检出率情况

对取得的深层地下水水质化验数据进行统计分析,本次研究水样化验项目达 30 项,根据总体统计结果,其中检出指标 22 项,占总指标的 73.3%。

通过对常规指标检出值的统计分析,共有 22 项检测指标检出,其中钠、钙、镁等 15 项监测因子检出率为 100%,亚硝酸盐、砷等 8 项监测因子检出率在 7%～57%;铜、氨氮等 7 项监测因子未检出。

8.5.2　地下水环境质量评价

根据收集的资料和调查的结果,对地下水质量进行评价,评价方法采用《地下水质量标准》(GB/T 14848)中的单项组分评价方法和综合评价。

1. 地下水评价指标

评价指标参考《地下水质量标准》(GB/T 14848)来确定,最终确定参加本次评价的指标为 pH、硫酸盐、氯化物、钠、总硬度、溶解性总固体、铁、锰、铜、锌、挥发性酚类、高锰酸盐指数、硝酸盐氮、亚硝酸盐氮、氰化物、汞、砷、镉、六价铬、铅、钠、铝等 20 项。

2. 地下水单因子质量评价结果

1）第四系地下水单指标质量评价

（1）由第四系地下水单指标评价结果统计表可知，本次研究各监测因子以 Ⅰ 类指标为主，占到 67%，其次是 Ⅱ 类、Ⅲ 类，各占 16%、8%，Ⅳ、Ⅴ 类指标各占 7%、2%，Ⅳ、Ⅴ 类两类指标合计占到 9%。

（2）由各监测指标分析，第四系地下水中共有 3 项因子出现 Ⅴ 类指标，分别为硫酸盐、铁、总硬度；第四系地下水中 Ⅳ 类指标共有氟化物、硝酸盐、溶解性总固体、铁、锰、砷、铅、挥发性酚等 8 项因子，出现最多的是锰、硝酸盐等，各出现 4 次，其余指标出现 1~3 次，总体来说本次监测井中 Ⅳ 类指标均有检出。

2）奥陶系岩溶水地下水单指标质量评价

由奥陶系岩溶水地下水单指标评价结果可知，本次研究各监测因子以 Ⅰ 类指标为主，占到 89.3%，其次是 Ⅱ 类、Ⅲ 类，各占 4.6%、6.1%，无 Ⅳ、Ⅴ 类指标。由此分析奥陶系岩溶水，监测井的监测指标均为 Ⅰ 类、Ⅱ 类、Ⅲ 类，均符合《地下水质量标准》（GB/T 14848）的各类水质要求。

3）煤层砂岩裂隙水地下水单指标质量评价

由煤层砂岩裂隙水地下水单指标评价结果可知，本次研究各监测因子以 Ⅰ 类指标为主，占到 64%，其次是 Ⅲ 类、Ⅱ 类、Ⅳ 类，各占 11%、11%、9%，Ⅴ 类指标占 5%。单组分评价法评价结果显示，煤层砂岩裂隙水受到煤炭开采的影响，出现了 Ⅳ 类、Ⅴ 类指标，对 Ⅳ 类、Ⅴ 类指标进行分析。

A. Ⅳ 类指标

由评价结果可知，本次研究有硫酸盐、溶解性总固体、铁、锰、铅、挥发性酚类、高锰酸盐指数、总硬度等 8 项监测因子出现 Ⅳ 类指标，在采集的 10 个地点的煤层地下水中分布较为平均，检出最多的为锰，出现 10 次，其次为铁（8 次）、总硬度（6 次），其余指标出现 1~4 次。

B. Ⅴ 类指标

共有硫酸根、铁、总硬度、耗氧量等 4 项监测因子出现 Ⅴ 类指标，以铁出现 Ⅴ 类指标的次数最多，达到 10 次，其次为硫酸盐为 7 次，高锰酸盐指数为 4 次、总硬度 1 次。

3. 地下水综合质量评价结果

1）第四系地下水质量综合评价结果

由本次确定的地下水质量综合评价方法，对矿区内的第四系地下水监测结果进行综合评价，经过综合评价，项目矿区内第四系地下水质量整体以较差为主（5 眼），占 71.5%，极差为 2 眼，占 28.5%，其中 Q-01#、Q-02# 为极差，评分为 7.22~7.27，这两眼井为极差水的主要影响因子为硫酸盐、氟化物、铁、总硬度、铅、锰、溶解性总固体。

2）奥陶系岩溶地下水质量综合评价结果

由本次确定的地下水质量综合评价方法，对矿区及周边奥陶系岩溶地下水监测结果进行综合评价,经过综合评价,项目矿区内奥陶系岩溶水质量评价结果为良好。

3)煤层砂岩裂隙水质量综合评价结果

由本次确定的地下水质量综合评价方法,对矿区内的煤层砂岩裂隙水监测结果进行综合评价,结果显示,矿区内煤层砂岩裂隙水综合评价结果以极差水为主,占60%,其次较差水为30%,良好水占10%。由此看,煤层砂岩裂隙水质量差。

根据分析可知,出现较差及极差水的影响因子为硫酸盐、溶解性总固体、铁、锰、铅、挥发性酚类、高锰酸盐指数、总硬度等8种,由于评价方法是以突出最大值的影响为主,因此Ⅴ类指标为最重要的影响指标,因此煤层砂岩裂隙水的主要影响因子为硫酸盐、铁、总硬度、高锰酸盐指数等4项。

8.5.3　地下水污染现状评价

1. 评价指标

煤矿特征指标确定为镉、六价铬、铜、锌、铁、锰,在本次评价中以镉、六价铬、铜、锌、铁、锰等6项作为地下水污染评价的指标。污染评价对象为第四系地下水及奥陶系岩溶地下水。以环境对照值和《地下水质量标准》中Ⅲ类水的水质指标为参考对照,开展了地下水污染单指标评价和综合评价。

2. 地下水污染评价参数确定

常规监测因子的背景值 C_0 的确定,以该地区可查阅到的历史地下水污染指标的起始值为准,C_{III} 以《地下水质量标准》(GB/T 14848)中Ⅲ类指标限值为准,根据确定的评价项目确定所需的评价参数见表8-8。

表 8-8　典型矿山开采区地下水特征指标污染评价参数表

序号	指标	单位	C_0 值		C_{III} 值	
			数值	来源	数值	参考标准
1	铜	mg/L	0.02	该地区污染起始值	1.0	《地下水质量标准》(GB/T 14848)Ⅲ类标准
2	锌	mg/L	0.05		1.0	
3	铁	mg/L	0.3		0.3	
4	锰	mg/L	0.1		0.1	
5	镉	mg/L	0.003		0.01	
6	六价铬	mg/L	0.004		0.05	

3. 地下水污染评价结果

1)单指标评价结果

第四系地下水单指标污染评价结果中出现污染的指标(Ⅱ~Ⅵ类)有铁、锰、锌、六价铬等4项指标。奥陶系岩溶水地下水污染评价结果中矿区下奥陶系岩溶水的煤矿特征指标并未出现污染的现象,均为未污染(Ⅰ)。

2）综合指标评价结果

整个矿区内第四系地下水监测井以未污染（Ⅰ）、轻污染（Ⅱ）、极重污染（Ⅵ）为主，各有2眼，各占29%，1眼为较重污染（Ⅳ）。可见矿区内第四系地下水煤矿开采的特征污染物出现污染的井占到6眼（Ⅱ～Ⅵ类污染），占比71%，由此可知，矿区内地下水监测井污染的现象较为普遍。

本次研究矿区奥陶系岩溶水井均为未污染（Ⅰ）。

8.6　典型矿山开采区地下水环境问题识别

8.6.1　矿区主要地下水问题

1. 第四系地下水主要环境问题

1）地下水环境质量问题

本次调查结果显示，矿区范围内第四系地下水水质较差，主要环境问题为第四系地下水监测结果评价出现Ⅴ类、Ⅳ类指标，其中出现Ⅴ类指标的主要为硫酸盐、铁、总硬度，出现在2眼监测井中，全部地下水监测井均有Ⅳ类指标出现。第四系地下水主要影响因子为硫酸盐、氟化物、硝酸盐、溶解性总固体、铁、锰、砷、铅、挥发性酚类、总硬度等10项。综合评价结果显示，矿区内地下水质量以较差为主，达到5眼，其余2眼为极差，即矿区内第四系地下水环境差。

2）地下水污染问题

本次对煤矿的特征项目进行地下水污染评价，由单指标结果可知，矿区内出现污染的指标（Ⅱ～Ⅵ类）有铁、锰、锌、六价铬等4项指标，其中铁出现极重污染（Ⅵ）井有2眼，是本次评价中污染级别最高的监测项目。从综合评价结果分析，整个矿区内第四系地下水监测井以未污染（Ⅰ）、轻污染（Ⅱ）、极重污染（Ⅵ）为主，各有2眼，占比各占29%，1眼为较重污染（Ⅳ）。由此可见，矿区内地下水监测井污染的现象较为普遍。

2. 奥陶系岩溶水地下水环境问题

本次采集的奥陶系地下水样品中的各项监测项目全部为《地下水质量标准》（GB/T 14848）Ⅰ类、Ⅱ类、Ⅲ类指标要求，无Ⅳ、Ⅴ类指标。由综合评价结果分析，范各庄煤矿内奥陶系岩溶水质量评价结果为良好。

从污染评价结果看，项目矿区下奥陶系岩溶水井均为未污染（Ⅰ）。

3. 石炭—二叠系煤层基岩裂隙水

从含煤层的基岩裂隙含水层看，项目基岩裂隙水受到开采活动的影响较大，煤层开采点的水质显示，除CP-05#两期监测结果未出现Ⅳ、Ⅴ类指标外，其余监测点的地下水中均有Ⅳ、Ⅴ类指标检出。从综合评价结果看，出现较差及极差水的影响因子为硫酸盐、溶解性总固体、铁、锰、铅、挥发性酚类、高锰酸盐指数、总硬度等8种，矿区内煤层砂岩裂隙水综合评价结果以极差水为主，占60%，其次较差水为30%，良好水占10%。由此看，煤层砂岩裂隙水质量差。

8.6.2　地下水环境问题成因分析

1. 地下水化学类型及分析

对本次各监测点阴阳离子测试结果进行分析,绘制 Piper 三线图(图 8-3),由三线图可知本次矿区内地下水点投影位置均位于菱形的左侧,阳离子以钙镁离子为主,阴离子的分布呈现条性分布,由 HCO_3 向 SO_4+Cl 逐渐升高,为清楚表示,在该图上分别圈定第四系地下水、奥陶系岩溶水、石炭–二叠系基岩裂隙水的监测点分布,据此进行地下水化学类型的变化分析,可以得出以下结论。

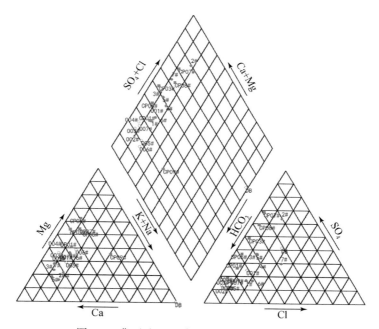

图 8-3　典型矿山开采区地下水 Piper 三线图

●第四系孔隙水水样点;○奥陶系岩溶水水样点;■石炭系二叠系裂隙水水样点

(1)第四系地下水水化学类型以 HCO_3-Ca、HCO_3-$Ca·Mg$ 型为主,部分监测井为 $HCO_3·SO_4$-Ca 型水,地下水化学类型不统一,变化较大。在 Piper 三线图上第四系地下水在菱形上的左侧分布,分布形式呈带状,跨度较大,说明第四系地下水在矿区的地下水补给源有差异,从而呈现出由弱酸离子向强酸离子过渡的趋势。

(2)奥陶系岩溶水水化学为 HCO_3-$Ca·Mg$ 型,水化学类型单一,在三线图上分布较为集中,且与其他两类地下水存在一定差异,说明该层水与上部的第四系水、石炭–二叠系基岩裂隙水的联系较小,水力联系不密切。

(3)石炭–二叠系基岩裂隙水的水化学类型以 HCO_3-$Mg·Ca$、$SO_4·HCO_3$-$Mg·Ca$ 型水为主,水化学类型较多,由图可知,该层水也呈现条形的分布,并且跨度较第四系地下水大,说明煤层间水化学离子存在较大的变化,从石炭-二叠系基岩裂隙水的水循环系统分析可能该层水受到外部源的影响较大,离散度大。

(4)由第四系地下水与石炭-二叠系基岩裂隙水的重叠部分可以看出,这两层水在水文地质条件上存在局部地区的水力联系,同时石炭-二叠系裂隙水作为矿坑涌水外排至地表,或是排入地表水体或是进行综合利用,地表水渗漏补给是第四系的重要补给源,因此可能存在两层地下水通过人类活动引起联系,在水化学类型上也较为相近。

2. 地下水问题成因的分析

该矿区内第四系地下水、石炭-二叠系煤层基岩裂隙水均出现不同程度的地下水部分指标超标、地下水污染等问题,而奥陶系岩溶水相对较好,均能达到《地下水质量标准》(GB/T 14848)Ⅲ类限值要求。

该矿为井工开采煤矿,矿区面积大,地表存在大量的村庄、工业企业,同时随着煤矿的开采,本次研究矿区内也出现了很多大小不一的塌陷坑,多常年积水,部分用于养殖,部分还接受周边村庄生活污水的排放,因此该地区的地下水污染源也较多、较复杂。结合该矿区卫星遥感影像图分析,认为该地区出现的地下水问题主要有以下四个方面。

1)该矿生产活动对地下水的影响

煤矿的开采活动及开采引起的一系列的地质环境问题,都会对地下水产生影响,经过本次调查发现,矿区在以下四个方面影响第四系地下水。

(1)该矿为井下开采煤矿,开采历史长,部分煤层已经采空,随着地质环境问题的出现,地表因采空塌陷形成量大而面广的采空塌陷积水区,这些塌陷坑垂向塌陷大的情况下会使得各含水层产生错位,引起第四系含水层间的水量交换,浅层地下水水质较差,从而引起含水层间的串层污染。

(2)采煤塌陷形成,形状不规则,积水主要为大气降水和地表潜水,两者为互补关系,以水面蒸发为主要排泄途径。目前,矿区内水面由大小不一的积水坑组成,主要有塌陷形成的坑塘 11 个(图 8-4),积水面积合计约 4751026.01m²,水深一般为 1.0 ~ 5.0m,积水坑被当地农民开发成鱼塘,进行蓄水养鱼,部分接纳周边村镇的生活污水,因此塌陷坑的形成在一定程度上形成了局部的第四系地下水的补给区,水质的好坏能够影响第四系的水质。

(3)本次研究煤矿开采活动产生大量的矿坑排水,这部分排水受人类活动及天然背景的影响,水质交叉,如不处理外排后也会引起第四系地下水的水质变化。资料显示,在 2007 年年底该矿净化水厂建成运行以前,矿坑水由水泵抽汲至地面后直接排放。由于地表水体及冲积层第一含水层 43 年来直接接纳矿坑水,加之区内及上游其他工矿企业和农业排放水影响,因而现状采矿活动对其水质影响较严重,本次工作结论也验证了这一点。

(4)由于项目采煤生产活动的煤堆场、矸石堆场(该矿现状无矸石山)的存在,在建厂初期无防渗、防雨措施,产生的淋滤液等也会通过包气带进入第四系地下水从而产生影响。

2)矿区内工业企业的跑冒滴漏污染源

调查中发现,目前该矿内存在包括项目工业广场在内的工业企业,企业类型包括煤炭采掘、水泥建材、炼焦和钢铁等,其中焦化企业属于地下水的重污染企业,矿区周边还存在其他煤矿 3 处等(图 8-5)。

图 8-4　典型矿山开采区内采空塌陷坑照片

(a) 某铁矿尾矿库　　　　　　　　　　　　　(b) 某电厂粉煤灰场

图 8-5　典型矿山开采区部分其他工业企业污染源照片

（1）某铁矿尾矿库。同时在调查过程中还发现在矿区中部存在某铁矿尾矿库,位于矿井南翼三采区和南翼四采区采空塌陷积水区的上方。资料显示该尾矿库占地面积 167.76hm², 采用煤矸石堆筑初期坝,上游坡坡比 1∶1.75,下游坡坡比 1∶2,该尾矿库坝顶最终标高为 41.0m, 总库容为 3340.0×10⁴m³, 有效库容为 2672.0×10⁴m³, 服务年限为 8.9年。该尾矿库于 2007 年投入运营,于 2015 年闭坑。

（2）某电厂粉煤灰充填区,位于矿区西北角,占地面积约 44.44hm², 其中部分已恢复为林地,地面防渗等资料不详。

（3）某焦化厂。该厂成立于 2003 年,是一家集炼焦、洗煤、高钙灰、煤气综合利用为一体的民营企业,生产规模为焦炭 120×10⁴t/a, 选用 JNDK-99D 型宽炭化室、双联火道、废气循环、下喷、单热式焦炉,并包括冷凝鼓风、脱硫及硫回收、硫铵、洗脱苯等工段。生产运行状况正常,在 2013 年对该厂的浅层地下水专用监测井(生化污水池下游监测井)的化验结果显示,该厂浅层第四系地下水出现亚硝酸盐氮、总硬度、硫酸盐等监测因子超过《地下水质量标准》(GB/T 14848)Ⅲ类限值的现象。

综上所述,该矿矿区内工业企业较多,类型不一,工业企业的生产活动不可避免会对周边地下水产生大小不一的影响,因此矿区内工业企业也是区域地下水环境问题的影响因素之一。

3)居民生活用水及农业污染源

本次研究矿区内共涉及 23 个村庄及住宅区,涉及人口约 11947 户,56481 人,该区域农业活动以种植小麦、玉米、花生等农作物为主。这部分居民的生活污水及农业化肥农药使用造成的面状污染等也是矿区内地下水问题的影响因素之一。

4)地表水体的渗漏

地表河流从矿区西北侧穿流而过,该河为区域的纳污水体,发源于北部山区,自该矿井田北翼以北东—南西向斜穿流过,全长 128.0km,为季节性河流,河面开阔,水力坡度为 1‰ ~ 2‰。在井田北部,该河已与采空塌陷坑连为一体。该河作为区域的纳污水体,水质本身就较差,因此该河流的渗漏也会对第四系地下水产生影响,也是该地区地下水环境问题的影响因素之一。

8.7　典型矿山开采区地下水环境保护的建议

8.7.1　加强地下水监测

1. 地下水环境监测井布设

根据本次工作的结论,按《地下水环境监测技术规范》(HJ/T 164)的要求,结合矿区实际情况,以本次工作施工的水质监测井为基础。建议后期地下水环境管理的地下水污染监测系统布置水质监测井 7 眼,地下水监测孔位置、监测计划、孔深、监测井结构、监测层位、监测项目、监测频率等详见表8-9。

表 8-9　该典型矿山地下水监控计划一览表

孔号	功能	相对流场方位	监测层位	监测频率	监测项目
Q-01#	污染扩散井	上游	第四系含水组	枯(3~5月),平(11月至次年1月),丰(7~9月)三期监测	除规范规定之内的还必须包含硫酸盐、氟化物、硝酸盐、溶解性总固体、铁、锰、砷、铅、挥发性酚类、总硬度
Q-02#	污染扩散井	下游			
Q-03#	污染扩散井	下游			
Q-04#	背景井	上游			
Q-05#	污染扩散井	下游			
Q-06#	污染扩散井	下游			
Q-07#	污染扩散井	下游			
O-06#	背景井	上游	奥陶系含水组		
O-07#	污染扩散井	下游			

2. 地下水监测项目

应根据矿区产生的特征污染物,反映当地地下水功能特征的主要污染物以及 GB/T 14848《地下水质量标准》中列出的项目综合考虑设定。本次工作建议确定的地下水环境监测项目为:除规范规定之内的外还必须包含硫酸盐、氟化物、硝酸盐、溶解性总固体、铁、锰、砷、铅、挥发性酚类、总硬度。

3. 地下水监测频率

地下水污染监控井为年内枯水期、平水期、丰水期三期监测,每年 3 次,当发生或发现地下水污染现象时,应加大取样频率,并根据实际情况增加监测项目。地下水监测采样及分析方法应满足《地下水环境监测技术规范》(HJ/T164)的有关规定。

8.7.2　加强监测数据管理与应用

上述监测结果应按本次研究有关规定及时建立档案,并定期向当地环保管理部门汇报,对于常规监测数据应该进行公开,满足法律中关于知情权的要求。如发现异常或发生事故,加密监测频次,改为每天监测一次,并分析污染原因,确定泄漏污染源,及时采取应急措施。

参 考 文 献

[1] 陈时磊. 典型井工矿山开采对地下水环境影响及涌水量动态预测[D]. 北京:中国矿业大学(北京),2015.

[2] 李军. 煤矿开采条件下地下水资源破坏及其控制[J]. 科学管理. 2018,(5):249-250.

[3] 武强,董东林,傅耀军. 煤矿开采诱发的水环境问题研究[J]. 中国矿业大学学报,2002,31(1):19-22.

[4] 杨策,钟宁宁,陈党义,等. 煤炭开发影响地下水资源环境研究一例:平顶山市石龙区贫水化的原因分析[J]. 能源环境保护,2006,20(1):50-52.

[5] 杨策,钟宁宁,陈党义. 煤矿开采过程中地下水地球化学环境变迁机制探讨[J]. 矿业安全与环保,2006,33(2):30-35.

[6] 王洪亮,李维钧,陈永杰. 神木大柳塔地区煤矿对地下水的影响[J]. 陕西地质,2002,20(2):89-96.

[7] 冯秀军. 淄博市淄川区矿坑水对水资源的影响与应用研究[J]. 地下水,2006,28(2):14-15.

[8] 岳梅,赵峰华,任德贻. 煤矿酸性水水化学特征及其环境地球化学信息研究[J]. 煤田地质与勘探,2004,32(3):46-48.

[9] 钟佐,汤鸣皋,张建立. 淄博煤矿矿坑排水对地表水体的污染及对地下水水质影响的研究[J]. 地学前缘,1999,6(增刊):238-244.

[10] 党志. 煤矸石-水相互作用的溶解动力学及其环境地球化学效应研究[J]. 矿物岩石地球化学通报,1997,16(4):259-261.

[11] 郑西来,邱汉学,陈友媛. 地下水系统环境地球化学反应模型研究[J]. 地学前缘,2001,8(3):192.

第9章 典型规模化畜禽养殖场地下水基础环境状况调查评估

养殖废水中虽然含有大量有机态氮、磷、微生物、有机污染物及重金属,但重金属含量很低。养殖污水可通过入渗而造成地下水中硝态氮、氨氮含量超标,导致水质恶化。刘君等利用稳定同位素示踪技术解析石家庄市地下水中的硝酸盐来源,认为主要来源于化肥、动物粪便的施用和污水灌溉–污染物质在迁移过程中发生的硝化–反硝化作用[1]。磷是农业生产中的另一个重要元素,过去认为磷进入土壤后会与黏土矿物紧密结合,较易被闭蓄、固定[2,3]。未经处理的猪场废水有机磷含量高但很难为作物吸收,且多次灌溉后出现过量磷素向下层土壤淋溶现象,这种灌溉方式虽然能充分满足作物生长对磷素的需求,但对耕层土壤的活化作用增加了磷素随地表径流流入周围水体和浅层地下水的风险[3]。黄志平采集了河北省京安猪场周边农田的清洁区和灌溉8年猪场废水的污灌区耕层土壤样品测试其中重金属的全量和有效态含量,并应用GIS结合地统计学方法对重金属进行了空间结构和分布特征分析,得出土壤中Cd和As污染来源为猪场废水和化肥,Pb的污染来源为化肥。污灌猪场废水对土壤Cd和As富集效应很小,施用化肥对Pb富集有较大贡献[4]。养殖污染废弃物中含有大量的病原微生物,主要包括细菌、病毒和原生动物,这些对于土壤、水域环境都是一种潜在的污染源[5]。在对农村地下水质普查中发现,应用膜过滤法可分离出约250种细菌,包括大肠杆菌和其他种类的细菌,并检测出这些微生物对16种抗生素已经产生了耐药性[6]。养殖废水中含有大量的氮、磷、碳水化合物,如果入渗进入地下水会造成地下水中的细菌总数超标[7]。Dougherty等连续两年对新西兰某污灌区周边地区的地下水进行观测,第一年检测大肠杆菌浓度为3558 ~ 4040cfu/100mL,第二年就增加到34025 ~ 28401cfu/100mL[8]。贵州关岭县和贞丰县北盘江两岸一带的浅层地下水,受到了村民生活污水和畜禽养殖粪水的渗漏污染,造成当地地下水水质的细菌含量严重超标[9],养殖污水中含有的有机污染物在进入土壤–水体系后将发生一系列的物理、化学和生物行为,部分污染物降解或转化,部分存在于水环境中,这些物质结构稳定,不易降解进而对环境产生长期和深远的影响[10]。目前地下水中已发现的有机污染物已高达149种[11]。Barnes等对美国18个州47处地下水进行了取样检测,在81%的水样中检测到有机污染物质。其中由于人畜用药产生的污染物质占总检出量的23%[12]。Barnes等报道在地下水中检出了磺胺甲氧甲嘧啶(人用或兽用抗生素主要成分)等物质[13]。长期低浓度抗生素极有可能对水体中微生物群落产生影响并通过食物链的传递作用影响高级生物从而破坏生态系统平衡[13]。

随着规模化养殖场的不断发展,畜禽养殖废水的污染问题日趋严重。长期的畜禽养殖过程中,对养殖场的周围环境,包括水环境、土壤环境、大气环境等都会造成严重的污染[14]。大量的养殖废弃物、养殖场淋洗液等随着水分迁徙或生物代谢等物理生物过程,使氨氮、细菌、病毒、有机污染物等进一步通过淋溶、渗滤,转移至地下水环境,对本不易遭受污染的地下水造成污染[15,16]。地下水作为人类重要的饮用水来源,受污染的地下水极有可能经过生物链或者直接摄取的途径长期危害人体健康。

9.1　典型规模化畜禽养殖场的筛选确定与技术要求

9.1.1　典型规模化畜禽养殖场的筛选确定

根据国家统一要求和"典型规模化畜禽养殖场筛选原则",在 2015 年选择河北省北部某市沿海地区某规模化畜禽养殖场作为典型调查场地。该地区位于滨海平原区,地下水埋深浅,属于地下水浅埋区,满足典型规模化畜禽养殖场调查对象的筛选原则。

9.1.2　典型规模化畜禽养殖场调查技术要求

1. 技术路线

河北省典型规模化畜禽养殖场地下水基础环境状况调查评估技术路线图详见图 9-1。首先完善全省规模化畜禽养殖场污染源清单,根据筛选原则,确定需要进行地下水调查的规模化畜禽养殖场。对选定规模化畜禽养殖场进行基本属性、管理状况及敏感点调查,在此基础上进行布点、建立监测井调查地下水水质和污染状况,并编制规模化畜禽养殖场地下水基础状况调查报告(图 9-1)。

2. 技术要点

1) 资料收集

资料收集内容主要包括规模化畜禽养殖场及周边的水文气象和水文地质等综合性或专项的调查研究报告、专著、论文及图表,土地利用、经济社会发展,以及与污染源有关的调查统计资料,主要涉及如下内容。

A. 气象、水文

调查区内近 30 年来的降水量、蒸发量、气温等气象资料,掌握丰水年、平水年、枯水年的降水分布,从气象部门、统计部门获取。

B. 水文地质条件

掌握含水层空间结构,主要包括:含水层和隔水(弱透水)层岩性、厚度、分布范围、埋藏深度、各含水层之间的关系等;地下水埋藏类型、水位、埋深、温度等;地下水系统边界类型、性质与位置。

收集历史资料,掌握区域地下水动态及化学特征,包括地下水物理性质、地下水化学成分和类型及其空间变化;地下水水位、水质、水温年度、年际变化。

掌握地下水补给、径流、排泄条件,包括:地下水的补给来源、补给方式或途径、补给区分布范围及补给量,地下水人工补给区的分布、补给方式和补给层位,补给水源类型、水质、水量,补给历史;地下水径流特征;地下水的排泄形式、排泄途径、排泄区(带)分布、排泄量。

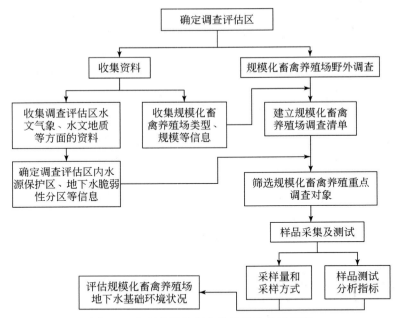

图 9-1　典型规模化畜禽养殖场技术路线图

C. 包气带结构调查

收集研究区已有的区域地质资料,包括地质图、钻孔剖面图等资料。查明包气带厚度、岩性结构特征及其空间变化规律;了解土层年代、成因、厚度分布、组成成分及其中的夹层、含有物、胶结情况及成分性质;初步查明地表岩性、微地貌及地形坡度对降水及地表水入渗的影响;掌握表层生态环境概况。

D. 规模化畜禽养殖场信息

收集区内规模化畜禽养殖场的位置、类型、规模、饲料成分、药剂成分,以及固液废物处置方式等信息。从环保部门最新一轮污染源普查成果及各区(县)畜牧局规模化畜禽养殖场信息表可获取。

2)现场踏勘及地面调查

现场踏勘及地面调查的工作内容主要包含四个方面。

A. 规模化畜禽养殖场污染状况调查

结合收集资料及野外现场调查,掌握各研究区内规模化畜禽养殖场的类型和主要分布状况,确定各规模化畜禽养殖场的位置、养殖规模,以及固液废物处置方式。野外实地调查内容包括规模化养殖场的位置、种类、规模、固液废物产生量和处置方式等,需详细调查污染物产生和排放情况,是否为无害化处理,包括污水产生量、清粪方式、粪便和污水处理利用方式、粪便和污水处理利用量、排放去向等。

B. 地下水开发利用现状调查

对规模化畜禽养殖场中需重点调查的对象进行地下水开发利用状况调查,主要调查场区两侧及其下游1km以内的井点,主要包括以下四个方面的内容。

(1)开采井的位置、深度、成井结构、取水量、用途。

(2)开采井井数、密度、开采总量、利用状况。

(3)其他地下水取水工程(如地下暗河、坎儿井、集水廊道等)位置、取水方式、取水量、用途、利用状况。

(4)地下水开采历史和地下水开采量变化。

C. 场区包气带脆弱性勘察

在规模化畜禽养殖场内利用浅钻或槽探等手段,判别场区内包气带土层的防污性能,查明包气带厚度、岩性结构特征及其空间变化规律;了解土层厚度分布、组成成分及其中的夹层、含有物、胶结情况及成分性质。

D. 地下水环境问题调查

调查区是否发生过由于养殖场运行导致的水质劣化等地下水环境问题。

3. 样品采集及测试

1)地下水监测点布设

地下水样品采集点布设应采用控制性布点和功能性布点相结合的布设原则。采样点应主要布设在规模化畜禽养殖场场区、周围环境敏感点和对于确定边界条件有控制意义的地点。

监测点布置数量按照第3章相关要求执行。

2)土壤采样点位布设

在规模化畜禽养殖场场区内,以及场区下游外围地下水控制点较近区域布设土壤采样点,分层采集土壤剖面样品,在岩性渐变处可加密取样。

3)监测项目

规模化畜禽养殖场地下水监测指标为48项,其中包括基本指标37项,基础必测指标7项,选测特征指标4项,具体测试指标见表9-1。

表 9-1　规模化畜禽养殖场地下水监测指标一览表

指标类型		指标名称
基本指标		钾、钙、钠、镁、硫酸盐、氯离子、碳酸根、碳酸氢根、pH、溶解氧、氧化还原电位、电导率、色、嗅和味、浑浊度、肉眼可见物、总硬度、溶解性总固体、铁、锰、铜、锌、挥发性酚类、阴离子合成洗涤剂、高锰酸盐指数、硝酸盐氮、亚硝酸盐氮、铵氮、氟化物、氰化物、汞、砷、硒、镉、六价铬、铅、总大肠菌群
必测特征指标	生物学	菌落总数
	有机物表征	TOC、TVOC、BOD_5
	无机	总磷、总氮
选测特征指标	抗生素	磺胺类、大环内酯类、四环素类、氟喹诺酮类

土壤监测指标为 25 项,其中包括理化指标 8 项,无机指标 15 项,生物学指标 2 项,具体测试指标见表 9-2。

应根据测试对象的性质、含量范围及测定要求等因素选择适宜的测试方法和技术,同时兼顾承担地下水和土壤中有机污染物分析任务实验室的仪器水平和技术能力,首选通过行业认证的地下水和土壤监测机构。

表 9-2 规模化畜禽养殖场土壤监测指标一览表

指标类型	指标名称
理化指标	土壤含水量、土壤酸碱度、可溶盐、氧化还原电位、阳离子交换容量（CEC）、土壤颗粒级配、土壤有机质含量、土壤黏土矿物组成
无机指标	镉、铬、汞、砷、铜、铅、锌、镍、COD、总磷、硝酸盐氮、亚硝酸盐氮、氨氮、氟化物、氰化物、硫化物
生物学指标	细菌总数、总大肠杆菌

4) 监测频次

须在丰水期、枯水期各进行一次样品采集,采样前做采样计划。

9.2 典型规模化畜禽养殖场的基本概况

该规模化养殖场为外资企业,本次研究总投资 3000 万美元(23227.5 万元人民币),占地 $35 \times 10^4 m^3$,建设于 2007 年,于 2009 年 4 月投入运营。主要从事饲养奶牛,从新西兰引进优良奶牛品种,销购奶牛、牛犊,销售牛奶等,养殖奶牛 5000 头,每年向市场提供 $2.5 \times 10^4 \sim 3 \times 10^4 t$ 鲜牛乳,现有职工 120 人,实行三班倒制。本书采取集约化养殖方式,在较小的场地内,投入较多的生产资料和劳动,采用先进的工艺技术措施,饲养繁育良种奶牛,生产新鲜奶牛。本场地东侧、南侧及北侧为农田,西侧为农田和鱼塘。

9.2.1 生产工艺及工程

该养殖场奶牛从新西兰引进,经兽医卫生监督部门检疫确定为健康合格后,开始饲养、繁育、产奶。牧场正常营运时,将按照一定的选种选配计划、留犊计划进行繁殖。采用干清粪养殖工艺,奶缸每天清洗一次,所产原鲜奶直接外售至奶制品加工生产厂家,场区不进行乳制品加工生产。

1. 场区平面布置

该养殖场工程建设内容主要包括牛舍、运动场地及挤奶、待产治疗等生产用房建设,养殖办公及配套公用辅助工程建设,场区内外道路建设等(图 9-2)。

场区总平面布置实现生产区、生活管理区的隔离。场区的平土方式采用连续式,场区西部为项目的主体部分,主要为牛舍、挤奶业务厅和病牛舍,主要包括:犊牛舍、小母牛舍、泌乳牛舍、育成牛舍、病牛舍、康复区及挤奶业务厅等。

场区东侧北部为储存区和废水处理区,主要包括:干草仓、青储饲料、日用品库和废水

图 9-2　典型规模化畜禽养殖场平面布置示意图

池等。

场区东侧中部为配料堆制混合车间和粪便堆肥场。设立 8 个地下储尿罐,均分布于牛舍区的地下。

本次研究用地的东侧南部为办公区及辅助工程,主要包括:办公室、食堂、宿舍、浴池、足球场等。

2. 生产工艺及工程分析

该养殖场生产工艺可概括为四个主要环节:①备料过程;②饲养过程;③挤奶过程;④牛排泄物处理及肥料生产过程,生产工艺流程如下。

(1)备料过程:采用精饲料和粗饲料相结合的方式进行饲养,精料由饲料加工厂提供,粗料一般是草料、秸秆等,均由周边的粗料破碎加工场购进。

(2)饲养过程:采用 TMR 加料法(“全混合日粮”)喂养,即根据奶牛的营养配方,将切短的粗饲料及矿物质、维生素各种添加剂在饲料喂养车内充分混合而得到的一种营养平衡日粮,也称“全价日粮”。饲料槽与饮水器分建。

(3)挤奶过程:挤奶方式采用机器挤奶(直冷式奶缸挤奶机)。挤奶机系由真空泵和挤奶器两大部分组成。前者主要包括真空泵、电动机、真空罐、真空调节器、真空压力表等;后者由挤奶桶、搏动器(或脉动器)、集乳器、挤奶杯和一些导管及橡皮管所组成。

乳汁由挤奶杯通过挤乳器,由管道直接流入储奶罐,与外界完全隔绝;且能根据乳流自动调节挤奶杯的真空压力,挤净后可自动脱落,不致“放空车”,整个过程中牛奶与空气接触的时间不超过 3 分钟。储奶罐由不锈钢制成,罐为夹层,内有蛇形管,通以冷水,罐内有电动搅拌器 2 个,可使牛奶温度迅速降低到6℃左右,有效保证牛奶的营养成分。

消毒方法:由人工操作,采用乳头消毒液(碘式剂与甘油的比例为 3∶1)浸泡乳头,先用温水洗净乳房,其次用消毒液浸沾乳房,再上乳杯挤奶。挤奶完毕后用乳头消毒液浸泡乳头数秒。

(4)牛粪处理:本场牛粪处理方法分为两种。

一种是将牛舍中的牛休息区及运动区依次铺上草垫、石灰和锯末,使牛粪尿排至最上层时,其水分很快被吸干。养殖人员定期用翻土机对混合层进行搅拌并清理出多余的混合粪便。搅拌后松软的混合物作为牛舍牛休息区的铺垫层,清理出的混合粪便运至肥料处理场。

第二种是奶牛在食槽边活动产生的牛粪。食槽附近的地面采用栅格地板,格扇下部为斜面粪台及排尿沟,牛粪便经格栅缝漏入地下后,尿液流入排尿沟并汇入畜尿罐进行沤肥,固体粪便留在粪台上,经刮粪机定期刮除后送入堆肥场。经过添加菌种、堆肥干化的牛粪移入发酵棚发酵处理形成有机肥。

9.2.2　项目主要地下水污染源及防治措施

本次研究为畜牧里的奶牛饲养业,分析项目资料及工程可知,项目的地下水污染源主要有废水、固体废物等污染源,本节对这些污染源的种类、来源、项目采取的措施等方面进行整理介绍。

1. 水污染物排放状况及防治措施

1)项目给水、排水平衡

本场区用水主要为人畜生活用水、养殖场冲洗用水。水源由场区内自备的250m深水井供给,机井出水量可满足用水需求。本场区排水系统实施雨污分流。场区污水经污水处理系统处理达到《农田灌溉水质标准》后,排入灌溉干渠,作为农作物的灌溉用水。

2)废水排放及防治措施

本场区采用干清粪工艺,废水主要为生养殖废水(牛舍、牛体冲洗水、尿液、挤奶、储奶设备清洗废水)、牛尿及办公生活污水等。

A. 粪尿分离沟

牛舍旁建有粪尿分离沟,牛道冲洗水中除含有大量牛尿液和牛粪外,还含有部分垫草、垫砂和饲料。牛道冲洗水进入粪尿分离沟后,经过充分的沉淀从而达到较好的固液分离效果。前段分离出的是最沉的细砂,经晾晒后可循环使用,其次分离出饲料和牛粪残渣,清运至堆肥场进行堆肥,其余则进入污水处理站处理。

B. 隔油池、化粪池

生活用水主要为食堂、浴室、日常饮用及盥洗、水冲厕所等用水,生活污水产生量为4.2t/d,主要污染物为 COD、BOD_5、SS、动植物油、氨氮等。

本场区办公区及宿舍区产生的冲厕污水进入化粪池,食堂厨房含油废水经过隔油池进入隔油处理。化粪池由环卫部门定期清掏。经过化粪池处理的冲厕废水与食堂废水、洗浴废水等生活污水一同汇入养殖废水处理系统进行处理。

C. 污水处理站

根据《畜禽养殖业污染防治技术规范》(HJ/T 81)要求,畜禽养殖过程中产生的污水应坚持种养结合的原则,经无害化处理后尽量充分还田。该典型规模化畜禽养殖场根据区域环境及农林经济发展水平,实行"肥水归田"的资源化利用。

2. 固体废物排放情况及防治措施

本场区固体废物来源主要为:牛粪便、病死牛尸体、污水处理设施污泥、医疗垃圾及办公生活垃圾。

1) 牛粪便

奶牛养殖场采取干法清粪工艺,人工将牛粪及时、单独清出,本次研究牛粪产生量约65700t/a。

牛舍中混合有锯末、石灰、干草的牛粪厚度堆至 0.5m 时,用拖拉机式装载机清理,并在堆肥场地进行自然堆肥。

粪尿分离沟内分离出的牛粪在混凝土沟内最多储存 2 个月,然后用挖掘机清理,并运至堆肥场地进行自然堆肥。粪便在堆肥场内的堆制时间约为 3 周。粪肥为有机肥料,卖给周边农户。

粪尿分离沟内分离出的牛尿通过大直径管道排入 8 个地下储尿罐,每个储尿罐的容积为 5000L,总容量为 40000L。牛尿在储尿罐中储存,每两个月清理一次系统,并由 20000L 的油槽汽车运至周边农户的储肥池。农户用水稀释纯牛尿,即生产天然的氮肥,该氮肥可直接施用于耕地或饲料作物。

本场区内建设牛粪储存区,储存区地面进行水泥硬化并采取避雨措施,防止因粪便渗露、雨水淋融对周围环境造成污染危害;同时,本场区还建设粪便储存池,以便储存不能及时出售的粪便;储存池采取密闭、防渗措施,防止粪便渗漏、散落、溢流、雨水淋失、散发恶臭气味等。牛粪收集后堆放在干化池中干化,渗滤液排入污水处理站,干粪移入发酵棚发酵处理形成有机肥。

2) 病死牛尸体

根据《畜禽养殖业污染防治技术规范》要求,本场区设置两个安全填埋井,用于处置奶牛饲养过程中因疾病等原因死亡而产生的尸体。填埋井为混凝土结构,容积不小于 15m³,井口加盖密封。进行填埋时,在每次投入尸体后,应覆盖一层厚度大于 10cm 的熟石灰。井填满后,用黏土填埋压实并封口。

3) 污水处理设施污泥

污水处理设施污泥的主要成分为粪渣,产生量约 65.9t/a,定期清运至牛粪储存池,与牛粪一同堆制有机肥,施用于周边农田。

4) 医疗垃圾

本场区医疗室医疗垃圾的产生量约 0.5t/a,定期交给医用废弃物处理公司进行安全处置。

5) 办公生活垃圾

办公生活垃圾的产生量约 27t/a,集中收集,定期送往垃圾填埋场填埋处置。

本场区运营过程中产生的所有固体废物采取自身消化和综合利用措施,杜绝其外排;处置措施符合固体废物的减量化、资源化、无害化原则。

3. 本次研究防渗漏措施

本场区前期资料显示,针对主要的地下水污染源采取了地面防渗漏措施,主要采取的措施如下。

(1)为防止养殖废水中的污染物经土壤入渗污染地下水,粪便堆肥平台采用 C30 混凝土,抗渗标号为 S8,污水收集储存系统的池壁、池底均采用高密度聚乙烯(HDPE)防渗材料,污水处理池内外壁和底板地面顶面均采用 1:2 防水水泥砂浆抹面,抹面厚 20mm。

(2)为了防止厂区内加油站及油库油污遗撒造成油污入渗扩散,最终污染土壤和地下水,拟采取如下措施:在储罐周围修建防油堤,防止成品油意外事故渗漏时造成大面积的环境污染,防油堤的内表面、油罐区地面要求采用 C30 混凝土,防渗标号为 S8。对储油罐内外表面、输油管线外表面做好防渗防腐处理,采用环氧煤沥青加强级防腐处理。储油罐周围设置防渗漏检查孔,安装监控装置,及时发现油罐渗漏情况,防治油品泄漏污染地下水污染。

4. 地下水主要污染源特征

根据本次工作安排,对养殖场产生的养殖废水(HTRW001)及养殖场污水处理站出水(HTRW002)取样分析化验,以了解养殖废水中污染物的种类及浓度,从而分析本项目污染源的主要污染物及浓度,同时为后续的地下水污染评价等识别主要特征污染物,监测项目同本次地下水监测项目一致。结果分析项目养殖废水水化学类型为 HCO_3-Na·K 型水,经过处理后,水化学类型为 SO_4-Na 型水。

本场区为养殖行业,其最主要的地下水污染途径是其养殖废水渗漏或排放对地下水的影响,为此对养殖废水原水进行分析,分析方法为养殖废水监测指标大于地下水质量标准(Ⅲ类标准),即识别为主要指标,在后续评价中重点进行现状及污染评价,使得本次工作更具针对性及科学性。

经过对本养殖场进水的分析,常规指标中氯化物、总硬度、溶解性总固体、铁、锰、挥发性酚、耗氧量、铝等 8 项监测指标均出现一定程度的超过标准的现象,而有机指标考虑检出即作为主要评价项目,本次评价有机指标主要检出为萘、蒽、荧蒽、苯并[b]荧蒽、苯并[a]芘、1,2-二氯乙烷、苯、甲苯等 8 项。

9.3　环境水文地质特征

9.3.1　气象与水文

本场区位于北半球暖温带,靠近渤海,属于内陆海湾,受海洋影响较小,主要受季风环境支配,属暖温带大陆性季风气候,四季分明,春季干旱多风;夏季炎热多雨;秋季晴朗气爽;冬季寒冷干燥。全年平均日照 2820.2h,年平均气温 10.9℃。年平均降水量 600.6mm,最高年降水量 981.8mm,最低年降水量 322.6mm,日最大降水量 219.5mm。降水日数为 101 天,80% 左右的降水量集中在 7~9 月,平均为 468mm,春季十年九旱,平均降水为 64.6mm,只占年降水量的 10.4%。多年平均蒸发量 2295.2mm,平均最高蒸发量 2650.6mm,平均最低蒸发量 1736.5mm。区内地表水系发育,经由本场区的大型河流四条,周边分布有农田灌溉水渠。

9.3.2　地形地貌

本场区所处区域地势低平,地面坡度为 1/10000 ~ 1/5000,北高南低,一般地面高程为 1.5 ~ 3.5m,中东部略高。受河流、湖沼影响,洼地遍布,地貌上为冲积平原前缘与滨海平原交错带,主要微地貌有冲积洪积平原、海积冲积平原及河湖淤积洼地。本次调查目标所处地貌单元为冲积海积平原区,地势北高南低,地形坡降小于 2‰,地势平坦,地形简单,地貌类型单一。

9.3.3　地质条件

本场区所在区域上覆第四系松散沉积物为海陆相交互沉积,岩性主要为粉质黏土、淤泥质粉质黏土、中砂、细砂等,总厚度 550m 左右,各层之间沉积连续,浅部地层岩性岩相变化大,下伏新生界古近系和新近系地层。

1. 第四系沉积层(Q)

(1)全新统(Q_4):为海积、沼积的粉质黏土等组成,厚度约 20m,底界埋深约 20m,主要岩性为粉质黏土、粉砂,上部多为淤泥质粉质黏土和粉质黏土。

(2)上更新统地层(Q_3):为海积、冲积成因的粉质黏土、细砂及粉细砂等组成,底板埋深 240m 左右,厚度约 220m。

(3)中更新统地层(Q_2):为海积、湖积成因地层组成,底板埋深 350m 左右,厚度约 110m,上部岩性为细砂、粉土、粉细砂;下部岩性为粉质黏土和细砂。

(4)下更新统地层(Q_1):由湖相沉积及陆相冲积成因粉质黏土、细砂、中砂互层,底板埋深 550m 左右,厚度约 200m。

2. 新生界古近系和新近系

第四系地层下伏地层为新生界古近系和新近系,岩性主要为泥岩、页岩及粉砂岩等。基底地层为石炭–二叠系地层(C-P),岩性为砂页岩等。

9.3.4　水文地质条件

1. 调查评价区水文地质分区

调查评价区位于滨海河流淤积冲积水文地质区内。资料显示,本区位于咸淡水分界线以南,为有咸水分布范围,调查区内咸水层底板埋深 30 ~ 50m,属滨海冲积、海积平原水文地质区。调查评价区内的第四系地下水,根据地下水赋存条件和含水介质的不同,将第四系地下水系统划分为 4 个含水组,并将其划分为浅、深两个地下水系统。浅层地下水系统主要包括第Ⅰ含水层组,深层地下水系统包括第Ⅱ、Ⅲ、Ⅳ含水层组,由水文地质剖面图可以看出,第四系地下水系统为砂层与黏性土构成的多层结构的含水系统。

1) 第Ⅰ含水组

该含水组主要赋存于全新统之中,水质为咸水,含水组层底埋深在 20～30m,岩性为黏性土夹粉砂、细砂等多层结构,其中砂层厚度不稳定,单层厚 0～3m,一般 2～3 层,累积厚度 5.5m。含水组水力性质为潜水-微承压水,水位埋深 1～3m。该含水层单位涌水量 ≤ 5.0m³/(h·m),年水位变幅较小。

主要地下水化学类型为 SO₄·Cl-Na·Mg、Cl·SO₄-Na·Mg、Cl-Na 型,矿化度 2～18g/L。本次工作项目区内实测浅层水水位埋深 1.1～2.1m,补给来源主要是大气降水、地表水的入渗及灌溉回归,主要排泄方式为蒸发及越流补给下伏含水层,水位水量随季节变化明显,水位年变幅 0.5～0.8m。

2) 第Ⅱ含水组

主要赋存于上更新统至中更新统之中,分布于第Ⅰ含水组下部,调查评价区内第Ⅱ含水组层底埋深 240m 左右,厚度 220m 左右。在调查评价区内第Ⅱ含水组分为上部咸水亚组（Ⅱ₂¹）、下部淡水亚组（Ⅱ₂²）。

A. 咸水亚组（Ⅱ₂¹）

调查区内含水层以粉细砂-细砂为主,调查评价区内该层厚度在 5m 左右,单位涌水量小于 3m³/(h·m),咸水底界埋深 30～50m,年水位变幅较小;水化学类型主要为 SO₄·Cl-Na·Mg、Cl·SO₄-Na·Mg、Cl-Na 型,矿化度 ≥2g/L。

B. 淡水亚组（Ⅱ₂²）

调查区内含水层以粉细砂-细砂-中细砂为主,砂层累计厚度在 60m 左右。单位涌水量 8～14m³/(h·m),含水层导水系数 400～600m²/d,年水位变幅大,地下水水位持续下降,目前最深已降至地表以下 40m 左右,主要受开采的影响,为较强富水含水层。主要为 HCO₃-Na、HCO₃·Cl-Na 型水,矿化度 ≤1g/L。

Ⅱ组水的主要补给来源是上游径流补给,少量的浅层水及咸水的越流补给,其动态受补给和开采共同影响,咸水分布区第Ⅱ含水组地下水补给微弱,多年来超量开采,水位逐年下降,Ⅱ组水超量开采已引起了大面积地面沉降等环境地质问题,目前第Ⅱ含水(层)组是地下水开采的主要含水层。

3) 第Ⅲ含水组

分布于全区,主要赋存于下更新统上段之中,底板埋深 350m 左右,厚度 110m 左右,为承压淡水组。含水层以细砂-粉细砂为主,砂层累计厚度多在 52m 左右,单位涌水量 3～8m³/(h·m),含水层导水系数 200～300m²/d,为中等富水含水层。主要地下水化学类型为 HCO₃·Cl-Na、HCO₃-Na 型,矿化度 0.5～1g/L,为淡水。水动力条件为承压水。由于Ⅲ组水埋藏较深,补给甚微,目前开采以消耗储存资源为主。主要接受侧向径流补给及上部含水层的越流补给,第Ⅲ含水组是当地生产生活用水的重要地下水开采层,排泄方式主要为人工开采和侧向流出。

4) 第Ⅳ含水组

分布于全区,主要赋存于下更新统下段之中,底板埋深 550m 左右,厚度 200m 左右。含水层以细砂-中砂-砂砾石等为主,砂层累计厚度多在 80m,单位涌水量 3～5m³/(h·m),含

水层导水系数 $100 \sim 250 \mathrm{m}^2/\mathrm{d}$，为弱富水含水层。主要地下水化学类型为 $HCO_3 \cdot Cl$-Na、$Cl \cdot HCO_3$-Na 水，矿化度 $0.5 \sim 1\mathrm{g}/\mathrm{L}$。Ⅳ组水补给微弱，动态受开采影响。

2. 浅层地下水补径排特征

1）补给及径流

浅层地下水以湖沼、渠、河流的渗漏补给和农田灌溉回归入渗补给为主，同时接受大气降水入渗补给。由于含水层颗粒逐渐变细，地下水径流条件较弱，地下水径流方向总体为由北西向南东流。

2）排泄

（1）潜水蒸发：蒸发是浅层水的主要排泄方式；向下伏含水层越流也是一种排泄形式。其他形式如部分地下水在水位高于地表水水位时，可排泄到河流、洼淀中；全区浅层地下水没有较大规模的开采。因此，浅层地下水的人工排泄所占权重极微。

（2）越流补给：咸水通过弱透水层越流时，是一个缓慢的过程，相对量小，越流水体存在着自净化作用和混合淡化作用。咸水体本身没有咸水补给源，处于自封闭状态。由于下伏第Ⅱ含水层组地下水水位的下降速度过快和下降幅度增大，两者的水头差越来越大，加之长期越流的缓慢入渗，改变了含水层介质条件和地下水动力场，使整体咸水体向下位移，这是咸水的主要排泄途径。

3. 深层地下水补径排特征

1）补给及径流

深层淡水主要接受地下水侧向径流补给和上部水的少量越流补给。地下水侧向径流向区内降落漏斗中心倒灌也是深层淡水的一种补给形式。由于含水层颗粒逐渐变细，地下水径流条件较差，径流方向总体为由北西向南东流。

2）排泄

（1）人工开采：人工大规模开采深部地下水，是深层淡水的主要排泄方式。集中的排泄区在县（区）东南部芦台镇及汉沽农场地带。

（2）越流：深层淡水各含水层组之间存在着越流和弹性压缩释水，也是含水层组的一种排泄形式。

9.3.5　地下水开发利用现状

据资料与相关文件，目前调查评价区属于深层地下水严重超采区。调查区全境有深水井 510 眼，浅井（第Ⅰ含水组）0 眼，地下水开采强度为 $5.8 \times 10^4 \mathrm{m}^3/\mathrm{km}^2$，机井密度为 3.42 眼/$\mathrm{km}^2$，其中浅水含水组水源井为咸水层，无开采利用情况，深层承压水含水组水源井为 2.49 眼/km^2。

区内地下水开发利用程度较大，主要为农业开采、生活和工业用水，其全部的地表水（提水工程）都用于农业灌溉，主要取水层位为深层承压水（主要开采层为第Ⅱ含水组，其次为第Ⅲ含水组）。

9.4　调查方案与程序

9.4.1　调查区范围的确定

依据国家统一要求,结合本场地周边环境水文条件,确定本次工作调查区范围为 $30km^2$。

9.4.2　资料收集与现场踏勘

1. 资料收集及现场调查访问

根据本调查工作的要求,在前期工作工程中,对基础资料及文件进行了收集,需要收集的资料包括可行性研究报告、环境影响评价报告、工程地质勘察报告等。实际工作工程中,收集到本次研究资料主要有:项目环境影响评价报告书、突发环境事件应急预案,同时项目还收集到区域地质调查报告、水文地质勘察报告等资料 4 份,为工作的开展及环境水文地质条件的了解提供了基础资料。

技术组自 2015 年 5 月确定本次研究为重点调查污染源,在现场调研过程中,针对前期资料收集过程中无法获得的基本信息和不能确定是否准确的部分信息,调查组采用人员访问方法对所需信息进行补充。受访人员包括牧场运行管理人员及工作人员、场区附近居民等,进一步确定了部分基本信息。

2. 资料收集及现场调查访问

该公司养殖及生活用水均利用场地内的自备深水井,经了解,本次研究有地下水水井 2 眼,分布位于场地西侧、南侧,井深均为 250m,取水段 140～235m,取水段含水层岩性以中细砂、细砂、粉细砂等为主,取水层位为第四系松散岩类孔隙承压水,开采量为 $800m^3/d$,年取水量约为 $29×10^4m^3$。两眼水井均设置有井房,安装有潜水泵等抽水设施。

经了解,公司将 2 眼深层地下水水井作为常规监测点进行监测,监测频率为一年 1 次,监测方式为外委有资质单位进行。

3. 调查评价区地下水环境敏感目标

根据地下水所赋存的地质条件和地层时代、地下水动力场和水化学条件、地下水的开采利用条件等因素,区内农业灌溉和工业、城市生活用水主要来自第四系地下水系统,由于该地区处于滨海平原区,其浅层地下水为咸水,开发利用情况少,无开发利用价值,调查评价区开采地下水以深层承压地下水为主,主要的地下水开采层位为第 Ⅱ、Ⅲ 含水岩组,即地表以下 400m 以浅层地下淡水为主。

本场区位于区域地下水位大型降落漏斗内,受该漏斗的影响,调查区内深层地下水流向以向漏斗中心汇流为主,其中本次研究所在地地下水流向主要受到附近农场集中开采区的影响,地下水流向呈现自东北向东南流动的特征。

同时对调查评价区内存在的地下水敏感点进行统计,调查区内存在 8 处农村分散饮用水源地地下水环境敏感点,这些地下水敏感点均以开采深层地下水为主,井深多在 400m 以内,多为第 Ⅱ + Ⅲ 含水组混合开采,同时调查评价区内也未出现浅层地下水开采利用的情况。

9.4.3　地下水监测井布设

1. 地下水监测井设置

本次工作主要调查目的层为项目场地下第四系浅层地下水,为此 2015 年,技术组在该公司内建设完成 5 眼浅层地下水监测井(表 9-3)。

表 9-3　典型规模化畜禽养殖场地下水监控井基本情况一览表

编号	位置	监测含水层	监测功能	流场	井结构				
					井深 /m	井径 /mm	取水段 /m	井管管材	含水层岩性
HTRQ01#	西侧围墙	Ⅰ含水组	扩散井	两侧	20	200	2～16	PVC	细砂
HTRQ05#	东侧围墙	Ⅰ含水组	扩散井		20	200	2～16	PVC	细砂
HTRQ02#	南侧围墙	Ⅰ含水组	污染源监控井	下游	20	200	2～16	PVC	细砂
HTRQ03#	固液废弃物堆场附近	Ⅰ含水组	污染源监控井		20	200	2～16	PVC	细砂
HTRQ04#	北侧围墙	Ⅰ含水组	背景井	上游	20	200	2～16	PVC	细砂
HTRS01#	项目西南	Ⅱ含水组	功能监控井	下游	250	300	140～235	钢管	中细砂

本次完成的 5 眼地下水监测井均为浅层地下水水质监测井。设计井深度均为 20m,成井井径 200mm,井管材质为优质 PVC 管,井管总长 20m,其中滤水管长度为 16.0m,沉淀管长度为 2.0m;自地表 2.0m 以下填砾料,采用粒径 2～4mm 的冷口大砂,2.0m 以上填充优质红黏土球止水封闭;根据含水层特性和监测井井身结构,本次洗井方法采用空气压缩机和水泵联合洗井;洗井结束后,在井口设置了保护装置。监测井位置见图 9-3。

同时调查发现,当地生活及工业用水基本以开采深层地下水为主,开采深度多在 400m 以内,本次研究有自备井 2 眼,开采深层承压水(第 Ⅱ 含水组),井深 250m 左右,因此兼顾当地开发利用的含水层基本情况,在厂区内设置 1 眼深层地下水监测井,以分析项目对深层地下水的影响。

2. 样品监测项目

规模化畜禽养殖场地下水监测指标为 98 项,其中包括基本指标 44 项,有机监测指标 54 项,具体测试指标见表 9-4。

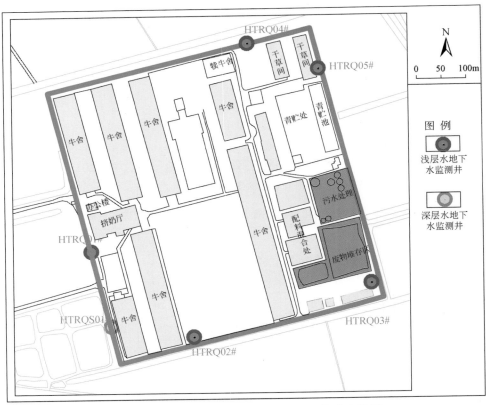

图 9-3　典型规模化畜禽养殖场地下水监控井布设图

表 9-4　典型规模化畜禽养殖场地下水监测指标一览表

指标类型		指标名称
基本指标		钾、钙、钠、镁、硫酸盐、氯离子、碳酸根、碳酸氢根、pH、色、嗅和味、浑浊度、肉眼可见物、总硬度、溶解性总固体、铁、锰、铜、锌、挥发性酚类、高锰酸盐指数、硝酸盐氮、亚硝酸盐氮、氰化物、汞、砷、硒、镉、六价铬、铅、钡、镍、钴、偏硅酸、锂、锶、硼酸盐（以 B 计）、锑、钒、铝、银、总碱度、总酸度、游离二氧化碳
有机物表征指标	挥发性有机物	萘、苊烯、苊、芴、菲、蒽、荧蒽、芘、䓛、苯并[a]蒽、苯并[b]荧蒽、苯并[k]荧蒽、苯并[a]芘、茚并[1,2,3-cd]芘、二苯并[a,h]蒽、苯并[g,h,i]芘、六氯苯、总六六六、α-六六六、β-六六六、γ-六六六、δ-六六六、总滴滴涕、p,p′-DDE、p,p′-DDD、o,p′-DDT、p,p′-DDT
	半挥发性有机物	氯乙烯、1,1-二氯乙烯、二氯甲烷、反式 1,2-二氯乙烯、顺式 1,2-二氯乙烯、三氯甲烷、1,1,1-三氯乙烷、1,2-二氯乙烷、四氯化碳、苯、三氯乙烯、1,2-二氯丙烷、溴二氯甲烷、甲苯、1,1,2-三氯乙烷、一氯二溴甲烷、四氯乙烯、氯苯、乙苯、间、对二甲苯、苯乙烯、邻二甲苯、溴仿、1,3-二氯苯、1,4-二氯苯、1,2-二氯苯、1,2,4-三氯苯

9.5　地下水质量与污染评价

9.5.1　监测项目检出率分析

1. 检出率分析方法

分别对本次工作采集的 5 件浅层地下水水样、5 件深层地下水水样的监测结果进行检出率的分析,地下水测试样品中的监测指标以检出率分析评价其水质状况,计算公式如下:检出率=检出样品总数/样品总数×100%。

2. 浅层地下水检出率情况

对取得的浅层地下水水质化验数据进行统计分析,项目水样化验项目达 98 项,根据总体统计结果,其中检出指标 41 项,占总指标的 41.8%,其中检出率达到 100% 的指标有 32 项,占总检测指标的 32.7%。根据统计分析,分别从常规检测指标、有机检测指标两个方面对检出率情况进行分析。

1) 常规指标检出状况

通过对常规指标检出值的统计分析,项目共进行 44 项常规指标检测工作,共有 30 项检测指标检出,K^+、Na^+、Ca^{2+}、色度、浑浊度、总硬度、溶解性总固体、耗氧量等 25 项监测因子检出率为 100%,亚硝酸盐、铅等 5 项监测因子检出率在 40% ~80%,共有碳酸盐、肉眼可见物、嗅和味、锌、氰化物、硝酸盐、汞、镉、铬、硒、镍、钴、锑、银等 14 项监测因子未检出。

2) 有机指标检出状况

萘、苊烯、苊、芴、菲、蒽、荧蒽、芘、苯并[a]芘、1,2-二氯乙烷、氯苯等 11 项指标有检出,检出率为 60% ~100%,其余 43 项指标未检出。

3. 深层地下水检出率情况

对取得的深层地下水水质化验数据进行统计分析,项目水样化验项目达 98 项,根据总体统计结果,其中检出指标 32 项,占总指标的 32.7%,其中检出率达到 100% 的指标有 22 项,占总检测指标的 22.4%。根据统计分析,分别从常规检测指标、有机检测指标两个方面对检出率情况进行分析。

1) 常规指标检出状况

通过对常规指标检出值的统计分析,项目共进行 44 项常规指标检测,有 25 项检测指标检出,总硬度、溶解性总固体、耗氧量等 22 项监测因子检出率为 100%,亚硝酸盐、碳酸盐等 3 项监测因子检出率在 20% ~80%,共有锌、氰化物等 22 项监测因子未检出,检出率 0。

2) 有机指标检出状况

萘、芴、菲、荧蒽、芘、苯并[a]芘、1,2-二氯乙烷等 7 项指标有检出,检出率为 60% ~100%,其余 47 项指标未检出,见表 9-5。

表 9-5 典型规模化畜禽养殖场有机指标检出及含量状况表

监测因子		单位	检出限	最大值	最小值	检出率/%	标准偏差
半挥发性 有机物	萘	ng/L	10	19.435	未检出	60	8.30
	芴	ng/L	10	61.406	未检出	20	24.56
	菲	ng/L	10	232.587	未检出	60	90.84
	荧蒽	ng/L	10	50.419	未检出	20	20.17
	芘	ng/L	10	46.48	未检出	20	18.59
	苯并[a]芘	ng/L	2	2.884	未检出	80	1.11
挥发性有机物	1,2-二氯乙烷	μg/L	0.3	0.46	未检出	20%	0.18

9.5.2 地下水环境质量评价

1. 地下水评价指标

评价指标按参考《地下水质量标准》(GB/T 14848)确定,同时按照本次监测指标及项目特征,最终确定参加本次评价的项目为 pH、硫酸盐、氯化物、钠、总硬度、溶解性总固体、铁、锰、铜、锌、挥发性酚类、高锰酸盐指数、硝酸盐氮、亚硝酸盐氮、氰化物、汞、砷、硒、镉、六价铬、铅、钠、铝等21项。

2. 地下水单因子质量评价结果

1)浅层地下水单指标质量评价

(1)由浅层地下水单指标评价结果统计表可知,本次研究各监测因子以Ⅰ类指标为主,占到52%,其次是Ⅱ类、Ⅲ类,各占3%、6%,Ⅳ、Ⅴ类指标各占20%、19%,由于该养殖场位于滨海冲积海积平原区的咸水分布区,浅层地下水为咸水,其地下水环境天然状态较差,本次研究Ⅳ、Ⅴ类指标出现较多,两类指标合计占到39%。

(2)由各监测指标分析,养殖场浅层地下水中共有8项因子出现Ⅴ类指标,其中钠、氯化物等2项指标评价结果都为Ⅴ类,其次为溶解性总固体(4眼),硫酸盐、高锰酸盐指数(2眼),其余有Ⅴ类指标检出的有铁、挥发性酚类、铝等3项指标。养殖场浅层地下水中共有10项因子出现Ⅳ类指标,其中锰Ⅳ类指标最多,检出约4眼,其次为铅、高锰酸盐指数、总硬度(3眼)。其余监测指标均为Ⅰ~Ⅲ类指标。

2)深层地下水单指标质量评价

由深层地下水单指标评价结果可知,本次研究各监测因子以Ⅰ类指标为主,占到84%,其次是Ⅱ类、Ⅲ类,各占11%、4%,Ⅳ、Ⅴ类指标两个只占1%。本次共调查浅层水井11眼,评价结果显示,共有1眼监测井出现Ⅳ类指标,有2眼监测井出现Ⅴ类指标。1项监测因子出现Ⅳ类指标,是硝酸盐氮;氟化物、铁等2项监测因子出现Ⅴ类指标。

3. 地下水综合评价结果

由本次确定的地下水质量综合评价方法,对项目厂区内地下水质量进行综合评价,结果表明：

（1）浅层地下水监测井地下水均为 V 类水，主要影响为钠、氯化物、硫酸盐、高锰酸盐指数、铁、挥发性酚、铝等 7 项指标，浅层地下水由于为咸水分布区，天然状态地下水环境差。

（2）深层地下水综合评价结果为Ⅲ～Ⅳ类，其中Ⅲ类水有 2 眼，Ⅳ类水有 3 眼，Ⅳ类水的影响指标主要为铁、砷、亚硝酸盐。

4. 地下水影响因子

1）Ⅳ类指标

由Ⅳ类水影响因子统计结果分析，以锰的影响因子最高，达到 80%，即在所有Ⅳ类水指标里最高，其次为总硬度、高锰酸盐指数、铅等影响因子为 60%，其余对Ⅳ类指标有影响的还包括硫酸盐、溶解性总固体、铁、挥发性酚、亚硝酸盐、铝等 6 项指标，影响因子在 20%～40%。

2）V类指标

由 V 类水影响因子统计结果分析，以钠、氯化物的影响因子最高，达到 100%，即全部监测井中钠、氯化物出现 V 类水，其次为硫酸盐、高锰酸盐指数等影响因子，为 40%，其余对Ⅳ类指标有影响的还包括铁、挥发性酚、铝等 3 项指标，影响因子在 20%。

9.5.3　地下水污染现状评价

1. 评价指标

根据国家统一要求，规模化养殖场项目地下水污染评价指标选择人类活动产生的有毒有害物质，结合本次地下水监测数据检出率的情况，确定本次评价指标为 7 项无机指标，6 项有机指标，详见表 9-6。

由于本次研究处于滨海平原地区，浅层地下水为咸水，周边以开采深层地下水为主，从区域水文地质来说，深层与浅层水之间水力联系不密切，且之间相对隔水层连续稳定，为此本次只将浅层地下水作为污染评价目的层。

表 9-6　典型规模化畜禽养殖场地下水污染评价指标分类表

指标类别	指标名称
无机重金属指标(7 项)	硝酸盐、亚硝酸盐、砷、镉、铬、铅、汞
其他有机指标(6 项)	萘、蒽、荧蒽、苯并[a]芘、1,2-二氯乙烷、氯苯

2. 地下水污染评价参数确定

常规监测因子的对照值参考 HTRQ004# 的监测值，依此进行污染评价，有机指标为天然环境下不存在或痕量存在的物质，因此在本次调查中以各监测因子的检出限作为对照值进行计算，评价参数见表 9-7。

表 9-7　典型规模化畜禽养殖场地下水特征指标污染评价参数表

序号	指标	单位	C_0 值		C_{III} 值	
			数值	来源	数值	参考标准
1	硝酸盐	mg/L	0.05		20	
2	亚硝酸盐	mg/L	0.2		0.02	
3	砷	mg/L	0.004		0.01	
4	镉	mg/L	0.001		0.005	
5	六价铬	mg/L	0.01		0.05	
6	铅	mg/L	0.005	无机指标以上游对照井 HTRQ004# 的监测值,有机指标以该组分的检出限	0.01	《地下水质量标准》(GB/T 14848)III 类水标准
7	汞	mg/L	0.0001		0.001	
8	萘	ng/L	10		1.0×10^6	
9	蒽	ng/L	10		3.0×10^6	
10	荧蒽	ng/L	10		4.0×10^6	
11	苯并[a]芘	ng/L	2		10	
12	1,2-二氯乙烷	μg/L	0.3		30	
13	氯苯	μg/L	0.1		300	

9.5.4　地下水污染评价结果

1. 地下水污染单指标评价结果

1)无机项目单指标污染评价结果

无机监测项目污染评价结果可知,无机指标以 I 未污染为主,出现 VI 类极重污染的指标为铅,出现频次为 2 眼,分别为 HTRQ003、HTRQ005;出现 IV 类指标(较重污染)的为铅,出现频次为 1 眼,为 HTRQ001;其余出现污染的为砷,分别出现 II 指标(轻污染)1 眼(HTRQ003),III 类指标(中污染)1 眼(HTRQ001)。

从无机监测项目单指标污染评价可知,本次研究无机指标污染较为严重,出现了铅指标的极重污染(VI 类)。

2)有机项目单指标污染评价结果

由有机项目单指标污染评价结果可知,由于天然状态下,有机项目基本不存在或痕量存在,因此只要检出就会呈现污染状态。由评价结果可知,监测指标污染评价以轻污染(II 类)、极重污染(VI 类)、未污染(I 类)等为主,轻污染(II 类)频率最高,其中氯苯项目全部为轻污染(II 类)。同时发现 1,2-二氯乙烷全部为极重污染(VI 类),也是有机监测指标中唯一出现的极重污染(VI 类)项目。

2. 地下水污染综合评价结果

本次研究对 4 眼地下水监测井监测结果进行综合污染评价统计后,项目 4 眼监测井全部呈现极重污染(VI 类)的现象,这 4 眼监测井为本次研究的污染扩散监测井、污染源监控井,属于本次研究可能影响到的监测井,以 1,2-二氯乙烷的影响最大,4 眼监测井全部呈现极重污染(Ⅵ类),铅为 2 眼。

9.6　典型规模化畜禽养殖场地下水环境问题识别

9.6.1　地下水主要环境问题

养殖场内浅层地下水综合评价结果均为 Ⅴ 类水,主要影响为钠、氯化物、硫酸盐、高锰酸盐指数、铁、挥发性酚、铝等 7 项指标,

浅层地下水存在钠、氯化物、硫酸盐、总硬度、溶解性总固体、铁、锰、挥发性酚、高锰酸盐指数、亚硝酸盐、铅、铝等 12 项指标超标现象(以《地下水质量标准》(GB/T 14848)报批稿的 Ⅲ类标准),钠、氯化物、溶解性总固体、高锰酸盐指数等 4 项指标,超标率为 100%。浅层地下水水样有机指标 1,2-二氯乙烷出现超标现象,超标率为 80%,其余有机指标虽有检出,但未超标。

本次研究 4 眼监测井全部呈现极重污染(Ⅵ类)的现象,这 4 眼监测井为本次研究的污染扩散监测井和污染源监控井,以 1,2-二氯乙烷的影响最大,4 眼监测井全部呈现极重污染(Ⅵ类),铅为 2 眼。

调查评价区内深层地下水检出铁、亚硝酸盐、砷等 3 种项目超标。深层地下水水样有机污染指标中无指标超标。

9.6.2　地下水环境问题成因分析

本次研究浅层地下水出现超标及污染的现象,根据本次调查结果分析,主要集中在三个方面。

1. 原生背景较高

本次研究位于滨海平原区,地层由冲积海积地层组成,地层形成过程中含有大量的动植物存留,该地还受到咸水入侵影响,为咸水分布区,其浅层地下水中钠、氯化物、硫酸盐、总硬度、溶解性总固体、高锰酸盐指数等指标监测数值原本就高,因此本次研究部分指标数值高及超标,是受原生地质环境影响。

2. 企业生产过程的跑冒滴漏

由于本次研究为养殖业,养殖废水、动物粪便等难免出现跑冒滴漏或不当堆放等情形,或出现粪便堆场防渗层、粪尿收集池、养殖废水处理设施的防渗等情况,同时本次研究场地地下水埋深浅,地表污染物极易通过包气带进入地下水中,由于本次研究浅层地下水水力坡度小,地下水流动性能差,基本处于滞留状态,污染物渗入后,扩散速度慢,容易在小区域范围内形成高浓度的污染晕。

3. 地表水入渗及农业面源污染

本次研究位于滨海平原区,周边排水渠、鱼塘较多,地表水体水源复杂,既有地下水、上

游水库及河流来水,又有周边村庄生活污水的汇入,水质变化较大,加上周边浅层地下水埋深浅,地表水入渗也是区域浅层地下水的主要补给源,因此浅层地下水水质已受到地表水体的影响。同时本次研究周边为农田,部分地区种植水稻,农药化肥的使用,通过淋滤及灌溉入渗会对浅层地下水产生面源的污染,其中以三氮影响最大。

9.7　典型规模化畜禽养殖场地下水环境保护的建议

9.7.1　加强地下水环境监测

1. 地下水监测井布设

根据本次工作的结论,按照《地下水环境监测技术规范》(HJ/T 164)的要求,结合该公司厂区的实际情况,以本次工作施工的水质监测井为基础。建议后期地下水环境管理的地下水污染监测系统拟布置水质监测井 6 眼,地下水监测孔位置、孔深、监测井结构、监测层位、监测项目、监测频率等详见表 9-8。

表 9-8　典型规模化畜禽养殖场地下水监控计划一览表

孔号	监测孔位置	功能	相对流场方位	监测层位	监测频率	监测项目
HTRQ01#	西侧围墙	扩散井	两侧	第Ⅰ含水层	枯(3~5月),平(11月至次年1月),丰(7~9月)三期监测	除要求之内的还必须包含:钠、氯化物、硫酸盐、总硬度、溶解性总固体、铁、锰、挥发性酚、耗氧量、亚硝酸盐、铅、铝、萘、蒽、荧蒽、苯并[a]芘、1,2-二氯乙烷、氯苯
HTRQ05#	东侧围墙	扩散井	两侧			
HTRQ02#	南侧围墙	污染源监控井	下游			
HTRQ03#	固液废弃物堆场	污染源监控井	下游			
HTRQ04#	北侧围墙	背景井	上游			
HTRS01#	项目西南侧	功能监控井	下游	第Ⅱ含水组		

2. 地下水监测项目

应根据该公司产生的特征污染物、反映当地地下水功能特征的主要污染物以及 GB/T 14848《地下水质量标准》中列出的项目综合考虑设定。本次工作建议确定的地下水环境监测项目为:除规范规定之内的还必须包含钠、氯化物、硫酸盐、总硬度、溶解性总固体、铁、锰、挥发性酚、耗氧量、亚硝酸盐、铅、铝、萘、蒽、荧蒽、苯并[a]芘、1,2-二氯乙烷、氯苯。

3. 地下水监测频率

地下水污染监控井为年内枯水期、平水期、丰水期三期监测,每年 3 次,当发生或发现地下水污染现象时,应加大取样频率,并根据实际情况增加监测项目。地下水监测采样及分析方法应满足《地下水环境监测技术规范》(HJ/T 164)的有关规定。

9.7.2　监测数据管理

　　上述监测结果应按本次研究有关规定及时建立档案,并定期向当地环保管理部门汇报,对于常规监测数据应该进行公开,满足法律中关于知情权的要求。如发现异常或发生事故,加密监测频次,改为每天监测一次,并分析污染原因,确定泄漏污染源,及时采取应急措施。

参 考 文 献

[1]　刘君,陈宗宇.利用稳定同位素追踪石家庄市地下水中的硝酸盐来源[J].环境科学,2009,6(30):1602-1606.

[2]　米玮洁,周义勇,朱端卫,等.养殖污水水体–沉积物中磷的化学行为[J].湖泊科学,2008,20(3):271-276.

[3]　于丹,张克强,王风,等.天津黄潮土剖面磷素分布特征及其影响因素研究[J].农业环境科学学报,2009,28(3):518-521.

[4]　黄志平,徐斌,涂德谷,等.规模化猪场废水灌溉农田土壤 Pb、Cd 和 As 空间变异及影响因子分析[J].农业工程学报,2008,24(2):77-83.

[5]　Jane L M,Richard D B,Roger J M,et al. Pathogens in livestock waste,their potential formovement through soil and environmental pollution[J]. Applied Soil Ecology,1995,5(25):1-15.

[6]　Sinton L,Finlay R,Pang L,et al. Transport of bacteria and bacteriophages in irrigated effluent into and through an alluvial gravel aquifer[J]. Water,Air & Soil Pollution,1997,98(1):17-42.

[7]　Quanrud D M,Carroll S M,Gerba C P,et al. Virusremoval during simulated soil-aquifer treatment[J]. Water Research,2003,2(37):753-762.

[8]　李大军.贵州农村人畜饮用水水质类型及保护对策探讨[J].水科学与工程技术,2007,(3):59-63.

[9]　薛强,梁冰,刘晓丽,等.土壤水环境中有机污染物运移环境预测模型的研究[J].水利学报,2003,(6):48-56.

[10]　高孝礼,杨敏娜,高翔云.地下水中有机污染物分析质量控制研究[J].地质学刊,2009,2(33):160-163.

[11]　张晶,张惠文,张秦,等.长期石油污水灌溉对东北旱田土壤微生物生物量及土壤酶活性的影响[J].中国生态农业学报,2008,1(16):67-70.

[12]　Barnes K K,Kolpin D W,Furlong E T,et al. Anational reconnaissance of pharmaceuticals and other organic wastewater contaminants in the United States groundwater [J]. Science of the Total Environment,2008,9(402):192-200.

[13]　王路光,朱晓磊,王靖飞,等.环境水体中的残留抗生素及其潜在风险[J].工业水处理,2009,5(29):10-15.

[14]　Jian-Minl W U,Kai W,Xue L C,et al. Evaluation on feed factors affecting the dung pollutants of livestock and poultry[J]. Amimal Husbandry and Feed Science,2009,1(8/10):14-16,19.

[15]　Lee S. Geochemistry and partitioning of tracemetals in paddy soil saffected by metal mine tailing in Korea[J]. Geoderma,2006,135:26-37.

[16]　Rodriguez L,Ruiz E,Alonso-Azcarate J,et al. Heavy metal distribution and chemical speciation in tailings and soils around a Pb-Zn mine in Spain [J]. Journal of Environmental Management,2009,90(2):1106-1116.

第10章　典型高尔夫球场地下水基础环境状况调查评估

　　高尔夫球场是高尔夫运动的载体,高尔夫运动的独特魅力是由现代高尔夫球场的人文自然性决定的。每个高尔夫球场都是一个有章法,有韵味,有魅力的,点缀大地的艺术品。现代高尔夫球场是现代社会良好的健身、休闲、社交、观光场所,是为人向往的消费场所。高尔夫运动是人与自然完美结合的体育休闲运动项目。高尔夫运动具有多种功能,能够满足人们的多种需求。高尔夫运动对于提高人们的身体素质和精神文化素养有积极作用。现代社会人们渴望提升生活质量,向往自然性休闲环境,热爱休闲运动方式,寻找高尚的社交渠道与方法,高尔夫运动与高尔夫球场可满足现代人这种需求[1]。

　　20世纪70年代以来,高尔夫运动开始风靡世界,发达国家高尔夫已从一项只有少数人参与的运动发展成为一项大众化的运动,高尔夫运动已成为发达国家中高收入阶层的精神文化生活的重要组成部分。目前,全世界已有36000多个高尔夫球场,不均匀地分布在119个国家,美国、日本、澳大利亚、加拿大、法国、英国等国家的高尔夫球场拥有量均超过1000个,全球累计有6000多万高尔夫运动参与者。在体育产业中,高尔夫球已成为与足球、网球并列的三大支柱产业。

　　1984年,新中国成立后第一个高尔夫球场——广东中山温泉高尔夫球场投入使用。随后,北京、上海、天津、深圳等城市相继建成了高尔夫球场。根据中华商务网发布的数据,到2005年,中国大陆有高尔夫球场236个,总占地49万亩。

　　最近20年,或许没有任何问题比高尔夫球场及其养护对环境的影响给高尔夫运动产生的影响和冲击更大了。为了得到高质量的草坪和良好的击球草坪面,高尔夫球场在建植和养护草坪过程中必然要进行施肥和施用杀虫剂、杀菌剂、除草剂等作业。而高尔夫球场草坪大多建植在透水性良好的砂壤土上,这些作业很可能会对环境产生威胁和影响。由于农业生产中施用农药化肥给环境带来了令人担忧的污染问题[2-6]并遭到环境组织和媒体的广泛批评,所以人们也开始担心或指责高尔夫球场运营过程中施用农药化肥会对环境的影响。

　　虽然公众、环境组织和媒体对高尔夫球场及其养护对环境的影响的指责没有直接的证据,或者提供的证据并不存在,但是要弄清楚高尔夫球场施用农药化肥是否对环境造成污染;了解高尔夫球场施用农药化肥后的去向;如何在不影响环境的前提下,最大限度地提高高尔夫球场草坪的质量来满足人们越来越高的运动要求;如何确保高尔夫球场对人类和野生动植物是有益的等一系列问题,只有通过科学研究来回答。

　　多年来,欧洲的一些公众也对欧洲高尔夫球场土地和水资源利用、化学物质的施用、自然景观以及野生动物保护等问题提出质疑或批评指责。为了研究高尔夫球场与环境的关系,更好地推动欧洲高尔夫运动的发展,欧洲高尔夫协会、圣安德鲁斯皇家古老高尔夫俱乐部和欧洲职业高尔夫巡回赛协会决定联合成立一个专门研究机构来研究高尔夫环境问题。1994年1月这个机构——欧洲高尔夫协会生态联盟(European Golf Association Ecology Unit)

成立。该机构分别于 1996 年、1997 年出版了《高尔夫球场环境管理措施》和《高尔夫球场管理手册》两本专著,对高尔夫的环境问题做了详细的总结[5,6]。

在美国,直到 20 世纪 70 年代,人们才开始关注高尔夫球场的环境问题。70 年代末 80 年代初,美国加州和其他西部一些州发生连续大范围的干旱,造成水资源的严重短缺,政府不得不严格限制居民和企业的用水。在这种情况下,用水量较大的高尔夫球场成为人们指责的焦点,因为公众认为应该优先保证居民用水,减少或停止对高尔夫球场供水[4,7]。80 年代中期和 90 年代是美国高尔夫球场建设繁荣时期,由于高尔夫球场建造对原始自然景观的影响和已建球场施用农药、化肥等问题,高尔夫球场再次遭到猛烈抨击[7]。

美国高尔夫球协会(USGA)资助的相关研究代表了高尔夫与环境研究的最前沿。为了提高高尔夫球场的运动条件和增强高尔夫运动的娱乐性,自 1983 年以来,美国高尔夫球协会为 125 个项目提供了 2100 多万美元的资助。这些研究项目包括球场建造、草坪综合养护管理方案、高尔夫球场与环境、土地可持续利用、野生动植物等方面。通过这些研究人们理解了高尔夫球场草坪对人类的贡献[8,9],充分认识到采取哪些措施能最大限度地降低高尔夫球场草坪养护管理措施对环境的潜在威胁,为高尔夫球场的草坪管理及其环境保护提供了科学依据。

高尔夫球场草坪施用农药和化肥后,农药化肥在草坪生态系统中的去向很多,但是可能对环境产生影响的主要有挥发、随地表径流进入地表水、淋溶、被微生物代谢等四种去向。控制影响农药和化肥这四个去向的任何因素都可能减少或者杜绝高尔夫球场草坪管理中施用农药化肥对环境或者人类和野生动物的威胁,有关高尔夫球场草坪管理对环境或者人类和野生动物的影响研究也集中在这四个方面[4,6,10,11]。

本章选取了河北省某典型高尔夫球场作为调查对象,在掌握区域内水文地质条件的基础上,开展样品采集、保存、室内测试、地下水质量评价、地下水污染现状评价及地下水污染评价工作。

10.1　典型高尔夫球场的筛选确定与技术要求

10.1.1　典型高尔夫球场的筛选确定

根据国家统一要求和"危险废物处置场筛选原则",在 2015 年选择河北省中部高尔夫球场作为典型调查场地。

根据掌握的资料,该高尔夫球场位于某市经济技术开发区,共占地 3700 亩,合计 246.7hm^2,拥有两个国际标准的 18 洞高尔夫球场,建设于 2002 年,已运行 12 年以上,根据以上信息,满足典型高尔夫球场调查对象的筛选原则。

10.1.2　典型高尔夫球场调查技术要求

1. 技术路线

依据全国地下水基础环境状况调查评估总体技术路线,制定典型高尔夫球场地下水基础环境状况调查评估工作技术路线,见图 10-1。

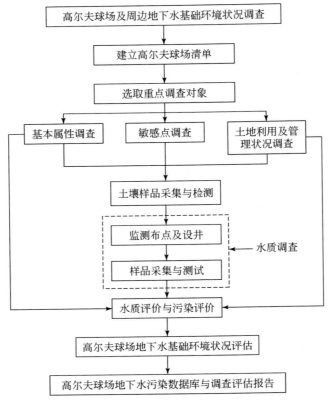

图 10-1 典型高尔夫球场地下水基础环境状况调查评估技术路线图

2. 技术要点

1)资料收集

资料收集内容主要包括调查对象周边的气象与水文地质等综合性或专项的调查研究报告、专著、论文及图表,土地利用、经济社会发展,以及与污染源有关的调查统计资料,主要资料如表 10-1 所示。

表 10-1 高尔夫球场收集的资料和信息一览表

类别	内容	来源
高尔夫球场基础信息	高尔夫球场规模、产权归属、地理坐标、运行时间、球场类型、管理机构、管理现状、土地利用及变化情况等	球场管理部门
球场图件	不同历史时期球场及周边地域地图、规划图、卫星航空照片	地勘部门
土地利用	不同历史时期球场及周边地域地图、规划图、卫星航空照片	地勘部门
气象资料	球场及邻近区域降水、气温、风向、风速等气象要素资料	气象部门
水文资料	球场附近地表水体特征,纳污及排污情况(类型、位置、数量等),地表水体中相关水质信息	水利部门

续表

类别	内容	来源
地形地貌、地质、水文地质资料	球场及周边区域地形地貌,地层岩性,含水层系统结构,地下水补给、径流、排泄条件,地下水点(泉、水井)分布,地下水水位、水质动态,地下水流场演变,地下水与地表水的关系,主要的水文地质参数(渗透系数、导水系数、储水系数)等	地勘部门
地下水利用情况	球场及周边地下水开采布局、水井位置、成井结构、开采量、开采用途等	地勘部门
水源地资料	球场周边水源地与球场的地理位置关系,水源地防护情况等	环保部门
敏感点	敏感点信息包括居民区、水源地、高等水功能区、地下水与地表水密切联系地带、地下水的天窗如火山口等、污染源类别、敏感点与污染源之间的距离、地下水水质类别、地下水超标因子和超标倍数等	地勘部门、环保部门和球场管理部门

2)现场踏勘

对调查对象的现场踏勘指对现场的水文地质条件、重要污染源、井(泉)点、监测情况、管理状况,以及土地利用、人口结构等情况进行考察,结合调查工作重点有针对性地制订调查和监测方案。具体应完成以下重要的踏勘任务:

(1)对调查对象的水文地质条件、污染源信息、井(泉)点信息、土地利用情况、人口结构、环境管理状况进行考察,以确定是否与资料中提及的一致。

(2)调查对象周边环境敏感目标的情况,包括数量、类型、分布、影响、变更情况、保护措施及其效果。明确地理位置、规模、与工程的相对位置关系、所处环境功能区及保护内容。

(3)调查地下水环境监测设备的状况、取样条件、深度及地下水水位。

(4)观察现场地形及周边环境,以确定是否可进行地质测量及使用不同地球物理技术的条件适宜性。

3. 监测点布置与监测要求

资料收集与现场踏勘工作结束后,需要开展现场调查工作,主要包括地下水监测及采样点位的布设,地下水及土壤样品的采集、指标的测定。

1)地下水监测点布设原则

地下水监测点布设可反映高尔夫球场及周边地下水的环境质量状况,布点数量一般不低于6个。监测点布置数量按照第3章相关要求执行。

2)土壤采样点位布设

土壤样品采样点位与地下水新建钻孔和监测井点位相对应。

3)制订地下水监测布点方案

分析整理收集和现场踏勘的资料,初步推断调查对象污染或者可能遭受污染的可能性,以及污染的主要途径(如土壤、地表水、沉积物、地下水和大气等)、主要污染物种类、污染程度,以及大概的污染范围、可能的污染物来源。根据调查对象的地下水监测点和土壤采样点位布设方法,制订监测点位布设方案。

4)测试项目

球场地下水水质状况调查指标见表10-2,土样测试指标详情见表10-3。

表 10-2　典型高尔夫球场地下水水质状况调查指标统计表

指标类型		指标名称
天然背景离子指标		钾、钠、钙、镁、硫酸盐、氯化物、碳酸根、碳酸氢根、pH
现场必测指标		溶解氧、氧化还原电位、电导率、色、嗅和味、浑浊度、肉眼可见物
必测常规指标		总硬度、溶解性总固体、铁、锰、铜、锌、挥发性酚类、阴离子合成洗涤剂、高锰酸盐指数、硝酸盐氮、亚硝酸盐氮、氨氮、氟化物、氰化物、汞、砷、硒、镉、六价铬、铅、总大肠菌群
必测特征指标	有机卤农药	滴滴涕、六六六
	杀虫剂	烟碱、灭多威、高效氯氰菊酯
	卤代烃	三氯甲烷、四氯化碳
	无机组分	总磷、铝、硫化物、碘化物
	除草剂	百草枯、MSMA
选测指标	无机组分	溴化物、钼、钴、铍、钡、镍、锑、硼、银、铊、氯化氢、总铬
	杀菌剂、杀虫剂、除草剂	百菌清、氯苯嘧啶醇、甲霜灵、敌力脱、粉锈宁、六氯苯、丙环唑、敌百虫、异丙三唑硫磷、西维因、七氯、乐果、甲基对硫磷、呋喃丹、林丹、毒死蜱、敌敌畏、溴氰菊酯、二嗪磷、2,4-D、麦草畏、MCPP、马拉硫磷、对硫磷、灭草松、草甘膦、阿特拉津、己唑醇、嘧菌酯、苯并咪唑、代森锰锌、绿草定
	其他	细菌总数

5）监测频次

　　每季度采样 1 次，全年 4 次，采样时间尽量相对集中，日期跨度不宜过大，2 日之内为宜；冬季关闭的高尔夫球场可在该季节适当减少监测；在农药和化肥使用频繁的月份，应增加监测次数，以每月增加 1 次为宜。

表 10-3　典型高尔夫球场土样测试指标统计表

指标类型		指标名称
理化指标		土壤含水、土壤酸碱度、可溶盐、氧化还原电位、阳离子交换容量（CEC）、土壤颗粒级配、土壤有机质含量、土壤黏土矿物组成
无机指标		镉、汞、砷、铜、铅、总铬、锌、镍、全磷（TP）、全氮（TN）氟化物、氰化物
有机指标	综合	滴滴涕（总量）、六六六（总量）、总石油烃
	农药	六氯苯、七氯、七氯环氧、艾氏剂、狄氏剂、氯丹、毒杀芬、甲基对硫磷、马拉硫磷、乐果、敌百虫、乙酰甲胺磷、五氯酚、甲苯胺、阿特拉津、甲胺磷
	卤代烃	三氯甲烷、四氯甲烷、1,1,1-三氯乙烷、四氯乙烷
	单环芳烃	苯、甲苯、乙苯、二甲苯
	多环芳烃	萘、苊、二氢苊、芴、蒽、荧蒽、芘、苯并[a]蒽、屈、苯并[a]荧蒽、苯并[K]荧蒽、苯并[a]芘
	其他	三氯乙醛、挥发酚、邻苯二甲酸酯

6）样品采集

A. 地下水样品

地下水水质监测样品采集与保存参照技术组编制的《地下水调查环境监测技术指南（试用）》相关规定进行。

B. 土壤样品

土壤环境监测样品采集与保存参照《土壤环境监测技术规范》（HJ/T 166）、《地下水污染地质调查评价规范》（DD 2008）、《场地环境评价导则》（DB 11/T656）相关规定进行。样品采集时间与打钻和建立监测井同步。

10.2　环境水文地质特征

该区位于山前冲洪积平原之上，含水层岩性为细-含砾中粗砂，厚度 20～57m，开采深度一般<100m，且浅中层混合开采，故确定为浅层地下水。

该区第四系地下水以地层时代作为含水组界线，将第四系松散岩类孔隙水根据地层划分为四个含水组。

浅层地下水全淡水区系指Ⅰ+Ⅱ含水组，底板埋深 160～180m，含水层厚度 30～50m，岩性为含砾中细砂-细砂、粉砂，单位涌水量 5～10m³/(h·m)；有咸水分布区，系指咸水体顶板以上的浅层淡水和微咸水。咸水体主要赋存于Ⅰ含水组下部，Ⅱ含水组上部，咸水体顶板埋深 0～30m，底板埋深一般 60～120m，在与全淡水区交界部位埋深 40m 左右。含水层厚度一般<10m，岩性为细砂、粉细砂，单位涌水量一般<5m³/(h·m)。

深层地下水，全淡水区为第Ⅲ含水组，顶板埋深 160～180m，底板埋深约 400m。含水层岩性为含砾粗砂、中砂，厚度 60～100m，单位涌水量 10～30m³/(h·m)；有咸水分布区深层水，为咸水体底板以下的深层淡水。含水层岩性以细砂为主，厚 60～100m，单位涌水量一般 5～15m³/(h·m)。

1. 第Ⅰ含水组

含水组底板埋深一般为 30～50m，其中砂厚为 5～10m，岩性分布常以所处地貌单元不同而异。自西北部冲洪积扇群前缘至东南部滨海平原边缘以西北的西南—东北向的斜长地带，岩性以粉细砂为主，由北向南依次排列成集束状河道带分布。局部黏土类土的裂隙发育，也构成良好的储水体。咸水分布比较广泛，并被大量的古今河道所切割。因而河道两侧形成淡化的淡水带。该区地形自西北陡然下降后地势平坦，坡降达 1/4000。其东南边界大致与 5m 等高线相当。砂体厚度不均，一般为 5～15m。该区砂层颗粒虽较西北部显著变细，但仍较东部稍粗。砂体虽多呈棒状，但小片面状体也有毗连出现，而其厚度也相对减薄。除此之外，黏性土裂隙水也常相间出现，虽有咸水出现，但因古今河道和人工渠道的纵横穿插，促使淡化范围逐步扩大。故其富水性也相对增多。除局部地区外，单值涌水量一般为 2.5～5.0m³/(h·m)。局部有时达 5.0～10.0m³/(h·m)。水质类型复杂。除咸水外，由北而南逐渐由简单到复杂。水温偏低，水力类型仍属潜水，水位埋深为 4～6m，地下水流向总的趋势是西北部为北北西—南南东，中部为西—东，南部为南西—北东。构成与地表径流一致，由周围向中东部集流。只有局部地区，因受人工开采影响，地下水流向与其他区域有所差异。

2. 第Ⅱ含水组

该区含水组底板埋深100～160m,砂厚以30～50m为主,局部20～30m,岩性分布仍依所处地貌单元不同而异,含水组砂厚西北侧40～20m,东南侧30～20m。砂层颗粒自北、西、南三面向东由粗变细,即由中砂变为细粉砂。而富水性也是依次由好变差,尤其咸水分布,其厚度也是依次增厚,含盐量逐步增高。一般单位涌水量为1.0～2.5m³/(h·m)。水质类型比较简单,大部分为碳酸氢钠型水。同样矿化度除上述两区大于1.0g/L外,均为0.5～1.0g/L。水温多在18℃左右。水力类型属浅层承压水。水位埋深为4～6m。地下水流向,因受到永定河和大清河系的补给,而为西北—东南,向南则转为由西—东方向。

3. 第Ⅲ含水组

主要为河冲积和湖沼沉积而成,颗粒虽粗而均,单厚均偏薄。富水性单位涌水量一般为5～10m³/(h·m)。水质类型比较简单。除凹陷部分为重碳酸氯化物钠型水外,全为碳酸氢钠钙型水。同样,矿化度除凹陷区大于0.5g/L外,全在0.5g/L以下。水温在20℃左右,水力类型为高压水。地下水流向,除局部受漏斗影响外,总流向仍为西北—东南。

4. 第Ⅳ含水组

含水组底板埋深为460～520m,局部地区小于440m或大于520m。砂层累厚为20～40m,岩性分布也是依所处构造、地貌单元不同而异。该区砂层颗粒较其南、北均细。且有自南北向中间逐渐变细、变薄的趋势,故其富水性也是由外向内,由大变小。一般单位涌水量为10.0～2.5m³/(h·m),地下水流向,基本上仍以西北—东南为主。

10.3　调查方案与程序

10.3.1　调查区范围的确定

依据国家相关要求,结合该高尔夫球场周边的环境水文条件,确定本次工作的调查区范围为30km²。

10.3.2　资料收集与现场踏勘情况

1. 调查区内监测井情况

依据有关资料及现场调查,按照指南的要求,充分利用该高尔夫俱乐部球场及周边已有的水井、监测井(孔)、试验井(孔)等,开展地下水污染调查监测。

该高尔夫俱乐部球场及周边已有的水井大部分井深在20～50m,取水段为第Ⅰ、Ⅱ含水组,该类水井大多为农灌井及居民企业自备水井;另外为农村集中式供水井,井深在150～200m,取水层位为第Ⅲ含水组,该类水井地层资料齐全,可作为区域水文地质条件调查的依据。

在调查中发现,该高尔夫球场及附近50m范围内基本没有浅层地下水监测井,限制了对球场厂区的地下水调查精度,因此,新建成监测孔5眼(图10-2)。监测井深度、钻孔和成井工艺严格依照监测专题的《地下水基础环境状况监测技术指南》。监测井布置详见图 10-2。

根据本次研究区域浅层地下水由南向北流动,设置为背景监测井 2 眼(LFQC009#、LFQC010#),位于球场南场界外 1300m、600m,地下水流场两侧设置地下水监测井 2 眼(LFQC001#、LFQC005#),设置地下水下游污染扩散监测井 4 眼(LFQC002#、LFQC004#、LFQC007#、LFQC008#),分别位于球场西北角、东北角、场界外 1200m、1300m,球场人工湖监测点 1 眼(LFQC003#)。

同时,本次调查工作也对调查评价区内的深层地下水进行了取样分析化验,具体的深层地下水取样点分布见图 10-2。

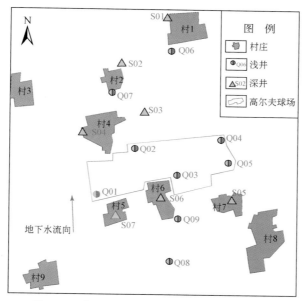

图 10-2　典型高尔夫球场地下水监测点布置图

2. 调查区内环境敏感点情况

依据实地调查情况,调查区范围内有 7 处地下水环境敏感点,调查区东部、南部、西南部等大范围已经进行城区建设开发(表 10-4)。

表 10-4　典型高尔夫球场调查区范围主要地下水环境敏感点一览表

序号	名称	相对位置	与厂区边界距离/m	敏感点
1	村庄 1	球场北	910	居民生活水井
2	村庄 2	球场北	790	居民生活水井
3	村庄 4	球场西北	70	居民生活水井
4	村庄 9	球场南	1400	居民生活水井
5	村庄 7	球场东南	260	居民生活水井
6	村庄 6	球场南	50	居民生活水井
7	村庄 5	球场南	270	居民生活水井

距离球场最近的居民生活水井位于场区北部的庄村 4,距离为 70m,与厂区边界最远的水井位于庄村 9,距离为 1400m。

10.3.3 监测点布设及样品采集

1. 地下水环境监测井结构设计

1)建井材料

建井材料主要包括成井管材、过滤材料和封隔材料。

成井管材:采用直径 180mm 的螺旋卷钢管材。

过滤材料:采用粒径 2~4mm 的冷口大砂。

封隔材料:采用水泥作为封隔材料。

2)钻进

本次研究采用回转钻进钻探方式成孔,钻孔开孔直径设计为 400mm,以保证围填滤层厚度不低于 50mm。

钻进设备及机具进入场地前进行彻底清洗,避免污染物带进场地。回转钻进成孔时,使用清水钻进,孔壁不稳定时,应采用临时套管护壁。钻进用水采用饮用水,防止二次污染。

3)成井

过滤器类型:人工凿孔缠丝型。

井管连接:采用直缝焊接方式。

井孔冲洗:冲孔时将冲孔钻杆下放到孔底,大泵量冲孔排渣,待孔内岩渣排净后,将孔内冲洗液黏度降低至 18~20s,密度降低至 1.1~1.15g/cm³。

滤层围填:回填滤料的高度超过监测含水层的顶板和底板,一般比过滤管长出 1~2m。过滤层材料用人工从监测井管四周缓慢填入,避免过滤层出现架桥和失稳的空穴。

封隔层密封:过滤层上方应填入细砂作为缓冲层,防止水泥浆通过砾石进入过滤器和井中。

孔口保护结构:保护管与水泥平台同时安装,保护管高出平台 0.5m。井口平台应为正方形(1m×1m),地表下埋深 0.3m,高出地表 0.2m。井口保护管由钢管制作,管长 1m,直径比监测井管直径大 100mm。保护管顶端安装可开合的盖子,并留上锁位置。监测井管位于保护管中央。

4)洗井

监测井完井后应及时进行洗井。洗井方法选用抽水法,监测井抽出水清澈透明且浊度在 5NTU 以下时,方停止洗井工作。

2. 地下水监测井设置

根据全国统一要求,对高尔夫球场及周边的地下水、地表水进行了取样工作,本次共取水样 19 组,在此分别进行介绍。

1)浅层地下水取样点

本次调查工作共监测浅层地下水点 9 点次(表 10-5),共取 10 组浅层地下水水样,其中包含 1 组平行样(LFQC006),平行水样监测指标不代表水井作统计评价。根据本次调查的目的含水层,浅层含水层含第 Ⅰ+Ⅱ 含水组,调查深度在 50m 以内,实际调查发现,该地区水井为 20~50m,多为混采井,即第 Ⅰ+Ⅱ 含水组混采,经调查,各监测井中筛管埋深为 15~30m,取水层位为浅层,符合本次调查深度及层位要求。

表 10-5　典型高尔夫球场浅层地下水取样点统计表

编号	取样位置	井深/m	监测层位	筛管埋深/m	水井功能
LFQC001	球场西南	20	浅层	2~18	监测
LFQC002	球场西北	20	浅层	2~18	监测
LFQC003	球场南	20	浅层	2~18	监测
LFQC004	球场东北	20	浅层	2~18	监测
LFQC005	球场东南	20	浅层	2~18	监测
LFQC007	村庄 1 西	30	浅层	3~18	监测
LFQC008	村庄 2 南	25	浅层	3~18	监测
LFQC009	村庄 9 东北	20	浅层	3~15	监测
LFQC010	村庄 6 南	20	浅层	3~18	监测

2)深层地下水取样点

本次设置深层地下水取样点 7 点次(表 10-6),主要开采层位为第Ⅲ含水组,监测井筛管埋深 90~120m,该含水组为该地区的主要生活饮用水的开采层。

表 10-6　典型高尔夫球场深层地下水取样点统计表

编号	取样位置	井深/m	监测层位	水井功能
LFSC001	村庄 1	100	深层	生活
LFSC002	村庄 2	110	深层	生活
LFSC003	村庄 4	150	深层	生活
LFSC004	村庄 1 南	120	深层	生活
LFSC005	村庄 7	100	深层	生活
LFSC006	村庄 6	100	深层	生活
LFSC007	村庄 5	100	深层	生活

3)地表水体采样点

在场区内选取两处人工湖取样 2 组(表 10-7)。

表 10-7　典型高尔夫球场地表水体取样点统计表

编号	取样位置	监测层位
LFDB001	球场中部	地表水体
LFDB002	球场南部	地表水体

3. 样品采集及监测内容

根据本次研究属性,初步确定高尔夫球场地下水水质状况调查指标,详见表 10-8。

表 10-8　典型高尔夫球场地下水水质状况调查指标统计表

指标类型		指标名称	数量
天然背景指标		钾、钠、钙、镁、硫酸盐、氯化物、碳酸根、碳酸氢根、pH	9
现场必测指标		溶解氧、氧化还原电位、电导率、色、嗅和味、浑浊度、肉眼可见物	7
必测常规指标		总硬度、溶解性总固体、铁、锰、铜、锌、挥发性酚类、阴离子合成洗涤剂、高锰酸盐指数、硝酸盐氮、亚硝酸盐氮、氨氮、氟化物、氰化物、汞、砷、硒、镉、六价铬、铅、总大肠菌群	21
必测特征	有机农药	滴滴涕、六六六	2
	杀虫剂	烟碱、灭多威、高效氯氰菊酯	3
	卤代烃	三氯甲烷、四氯化碳	2
	无机组分	总磷、铝、硫化物、碘化物	4
	除草剂	百草枯、MSMA	2
选测指标	无机组分	溴化物、钼、钴、铍、钡、镍、锑、硼、银、铊、氯化氢、总铬	12
	杀菌剂、杀虫剂、除草剂	百菌清、氯苯嘧啶醇、甲霜灵、敌力脱、粉锈宁、六氯苯、丙环唑、敌百虫、异丙三唑硫磷、西维因、七氯、乐果、甲基对硫磷、呋喃丹、林丹、毒死蜱、敌敌畏、溴氰菊酯、二嗪磷、2,4-D 麦草畏、MCPP、马拉硫磷、对硫磷、灭草松、草甘膦、阿特拉津、己唑醇、嘧菌酯、苯并咪唑、代森锰锌、绿草定	32
	其他	细菌总数	1

10.4　水土污染评价与评估

10.4.1　样品监测结果分析

1. 地下水检出率评价

1)常规监测因子检出率评价

地下水基本指标共分析测试 34 项,铜、锌、氰化物、汞、硒、镉、铬、钴、镍、银等指标未在地下水样品中检出,其他各项检出率为 12.5% ~ 100%。

2)特征指标监测因子检出率评价

本次工作地下水特征指标共分析测试 54 项(有机氯农药 11 项、多环芳烃 16 项、苯系物

27 项),在地下水样品中,有 15 项指标不同程度检出,检出率为 6.25% ~93.7%。

2. 地表水检出率评价

1)常规监测因子检出率评价

本次工作地下水基本指标共分析测试 34 项,氰化物、挥发酚、汞、硒、镉、铅、铬、钴、银等指标未在地表水样品中检出,其他各项均有检出。

2)特征指标监测因子检出率评价

本次工作地表水特征指标共分析测试 54 项(有机氯农药 11 项、多环芳烃 16 项、苯系物 27 项),在地下水样品中,有 10 项指标不同程度检出。

3. 水样化验质量评价

测试方法的质量控制通常用准确度和精密度表示。准确度是指测定结果与真实值接近的程度,通常用回收率表示,回收率越大,方法的准确度越高。精密度值为测定结果互相接近的程度,在分析化学中,平行性可以表示分析结果的精密度,用数理统计方法处理数据时,常用相对标准偏差来反映一组平行测定数据的精密度。测试化验项目苯系物控制样加标回收率控制限为 70% ~130%,测试中控制样加标回收率为 90.8% ~105%,平行样相对偏差均小于 40%,符合要求;多环芳烃控制样加标回收率控制限为 65% ~130%,测试中加标回收率为 70.5% ~126%,平行样相对偏差小于 40%。各测试项目空白样均小于项目报出限,测试的监测数据能够满足分析的要求。

10.4.2　地下水环境质量评价

1. 评价项目选择

根据本次地下水取样的要求,采集的地下水水样监测项目分为天然背景离子指标、常规监测指标、特征监测指标等 3 类监测因子,根据评价目的、评价方法及评价目标因子种类等要求,主要对常规监测因子、特征指标(有机指标)进行评价,天然背景离子指标不进行评价(钾、钠、钙、镁、碳酸根、碳酸氢根共 6 项)。依据各类评价方法的评价项目指标不同,本节规定根据评价方法及目的确定各类评价指标。

1)常规评价项目

常规监测指标主要是《地下水质量标准》(GB/T 14848)中规定的常规监测指标,用来确定地下水的使用功能等,因此这些监测指标需参与单项组分评价、综合评价等评价,以确定地下水的功能。

根据工作目的及监测规范,确定常规监测因子为:pH、总硬度、溶解性总固体、硫酸盐、氯化物、氟化物、硝酸盐氮、亚硝酸盐氮、铁、锰、铜、锌、砷、铅、镉、铬、挥发性酚类、氰化物、高锰酸盐指数、铝、碘化物、六六六、滴滴涕共 23 项指标。其中铝未列入《地下水质量标准》(GB/T 14848)和《地表水环境质量标准》(GB 3838),仅作检出组分名称、检出值、检出率的统计及分析。

2)特征指标评价项目

根据前文及技术指南确定的特征因子,共需监测六氯苯、苯系物(卤农药)、多环芳烃

（PAHs）等指标；鉴于监测指标滴滴涕、六六六、碘化物已在常规项目中进行评价，因此本节不再进行重复评价。

苯系物、多环芳烃等为有机物，因此在评价中按照有机指标的监测方法进行评价。其中苯、乙苯、甲苯、二甲苯、多环芳烃总量、苯并［a］芘等 6 项指标，以《地表水环境质量标准》（GB 3838）中"集中式生活饮用水地表水源地特定项目标准限值"相应的标准限值为依据，以评价检出限作为评价值，以标准限值判断是否超标，进行超标分析及评价；其余的多环芳烃类有机物（如萘、菲、芘等 15 种）无相应的标准限值，仅进行检出组分名称、检出值、检出率的统计及分析。因此本次评价根据监测的层位及监测因子分别进行评价及分析。

2. 浅层地下水环境质量评价结果

1）浅层地下水常规监测指标单项组分评价结果

A. 各监测指标评价类别统计

根据单项组分评价结果可知，项目各监测因子 I 类指标占到 38.9%，其次是 II 类、III 类，分别为 26.3%、10.1%；IV、V 类指标占比为 16.1% 和 8.6%。

单组分评价法评价结果显示，在区域的浅层地下水中出现了 IV、V 类指标，分别对出现的 IV、V 类指标进行分析：

（1）IV 类指标：由评价结果可知，共有 12 项监测因子显示为 IV 类指标，分别是总硬度、硫酸盐、氯化物、溶解性总固体、铁、锰、砷、氟化物、挥发酚、硝酸盐氮、亚硝酸盐氮、铅等，其中锰存在 5 眼水井，其余监测指标井数分别是：溶解性总固体 4 眼，铁 4 眼，硫酸盐、氯化物、砷均为 2 眼，总硬度、氟化物、硝酸盐氮、亚硝酸盐氮、铅指标各为 1 眼水井。

（2）V 类指标：由评价结果可知，共有总硬度、硫酸盐、溶解性总固体、铁、氟化物、挥发酚、耗氧量等 7 项监测因子出现 V 类指标，V 类指标中，总硬度因子出现在 4 眼水井中，溶解性总固体存在于 3 眼水井，硫酸盐、氟化物、耗氧量各为 2 眼监测井，铁、挥发酚监测项均为 1 眼检出井。

本次共调查浅层水井 9 眼，评价结果显示，9 眼取样调查井的监测因子均出现 IV 类指标，有 8 眼监测井出现 V 类指标。

B. 各监测井中监测指标情况统计

根据单项组分评价的结果，对各监测井中出现的 IV、V 类指标进行统计分析，并编制相应的图表，据统计结果可知，8 眼取样调查水井同时出现 IV、V 类指标。

监测井水样 IV 类指标检出率达到 100%，其中 LFQC001、LFQC002 监测井出现 6 种 IV 类指标，LFQC003、LFQC004 检出 IV 类指标的监测因子有 4 项，LFQC008、LFQC009 监测井出现 3 项 IV 类指标因子，其余的 LFQC005、LFQC007、LFQC0010 监测井各发现 2 项 IV 类指标因子。

有 8 眼调查取样井的监测因子达到 V 类指标，仅 LFQC003 监测井未出现 V 类指标；其他监测井中均发现 V 类指标因子，LFQC007 出现 4 项 V 类指标，LFQC002、LFQC008 存在 3 项 V 类指标，LFQC001、LFQC010 存在 2 项 V 类指标，其余 3 眼监测井中出现 1 种 V 类指标。

2）浅层地下水综合评价结果

根据综合评价方法，分别对取得的监测井数据进行单组分评价，并根据计算公式进行计算，得到各浅层监测水井监测结果的最终综合评价结果。

本次工作共采集浅层地下水水样 9 井次,根据综合评价结果,仅 1 眼水井水质评价为较差,综合评价为极差的监测井达 8 眼,占到浅层监测井总数的 88%。

根据浅层地下水综合评价结果,项目场地调查范围区浅层地下水水质类型以极差为主,在空间分布上无明显规律。

3. 浅层有机物监测指标评价结果统计

前文中提到的有机指标的评价方法,是以《地下水质量标准》(GB/T 14848)和《地表水环境质量标准》(GB 3838)中"集中式生活饮用水地表水源地特定项目标准限值"为依据,以评价其是否超标,以检出限作为评价值,以标准限值判断是否超标。对于未列入《地下水质量标准》(GB/T 14848)和《地表水环境质量标准》(GB 3838)的指标,需指明检出组分名称和检出值。

本次调查共测试有机污染指标 54 项,包括六氯苯、苯系物、多环芳烃类(PAHs)等挥发性有机物和半挥发性有机物,在查阅规定的标准值后,确定本次对六氯苯、苯并[a]芘、甲苯、三氯甲烷、四氯化碳、氯乙烯、氯苯、1,1-二氯乙烯、1,2-二氯乙烷、1,4-二氯苯等 10 项指标进行超标评价,其余指标进行检出率及分布情况的评价。

1)有机污染指标超标评价

由评价结果可知,LFQC001、LFQC002、LFQC004 的监测井出现 1,2-二氯乙烷这一监测指标超标,LFQC009、LFQC010 的调查取样井出现苯并[a]芘的超标,其他监测井水样的有机监测指标未出现超过标准值的现象。

2)有机污染指标检出情况评价

A. 有机物污染指标检出情况分析

本次调查监测的地下水有机指标有六氯苯、六六六、滴滴涕、苯、甲苯、乙苯、二甲苯、氯乙烯、1,1-二氯乙烯、二氯甲烷、反式 1,2-二氯乙烯、顺式 1,2-二氯乙烯、三氯甲烷、1,1,1-三氯乙烷、1,2-二氯乙烷、四氯化碳、三氯乙烯、1,2-二氯丙烷、溴二氯甲烷、1,1,2-三氯乙烷、一氯二溴甲烷、四氯乙烯、氯苯、间对二甲苯、苯乙烯、邻二甲苯、溴仿、1,3-二氯苯、1,4-二氯苯、1,2-二氯苯、1,2,4-三氯苯、萘、苊、苊烯、芴、菲、蒽、荧蒽、芘、苯并[a]蒽、屈、苯并[b]荧蒽、苯并[k]荧蒽、苯并[a]芘、二苯并[a,h]蒽、苯并[g,h,i]苝、茚并[1,2,3-cd]芘等 54 项。

其中苯并[a]芘、萘等 13 项指标有检出,其余指标未检出,其中滴滴涕、六六六等指标已在前文地下水常规监测项目中评价,本节不再赘述。

在检出的指标中,以芴、菲指标检出率最高,9 眼监测井均有检出;其次是萘、荧蒽、1,2-二氯乙烷这三项指标检出率分别在 88.9%、77.8%、55.6%;再次为苯并[a]芘,有 4 眼地下水监测井检出,占到监测井总数的 44.4%;监测指标蒽,有 3 眼监测井检出;苊烯、氯乙烯、1,1-二氯乙烯、1,2-二氯丙烷、甲苯、氯苯、间、对二甲苯等指标分别在 2 眼调查井中检出;另外还有 1 眼调查井中检出 1,4-二氯苯。

B. 地下水监测井中有机污染物检出情况分析

对各地下水监测井中检出的有机污染指标进行统计发现,以 LFQC009、LFQC010 两眼监测井有机污染指标检出项最多,共检出 10 项有机污染指标,占到总指标数的 43%;其次为 LFQC001、LFQC002、LFQC004、LFQC005,共检出 7 项有机污染指标,占到总指标数的

30.4%,再次为 LFQC003 监测井,共检出 6 项有机污染指标,占到总指标数的 26.1%,其余监测井中有机污染指标均 3 项。

4. 深层地下水环境质量评价结果

1)深层地下水常规项目单项组分评价结果

根据单项组分评价结果可知,本次研究各监测因子以 Ⅰ 类指标为主,占到 53.1%,其次是 Ⅱ 类、Ⅲ 类,各占 29.2%、9.8%,Ⅳ、Ⅴ 类指标各占 7.2% 和 0.7%。

单组分评价法评价结果显示,在区域的深层地下水中出现了 Ⅳ、Ⅴ 类指标,分别对出现的 Ⅳ、Ⅴ 类指标进行分析。

(1)Ⅳ 类指标:由评价结果可知,只有氟出现 Ⅳ 类指标,氟因子才会出现在 LFSC001、LFSC002、LFSC003、LFSC004 监测井。

(2)Ⅴ 类指标:由评价结果可知,仅监测因子铁出现 Ⅴ 类指标,在 LFSC005 监测井水样中才会检出。

本次共调查深层水井 7 眼,评价结果显示,共有 4 眼监测井出现 Ⅳ 类指标,有 1 眼监测井出现 Ⅴ 类指标。其余监测井的监测指标均为 Ⅲ 类及以下指标,均符合《地下水质量标准》(GB/T 14848)的各类水质要求。

2)深层地下水综合评价

A. 深层地下水综合评价结果

根据综合评价方法,分别对取得的监测井数据进行单组分评价,并根据计算公式进行计算,得到各深层地下水井监测结果的最终综合评价结果。

本次工作共采集深层地下水水样 7 井次,根据综合评价结果,7 眼深层地下水监测井水质类型以较差为主。

根据评价结果可知,本次工作调查取样的 7 眼深层地下水井水质均评价为较差,主要的影响因子为氟化物、铁等。

B. 深层地下水有机指标评价结果

有机组分地下水环境质量评价:本次调查工作监测的地下水有机指标有六氯苯、六六六、滴滴涕、苯、甲苯、乙苯、二甲苯、氯乙烯、1,1-二氯乙烯、二氯甲烷、反式 1,2-二氯乙烯、顺式 1,2-二氯乙烯、三氯甲烷、1,1,1-三氯乙烷、1,2-二氯乙烷、四氯化碳、三氯乙烯、1,2-二氯丙烷、溴二氯甲烷、1,1,2-三氯乙烷、一氯二溴甲烷、四氯乙烯、氯苯、间对二甲苯、苯乙烯、邻二甲苯、溴仿、1,3-二氯苯、1,4-二氯苯、1,2-二氯苯、1,2,4-三氯苯、萘、苊、苊烯、芴、菲、蒽、荧蒽、芘、苯并[a]蒽、屈、苯并[b]荧蒽、苯并[k]荧蒽、苯并[a]芘、二苯并[a,h]蒽、苯并[g,h,i]芘、茚并[1,2,3-cd]芘等 54 项。

其中萘、芴、菲、蒽、荧蒽、苯并[b]荧蒽 6 项指标有检出,其余各项指标均未检出。现将本次调查工作的特征有机污染指标与选测因子中有检出的指标作详细统计。

在检出的指标中,萘因子的检出率最高,本次调查工作深层地下水取样监测井均有检出;而菲因子则在 5 个监测井有检出,芴因子有 2 眼监测井检出,其次为苯并[a]芘、蒽、荧蒽等各有 1 眼监测井检出。本次调查工作关注的特征监测指标六氯苯、三氯甲烷、四氯化碳等监测因子在深层地下水监测井中均没有检出。

由深层地下水的有机指标检出情况分析,场地区域深层地下水中有机指标均有检出,说明深层水已经受到人为的影响,出现了有机污染物的检出,但有机污染物检出值较低,尚未引起地下水水质的超标现象。

5. 地表水环境质量评价结果

根据 2015 年地下水调查方案和工作要求,需要对高尔夫球场内人工湖进行取水化验,用以分析地下水水质状况因素。因此在该高尔夫俱乐部球场区内选取两处人工湖取水样 2 组。

地表水水样水质采用《地表水环境质量标准》(GB 3838)中"集中式生活饮用水地表水源地特定项目标准限值"的内容进行评价;对于未列入《地表水环境质量标准》(GB 3838)的指标,指明检出组分名称和检出值。

通过将地表湖水各指标检出值与《地表水环境质量标准》(GB 3838)中相应限值对比分析,可知:

(1)LFDB001 的地表湖水监测因子中氟化物、高锰酸盐指数两项达到Ⅳ类水指标,铁、锰、氯化物等因子超过Ⅲ类水标准限值,有机组分苯并[a]芘超过Ⅲ类水标准限值,其他各项均未超过地表水环境质量标准中Ⅲ类水质标准,在本次调查工作关注的特征指标方面,地表水监测因子中只有铝、碘化物有检出,因此,LFDB001 的地表湖水环境质量分类为Ⅳ类。

(2)LFDB002 的地表湖水监测因子中高锰酸盐指数达到Ⅳ类水指标,氯化物因子超过Ⅲ类水标准限值,有机组分苯并[a]芘超过Ⅲ类水标准限值,其他各项均未超过地表水环境质量标准中Ⅲ类水质标准,在本次调查工作关注的特征指标方面,地表水监测因子中只有铝、碘化物有检出,因此,LFDB002 的地表湖水环境质量分类为Ⅳ类。

10.4.3　地下水污染现状评价

按照《地下水污染综合评估指南》相关规定,分别从单因子评价、单点综合评价和区域水质综合评价这三个方面,进行地下水环境污染评价,同时根据调查主体,分析确定特征污染物。

1. 污染评价项目

(1)常规指标污染评价,评价标准采用《地下水质量标准》(GB/T 14848)Ⅲ类标准值。本次选取氟、硝酸盐、亚硝酸盐、铁、锰、铜、锌、砷、铅、镉、铬、挥发性酚、氰化物、耗氧量共 14 项常规指标作为评价指标。

(2)特征指标污染评价,采用《地下水质量标准》(GB/T 14848)或《地表水环境质量标准》(GB 3838)中Ⅲ类标准值为依据进行评价。本次调查对象为高尔夫球场,根据查阅资料及地下水调查技术指南中的要求,考虑检出情况、现行饮用水标准规定等,本次选取萘、荧蒽、苯并[a]芘、1,2-二氯乙烷、氯苯 5 项有机指标作为评价指标。

2. 地下水污染现状评价结果

根据地下水污染评价方法对浅层地下水监测结果中的常规污染指标进行评价,根据分析评价结果可知:

有 1 眼监测井为Ⅲ类(轻污染),为球场东南 LFQC005。

有 1 眼井为Ⅳ类(较重污染),为球场南 LFQC003 监测井。

其余 5 眼监测井均为Ⅵ类(极重污染)。

由以上统计可知,本次调查的浅层地下水以Ⅵ类(极重污染)为主,占到总数的71%,其他污染分类也均有分布,就分布空间看,以高尔夫球场的下游方向的监测井污染最为严重,其次高尔夫球场上游的部分监测井,相比而言,高尔夫球场的上游监测井污染较轻。

10.5　典型高尔夫球场地下水环境问题识别

(1)浅层地下水水质较差,由监测结果可知在区域的浅层地下水中出现了Ⅳ、Ⅴ类指标,分别对总硬度、硫酸盐、氯化物、溶解性总固体、铁、锰、砷、氟化物、挥发酚类、硝酸盐氮、亚硝酸盐氮、铅等进行评价。根据综合评价结果,仅 1 眼水井水质评价为较差,综合评价为极差的监测井达 8 眼,占到浅层监测井总数的88%,在空间分布上无明显规律。

由有机指标评价结果可知,其中共有苯并[a]芘、萘等 13 项指标检出,其余指标未检出,其中超标评价结果显示,LFQC001、LFQC002、LFQC004 的监测井出现 1,2-二氯乙烷这一监测指标超标,LFQC009、LFQC010 的调查取样井出现苯并[a]芘的超标,其他监测井水样的有机监测指标未出现超过标准值的现象。

浅层地下水污染评价结果显示,有 1 眼监测井为Ⅲ类(轻污染),有 1 眼井为Ⅳ类(较重污染),其余 5 眼监测井均为Ⅵ类(极重污染)。由以上统计可知,本次调查的浅层地下水以Ⅵ类(极重污染)为主,占到总数的71%,其他污染分类也均有分布,就分布空间看,以高尔夫球场的下游方向的监测井污染最为严重,高尔夫球场的上游监测井污染较轻。

(2)深层水地下水环境质量显示,深层地下水中出现了Ⅳ、Ⅴ类指标分别为氟、铁等 2 种指标,其余监测井的监测指标均为Ⅲ类及以下指标,均符合《地下水质量标准》(GB/T 14848)的各类水质要求。根据综合评价结果,7 眼深层地下水监测井水质以较差为主要水质类型。主要影响因子为氟化物。

深层地下水有机指标评价结果显示,有萘、芴、菲、蒽、荧蒽、苯并[b]荧蒽等 6 项指标检出,其余各项指标均未检出。虽然深层地下水出现了有机污染物的检出,但有机污染物检出值较低,尚未引起地下水水质的超标现象。

10.6　典型高尔夫球场地下水环境保护的建议

10.6.1　加强地下水环境监测

1. 地下水环境监测布置

根据本次工作的结论,按照《地下水环境监测技术规范》(HJ/T 164)的要求,结合典型高尔夫球场调查的实际情况,以本次工作施工的水质监测井为基础。建议后期地下水环境管理的地下水污染监测系统布置水质监测井 7 眼,地下水监测孔位置、孔深、监测井结构、监测层位、监测项目、监测频率等详见表10-9。

表 10-9　典型高尔夫球场地下水监控计划一览表

孔号	监测孔位置	功能	相对方位	监测层位	监测频率	监测项目
LFQC001	球场西南	背景井	上游	第Ⅰ含水组	枯(3～5月)、平(11月至次年1月)、丰(7～9月)，三期监测	除规范规定之内的还必须包含氟、硝酸盐、亚硝酸盐、铁、锰、铜、锌、砷、铅、镉、铬、挥发性酚、氰化物、耗氧量、萘、荧蒽、苯并[a]芘、1,2-二氯乙烷、氯苯等
LFQC002	球场西北	污染源监控井	下游			
LFQC003	球场南	扩散井	两侧			
LFQC004	球场东北	污染源监控井	下游			
LFQC005	球场东南	扩散井	两侧			
LFSC005	村庄6	功能监测点	下游	第Ⅱ含水组		
LFSC006	村庄5	功能监测点	下游			

2. 地下水监测项目

应根据该高尔夫俱乐部产生的特征污染物、反映当地地下水功能特征的主要污染物及GB/T 14848《地下水质量标准》中列出的项目综合考虑设定。本次工作建议确定的地下水环境监测项目为：除规定之内的还必须包含氟、硝酸盐、亚硝酸盐、铁、锰、铜、锌、砷、铅、镉、铬、挥发性酚、氰化物、耗氧量、萘、荧蒽、苯并[a]芘、1,2-二氯乙烷、氯苯。

3. 地下水监测频率

地下水污染监控井为年内枯水期、平水期、丰水期三期监测，每年3次，当发生或发现地下水污染现象时，应加大取样频率，并根据实际情况增加监测项目。地下水监测采样及分析方法应满足《地下水环境监测技术规范》(HJ/T 164)的有关规定。

10.6.2　监测数据管理

上述监测结果应按有关规定及时建立档案，并定期向当地环保管理部门汇报，对于常规监测数据应该进行公开，满足法律中关于知情权的要求。如发现异常或发生事故，加密监测频次，改为每天监测一次，并分析污染原因，确定泄漏污染源，及时采取应急措施。

参 考 文 献

[1] 张家骅. 高尔夫球场可持续发展研究——一个循环经济模式[D]. 广州：暨南大学，2008.

[2] 吕忠贵，杨圆. 浅析氮磷肥的使用、利用及对农业生态环境污染[J]. 环境科学进展，1997，14(3)：30-34.

[3] 钱传范. 化学农药[M]. 北京：农业出版社，1983.

[4] Balogh J C，Watson J R. Golf Course Management and Construction：Environmental Issues[M]. Chelsea，MI：Lewis Publishers，1992.

[5] EGA Ecology Unit. An Environmental Management Programme for Golf Courses [M]. Newbury：Pices Publications，1996.

[6] EGA Ecology Unit. The Committed to Green Handbook for Golf Coruses[M]. Newbury：Pices Publications，1997.

[7] Kenna M P, Snow J T. Environmental Research: Past and Future [J]. USGA Turfgrass and Environmental Research Online, 2002, 1(3): 1-25.

[8] Beard J B, Green R L. The role of turfgrasses in environmental protection and their benefits to humans [J]. Journal of Environmental Quality, 1994, 23(3): 452-360.

[9] Beard J B. Turf Management for Golf Course (Second Edition) [M]. Chelsea, Michligan USA. Ann Arbor Press, 2002.

[10] USGA. Turfgrass and Environmental Research Summary [M]. United States Golf Assoviation, Far Hills, NJ, 1997.

[11] USGA. Turfgrass and Environmental Research Summary [M]. United States Golf Assoviation Golf House, Far Hills, New Jersey, 2003.

第11章 典型工业污染源地下水基础环境状况调查评估

工业废水和工业垃圾是地下水污染的重要来源。工业生产过程中产生的大量化学垃圾,一般是露天堆置或简单的填埋,随着地表径流和雨水淋滤,大量有毒有害物质进入地下水中[1]。即使将一些污染危害较大物质装入容器后掩埋,但容器罐会锈蚀腐烂,有毒有害物质也存在渗入地下的可能。工业废水对地下水的污染更为直接,大量含有毒有害物质的废水,在产生后会经过化学、物理和生物等方法处理,但依然还是有大量废水在没有经过处理的前提下排入城市下水道、江河湖海或直接排到水沟、地下含水层等,这些都是导致地下水化学污染的主要原因[2]。石化行业造成的地下水污染问题更为突出,美国空军基地的地下水污染问题已经成为典型,其中最常见的污染物是石油烃和卤代溶剂,包括苯系物(BTEX,苯、甲苯、乙苯和二甲苯)、三氯乙烯(TCE)等相关有机溶剂。一系列石化企业坐落在山东省淄博市供水源头上,石化企业运营中的生产、存储和运输过程中的泄漏,以及污水的不合理排放使得淄博地区的地下水遭到了不同程度的污染,严重影响了当地居民的生活和工业健康发展[3]。

11.1 典型工业污染源的筛选确定与技术要求

11.1.1 典型工业污染源筛选确定

根据国家统一要求和"工业污染源筛选原则",在2016年选择河北省某区生活饮用水水源地水源准保护区内的焦化厂作为典型工业污染源开展工作。

该焦化厂2004年建设投产,2014年停产并拆除,建厂生产时间近10年,厂区内建构筑物基本拆除,同时项目位于集中式生活供水水源地水源准保护区内,根据地下水流场,本次研究位于水源地的上游,同时场地内地下水监控井出现氨氮等污染物的超标现象,因此完全满足重点工业污染源调查对象的筛选原则。

11.1.2 典型工业污染源调查技术要求

1. 技术路线

依照"工业污染源待选清单"、"调查对象筛选"、"化工类工业园调查"、"土壤及地下水监测"、"地下水质量及污染风险分析"和"编制综合报告"的工作思路开展工业污染源地下水基础环境状况的调查和评估工作。工作核心是污染源分布、地下水污染状况及与水源地的关系。技术路线见图11-1。

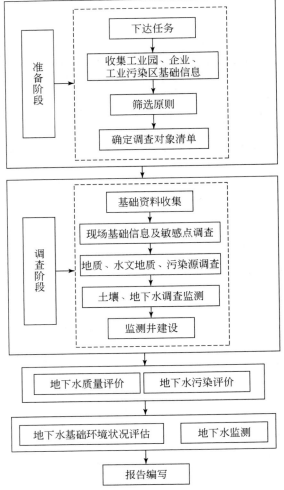

图 11-1 工业污染源地下水基础环境调查工作技术路线图

2. 基础资料收集

调查对象确定后,首先进行基本资料的收集工作,主要资料如表 11-1 所示。

表 11-1 工业污染源调查对象收集的资料和信息统计表

类别	内容	来源
调查对象基础信息	工业污染源(企业、工业污染场地)边界、产权归属、地理坐标、园区级别、批准时间、园区类型、管理机构、管理现状等	政府、环保、企业及环评报告等
调查区域图件	不同历史时期化工类工业园区及周边地域地图、规划图、卫星航空照片、工业污染源(企业)建筑物及生产布局平面图	同上
土地利用	不同历史时期工业污染源(企业、工业污染场地)及周边地域地图、规划图、卫星航空照片、工业污染源建筑物及生产布局平面图	国土、政府、环保等

续表

类别	内容	来源
区域污染史	不同时期工业污染源(企业、场地)生产、污染活动历史及现状信息,包括生产及经营活动过程中原料、产品、废弃物储存及污染排放情况,有害物泄漏、事故发生时间、影响范围,工业污染源地面覆盖物性质、范围、时间等	企业、工业园管理机构
气象资料	调查区域及邻近区域降水、气温、风向、风速等气象要素资料	气象部门
水文资料	调查区域附近地表水体特征,纳污及排污情况(类型、位置、数量等),地表水体中相关水质信息	环保、水利部门
地形地貌、地质、水文地质资料	调查区域及周边区域地形地貌,地层岩性,含水层系统结构,地下水补给、径流、排泄条件,地下水点(泉、水井)分布,地下水水位、水质动态,地下水流场及其演变,地下水与地表水的关系,主要的水文地质参数(渗透系数、导水系数、储水系数)等	国土部门
地下水开发利用情况	化工类工业园(企业、场地)及周边地下水开采布局,水井位置、成井结构、开采量、开采用途等	企业、工业园管理机构、城建、水利部门
集中式地下水水源地资料	化工类工业园(企业、场地)周边集中式水源地与工业污染源的地理位置关系,水源地防护情况等	环保、水利部门
敏感点	敏感点包括分散供水水源区、集中式供水水源区、其他与地下水保护相关的区域等	国土、水利、环保部门

3. 污染源调查

1)调查走访与现场踏勘

通过访问工业污染源(或企业、场地)知情人员(工业污染源或企业主管生产活动的部门及人员,见证了工业污染源生产、经营活动的职工)获知工业污染源(或企业、场地)归属、生产活动历史及现状、污染排放等相关信息。

访问调查对象所在区域地质勘查局、地质调查院、水文地质队等单位,获知调查对象及其周边的水文地质、地下水质量相关信息。

访问调查对象所在区域环保、水利等部门,获知调查对象的污染排放情况,地表水信息及调查对象周边水源地情况等。

访问调查对象所在区域气象部门,获知调查对象附近的气象信息。

开展调查对象和地下水管理状况调查。内容包括重点污染源的责任主体、分布、主要产品类型、产品产量及生产工艺及生产历史、主要污染物、污染事故、污水处理及排放、地下储油罐类型及数量、固体废物堆置、地下水监测机制、环境保护管理机构设置方式和相关管理制度,地下水环境保护工程实施和管理现状,污染源排放量、排放特征、污染因子情况,污染源达标排放状况,污染物处置情况,为后期地下水及土壤监测提供资料基础。

在地面调查时,应准备比例尺不小于1:25000调查用图,文具、皮尺、野外记录本、手持GPS仪、数码照相机、便携式调查仪等野外调查工具,开展工业污染源(企业、场地)地面调查。

应观察调查对象及周边的地形地貌、水文、地质等环境条件;工业污染源附近的水源地位置及其特征,泉及水井分布情况;调查对象边界、区内的建筑布局及地面特征;调查对象的工作条件,开展钻探调查的一些限制条件等;调查对象区内可见的污染现象(污水处理区、固废堆放、污水井、污水管道露头、渗坑、渗井等),调查对象区域安全隐患等;对园区企业废水、固废、危废的处理方式、堆放情况、排放形式等各项信息进行调查。

开展现场踏勘工作,拍摄环境及污染情况照片,将踏勘点标记在工作图上,及时存储调查点 GPS 坐标。核对调查对象及周边单位、主要地物的名称、位置及其边界等。应将土地利用现状、可见污染源、疑似污染区域、河渠展布、地下管线等标示在工作图上。

2)现场测试

对于工业污染严重区,为更详细了解工业污染源的污染状况,还应开展现场测试工作,携带比例尺不小于 1∶5000 的调查用图、手持 GPS 仪、数码照相机、便携式调查仪等野外调查工具,开展工业污染源及周边敏感点的实地调查。

在工业污染源可见污染点,用便携式仪器测量土壤地下水物理化学指标(pH、电导率等),可疑污染组分含量(挥发性有机物、重金属等);在工业污染源及周边水井、地表水、污水排放点测量水化学指标变化(溶解氧、电导率等),了解工业污染源及周边土壤与地下水的基础环境状况,调查周边地下水集中式饮用水源、民井、泉出露点等。

在工业污染源的可见污染源区采集 3~5 个代表性样品做典型污染物分析。

对于可见工业污染源,应观察污染源(点、线、面)的位置、规模、种类,追踪污染源的延伸情况,分析污染源可能污染途径,测绘可见污染源的规模。宜采用便携式仪器检测水、土、气可见污染源的类型和浓度。应将观察和测量的点、线、面污染源绘制在调查底图上。

对于地埋式工业污染源,应查明其存在时间和历史,并采用物探方法如地质雷达探测工业污染源地下管道、涵洞、阀井、储罐、渗坑等隐伏污染源,确定隐伏污染源的空间位置、规模大小、是否存在泄漏。对于岩溶发育区,通过采样物探等手段,调查地下水暗河及落水洞的分布,为监测点布设做准备。

4. 基础地下水环境调查

1)基本要求

基础地下水环境调查应以收集已有水文地质资料为主,不能满足调查要求时,补充一定量的钻探工作。钻探工作主要用于刻画工业污染源、工业污染源至周边一定范围内水源地之间的水文地质结构和地下水流场。

应基本查明工业污染源及周边一定范围内水源地之间的水文地质结构,地下水补、径、排条件,地下水流场特征。

2)钻孔布置

钻孔数量一般至少 4 个,且至少有 3 个呈三角形布置,以便于刻画工业污染源内的流场,其他钻孔可布置在工业污染源与水源地之间,用于调查区间的水文地质条件。水文地质调查的钻孔应考虑到后续地下水污染调查的需要,秉持"一孔多用"的原则。

3)水文地质结构调查

应调查工业污染源及周边一定范围内水源地之间含水层、相对隔水层、隔水层的岩性、厚度及其变化情况,以剖面图表示,资料丰富时,可以立体图表示。

4）地下水补径排条件调查

地下水补给条件应包括降水、人工回灌、地表水补给等因素,应以收集资料为主。主要收集工业污染源及其周边所在地区的降水量及水化学变化(月、年);收集和访问灌溉制度;收集或观测地表水水位、流量、水质变化,分析地表水与地下水的相互关系。地下水径流条件应根据地形地貌、水文地质条件、地下水开发利用状况等,分析地下水与地表水体间的补排关系等。

5）地下水流场特征调查

应至少统测一次工业污染源至水源地之间一定范围内井(孔)地下水水位,绘制地下水位等值图,确定地下水流向。

统测应以潜水含水层和水源地开采含水层为主。

5. 水源地调查

1）基本要求

在水源地初步调查资料收集分析的基础之上,开展水源地调查,着重核对水源地的实际情况与资料是否相符。对于资料中未列入的水源地信息,开展补充调查。

2）水源地调查

水源地调查主要包括地表水水源地、地下水型集中式饮用水水源地,水源地的实际规模,水源地的开采运行情况,水源地的水质变化情况,水源地供水服务对象的类型、规模,有无饮水造成的人畜安全问题等。

3）工业污染源与水源地关系分析

综合分析收集的和调查获得的地下水和土壤污染信息,初步确定工业污染源与水源地关系。一般应利用地下水流场、水化学特征,确定工业污染源与水源地关系。必要时,还可采用环境同位素方法,确定工业污染源与水源地关系。工业污染源与水源地关系可以分为以下两种关系。

(1)直接影响关系:指工业污染源土壤或地下水中的主要有害组分与水源地污染特征组分具有直接或间接的对应关系。

(2)潜在影响关系:是指工业污染源位于水源地补给区,但在水源地地下水中工业污染源的特征组分(或转化后的组分)未检出。

6. 土壤调查及监测

本次调查原则上要求土壤样品采样点位与地下水新建钻孔和监测井点位相一致。除新建钻孔和监测井采集土壤外,存在明显污染的土壤区域,可根据污染土壤可能对地下水环境造成的影响和风险大小,增加土壤采样点位。采样深度可考虑污染物可能释放的深度(如地下管线和储槽埋深)、污染物性质、土壤岩性和孔隙度、地下水位和污染物进入土壤的途径,以及在土壤中的迁移规律、地面扰动深度来决定。土壤样品采样点位与地下水新建钻孔和监测井点位相一致。具体方法参考《土壤环境监测技术规范》(HJ/T 166)。

7. 地下水调查及监测

1）基本要求

地下水监测点布设前,应充分收集所在地区上的地形地貌、水文气象、水文地质资料,特别是地下水位动态资料,对于岩溶裂隙含水层地区还应充分掌握调查区内地质构造、断层破碎带、岩溶裂隙发育方向,还应充分利用工业污染源及周边已有的水井、监测井(孔)、试验井(孔)等,开展地下水污染调查监测,以节省不必要的钻探工作量。该类井点的地下水要求具有代表性,其水质能够代表所调查含水层的水质现状。

2)地下水监测点布设

监测点布置数量按照第 3 章相关要求执行。

3)监测频次

监测频次:每年至少 2 次(丰水期、枯水期各 1 次)。

4)监测项目

检测项目的检出限应不超过评价采用的国家标准。检测方法宜选用国家或行业推荐的方法。

A. 地下水监测项目

地下水样测试项目以《地下水质量标准》(GB/T 14848)中的 39 项指标作为必测指标,同时根据工业污染源行业性质,选择主要特征污染指标不少于 20 项作为必测指标;对于污染物比较单一的工业污染源及废弃场地,特征污染物必测指标控制在 3～10 个,见表 11-2。

地下水监测项目根据调查区地下水样分析测试结果,选择超标的污染指标作为地下水长期监测项目。

表 11-2　工业污染源地下水测试指标一览表

指标类型			指标(类)名称
天然背景离子(必测)			钾、钙、钠、镁、硫酸盐、氯离子、碳酸根、碳酸氢根
常规指标(必测)			pH、溶解氧、氧化还原电位、电导率、总硬度、溶解性总固体、挥发性酚类、高锰酸钾指数、硝酸盐、亚硝酸盐、氨氮、氟化物、氰化物、汞、砷、硒、镉、六价铬、铅
特征指标	石油加工/炼焦及核燃料加工业	精炼石油产品的制造	氨氮、总氮、总磷、石油类、挥发酚、硫化物、卤代烃、多环芳烃(PAHs)、苯系物(BETX)、苯酚、烷基苯、总铅、总铬、总砷、总钒、总镍
		炼焦	苯、氰化物、酚类、多环芳烃、苯并[a]芘
	有色金属冶炼及压延加工业	常用有色金属冶炼	铝、铅、铜、镉、六价铬、砷、硒、铝、汞、锌、铬、锑、钡、玻、钼、镍、银、铊、金
		贵金属冶炼	
	化学原料及化学制品制造业	农药制造	氰化物、挥发性酚、磷酸盐、有机磷农药、有机氯农药、硫化物、氟化物等
		涂料、油墨、颜料及类似产品制造	烷烃、烯烃、卤代烃、苯类、硝基苯类、石油类、油脂类、氰化物、挥发性酚等
		专用化学产品制造	

续表

指标类型			指标(类)名称
特征指标	纺织业	棉、化纤纺织及印染精加工	硫化物、苯胺、铬、BOD、COD
		毛纺织和染整精加工	
		丝绢纺织及精加工	
	皮革、毛皮、羽毛(绒)及其制品业	皮革鞣制加工	Cr、氯化物、硫化物、BOD、COD
		毛皮鞣制及制品加工	
	金属制品业	金属表面处理及热处理加工	Cu、Pb、Zn、Hg、Cd、Cr、Ni、Cr^{6+} 等、三氯乙烯、二氯甲烷及四氯乙烯等

B. 地表水体测试指标

地表水体测试指标主要依据《地表水环境质量标准》(GB 3838)进行,必测项目 22 项(表 11-3)。

表 11-3　地表水体测试指标参考一览表

类型	指标名称
无机必测项	pH、溶解氧、COD、BOD_5、氨氮、总磷、总氮、锌、氟化物、硒、砷、汞、镉、六价铬、铅、氟化物、挥发酚、石油类、硫化物、硫酸盐、氯化物、硝酸盐
特征指标	见表 11-2

8. 新建监测井

在满足地下水取样条件和要求的情况下,尽量利用现有的机井、民井、泉点等地下水出露点作为取样点,在现有监测井点不能满足要求或现有采样井点不足以反映调查对象区域地下水代表性的情况下,应新建监测井点采样。

监测井的建设要求具体见《地下水环境监测技术规范》(HJ/T 164)。

11.2　典型工业污染源的基本概况

11.2.1　企业概况及历史

1. 企业概况

该典型焦化企业于 2003 年开工建设,2004 年投产,项目占地约 0.134km²(合 201.02 亩),设计生产规模为焦炭 70 万 t/a,主要生产焦炭、煤焦油($3.42×10^4$t/a)、硫胺($1.22×10^4$t/a)、粗苯($1.02×10^4$t/a)、煤气($1.41×10^4$m³/a)等化工产品,厂区平面布置见图 11-2。

1) 备煤

项目煤场位于厂区西北部,另外在厂区西南部为临时堆煤及焦煤堆场,煤场为露天煤

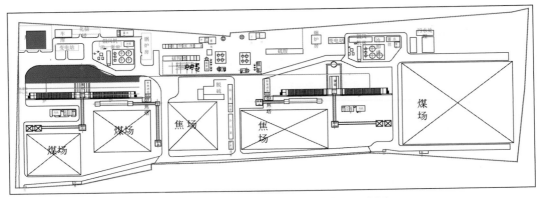

图 11-2　典型焦化企业厂区平面布置示意图

场,设置有喷洒水装置,采用自动化精确配煤,设置带式输送机输送,密闭的输煤通廊、封闭机罩,配自然通风设施,煤破碎设置有袋式除尘器设施,除尘效率≥95%。

2) 炼焦区

共设置炼焦车间 2 座,位于厂区的中部,分为一号炼焦区、二号炼焦区,共建设有 SKD3230D 型 3.2m50 孔焦炉 4 座,采用湿法熄焦,配备有熄焦塔折流板。装煤配备有消烟除尘车及地面站,除尘效率≥95%,推焦车、装煤车操作电气采用 PLC 控制系统,装有荒煤气自动点火装置,焦炭筛分、转运工段配备有布袋除尘设施,除尘效率≥99%。

3) 煤气净化

项目配备有煤气净化装置等配套的化产工段,煤气初冷器采用横管式初冷器,项目配备有蒸氨和配套硫胺工艺,粗苯蒸馏方式为管式炉,蒸氨后废水中氨氮浓度为 150mg/L,各工段储槽放散管排出的气体被洗净塔等系统回收净化。

4) 水处理及其他

酚氰废水设置有酚氰废水处理站,位于厂区的东南侧。处理工艺采用 A_2/O 生化法,处理规模 20m³/h,酚氰废水全部回用,熄焦废水闭路循环,均不外排。备煤工段、装煤等工段的粉尘全部回收利用,焦油渣(含焦油罐渣)(10^2t/a)掺入炼焦煤中;粗苯再生渣(2032t/a)掺入焦油中;污水处理剩余污泥外售水泥厂做燃料或配置炼焦煤中处理,固体废弃物全部回收利用。

5) 办公管理区

位于厂区的东北角,主要为办公室、食堂、控制室等。

2. 企业发展历史及现状

1) 企业发展历史

据调查得知该典型焦化厂于 2004 年 4 月建成投产,并于 2014 年被河北省工信厅列入《河北省 2014 年工业行业淘汰落后和过剩产能计划(第一批)》的名单,淘汰生产线(设备)型号及数量为:SKD3230D 型 3.2m50 孔焦炉 4 座。

该典型焦化厂在 2014 年关停并被拆除,企业生产时间为 10 年。收集到的卫星影像图片分别为 2013 年 5 月生产与 2014 年 5 月拆除时的该典型焦化企业卫星历史影像(图 11-3)。

(a) 2013年5月卫星影像图片　　　　　　　　(b) 2014年5月卫星影像图片

图 11-3   典型焦化企业历史卫星影像图

2）企业现状

目前该典型焦化企业已经整体拆除,场址只留有酚氰污水处理池未拆除,现场照片见图 11-4。

(a) 化产区现状　　　　　　　　　　　(b) 酚氰污水处理池现状

(c) 煤堆场现状　　　　　　　　　　　(d) 炼焦区现状

图 11-4   该典型焦化企业现状照片

11.2.2　地下水主要污染源特征

该典型焦化企业建设规模为年产冶金焦(干全焦)65×10^4 t,炉型选用 SKD3230D 型 3.2m50 孔焦炉。配套备煤、除尘地面站、湿熄焦系统、筛储焦、煤气净化及生产辅助设施和厂前区生活福利设施等。生产设施主要由炼焦及煤气净化系统组成。

1. 生产工艺及产物节点

焦化生产过程由备煤(粉碎配料)—炼焦(包括装煤、炼焦、出焦、筛焦)—化产(煤气净化及化学产品回收)三部分组成。焦化所用的原料、辅料和燃料包括煤、化学品(洗油、脱硫剂和硫酸)和煤气。

焦炉按一定比例自动配煤,然后经过粉碎调湿为合格煤粒,装入焦炉炭化室中,经高温干馏生成焦炭后推出,再经熄焦、筛焦得到粒径>25mm 的冶金焦;荒煤气则送往煤气净化系统脱除水分、氨、焦油、硫、氰、苯、萘等,回收各类化学产品,最后产出净气。焦化生产工艺流程及产污环节见图 11-5。

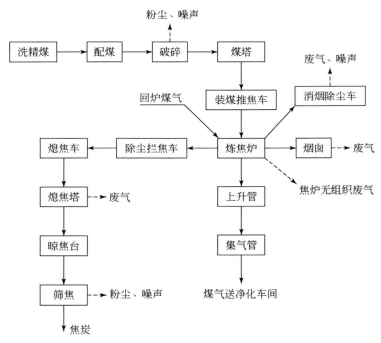

图 11-5　该典型焦化企业炼焦系统生产工艺及产污节点图

2. 焦化企业废水污染源及处理设施

1)焦化企业废水污染源

焦化废水成分复杂,污染物浓度高,难降解,含有数十种无机和有机污染物,其中无机污染物主要是氨盐、硫氰化物、硫化物、氰化物等;有机污染物除酚类外,还有单环及多环的芳香族化合物、杂环化合物等。焦化废水主要由以下几类废水组成,具体来源见图 11-6。

（1）职工生活污水：本工程生活污水量主要来自办公楼。废水中污染物主要为COD、BOD、SS、石油类等，且所含污染物浓度较低，送废水处理站处理。

（2）生产净废水：拟建工程净环水系统排污水、低温水系统排污水、软水站排污水、锅炉排污水为净废水，其中净环水系统排污水作除尘卸灰、煤场喷洒、绿化、地面冲洗水；软化水制备废水主要为酸碱废水（48m³/d），中和后外排。该部分废水除盐量较高外，其余污染物浓度较低，SS≤40mg/L，COD≤50mg/L，该部分水仅水温略有升高外，其他污染物含量较低，可送生化处理站作为生化处理的稀释水。

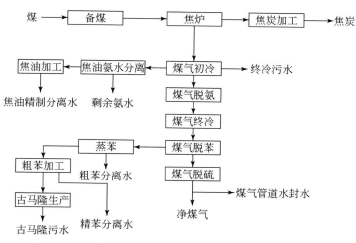

图11-6　该典型焦化企业焦化生产工艺废水来源分析图

（3）生产废水：生产废水主要为蒸氨废水、焦炉上升管水封水、煤气终冷水、煤气管道冷凝水、焦油、粗苯储罐分离水、煤气净化车间地面冲洗水、化验室排水等。①炼焦水封水：炼焦过程中排出的水封水1.0m³/h，主要污染物为SS、COD、挥发酚、氰化物和硫化物，与生化处理水一起用于湿法熄焦。②熄焦废水：熄焦废水SS含量较高，设有沉淀池，废水经沉淀后循环使用不外排。③煤气净化废水：煤气终冷的直接冷却水、粗苯加工的直接蒸汽冷凝分离水、精苯加工过程的直接蒸汽冷凝分离水、洗涤水，车间地坪或设备清洗水等与前述剩余氨水一起统称为酚氰废水。这种废水含有一定浓度的酚、氰和硫化物，水量尽管不如剩余氨水量大，但成分复杂，是炼焦工艺中有代表性的废水。洗脱苯分离水、蒸氨废水为含酚、氰废水，送生化处理后用于熄焦。

2）焦化企业废水处理设施

酚氰废水主要为蒸氨废水和洗脱苯废水，含有挥发酚、氰化物、硫化物、COD、SS、氨氮、焦油等污染物。该典型焦化厂将酚氰废水及生活废水集中送往生化处理站处理，污水处理工艺选择A/O₂生化处理法，酚氰废水生化处理达标后，全部作为炼焦车间熄焦补充水重复利用，不外排。

3. 焦化废水特点

焦化废水成分复杂、污染物浓度高、难降解、含有数十种无机和有机污染物，其中无机污染物主要是氨盐、硫氰化物、硫化物、氰化物等，有机污染物除酚类外，还有单环及多环的芳香族化合物、杂环化合物等。焦化废水具有如下的特点:①水量比较稳定,水质则因煤质不同、产品不同及加工工艺不同而异。②废水中含有机物多,大分子物质多;有机物中有酚类、苯类、有机氮类、吡啶、苯胺、喹啉、咔唑、吲哚及多环芳烃等;无机物中含量比较高的有 NH_3-N、SCN^-、Cl^-、S^{2-}、CN^-、$S_2O_3^{2-}$ 等。③废水中 COD 浓度高,可生化性差,BOD_5/COD 一般为 28% ~ 32%,属较难生化处理废水。④焦化废水中含氨氮、总氮较高,不增设脱氮处理,难以达到规定的排放要求。焦化废水的排放量与生产规模有关。

4. 典型焦化企业地下水污染分布

根据该典型焦化厂生产工艺产污环节、主要地下水污染源平面布置情况,圈定该厂地下水污染源分区图(图 11-7、表 11-4)。

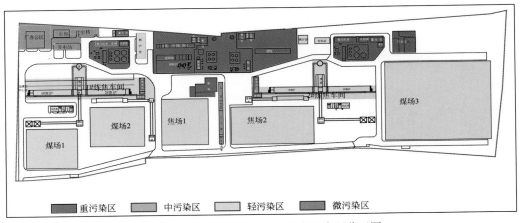

图 11-7　该典型焦化企业地下水污染源分区图

表 11-4　该典型焦化企业污染源分区及主要特征污染因子分析表

序号	污染区块	范围	可能污染程度	主要污染因子
1	炼焦车间	1#炼焦车间、2#炼焦车间	重污染区域,特别是熄焦水池处	COD、氨氮、挥发酚、氰化物、苯系物、多环芳烃类
2	冷鼓电捕工段	冷鼓电捕工段 1-2	重污染	
3	硫胺工段	硫胺工段 1-2	重污染	
4	洗脱苯工段	洗脱苯工段	重污染	
5		酚氰废水处理池	重污染	
6	备煤、焦场	煤场 1-3,焦场 1-2	中污染	硫化物、重金属
7	辅助设施区	锅炉房、风机房等辅助用房	轻污染	COD、氨氮
8	办公及生活区	办公楼、车库等	未污染	—

11.3　环境水文地质特征

调查区水文地质条件详见 3.6 节。

11.4　调查方案与程序

11.4.1　调查区范围的确定

该典型焦化企业与该区地下水水源地距离近,且位于统一水文地质单元内,因此该项目的评价范围与水源地调查(详见第6章)范围一致,调查评价范围64km²。在调查过程中,重点对该典型焦化企业厂区周边1.0km进行了详细调查。

11.4.2　资料收集与现场踏勘

1. 资料收集及现场调查访问

开展调查对象和地下水管理状况调查。包括重点污染源的责任主体、分布、主要产品类型、产品产量及生产工艺及生产历史、主要污染物、污染事故、污水处理及排放、地下储油罐类型及数量、固体废物堆置、地下水监测机制、环境保护管理机构设置方式和相关管理制度、地下水环境保护工程实施和管理现状,污染源排放量、排放特征、污染因子情况,污染源达标排放状况,污染物处置情况。应观察调查对象及周边的地形地貌、水文、地质等环境条件;工业污染源附近的水源地位置及其特征;泉及水井分布情况;调查对象边界、区内的建筑布局及地面特征;调查对象的工作条件,开展钻探调查的一些限制条件等;调查对象区内可见的污染现象(污水处理区、固废堆放、污水井、污水管道露头、渗坑、渗井等),调查对象区域安全隐患等。

2. 企业地下水监测井现状情况

焦化厂的绝大多数建构筑物均已拆除,经过现场勘查及访问,厂区内现有地下水水井5眼,其中运行期间设置专用地下水监测井1眼,其余4眼水井为原企业的生产生活供水井,井深50~70m。收集的资料显示,该焦化厂的专用地下水监测井仅进行过1期监测,监测时间为2011年,出现氨氮(超过GB/T 14848中Ⅲ类水标准限值)超标的情况。其他监测井据了解未进行过水质监测。

11.4.3　地下水监测井布设情况

1. 本次地下水监测井设置

根据布设要求,本次焦化厂地下水调查设置的第四系浅层地下水监测井功能主要分为背景对照井、污染源监测井、地下水污染扩散监测井等功能性监测井,共设置第四系浅层地下水监控井20眼,其中场址区内监控井10眼,厂址外监控井10眼,监控井控制范围在厂区外1km内。地下水监控井基本情况详见表11-5。本次设置的地下水监控井,均能满足地下水监测点布设要求(图11-8)。

同时在地下水调查过程中还进行地表水采样,采集4点次。

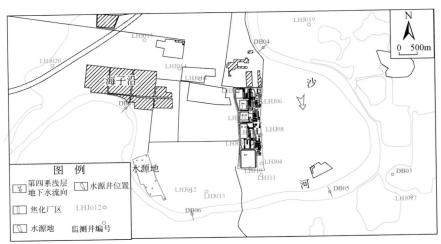

图 11-8　该典型焦化企业地下水监控井布设图

表 11-5　该典型焦化企业地下水监控井基本情况一览表

序号	样品编号	交通位置	井深/m	水井用途	监测功能	相对厂址地下水流场位置
1	LHJ01	1#炼焦车间东南	50	专用监测井	污染源监测井	厂址内
2	LHJ02	2#炼焦车间	50	专用监测井	污染源监测井	厂址内
3	LHJ03	焦场一南侧	50	原工业用水	扩散监测井	厂址内
4	LHJ04	污水处理站南	40	专用监测井	污染源监测井	厂址内
5	LHJ05	煤场 1 西北	50	专用监测井	扩散监测井	厂址内
6	LHJ06	冷鼓工段 1#东侧	50	原工业用水	污染源监测井	厂址内
7	LHJ07	冷鼓工段 2#	50	专用监测井	污染源监测井	厂址内
8	LHJ08	硫铵工段东南	50	原工业用水	污染源/扩散监测井	厂址内
9	LHJ09	焦场 2 西侧	50	专用监测井	扩散监测井	厂址内
10	LHJ010	煤场 3 南	50	原工业用水	扩散监测井	下游
11	LHJ011	厂区南墙外养殖场	70～80	农业用水	扩散监测井	下游
12	LHJ012	厂区西南农灌井	70～80	农业用水	控制监测井	下游
13	LHJ013	厂区西南农灌井	70～80	农业用水	控制监测井	下游
14	LHJ014	厂区西北大棚井	50～60	农业用水	控制监测井	上游
15	LHJ015	厂区西北大棚井	50～60	农业用水	控制监测井	上游
16	LHJ016	厂区西北大棚井	50～60	农业用水	控制监测井	上游
17	LHJ017	厂区东南养鱼坑	70～80	农业用水	控制监测井	两侧
18	LHJ018	厂区南养殖场	70～80	农业用水	控制监测井	下游
19	LHJ019	厂区东北养殖场	50～60	农业用水	控制监测井	上游
20	LHJ020	厂区西农户自打井	70～80	农业用水	背景对照井	上游

2. 样品监测项目

检测项目的检出限应不超过评价采用的国家标准。检测方法宜选用国家或行业推荐的方法。地下水样测试项目以《地下水质量标准》(GB/T 14848)中的 39 项指标作为必测指标,同时根据工业污染源行业性质,选择主要特征污染指标不少于 20 项作为必测指标;对于污染物比较单一的工业污染源及废弃场地,特征污染物必测指标控制在 3~10 个。按照这个原则,本次调查地下水样品测试指标共计 88 项(表 11-6)。

表 11-6　该典型焦化企业地下水测试指标一览表

指标类型	指标(类)名称
天然背景离子	钾、钙、钠、镁、硫酸盐、氯离子、碳酸根、碳酸氢根
常规指标	pH、溶解氧、氧化还原电位、电导率、总硬度、溶解性总固体、挥发性酚类、高锰酸钾指数、硝酸盐、亚硝酸盐、氨氮、氟化物、氰化物、汞、砷、硒、镉、六价铬、铅、色、嗅和味、浑浊度、肉眼可见物、铁、锰、铜、锌、铝、氟化物、碘化物、银、钡、钴、钼、镍
炼焦业特征指标	硫化物、石油类、苯类(7 项)、多环芳烃(16 项)
有机指标	有机氯代烃(20 项)

11.5　地下水质量与污染评价

11.5.1　第四系浅层地下水检出率情况

对取得的第四系浅层地下水水质化验数据进行统计分析,水样化验项目 88 项,根据总体统计结果,其中检出指标 61 项,占总指标的 60.4%,其中检出率达到 100% 的指标有 19 项,占总检测指标的 18.8%。本节根据统计分析,分别从常规检测指标、有机检测指标 2 个方面对检出率情况进行分析。

1. 常规指标检出状况

通过对 2016 年 12 月常规指标检出值的统计分析,项目共进行 47 项常规指标检测工作,共有 24 项检测指标检出,Mg^{2+}、Na^+、Ca^{2+}、Cl^-、高锰酸盐指数、溶解性总固体等 18 项监测因子检出率为 100%,铁、亚硝酸盐等 6 项监测因子检出率在 40%~80%,共有碳酸盐、肉眼可见物、嗅和味、汞、镉、铬、铅、银、钼、镍等 10 项监测因子未检出。

2. 有机指标检出状况

2016 年 12 月的水质样品监测中对有机指标进行了化验,在检测的有机指标中,萘、苊烯、苊、芴、菲、蒽、荧蒽、蒀、1,1-二氯乙烯、二氯甲烷、三氯甲烷、1,1,1-三氯乙烷、1,2-二氯乙烷、苯、三氯乙烯、1,2-二氯丙烷、甲苯、1,1,2-三氯乙烷、氯苯、乙苯、间、对二甲苯、苯乙烯、邻二甲苯、1,2-二氯苯等 25 项指标有检出,检出率为 5%~100%,其中萘检出率为 100%,其余 18 项指标未检出。

11.5.2　地下水环境质量评价

按照国家统一要求,对调查结果按照不同含水层的地下水质量进行评价,评价方法采用《地下水质量标准》(GB/T 14848)中的单项组分评价法、综合评价法。

1. 地下水评价指标

评价指标按参考《地下水质量标准》(GB/T 14848)确定,同时按照本次监测指标及项目特征,最终确定参加本次评价的指标为 pH、硫酸盐、氯化物、钠、总硬度、溶解性总固体、铁、锰、铜、锌、挥发性酚类、高锰酸盐指数、硝酸盐氮、亚硝酸盐氮、氰化物、汞、砷、硒、镉、六价铬、铅、钠、铝等 24 项。

2. 地下水单因子质量评价结果

1) 单组分评价结果

由 2016 年 12 月第四系浅层地下水单指标评价结果统计表可知,项目各监测因子以 I 类指标为主,占到 74%,其次是 II 类、III 类,各占 7%、9%,IV、V 类指标各占 5%、5%,本次研究中 IV、V 类指标合计占到 10%。

区内第四系浅层地下水监测井中出现 V、IV 类指标的监测井达到 18 眼,占比达到 90%,即有 90% 的地下水监测井中出现个别指标水质不能满足《地下水质量标准》(GB/T 14848) III 类水的要求。其中以 LHJ01 出现 V、IV 类指标最多,达到 8 个,占到参评指标的 38%,其次 LHJ07、LHJ02 分别出现 6 个、5 个 V、IV 类指标。仅 LHJ011、LHJ014、LHJ020 未出现 V、IV 类指标。

2) 有机组分超标评价

有机组分地下水质量评价采用超标评价法,对于《地下水质量标准》(GB/T 14848)之外的指标,微量有机污染物组分采用《地表水环境质量标准》(GB 3838)中"集中式生活饮用水地表水源地特定项目标准限值"的内容进行评价,超标的依据是以各自标准的 III 类限值为基准,指明超标因子与超标倍数。

对于未列入《地下水质量标准》(GB/T 14848)和《地表水环境质量标准》(GB 3838)的指标,以《生活饮用水卫生标准》(GB 5749)中的限值为基准,需指明检出组分名称和检出值。

3) 有机指标评价结果统计

根据评价方法及评价标准对本次参评的有机指标检测数据进行评价,由评价结果可知,参与评价的有机指标中出现了萘、苯、苯乙烯、1,1,2-三氯乙烷超标的现象,其中萘、苯、苯乙烯均出现在该典型焦化企业 1# 炼焦车间熄焦池监测点 LHJ01 内,超标倍数较大,萘、苯、苯乙烯的超标倍数分别是 1909 倍、115 倍、0.2 倍。1,1,2-三氯乙烷指标超标主要出现在 LHJ012、LHJ013 两眼监测井处,这两眼井均不在焦化厂区内,位于焦化厂区西南农田内。

其他参与评价的有机指标有检出但未超标。

3. 地下水综合评价结果

根据地下水综合评价方法进行评价可知,调查的 20 眼浅层地下水监测井中,有 14 眼监测井地下水水质综合评价结果为"较差",占总监测井的 70%;水质"极差""良好"均出现 3 眼,分别占总监测井的 15%。

其中焦化厂内 10 眼监测井水质类别全部为较差及以上类别,调查中出现的极差水,全部出现在焦化厂区内,详见图 11-9。由图可知,较差以上级别的水质主要集中在该典型焦化厂区及西南部地区,另外在调查区的东北、东南也存在零星较差的水质分布区。极差水分布在厂区 1#炼焦区和厂区西南部。

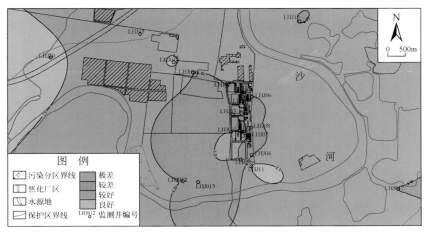

图 11-9　该典型焦化企业地下水水质综合评价图

该典型焦化企业内监测井地下水综合水质类别为较差、极差,经统计后主要影响因子为氨氮、亚硝酸氮、氯化物、硫酸盐、溶解性总固体、锰、挥发性酚类、氰化物、高锰酸盐指数、铁等 10 项指标。其中焦化行业特征污染物挥发性酚类、氰化物、氨氮、高锰酸盐指数等均为主要影响指标。其中以 LHJ01 影响指标最多。

该典型焦化企业厂区外地下水监测井综合水质为较差、良好,其中 7 眼井水质为较差,3 眼井水质为良好。厂区外水质主要影响指标为高锰酸盐指数、挥发性酚类、氨氮、锰、硝酸盐氮、亚硝酸盐氮、溶解性总固体、硫酸盐等 8 项指标。

11.5.3　地下水污染现状评价

1. 评价指标筛选

污染指标的选取是根据调查区主要污染源类型,选择与污染源类型相关度最多的几个地下水污染指标,确保将污染源可能产生的污染物种类作为污染评价指标。

本次调查的化工行业为焦化行业,根据查阅资料及地下水调查技术指南中的要求,炼焦行业的特征指标为:挥发性酚类、氰化物、氨氮、高锰酸盐指数、多环芳烃类、苯系物等。根据本次调查项目,共调查了苯系物、多环芳烃类、氨氮、高锰酸盐指数、氰化物、挥发性酚类等共计 24 种特征污染物。

最后根据特征污染物检出情况、是否有评价标准值等,确定本次参加污染评价的指标为氨氮、高锰酸盐指数、挥发性酚类、氰化物、萘、蒽、荧蒽、苯并[a]芘、苯、甲苯、乙苯、二甲苯、苯乙烯 13 项污染指标。

2. 地下水污染评价参数确定

在本次调查中,在焦化厂上游确定了 1 眼背景对照井(LHJ20),该井第四系浅层地下水流场的上游无焦化行业,周边也无其他类似的工业污染源,该井的地下水质量评价结果全部为Ⅲ类指标或优于Ⅲ类指标,综合评价水质为良好。因此以该井中参评特征污染物的浓度作为背景对照值参与评价。

地下水中特征污染因子的标准值的选取以《地下水质量标准》(GB/T 14848)的Ⅲ类标准为基准,未列入《地下水质量标准》(GB/T 14848)的选用《地表水环境质量标准》(GB 3838)中"集中式生活饮用水地表水源地特定项目标准限值"和《地下水水质标准》(DZ/T 0290)中的Ⅲ类标准。最终确定特征污染因子污染评价所需的评价参数如表 11-7 所示。

表 11-7 该典型焦化企业特征指标污染评价参数表

序号	指标	单位	C_0 值		$C_Ⅲ$ 值	
			数值	来源	数值	参考标准
1	挥发性酚类	mg/L	0.002		0.002	
2	氰化物	mg/L	0.002		0.05	《地下水质量标准》
3	氨氮	mg/L	0.04		0.2	(GB/T 14848)Ⅲ类
4	高锰酸盐指数	mg/L	0.7		3.0	
5	萘	μg/L	0.0813		100	
6	蒽	μg/L	0.01	以背景对照井 LHJ20 监测数据为准,未检出的按照检出限参与评价	1800	《地下水水质标准》(DZ/T 0290)Ⅲ类标准
7	荧蒽	μg/L	0.01		240	
8	苯并[a]芘	μg/L	0.002		0.0028	
9	苯	μg/L	0.3		10	
10	甲苯	μg/L	0.3		700	《地表水环境质量标准》(GB 3838)中"集中式生活饮用水地表水源地特定项目标准限值"
11	乙苯	μg/L	0.3		300	
12	二甲苯	μg/L	0.3		500	
13	苯乙烯	ng/L	0.3		20	

11.5.4 地下水污染评价结果

1. 地下水污染单指标评价结果

参与评价的特征污染指标,除苯并[a]芘外(Ⅰ类未污染),其余均出现不同程度的污染。其中氨氮、挥发性酚类、氰化物、高锰酸盐指数、萘、苯等六项指标均出现极重污染(Ⅵ)现象,苯乙烯、氨氮、高锰酸盐指数出现严重污染(Ⅴ)现象,高锰酸盐指数、苯出现较重污染(Ⅳ)的现象,甲苯出现中污染(Ⅲ)现象,蒽、荧蒽、乙苯、二甲苯则出现轻污染(Ⅱ)现象。

(1)由出现极重污染(Ⅵ)的特征指标个数统计可知,氨氮出现 5 点次的极重污染(Ⅵ)指标,其次为高锰酸盐指数出现 3 点次的极重污染(Ⅵ)的特征指标,其余的挥发性酚类、氰化物、萘、苯等均出现 1 点次的极重污染（Ⅵ）指标,并且这四个特征指标的极重污染（Ⅵ）指标均出现在 LHJ01 监测井内。

（2）由出现严重污染（Ⅴ）特征指标个数统计可知,苯乙烯、氨氮、高锰酸盐指数均只有 1 点次出现。

（3）由出现较重污染（Ⅳ）特征指标个数统计可知,苯出现 4 点次,高锰酸盐指数出现 2 点次。

出现较重污染（Ⅳ）以上污染的指标,大多分布在该典型焦化厂区内监测井。仅氨氮、高锰酸盐指数的部分污染现象出现在焦化厂区以外。

2. 地下水污染综合评价结果

根据综合污染评价方法进行评价及统计,对出现Ⅱ类轻污染以上的特征绘制综合污染评价点位分布图,见图 11-10。

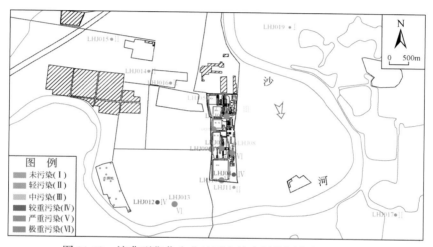

图 11-10　该典型焦化企业地下水综合污染评价点位分布图

本次调查的浅层地下水以Ⅵ类（极重污染）、Ⅱ类（轻污染）为主,两类合计占比达到 59%。就污染类别的空间分布看,极重污染（Ⅵ类）出现在该典型焦化厂厂区及厂区西南部,其焦化厂的西、北、东方向污染物污染相对较轻。

11.6　典型工业污染源地下水环境问题识别

11.6.1　含水层易污染性分析

根据调查区的包气带岩性、厚度、渗透性能等基础资料,定性或定量分析评价调查区的含水层易污染性,为地下水污染成因分析提供基础。

1. 包气带防污性能分析

根据项目场地水文地质调查及实验可知,该典型焦化厂厂区内场地包气带厚度在 22.2 ~

26.9m,包气带均厚 24.34m,包气带岩性包括杂填土、细砂土,以细砂为主,包气带岩性在整个厂区内分布连续且稳定,其中杂填土厚度 1~3m,细砂层厚度 22.02m。通过包气带细砂土工试验可知,细砂的垂向渗透系数均值为 3.64×10^{-4}cm/s,按照 HJ 610—2016 中关于包气带防污性能分类标准,场址包气带黏土防污性能为“差”。假设包气带在饱水渗透条件,利用达西定律计算污染物穿透包气带的时间。利用式(11-1)~式(11-3)来计算在饱水条件下,污染物穿透包气带的过程:

$$V = KI \qquad (11\text{-}1)$$

$$u = V/n \qquad (11\text{-}2)$$

$$t = M/u \qquad (11\text{-}3)$$

式中,V 为达西流速,即相对速度;K 为包气带的平均渗透系数;I 为水力坡度,随着时间的增大,水力梯度趋于 1,即入渗速率趋于定值,数值上等于渗透系数 K;M 为包气带厚度(m);n 为孔隙度;V 为包气带平均速度(m/d)。

经计算污水在饱水条件下穿透包气带的时间为 15.5 天。

因此在假定的饱水渗透条件下污染物仅需 15.5 天即能穿透包气带,说明该典型焦化厂场地内虽然包气带具有一定的厚度,但是由于包气带岩性单一、岩石颗粒较粗,污染物容易通过岩土孔隙向下进入含水层中。

2. 含水层迁移扩散条件分析

该典型焦化企业地下赋存第四系含水组,其中第Ⅰ含水组和第Ⅱ含水组构成了该地区浅层含水组,第四系深层地下水主要指第Ⅲ含水组和第Ⅳ含水组,由水文地质剖面图可知,该典型焦化厂厂区内垂向上,浅层地下水与深层地下水直接有一层连续稳定的相对隔水层存在,隔水层的存在能在一定程度上阻隔或减缓污染物从浅层地下水向下迁移至深处地下水的过程,起到一定的保护作用,但是由于地下水开发利用程度提升,混层开采和越流补给的增大,都可能加重污染物向下迁移的可能性。

在水平径流过程中,浅层含水组地下水主要指第Ⅱ含水组,该含水组岩性以卵砾石、中砂、细砂等为主,渗透系数均值为 16.61m/d,同时根据地下水流场可知,该地区地下水水力坡度 7‰左右,地下水水力坡度相对较大,经计算地下水的实际流速在 0.58m/d,含水层岩性颗粒较粗,地下水流迁移速度相对较快,因此污染进入含水层后,会随水流不断向下游迁移扩散,不断影响下游的浅层地下水含水层。

该典型焦化企业浅层地下水包气带厚度较厚,但由于岩性较粗,污染物易穿透包气带影响浅层地下水,同时浅层地下水含水层以细砂、卵石、中粗砂为主,地下水流速较快,因此该典型焦化厂场地下浅层含水层易受到地表污染源的影响。深层地下水由于与浅层地下水间有相对连续稳定的隔水层,较难受到地表污染源的影响,但随着地下水开发程度的提高,深层地下水具有受到污染的可能性。

11.6.2 地下水污染成因分析

1. 地下水化学类型分析

为说明该典型焦化企业附近第四系浅层地下水、地表水和水源地岩溶水之间的水化学联系,对焦化厂、水源地、地表水的水化学阴阳离子进行统计,并绘制了 Piper 三线图(图 11-11)。由三线图可以发现,水化学类型大致可分为三区,以下逐一分析。

1 区为第四系浅层地下水化学分区,该区各监测井的阳离子在三角区变化幅度不大,仅有 3 个监测点阳离子浓度向地表水阳离子浓度所在区域靠近,而阴离子三角区可以发现,第四系浅层地下水阴离子投影呈条带状向斜上方变化。而表现在三线图上,第四系监测点的分布同样呈现条带状斜上方分散,说明该地区浅层第四系水化学区域上变化较大,受到外来水化学影响大,特别是受到外来氯化物+硫酸盐的影响。部分第四系浅水含水组明显受到地表水的影响。

2 区为水源地开采的奥陶系岩溶水化学类型分区,由图可知,监测点投影集中,未发现明显的水化学变化趋势,从水化学类型看,与区域水化学类型一致。基本未受到外来源的影响。

3 区为受到地表水影响的区域,可以看到有 2 个浅层地下水明显受到地下水的影响,不论是阴离子浓度还是阳离子的钾钠浓度都与地表水接近。

由以上分析可知,水源地开采的岩溶水水化学类型分布集中,未受到外来源的影响,基本保持天然水化学类型。焦化厂调查区内浅层地下水明显受到外来源的影响,呈现投影点的条带状分布,部分地下水监测点明显受到地表水体的影响。

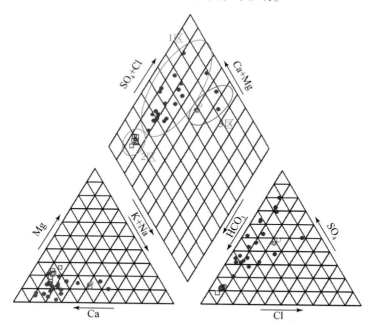

图 11-11　调查区地下水监测点 Piper 三线图

●第四系浅层地下水分布点;□奥陶系岩溶水分布点;○地表水分布点

2. 污染源及污染途径分析

通过本次地下水水质污染评价结果结合该典型焦化厂的污染物特征,对该典型焦化厂存在的地下水污染源及污染途径进行分析。该典型焦化厂的厂房建构筑物已拆除,但监测结果显示,该地区存在较为严重的污染。现状主要污染源如下。

1）厂区杂填土及包气带土壤中的污染物

在本次调查过程中,该典型焦化厂拆除过程中人工挖开了1#炼焦车间、2#炼焦车间的地面,由此揭露了场地内的地基情况,地基构造详见图11-12。

由图11-12可以看出,炼焦车间特别是湿熄焦水池附近,地基杂填土内部分层十分明显,厚度在2.0m左右,自上而下分别是混凝土地面(0.15~0.2m)—建筑垃圾、碎石土填层(厚度在1.0~1.2m)—煤矸石、煤泥、煤灰等填层(0.5m左右)—薄层黏土(0~0.2m)—细砂。

混凝土地面

建筑垃圾、碎石土填层

煤矸石、煤灰等填层

黏土及细砂

图 11-12　该典型焦化企业厂区内地基剖面照片

同时从地下水监测结果及污染评价结果可知,该典型焦化厂地下水污染十分严重。特征污染物萘、苯、挥发性酚类、氰化物等均出现极重污染的现象,特别是 LHJ01 监测井,该井为典型焦化厂1#炼焦车间的熄焦水池污染监测井,出现了氨氮、挥发性酚类、氰化物、高锰酸盐指数、萘、苯等极重污染现象,苯、萘、挥发性酚类、氰化物等浓度极高,是该典型焦化厂内的污染中心。据调查及访问结果可知,1#炼焦车间的熄焦水池未作防渗处理,仅为普通混凝土水池,已出现池体开裂的情况,从而产生污水渗漏。

因此该典型焦化厂1#炼焦车间的熄焦水池附近可能发生了污水渗漏情况,并已经运移至含水层中,并且包气带中仍然存在这些污染物,在大气降水补给地下水的情况下不断地向下淋滤,污染物仍会不断解析,随水流不断渗漏,从而在包气带内形成了二次污染源团。

2）厂区内各类水工构筑物及物料储罐

据本次调查可知,该典型焦化厂关于污水管道、污水池体、物料储罐等防渗资料充足,但据访问厂内人员可知,池体基本均为混凝土构筑物,防渗措施不完备。因此厂区内各类储存污水的水工构筑物、物料储罐等,均可能对地下水产生影响。特别是酚氰污水处理站、熄焦水池为重点地下水污染源。焦化厂渗漏工业污水如发生泄漏,将通过包气带连续渗入,从而进入第四系浅层地下水含水组,向下越流补给,污染下部含水组地下水。

11.6.3　地下水污染问题结论

由地下水环境污染评价可知,该典型焦化厂内出现了特征污染物的污染现象,其中LHJ01 监测井(该典型焦化企业 1#炼焦车间的熄焦水池污染监测井)出现了氨氮、挥发性酚类、氰化物、高锰酸盐指数、萘、苯等极重污染现象,该监测井为该典型焦化厂污染源监控井,基本涵盖了焦化厂各监测井出现的极重污染指标,因此以该井出现的特征污染指标作为主要污染指标并结合厂区内主要污染源的分布情况,对该典型焦化厂特征污染指标进行污染程度及范围的分析。

该典型焦化厂位于水源地准保护区内,按照保护区要求,地下水应执行《地下水质量标准》(GB/T 14848)Ⅲ类标准,因此本次污染程度以《地下水质量标准》(GB/T 14848)和《地下水水质标准》(DZ/T 0290)Ⅲ类标准为限值,对其超标影响范围进行分析。

1. 挥发性酚类

由图 11-13 可以看出,挥发性酚类超标范围主要集中在焦化厂附近,另外在 LHJ013 点也有挥发性酚类的检出。焦化厂附近的挥发酚超标范围最大,超标范围以 LHJ01 监测井为中心,呈近椭圆状分布,污染物浓度自内向外递减,超标范围集中。超标原因与熄焦水池防渗措施不够或出现渗漏有直接关系。超标范围内无居民生活用水井,超标范围约 0.16km²。厂区外影响范围西侧 120m,北侧 52m,东侧 200m。

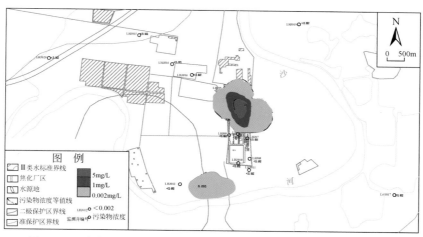

图 11-13　该典型焦化企业地下水调查区挥发性酚类污染物浓度分区图

对该区地下水水源二级保护区内的 2 眼浅层地下水监测井进行分析,西侧的 LHJ013 监测井检出挥发性酚类,浓度值为 0.003mg/L,超过 GB/T 14848 的Ⅲ类水标准。该井位于焦化厂西南约 330m,距离地表河流仅 100m 左右,从 Piper 三线图可知,该井与地表水(主要为地表河流)有密切的水力联系,但该监测井位于该典型焦化企业地下水流场的下游,挥发性酚类为特征污染物,挥发性酚类超标与河流和该典型焦化企业关系较大。

2. 氰化物

根据绘制的氰化物的浓度等值线图可以看出(图 11-14),氰化物与挥发性酚类超标范围基本一致,仅在厂区附近有检出,其他地方出现超标现象。氰化物超标范围以 LHJ01 监测井为中心,呈近椭圆状分布,污染物浓度自里向外递减,超标原因与熄焦水池防渗措施不够或出现渗漏有直接关系。

氰化物超标范围内无居民生活用水井,超标范围约 0.15km²。厂区外影响范围西侧100m,北侧 50m,东侧 180m。氰化物影响范围局限在厂区附近,在水源地二级保护区的 2 眼监测井中该污染物未检出。

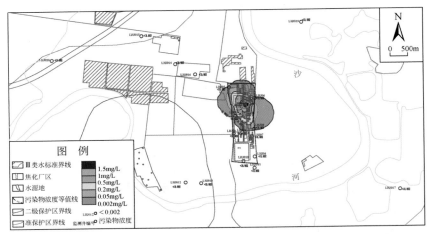

图 11-14　该典型焦化企业地下水调查区氰化物污染物浓度分区图

3. 苯

根据绘制的苯的浓度等值线图可以看出(图 11-15),苯在厂区内检出范围较大,超标范围与挥发性酚类一样,仅在 LHJ01 点出现超标,苯的超标范围约 0.096km²,超标范围大致局限在厂区内,向南至 2#炼焦车间附近。苯超标范围以 LHJ01 监测井为中心,呈近椭圆状分布,污染物浓度自内向外递减,超标原因与熄焦水池防渗措施不够或出现渗漏有直接关系。苯的检出仅局限在焦化厂内。

该市地下水饮用水水源二级保护区 2 眼浅层地下水监测井未检出苯系物。

4. 多环芳烃类污染特征分布

多环芳烃类在本次调查中也有多项指标被检出,分别绘制了具有代表性的萘、苊、苊烯、菲、芴等指标的浓度分布图(图 11-16 ~ 图 11-20),这部分浓度分布图具有一定的分布规律,其分布范围也是以 LHJ01 为中心,向四周扩散,其中萘的超标范围与苯基本一致,约 0.1km²。

水源地二级保护区 2 眼浅层地下水监测井中 LHJ012 中检出萘、苊、苊烯、芴、菲等多环芳烃,LHJ013 未检出。

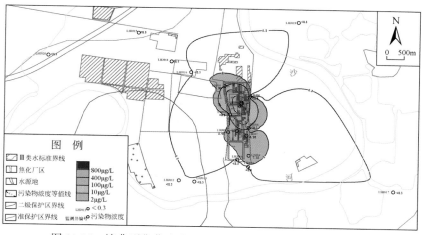

图 11-15　该典型焦化企业地下水调查区苯污染物浓度分区图

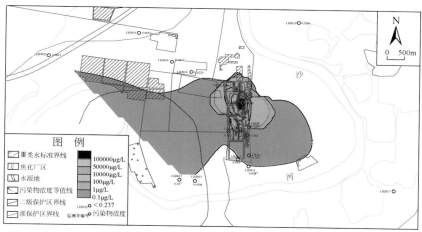

图 11-16　该典型焦化企业地下水调查区萘污染物浓度分区图

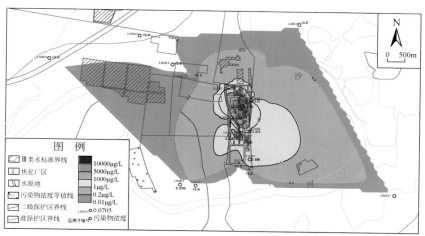

图 11-17　该典型焦化企业地下水调查区苊污染物浓度分区图

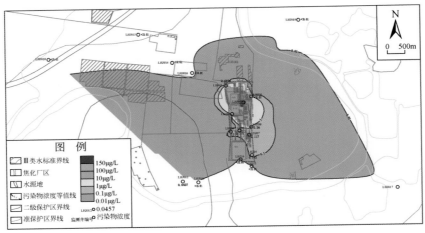

图 11-18　该典型焦化企业地下水调查区苊烯污染物浓度分区图

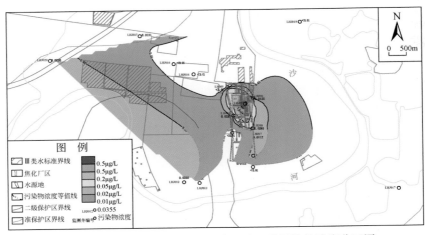

图 11-19　该典型焦化企业地下水调查区菲污染物浓度分区图

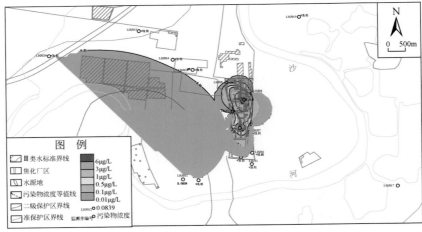

图 11-20　该典型焦化企业地下水调查区芴污染物浓度分区图

通过以上分析可知,该典型焦化厂内出现了挥发性酚类、苯、萘、氰化物等特征污染物的污染,其超标现象较为严重,超标范围最大约 0.16km²,主要分布在焦化厂区及附近,超标范围以 LHJ01 监测井为中心,呈近椭圆状分布,污染物浓度自内向外递减,超标范围集中。该区地下水水源地二级保护区内的 2 眼监测井显示,部分指标已经开始影响保护区内的地下水。

11.7　地下水污染趋势预测评价

11.7.1　水文地质条件概化

水是溶质运移的载体,地下水流场是溶质运移模拟的基础,在溶质运移模拟前,需先建立模拟区地下水流场模型。

为了满足本次工作地下水环境影响预测和评价的要求,在深入分析项目区及周边地区水文地质条件的基础上,确定本次研究模型评价区面积为 60km²,地下水类型为松散岩类孔隙潜水。

建立地下水系统的概念模型,是根据建模的要求和具体的水文地质条件,对系统的主要因素和状态进行刻画,简化或忽略与系统目标无关的某些系统的要素和状态,以便于数学描述。

根据建模的要求及调查场地的水文地质条件,建立了地下水系统的概念模型。在模型建立过程中,对系统的主要因素和状态进行了刻画,简化或忽略对系统目标无关的某些系统要素和状态,以便建立简单有效的模型。

1. 垂向含水层组的划分

根据前述水文地质条件及地形地貌特征,结合项目场地综合情况,确定该区地层结构单一,研究目标为潜水含水层,平均厚度为 190m,结合水文地质勘查、工程钻探与项目可研报告等信息,将地下水系统模型概化为 3 层。

第一层:为浅层含水层组,包括第 Ⅰ 含水层组、第 Ⅰ 含水层组与第 Ⅱ 含水层组之间的弱透水层和第 Ⅱ 含水层组,其中,第 Ⅰ 含水层组,岩性为中细砂、粉细砂及砂质黏土、黏质砂土;由于地下水位埋深较大,仅下部含水,大多地段接近疏干,呈透水不含水状态。本层平均厚度为 40m;第 Ⅰ 含水层组与第 Ⅱ 含水层组之间的弱透水层,岩性以粉质黏土为主,平均厚度为 15m;第 Ⅱ 含水层组,含水层一般由两个单层组成,即上部为 3~8m 的中细砂层,下部为局部夹 2~5m 黏性土透镜体卵砾石层。总厚度达 20~50m,厚度由东北向西南增大;含水层富水性强。该组是当前农业用水及附近村庄小厂企业开采的主要层位。地下水位标高一般在 1.00~4.00m。本层平均厚度为 50m。

第二层:第 Ⅱ 含水层组与第 Ⅲ 含水层组之间的弱透水层,岩性以粉质黏土、砂质黏土等为主,本层平均厚度为 20m。

第三层:第 Ⅲ 含水层组,此组含水层主要由一层厚卵砾石组成,卵砾石层中常有薄砂层或黏土夹层,多呈透镜体状产出,含水层厚度 20~50m,局部可达 60m 以上。此组的含水层密实度较高,含泥质较多,富水性比第Ⅱ含水组较差。

2. 水流特征

该典型焦化企业周边地下水主要靠大气降水、地表水入渗和上游的侧向径流补给,由于第四纪沉积物颗粒粗,并且松散,各含水层组之间有明显的水力联系,所以有利于降水入渗补给。

模拟区地下水的排泄主要是人工开采和侧向流出,人工开采是本区地下水的主要排泄方式。

模拟区周边地区内含水层岩性决定了其渗透性强,加之区域内地下水水力坡度较大,为0.44‰~2‰,故地下水径流条件良好,其流向是从北向南偏西流动。

资料显示,该区第四系地下水随丰、枯季变化有一定波动,但常年趋势较平缓,综上所述,鉴于模拟区内地下水含水层介质单一,分布均匀,可将地下水径流概化为三维稳定流。

3. 边界条件

(1)垂向边界:本次模拟的上边界主要受到大气降水和蒸发的影响。下边界取含水层底部隔水层,由于其下部由黏土及粉质黏土组成,为很好的隔水层,故将其概化为零通量边界。

(2)四周边界:四周边界在概化时,考虑到地形地貌的影响,以及前述的地下水特征和实际资料,确定模拟区南部及北部边界为定水头边界,东西两侧为隔水边界。

(3)河流边界:区内地表水体对地下水的补给,主要有地表河流入渗补给。地表河流水位年度变化较小,因此概化为定水头边界。

11.7.2 污染状况概化

1. 污染源分析

根据2016年地下水环境调查结果分析可知,目前焦化厂内特征污染物挥发性酚类、氰化物、苯等出现超标及污染现象,其污染物中心点位于该典型焦化企业厂区地下水监测井LHJ01内,挥发性酚类、氰化物、苯等污染物浓度达到极重污染(Ⅵ)。污染源初步确定为由熄焦水池的渗漏造成,目前已经污染厂区内的浅层地下水。调查中该典型焦化厂区内挥发性酚类、氰化物、苯、萘的浓度分别达到13.8mg/L、1.94mg/L、1.159mg/L。污染物浓度奇高,因此将挥发性酚类、氰化物、苯作为本次模拟预测的指标之一。

2. 污染迁移过程与途径概化

污染物迁移转化过程直接影响地下水中污染物浓度分布范围。污染物在地下水中迁移一般包括对流、扩散、弥散、吸附/解吸、降解、衰变等过程。如前所述,本次模拟预测选取的主要污染指标为氰化物和高锰酸盐指数。氰化物与高锰酸盐指数在随地表污水通过包气带入渗的过程中,发生了一系列的吸附、解析、氧化、微生物降解及挥发作用,其中以吸附作用为主。污染物被包气带和含水层吸附,在明渠附近地下包气带及含水层中积累。为了对调查区污染物迁移趋势做保守估计,本次模拟中仅考虑对流、弥散、扩散作用对污染物迁移趋势的影响,不考虑吸附、生物降解等作用。

11.7.3　地下水水流模拟

1. 地下水流数值模型

1）数学模型

根据以上概化的水文地质模型,其地下水水流的数学模型为

$$
\begin{cases}
\dfrac{\partial}{\partial x}\left(K_{xx}\dfrac{\partial H}{\partial x}\right)+\dfrac{\partial}{\partial y}\left(K_{yy}\dfrac{\partial H}{\partial y}\right)+\dfrac{\partial}{\partial z}\left(K_{zz}\dfrac{\partial H}{\partial z}\right)+W_e=\mu_e\dfrac{\partial H}{\partial t} & (x,y,z)\in\Omega,\quad t\geqslant 0 \\
H(x,y,z,0)=H_0(x,y,z)\,; \quad (x,y,z)\in\Omega \\
H(x,y,z,t)=H_e(x,y,z,t) \quad (x,y,z)\in\Gamma_e \\
\partial H=0 \quad (x,y)\in A
\end{cases}
$$

$$(11\text{-}4)$$

式中,H 为地下水位(L);K_{xx}、K_{yy}、K_{zz} 为 x、y、z 方向的渗透系数(L/T);W_e 为单元体内的源汇项(L^3/T);H_0 为初始水位(L);Ω 为计算空间区域;μ 为含水层给水度;μ_e 为储水率;Γ_e 为一类边界;H_e 为给定边界水位(L);A 为潜水面边界。

2）模型的初始条件

（1）模拟期:模拟期的初始日期为项目开始调查时,以 2016 年 12 月为模型的识别和验证期,自 2017 年 1 月开始至 7300 天后为模型的预测期,主要目的是为了模拟不同假定情景下,污染物在地下的运移与分布情况。

（2）初始水位:初始水位采用 2016 年 12 月调查区内地下水流场,其地下水位标高与现状地面标高一致,按照内插法和外推法得到各层的初始流场。

（3）模拟软件:本次工作,选用通用的地下水模型软件 Visual Modflow 4.1 建立研究区的地下水流模拟模型,该软件 Visual Modflow 是基于美国地质调查局的地下水流有限差分计算程序 MODFLOW,由加拿大滑铁卢大学水资源研究所开发的地下水模拟软件。该软件继承了地下水流计算程序 MODFLOW 的优点,具有模块化特点,处理不同的边界和源汇项都有专门独立的模块,便于整理输入数据和修改调试模型。作为一款可视化水流模拟软件,它的界面十分友好,条理清晰,菜单与模块化的程序相对应,更为可取的是它提供了比较好的模型数据前处理和后处理的接口,原始数据不用过多处理就可以从软件界面输入,模型计算完成后可以可视化显示流场、水位过程线及降深等,并且可以输出图形和数据。

另外,Visual Modflow 包含与 Modflow 地下水流模拟配套的地下水溶质运移模块 MT3DMS,便于下一步建立本书溶质运移模型。

2. 模型创建

地下水流模拟旨在进一步模拟地下水中的污染物迁移提供地下水流场等基础条件,为进一步预测新建渣场不同工况下对地下水环境的影响提供科学依据。本次地下水数值模拟的目的是在地下水流场模拟的基础上预测不同类型污染物对地下水的水质在时空上的影响。

根据本次地下水数值模拟的目的,水平方向上,网格为 100m×100m,共剖分 100 行×60

列,在焦化厂周边进行了网格加密,网格大小为10m×10m。模拟范围及剖分结果见图7-32。

本次模拟在垂向上分为3层,分别为上部浅层含水层组、浅层含水层组与第Ⅲ含水层之间的弱透水层、第Ⅲ含水层。

3. 定解条件

模拟区内源汇项还包括降水入渗和蒸发,因为缺乏蒸发资料,为了方便计算,模拟过程将入渗和蒸发核算为净入渗量作为模型的源汇项。

地下水渗透系数主要是依据本次工作在调查区及周围进行抽水试验的结果,对含水层水文地质参数进行初步分区,给出渗透系数初值,给水度和储水率主要是依据含水层岩性特征,按《水文地质手册》的经验值给出初值,待模型识别验证时进一步调整。

(1)渗透系数:由收集的调查区及本次工作开展的抽水试验结果,求得含水层渗透系数,为了进行地下水污染预测,选取污染场地抽水试验所取得的渗透系数作为模型参数。

(2)给水度和储水率:给水度和储水率主要是依据含水层岩性特征,按《水文地质手册》的经验值给出,初始给水度$\mu = 0.20$,储水率$\mu^* = 10^{-5}$。

4. 模型的识别与验证

模型的识别与验证过程是整个模拟中极为重要的一步工作,通常要在反复修改参数和调整某些源汇项基础上才能达到较为理想的拟合结果。此模型的识别与检验过程采用的方法为试估-校正法,属于反求参数的间接方法之一。

运行计算程序,可得到水文地质概念模型在给定水文地质参数和各均衡项条件下的地下水位时空分布,通过拟合同时期的流场和长观孔的历时曲线,识别水文地质参数、边界值和其他均衡项,使建立的模型更加符合模拟区的水文地质条件,以便更精确地定量研究模拟区的补给与排泄,预报给定条件下的地下水流场。

1)模型的识别和验证主要遵循以下原则:

(1)模拟的地下水流场要与实际地下水流场基本一致,即要求地下水模拟等值线与实测地下水位等值线形状相似。

(2)模拟地下水的动态过程要与实测的动态过程基本相似,即要求模拟与实际地下水位过程线形状相似。

(3)从均衡的角度出发,模拟的地下水均衡变化与实际要基本相符。

(4)识别的水文地质参数要符合实际水文地质条件。

根据以上四个原则,对模拟区地下水系统进行了识别和验证。

2)模型识别验证

根据上述模型结构和各项模型参数初值,模型就可以反演计算。依据实际观测数据,来调整渗透系数、储水系数、垂向补排强度等参数。

模型识别主要以经降水补给蒸发及向四周侧向排泄形成一个相对稳定的地下水流场。以2012年1月地下水流场作为模拟对象,以模拟区内四眼监测井地下水位作为模拟对象来调试识别地下水水流模型(图11-21)。

模型经过反复的识别调整及验证,各项参数有不同程度的校正,模拟效果见图11-21。由图可以看出残差均值为1.18m,残差平均绝对值1.501m,相关系数为0.992,模拟水位与

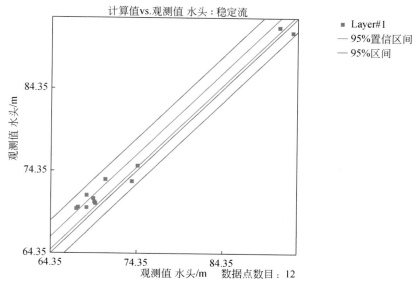

图 11-21　该典型焦化企业模拟区地下水水流模型校准结果图

观测水位拟合程度比较满意。

11.7.4　地下水污染物运移模拟

1. 模型选择

根据以上概化的水文地质模型,可相应写出水动力弥散方程式:

$$\frac{\partial(\theta C)}{\partial t} = \frac{\partial}{\partial x_i}\left(\theta D_{ij}\frac{\partial C}{\partial x_j}\right) - \frac{\partial}{\partial x_i}(\theta V_i C) + C'W \qquad (11\text{-}5)$$

式中,$D_{ij} = \alpha_{ijmn}\dfrac{V_m V_n}{|V|}$ 为水动力弥散系数(L^2/T),其中 α_{ijmn} 为弥散度;V_m、V_n 为 m、n 方向的速度分量;$|V|$ 为速度模;C 为污染物的浓度(M/L^3);W 为源汇项单位面积的通量($\text{M}/\text{L}^2\text{T}$);$V_i$ 为平均实际流速(L/T);θ 为地层有效孔隙度。

2. 污染源及模拟期设置

1)污染源设置

调查区污染源主要分布在焦化厂附近,根据调查结果和浅层地下水苯、挥发酚、氰化物浓度等值线图,设为面状污染源输入水流模型。根据 2016 年地下水环境调查结果设置模型的初始条件,苯浓度大于 0.3μg/L、挥发酚大于 0.002mg/L、氰化物浓度大于 0.002mg/L 的污染区域为污染区。

2)模拟期设置

为了便于分析污染物随时间的迁移规律,模拟期自 2017 年 1 月起,模拟时间分别设置为 1 年、5 年、10 年、20 年、30 年。

3. 污染物迁移参数设置

此次污染物迁移趋势模拟预测主要为了评估现状条件下污染物对下游地下水的影响。考虑到弥散参数的尺度效应(孔隙介质中弥散度随着溶质运移距离和研究问题尺度增大而增大),结合模拟区岩性和模拟网格剖分大小,模拟区纵向弥散度为 15m,水平横向和垂向弥散度为纵向的 1/10 和 1/100,弥散参数在模型校准过程中根据污染带的扩散范围加以调整。

11.7.5 　污染物运移模拟结果分析

使用校准好的水流模型运行溶质运移模型,预测在当前地下水现状条件下污染羽的迁移趋势,得出评估区地下水主要特征污染物迁移趋势。

1. 苯迁移趋势

表 11-8 及图 11-22 给出了自 2017 年模拟期开始后的 30 年内,污染物运移的主要指标变化情况。由图表可知,在现状水文地质条件和地下水流场不发生变化的情况下,焦化厂附近地下水中苯污染范围随时间逐渐扩大。在第 20 年,苯污染羽影响边界已经扩散至水源地水源井处;第 30 年,水源地全部水源井已受到苯污染影响。

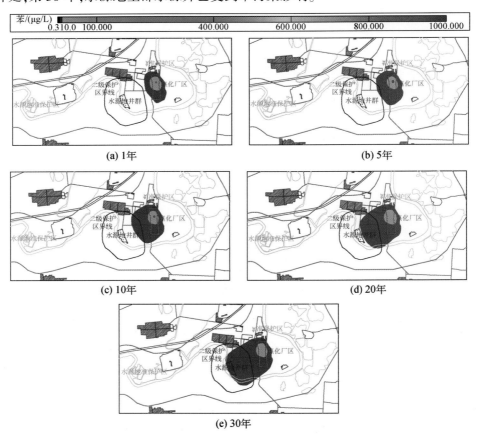

(a) 1 年

(b) 5 年

(c) 10 年

(d) 20 年

(e) 30 年

图 11-22 　该典型焦化企业模拟区苯污染运移变化情况示意图

表 11-8　该典型焦化企业苯在浅层含水层中模拟预测结果统计表

预测年份(自 2017 年 1 月开始)	影响范围/km²	最高浓度/(μg/L)	影响边界与水源井的距离/m
1 年	0.39	869	590
5 年	0.55	731	431
10 年	0.72	453	273
20 年	1.00	170	0
30 年	1.18	36	—

2. 氰化物迁移趋势

表 11-9 及图 11-23 给出了自 2017 年模拟期开始后的 30 年内,污染物运移的主要指标变化情况。在现状水文地质条件和地下水流场不发生变化的情况下,焦化厂附近地下水中氰化物污染范围随时间逐渐扩大。在第 20 年,氰化物污染羽影响边界距离水源地水源井59m;第 30 年,水源地全部水源井已受到氰化物污染影响。

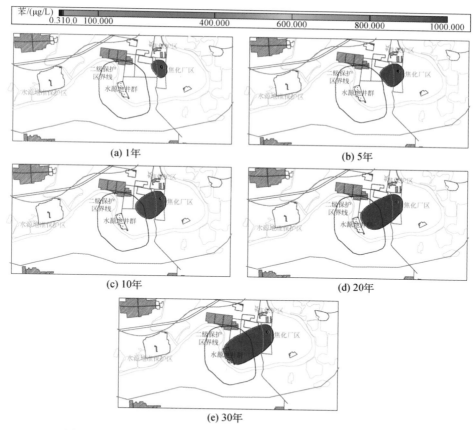

图 11-23　该典型焦化企业模拟区氰化物污染运移变化情况示意图

表 11-9　该典型焦化企业氰化物在浅层含水层中模拟预测结果统计表

预测年份(自2017年1月开始)	影响范围/km²	最高浓度/(mg/L)	影响边界与水源井距离/m
1 年	0.13	0.95	725
5 年	0.23	0.73	555
10 年	0.34	0.30	359
20 年	0.51	0.17	59
30 年	0.67	0.06	—

3. 挥发酚迁移趋势

表 11-10 及图 11-24 给出了自 2017 年模拟期开始后的 30 年内,污染物运移的主要指标变化情况。由结果可知,在现状水文地质条件和地下水流场不发生变化的情况下,焦化厂附近地下水中挥发酚污染范围随时间逐渐扩大。在第 20 年,挥发酚污染羽影响边界已污染至水源地水源井处;第 30 年,水源井已全部受到挥发酚污染影响。

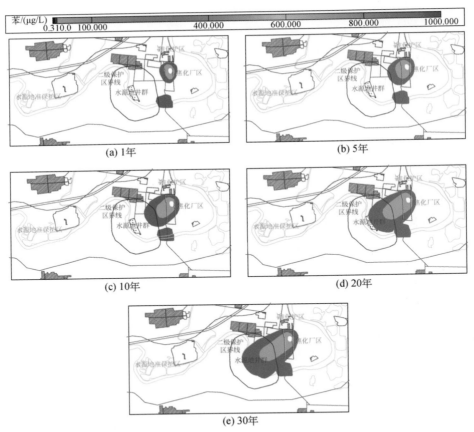

图 11-24　模拟区挥发酚污染运移变化情况示意图

表 11-10　挥发酚在浅层含水层中模拟预测结果统计表

预测年份(自 2017 年 1 月开始)	影响范围/km²	最高浓度/(mg/L)	影响边界与水源井距离/m
1 年	0.25	1.95	683
5 年	0.44	0.73	454
10 年	0.59	0.30	244
20 年	0.86	0.17	—
30 年	1.09	0.06	—

11.8　典型工业污染源地下水环境保护的建议

　　焦化厂下浅层地下水包气带有一定厚度,但由于岩性较粗,污染物易穿透包气带影响浅层地下水,同时浅层地下水含水层以细砂、卵石、中粗砂为主,地下水流速较快,因此焦化场地下浅层含水层易受到地表污染源的影响。深层地下水由于与浅层地下水间有相对连续稳定的隔水层,深层含水层较难受到地表污染源的影响,但随着地下水开发程度的提高,深层地下水具有受到污染的可能性。

　　由地下水化学基本离子分析可知,水源地开采的岩溶水水化学类型分布集中,未受到外来源的影响,基本保持天然水化学类型。该典型焦化企业调查区内的浅层地下水明显受到外来源的影响,呈现投影点条带状分布,部分地下水监测点明显受到地表水体的影响。

　　该典型焦化企业地下水出现挥发性酚类、苯、萘、氰化物等特征污染物污染现象,水源地二级保护区内也检出了挥发性酚类、萘等特征污染物指标,因此急需对该典型焦化厂场地开展污染场地详细评估工作,并尽快进行地下水污染修复工作。

参 考 文 献

[1] 张晓曙. 工业垃圾的处理及其效益[J]. 铁道劳动安全卫生与环保,1989,2:17.

[2] 吕书君. 我国地下水污染分析[J]. 地下水,2009,31:1-5.

[3] 李广贺. 含油气沉积盆地深部地下水水化学场分布特征研究[J]. 长春地质学院学报,1995,25:52-58.

第12章 典型垃圾填埋场地下水基础环境状况调查评估

Georef 地质光盘数据库的检索结果表明:1970~1987 年,在全世界范围内发表的有关卫生填埋场对地质环境影响的论文共 243 篇,1988~1991 年有关论文 200 余篇,1992~1999 年猛增到 700 余篇,1999 年至今增至 1300 篇左右,即近 10 年论文数量是前 30 余年的总和[1]。由此可见,卫生填埋场地质环境效应研究在国际上越来越受到重视,研究范围和深度也不断扩大。论文的数量变化也可以进一步反映上述趋势。

我国对城市垃圾填埋处置和卫生填埋对地质环境影响的研究起步相对较晚。第一篇涉及该领域的论文,是林学钰 1984 年发表在《长春地质学院学报》的《关于城市垃圾的环境水文地质问题》一文。国内研究以城市垃圾处理技术和方法,以及国外现状、国内展望等文献调查综合概论为主,仅有极少几篇涉及污染物迁移和现场调查实例的文章。就目前我国对卫生填埋的理论研究和工程实践而言,与国外相比,我国还处于初期阶段[2]。

根据 2014 年《中国统计年鉴》,全国已建成城镇生活垃圾卫生填埋场 580 座,实际卫生填埋量 10492.7×10⁴t,占城市生活垃圾无害化处理量的 68.2%,而且还有数以万计的简易生活垃圾填埋场和堆弃点。这些填埋场在几十甚至上百年的运行和稳定化过程中会产生大量的渗滤液,渗滤液水质复杂,含有高浓度的有机物、无机盐、金属和重金属离子、细菌等微生物,以及少量异型生物有机化合物,具有持久和较高的毒性[3-6],填埋场渗滤液渗漏后,会造成不同程度的地下水污染。

近几年来,我国生活垃圾产生量及填埋量进入了高峰期。垃圾堆体的压缩沉降可能会导致生活垃圾填埋场渗滤液收集管道变形失效,还会导致封顶系统中的防渗层发生破裂,进而会使垃圾渗滤液发生渗漏。虽然人工防渗系统在防渗方面能起到很好的作用,但是因为人工织物-上工织物界面之间、黏工织物界面的剪切强度低,这种情况容易产生沿界面滑动的问题,从而导致填埋场遭受破坏,渗滤液发生渗漏的现象。填埋场渗滤液也可能会通过废弃井、破损井管、地层尖灭形成的"天窗"、引渗井等发生渗漏,污染周边水环境[7]。

垃圾渗滤液是指垃圾在堆放和填埋过程中由于发酵和雨水的淋滤、冲刷,以及地表水和地下水的浸泡而滤出来的污水。渗滤液是一种高浓度的有机废水,由于其浓度高,流动缓慢,渗漏持续时间长,对周围地下水和地表水均会造成严重的污染。一个不合格的垃圾填埋场就是一个大的再生污染源,其污染延续时间可以长达数十年,甚至上百年。一旦地下水源和周围土壤被其污染,想用人工方法实施再净化,技术上将十分困难,其费用也极其昂贵,从而严重威胁生活和生产,甚至造成不堪设想的后果[8]。

生活垃圾填埋场对地下水的污染,归根结底是垃圾渗滤液透过土壤对地下水的污染[9],因此要分析研究生活垃圾对地下水的污染情况,就必须先搞清楚生活垃圾及其渗滤液的化学成分,然后将垃圾渗滤液的污染成分与地下水中的污染成分进行对比,判断垃圾填埋场对地下水的污染范围和污染程度。

　　本章选取了河北省某典型垃圾填埋场作为调查对象,在掌握区域内水文地质条件的基础上,开展样品采集、保存、室内测试,以及地下水质量评价、地下水污染现状评价及地下水污染评价工作。

12.1　典型垃圾填埋场的筛选确定与技术要求

12.1.1　典型垃圾填埋场的筛选确定

　　根据国家统一要求和"垃圾填埋场污染源筛选原则",在 2014 年河北省选择某市垃圾卫生填埋场作为典型垃圾填埋场污染源开展调查评估工作。根据掌握的资料,该垃圾填埋场属于"正规垃圾填埋场",满足调查对象的筛选原则。

　　同时,收集到的《河北省城镇生活垃圾填埋场地质环境调查评价》(河北省地质调查院,2009 年)成果显示:位于该垃圾填埋场东南角的 LWHS1 号水井,距垃圾场 38m,地下水位埋深 6.47m,其地下水受到垃圾场的污染较严重,主要表现在 Na^+、Cl^-、NH_4^+、总硬度、溶解性总固体和 COD 的污染。鉴于该垃圾填埋场在历史上曾发现过地下水污染情况,依据生活垃圾填埋场重点调查对象确定的原则,确定该垃圾填埋场为河北省重点调查对象。

　　同时考虑该垃圾填埋场为正规垃圾填埋场,已经填埋,待做封场处理。选取该垃圾填埋场作为重点调查对象,可以为下一步的封场工作提供必要的技术支撑。

　　另外,该垃圾填埋场现场具备专门地下水监测井 5 眼,可为本次研究的进行提供必要的基础硬件支撑。

12.1.2　典型垃圾填埋场污染源调查技术要求

1. 技术路线

生活垃圾填埋场地下水基础环境状况调查评估工作技术路线如图 12-1 所示。

2. 资料收集

收集资料包括可行性研究报告、环境影响评价报告、工程地质勘察报告、现场图片集、垃圾填埋场基本信息、水文地质及气象信息、现场采样和监测井信息、监测井平面图、历史监测数据,收集资料的来源、用途及要求参见表 12-1。

　　对于非正规垃圾填埋场难以获取场地基础资料,可以通过联系当地国土、水利、环保局等相关部门,获得大区域的基础性资料,在大尺度上掌握该场地的一些基本信息,再通过现场调研和水文地质勘察等环节进一步确定及补充相关资料。

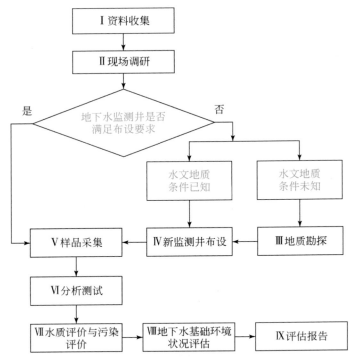

图 12-1　垃圾填埋场地下水基础环境状况调查评估技术路线图

表 12-1　生活垃圾填埋场资料收集清单及其来源、用途与要求一览表

序号	资料名称	资料来源	资料信息要求与说明	资料使用目的
1	生活垃圾填埋场可行性研究报告（正规＊）	填埋场运行单位	复印版	信息收集与审核
2	生活垃圾填埋场环境影响报告书（正规＊）	填埋场运行单位	复印版	信息收集与审核
3	生活垃圾填埋场工程地质勘察报告（正规＊）	填埋场运行单位或第三方地勘单位	复印版	信息收集与审核
4	生活垃圾填埋场勘探点平面位置图（正规＊）	地勘报告	纸质版或电子版（推荐）	信息收集
5	生活垃圾填埋场水文地质图及工程地质剖面图（正规＊）	地勘报告	纸质版或电子版（推荐，比例尺 1∶1000 ～ 1∶500）	模型构建
6	生活垃圾填埋场现场图片集	现场调研	电子版（JPG 格式）	数据库建立
7	生活垃圾填埋场基本信息调查表	实地调查	纸质版或电子版	基本信息调查
8	生活垃圾填埋场水文地质环境调查信息表	实地调查	纸质版或电子版	水文地质情况调查
9	生活垃圾填埋场监测井信息表	现场走访或可研报告	纸质版或电子版	监测井信息收集

续表

序号	资料名称	资料来源	资料信息要求与说明	资料使用目的
10	生活垃圾填埋场历史监测资料（正规＊）	填埋场运行单位	纸质版或电子版，最近 3～5 年	数据分析
11	生活垃圾填埋场监测井分布平面图	现场走访或可研报告	纸质版或电子版（推荐）	信息收集

注：正规＊表示只需在正规填埋场收集的资料。

3. 现场调研

现场调研的主要任务：

（1）补充资料收集过程中无法获得的基本信息，如调查对象周边环境敏感点情况，包括数量、类型、分布、影响、保护措施，明确地理位置、规模、与调查对象的相对位置关系、所处环境功能区、周边土地利用情况等，可通过人员访谈形式获得相关信息，受访人员包括场区管理人员、附近居民等。

（2）核实所收集资料的准确性：重点核实现场的水文地质条件、现有监测井信息（分布位置和井深等）、定期监测情况、环境管理状况，确定是否与资料中提及的一致。

（3）获得实时现场图片信息：填埋区、污水处理设施、监测井等实体图片。

（4）判断是否进行水文地质勘察：当水文地质资料信息不足，无法判断地下水流场特征，需要进行水文地质勘察。观察现场地形及周边环境，以确定是否可进行地质测量，以及使用不同地球物理技术的条件适宜性。

（5）判断现有地下水监测井的有效性：结合实际场地情况，考察现有地下水监测井利用的可行性。主要依据布井方案，结合监测井所处位置、井深等基本情况作出判断。当现有监测井无法满足调查工作的井位要求时，则需要增设新的地下水监测井。

4. 水文地质勘探

基本水文地质调查应以收集已有水文地质资料为主，当不能满足调查要求时，需要进行水文地质勘探，获取水文地质信息，为监测井布点提供依据。应基本查明水文地质结构，地下水补、径、排条件，地下水流场特征。

（1）水文地质结构调查：应调查垃圾填埋场及周边一定范围内的含水层、相对隔水层、隔水层的岩性、厚度及其变化情况，应以剖面图表示，资料丰富时，可以立体图表示。

（2）地下水补给、径流、排泄条件调查：地下水补给条件应包括降水、人工回灌、地表水补给等因素，应以收集资料为主。主要收集垃圾填埋场及其周边所在地区的降水量及水化学变化（月、年）；收集或观测地表水水位、流量、水质变化，分析地表水与地下水的相互关系。地下水径流条件应主要关注含水层渗透系数、水力坡度、厚度等因素，一般用水文地质结构图、水化学资料等分析某一地段的径流条件。地下水排泄条件包括蒸发、开采、径流、泉等因素。

（3）地下水流场特征调查：掌握垃圾填埋场及其周围一定范围内井（孔）地下水埋深，绘制地下水位等值图，确定地下水流向，分析水力坡度变化。

（4）水文地质参数获取：在现有水文地质参数不满足需要的情况下，可利用已有水井、水文地质监测井（孔），开展水文地质试验（抽水试验、弥散试验等），结合地面综合物探方法调查与水文物探测井资料,获取研究区的水文地质参数。当调查对象的水文地质资料缺乏时,尤其是针对非正规垃圾填埋场,需要对场地进行钻孔分析地层结构。水文地质勘察应遵循一孔多用原则,即可在拟建设监测井的地点完成该场地的钻探工作,而后期该钻孔可作为污染监测井继续利用。地下水流向的确定应首先咨询所在地区相关单位,如当地水利部门、环保部门或地质勘察单位,获得该区域大尺度的地下水基本流向,再根据现场实地的地勘,利用相关技术方法进一步确定本调查对象的实际地下水流向。同时,应根据场地实际情况和现有工作条件,选择适合有效的技术方法对调查对象进行水文地质勘察。

5. 监测井布设

1)布点原则

(1)填埋场地下水监测井至少为6眼,分别为:地下水背景监测井1眼,污染扩散监测井5眼。

(2)充分考虑监测井代表性,布点的科学性,并充分利用现有监测井,若不能满足数量与质量要求,需增加监测井。

(3)对填埋场四周衬层交接或折叠等易发生泄漏区及污染扩散区,勘探点可予以加密,并建立深层井关注主含水层。

(4)监测点与填埋场距离可根据场地自然环境、地形特点、水文地质特征等因素适当延长或缩减。

(5)填埋场附近如有地下水出露的泉眼点,处于地下水水流上游方向的可作为场地背景监测点,处于地下水水流下游的可作为污染扩散监测点。

2)布点方法

监测点布置数量按照第3章相关要求执行。

3)监测井建设质量控制

(1)监测井设置深度:当垃圾体填埋深度在浅层含水层水位以上时,监测井设置于浅层含水层内即可;当垃圾体填埋深度达到浅层含水层水位以下时,监测井底部应设置于垃圾体所处深度以下3～5m。

(2)止水材料的选择:监测井建设过程中,尤其需要注意止水工作,确保监测井从目标含水层段取水,同时避免不同含水层之间交叉污染。止水材料一般选用优质黏土球,如膨润土。止水的隔水层(段)单层厚度一般要求≥5m,充填黏土球垂向厚度一般高于止水层位顶板高度2～3m。承压水监测井应分层止水,潜水监测井不得穿透潜水含水层下的隔水层的底板。

(3)建井后洗井:建井一周后可根据井孔结构与井管材料、含水层类型确定洗井方法。在同一井中,宜采用多种方法联合洗井。参照《供水管井技术规范》(GB 50296)执行。对于含砂量背景值较低的区域,以目测地下水出水清澈,即可认为洗井结束;对于含砂量背景值较高的区域,若每个井容积水的pH、温度、溶解氧、电导率、浊度等参数连续三次的测量值误差小于10%,也可认为洗井工作完成。

(4)信息记录:每个监测井需详细记录位置、成井结构、与调查场地方位关系等信息,尤其需要注意记录止水情况。

6. 样品采集

1）采样频次

（1）监测井每季度采样 1 次,全年共 4 次。

（2）垃圾渗滤液原液应与地下水同步监测,即每季度采样 1 次,4 次/a。

2）分析测试项目

典型生活垃圾填埋场地下水监测指标体系参见表 12-2。

对于天然背景离子 8 项,常规指标 31 项,要求对所有地下水样品进行采样分析;对于 36 项选测特征指标,要求在背景监测井和距离垃圾填埋场下游最近的一眼污染扩散监测井进行所有监测指标全分析,通过检测报告,将有检出的指标定为该垃圾填埋场的特征污染指标,并对其他地下水样品进行检测分析。

表 12-2　典型生活垃圾填埋场地下水监测指标体系一览表

指标类型	指标名称
天然背景离子	钾、钙、钠、镁、硫酸盐、氯离子、碳酸根、碳酸氢根
常规指标	pH、溶解氧、氧化还原电位、电导率、色、嗅和味、浑浊度、肉眼可见物、总硬度、溶解性总固体、铁、锰、铜、锌、挥发性酚类、总磷、TOC、阴离子合成洗涤剂、高锰酸盐指数、硝酸盐氮、亚硝酸盐氮、氨氮、氟化物、氰化物、汞、砷、硒、镉、六价铬、铅、总大肠菌群
特征指标	镍、钡、钼、溴化物、碘化物、硫化物、二氯乙烯、苯、甲苯、乙苯、三氯乙烯、四氯乙烯、三氯甲烷、三氯乙烷、二甲苯、苯乙烯、多氯联苯(总量)、邻苯二甲酸二甲酯、六六六、滴滴涕、甲基对硫磷、苯并[a]芘、萘、氯苯、三溴甲烷、二氯丙烷、二氯甲烷、氯乙烯、四氯化碳、荧蒽、蒽、苯并[b]荧蒽、二硝基甲苯、氯酚、总 σ 放射性、总 β 放射性

12.2　典型垃圾填埋场的基本概况

随着国民经济和城市建设的发展,以及人民生活水平的提高,城市规模不断扩大,城市生活垃圾、粪便产出量急剧增加,由此带来的污染问题日益严重。城市生活垃圾、粪便的处理与处置问题引起了市政府及社会各界的高度重视。为了解决城市生活垃圾的出路问题、实现垃圾的无害化处理与处置,政府于 2003 年开始施工建设了该垃圾卫生填埋场。

12.2.1　典型垃圾填埋场建厂情况

该垃圾卫生填埋场属于正规垃圾填埋场,处理规模为 60t/d,其主要填埋物组成为:生活垃圾焚烧处理厂产生的焚烧残渣 40t/d;医疗垃圾焚烧处理厂产生的焚烧残渣 5t/d;一般生活垃圾 15t/d。于 2005 年正式投入使用,设计的服务年限为 8 年,于 2013 年 7 月停止使用,目前总垃圾填埋量约 $15 \times 10^4 m^3$。目前该填埋场已做暂时封场处理,未做正式封场。卫生填埋是对垃圾填埋作业区进行防渗处理,并综合考虑了填埋场封场后的再利用。同时,由于采取了工程防护措施,如充分压实等,土地利用率大大提高。

该垃圾卫生填埋场总占地面积 $1.386 \times 10^4 m^2$,其中填埋库区占地 $1.2988 \times 10^4 m^2$,填埋高

度 10.8m,填埋总库容约为 $14.0911 \times 10^4 m^3$。场址所在区域无不良地质现象,地层平稳、土质均匀,土质以黏土、粉土为主。垃圾填埋场距人畜居栖点超过 500m,不会对周边居民产生影响。卫生填埋工程主要内容包括场地整治工程、衬层系统、雨污分流系统等主体工程,其中防渗工程采用国内外使用较多的 HDPE 膜防渗方式,安全可靠。垃圾填埋场作业区被划分为若干相对独立的作业区,按顺序逐区进行"单元式"填埋作业。一般以一日一层作业量为一单元,每日一覆盖。其目的是最大限度地实现填埋区的清污分流、减少渗滤液的产生量,确保了填埋库区的正常运行,解决雨污分流的问题。该垃圾填埋场,采用卫生填埋技术,对生活垃圾综合处理厂和医疗废物焚烧厂产生的焚烧残渣以及少量的一般生活垃圾进行填埋处理。

该垃圾卫生填埋场严格按照《生活垃圾卫生填埋技术规范》(CJJ 17)和《生活垃圾填埋污染控制标准》(GB 16889)进行设计。采取不在现场分拣垃圾,多次压实、及时覆盖的工艺处理,对填埋物与覆盖土采用高度压实的方法,防止肮脏类型生物的滋生。同时由于拟建工程的填埋物大部分为生活垃圾焚烧处理厂产生的焚烧残渣,故拟建工程填埋气体和渗滤液的产生量远小于一般垃圾卫生填埋场。其采用的主要技术如下。

(1)采用卫生填埋技术,即能对渗滤液和填埋气体进行控制的填埋方式。该技术对污染控制主要表现在采用人工防渗层,加强渗滤液收集和处理,对填埋气体回收利用。从而加强防治水污染、减轻大气污染并实现资源回收。

(2)采用高度防渗技术,由于该填埋场填埋库区基底没有天然隔水层,为防止垃圾渗滤液污染填埋场及其周围的地下水,工程对填埋场采用防渗处理,即采用人工合成防渗材料土工膜,以高密度聚乙烯(HDPE)衬垫作水平和垂直防渗,修建边坡截洪渠以实现清污分流。该工程采用的高密度聚乙烯(HDPE)衬垫材料渗透系数为 $10 \sim 12 cm/s$。

(3)采用气体导排技术。该工程采用气体导排井(即导气石笼),收集导排垃圾降解时产生的填埋气体(其主要成分为甲烷)。

(4)采用渗滤液预处理后转移方案。该工程渗滤液导排系统由导流层、导渗盲沟和导气石笼等共同组成。该工程收集到的渗滤液汇集后,经场内渗滤液处理设施初步处理后,由罐车运至并排入当地污水处理厂,由其进行统一处理。

(5)采用卫生填埋作业方式,即采用按顺序逐区进行"单元式"填埋作业,以一日一层作业量为一单元,每日一覆盖的填埋作业方式。

12.2.2 主要污染源分布

该垃圾卫生填埋场主要接受粪便及生活垃圾,经过堆肥、焚烧等处理工艺后,将综合处理厂处理后的残渣进行卫生填埋。该垃圾卫生填埋场是以垃圾处理无害化为宗旨,在处理过程中可能会产生二次污染,其污染源主要有以下几个方面。

1. 大气污染物

填埋气体主要是由微生物分解垃圾中的有机成分而产生的,主要污染物是 CH_4 和 CO_2,占填埋气体的 95% ~ 99%,另外还有 H_2S 和 NH_3 等有毒的恶臭物质,占填埋气体的 0.2% ~ 1.4%。填埋气体的主要成分 CH_4 虽然对人体无毒,但是为易燃易爆气体,当与空气形成混合气体后,在一定体积比例范围内(CH_4占 5% ~ 15%)易发生爆炸事故;气体 CO_2 其密度是空气的 1.5 倍,因而它总是向底部运动,可导致场区底部含量 CO_2 逐年增高,由于植物对 CO_2 具有一定敏感型,若根部聚集填埋气体,会导致根部缺氧,从而危害其生长;H_2S 和 NH_3 气体虽然排量不大,但其为强刺激性气体,大量气体逸出的地方会有恶臭味,且 H_2S 对人体有毒。垃圾填埋后,其中的有机物逐渐生物降解,产生一定量的气体,主要成分为 CH_4、CO_2、CO、H_2S、N_2、H_2 等,对环境产生影响的主要污染物有 CH_4、H_2S、CO 等。大气污染物主要为填埋区的填埋气体,其主要成分为 CH_4、CO_2、NH_3 等。

2. 污水

污水主要来自填埋场渗滤液及生活区的生活污水。

渗滤液主要来源于两部分,其一是大气降水通过垃圾表面渗透进入垃圾体,其二是垃圾本身所含的水分和垃圾中的有机物被微生物分解所产生的水分。垃圾渗滤液属高浓度的有机废水,主要污染物是 BOD_5、COD_{Cr} 和 NH_3-N。

3. 噪声

噪声主要来源是填埋区的作业机械设备工作噪声。

4. 固体废弃物

主要来源为填埋区的废纸、粉尘、塑料等能被风吹起的轻物质。

5. 臭气

臭气污染来自垃圾本身,以及垃圾填埋区的渗出液及填埋气体(H_2S 等),另外还有来自渗滤液调节池及处理区所产生的气味。

6. 其他污染源

影响场内环境质量的污染源除以上几种外,另一种污染源是苍蝇、蚊子和鼠类。这类污染物严重影响填埋场职工和附近居民生活。

12.3　环境水文地质特征

12.3.1　区域水文地质特征

浅层地下水全淡水区系指Ⅰ+Ⅱ含水组,底板埋深 160 ~ 180m,含水层厚度 30 ~ 50m,岩性为含砾中细砂–细砂、粉砂,单位涌水量 5 ~ 10m³/(h·m);有咸水分布区,系指咸水体顶板以上的浅层淡水和微咸水。咸水体主要赋存于Ⅰ含水组下部,Ⅱ含水组上部,咸水体顶板埋深 0 ~ 30m,底板埋深一般 60 ~ 120m,在与全淡水区交界部位埋深 40m 左右。含水层厚度一般<10m,岩性为细砂、粉细砂,单位涌水量一般<5m³/(h·m)。浅层地下水主要为大气降水入渗补给,其次为灌溉回归补给和侧向径流补给,以人工开采和潜水蒸发及越流为主要排泄方式。

深层地下水,全淡区为第Ⅲ含水组,顶板埋深 160 ~ 180m,底板埋深约 400m。含水层岩性为含砾粗砂、中砂,厚度 60 ~ 100m,单位涌水量 10 ~ 30m³/(h·m);有咸水分布区深层水,为咸水体底板以下的深层淡水。含水层岩性以细砂为主,厚 60 ~ 100m,单位涌水量一般 5 ~

$15m^3/(h \cdot m)$。深层地下水为侧向径流补给和少量越流补给,消耗于人工开采。

该区从北到南划分为冲洪积平原水文地质区、冲积、湖积平原水文地质区、湖积海积平原水文地质区。其全淡水区分布于西北部,项目调查区分布于咸水区内,第四系地下水以地层时代作为含水组界线,将第四系松散岩类孔隙水根据地层划分为四个含水组,详见如下。

1. 第Ⅰ含水组

含水组底板埋深一般为 $30 \sim 50m$,其中砂厚为 $5 \sim 10m$,岩性分布常因所处地貌单元不同而异。由北向南依次排列成集束状河道带分布。局部黏土类土的裂隙发育,也构成良好的储水体。咸水分布比较广泛,并被大量的古今河道所切割。因而河道两侧形成淡化的淡水带。该区地形自西北陡然下降后地势平坦,坡降达 $1/4000$。其东南边界大致与 $5m$ 等高线相当。砂体厚度不均,一般为 $5 \sim 15m$。该区砂层颗粒虽较西北部显著减细,但仍较其中东部稍粗。砂体虽多呈棒状,但小片面状体,却也有毗连出现,而其厚度也相对减薄。除此之外,黏性土裂隙水也常相间出现,虽有咸水出现,但因永定河、大清河、子牙褡河的古今河道和人工渠道的纵横穿插,促使淡化范围逐步扩大。故其富水性也相对增多。除局部地区外,单值涌水量一般为 $2.5 \sim 5.0m^3/(h \cdot m)$。局部有时达 $5.0 \sim 10.0m^3/(h \cdot m)$。水质类型复杂。除咸水外,由北而南逐渐由简单到复杂。水温偏低,水力类型仍属潜水,水位埋深为 $4 \sim 6m$,地下水流向总的趋势是西北部为北北西—南南东,中部为西—东,南部为南西—北东。构成与地表径流一致方向,由周围向中东部集流。只有局部地区,因受人工开采影响或受地表水局部补给关系,地下水流向与其他区域有所差异。

2. 第Ⅱ含水组

该区含水组底板埋深 $100 \sim 160m$,砂厚以 $30 \sim 50m$ 为主,局部 $20 \sim 30m$,岩性分布仍依所处地貌单元不同而异,含水组砂厚西北侧 $20 \sim 40m$,东南侧 $20 \sim 30m$。砂层颗粒自北、西、南三面向东由粗变细,即由中砂–细粉砂。而富水性也是依次由好变差,尤其咸水分布,其厚度也是依次增厚,含盐量逐步增高。一般单位涌水量为 $1.0 \sim 2.5m^3/(h \cdot m)$。水质类型比较简单,大部分为碳酸氢钠型水。同样矿化度除上述两区大于 $1.0g/L$ 外,其余均为 $0.5 \sim 1.0g/L$。水温多在 $18℃$ 左右。水力类型属浅层承压水。水位埋深为 $4 \sim 6m$。

3. 第Ⅲ含水组

含水层主要由冲积和湖沼沉积而成,颗粒虽粗而均,单厚均偏薄。富水性单位涌水量一般为 $5 \sim 10m^3/(h \cdot m)$。水质类型比较简单。除个别地区为重碳酸氯化物钠型水外,全为碳酸氢钠钙型水。地下水流向,除局部受漏斗影响外,总流向仍为西北—东南。

4. 第Ⅳ含水组

含水组底板埋深为 $460 \sim 520m$,局部地区小于 $440m$ 或大于 $520m$。砂层累厚为 $20 \sim 40m$,岩性分布也是依所处构造、地貌单元不同而异。

该区砂层颗粒较其南、北均细。且有自南、北向中间逐渐变细、变薄的趋势,故其富水性也是由外向内,由大变小。一般单位涌水量为 $10.0 \sim 2.5m^3/(h \cdot m)$。水质类型,除东北部较差,为重碳酸氯化物钠型水外,全部为碳酸氢钠型水。矿化度绝大部分均小于 $0.5g/L$。水温除局部热水带外,均在 $25℃$ 左右。水力类型也为高压自流水,水位除局部因受漏斗影响外,一般均呈自流。地下水流向,基本上仍以西北—东南为主。

12.3.2　垃圾填埋场水文地质特征

1. 包气带特征

由本次工作收集到的该地区的地层资料可以看出(图 12-2)，垃圾填埋场附近地层以粉土、粉质黏土、细砂为主要岩性，其中包气带岩性以粉土及粉质黏土等黏性土为主，包气带在垃圾填埋场内稳定存在，该地区地下水水位埋深在 4~6m。

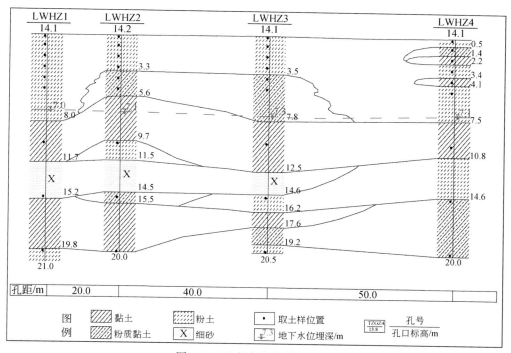

图 12-2　垃圾场包气带结构图

由地质剖面图可知，包气带以粉土层为主，厚度在 3.3m 以上，其余为粉质黏土层，因此包气带有一定的防护能力，当本次研究填埋场基础埋深在 5.0m 左右，在丰水期可能会在地下水水位以下，因此如果发生防渗层的破裂也会很容易污染浅层地下水。

2. 浅层含水层特征

本次调查评价的浅层含水层包含 I+II 含水组，底板埋深 160~180m，含水层厚度 30~50m，岩性为含砾中细砂-细砂、粉砂，单位涌水量 5~10m³/(h·m)，调查区位于咸水分布区，咸水体主要赋存于 I 含水组和 II 含水组上部，咸水体底板埋深一般 60~120m，该地区极少有利用浅层地下水的水井，根据本次调查取样化验结果可知，该地区浅层地下水水化学类型为 HCO_3-Mg·Na 型水，地下水矿化度大于 1g/L，但小于 3g/L，为微咸水。

3. 深层含水层特征

本次调查评价的深层含水层为第 III 含水组，顶板埋深 160~180m，底板埋深约 400m。含水层岩性为含砾粗砂、中砂，厚度 60~100m，单位涌水量 10~30m³/(h·m)，地下水类型

为碳酸氢钠钙型水,水温在 20℃左右,水力类型为高压水。本次调查发现,该地区工农生产
用水均采用该层地下水,井深多在 200m 以上。

4. 地下水化学类型

本次工作对取样点地下水的主要阴阳离子进行了分析化验,根据分析化验结果,统计后
绘制了该地区深层及浅层地下水的 Piper 三线图,见图 12-3。

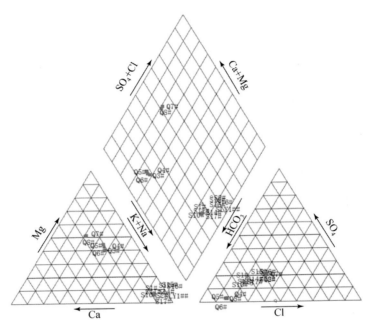

图 12-3　垃圾填埋场附近地下水 Piper 三线图

●浅层地下水水样点;○深层地下水水样点

由绘制的 Piper 三线图可以看出:

(1)浅层地下水化学类型为 HCO$_3$-Mg・Na、HCO$_3$・Cl-Mg・Ca 型水,由图中浅层地下水
数据的分布,垃圾填埋场下游监测井 8#、7#随着 Cl+SO$_4$ 离子浓度的不断加入,地下水化学类
型发生了转变,同时 Mg+Ca 离子也有微弱增加,说明下游的地下水受到外来源的影响,使得
地下水化学类型发生变化,暂时硬度不断升高,矿化度也随之升高。

(2)深层地下水分布较为集中,地下水类型为碳酸氢钠钙型水,未见异常。

5. 地下水补径排情况

垃圾填埋场附近的浅层地下水主要为大气降水入渗补给,其次为灌溉回归补给和侧向
径流补给,以侧向径流流出和越流补给下部含水层为主要排泄方式。

深层地下水补给源为侧向径流补给和少量越流补给,排泄以人工开采和侧向径流流出
为主。

6. 地下水流场特征

在本次工作中,我们分别对调查评价区内的深层地下水和浅层地下水进行了地下水水
位的统测工作,以圈定地下水流场。

1）浅层地下水流场

对垃圾填埋场及周边的区域进行浅层地下水水位观测,根据绘制的浅层地下水流场图可知(图12-4),垃圾填埋场内浅层地下水流向与地形保持一致,地下水水位西高东低,地下水流自西向东径流,水力坡度平均0.4‰左右,地下水流动较为平缓,地下水水位埋深也是自西向东逐渐加深,由于该地区极少有开采浅层地下水的情况,因此该地区浅层地下水流向与区域的地下水流向是一致的。

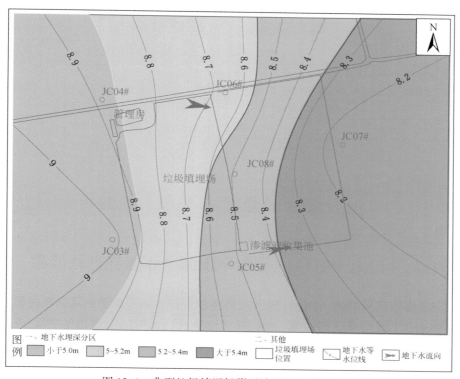

图 12-4　典型垃圾填埋场附近浅层地下水流场图

2）深层地下水流场

深层地下水(主要指第Ⅲ含水组)为该地区生产生活用水的主要开采层位,目前在市区已经形成了深层水的地下水漏斗,该漏斗为常年性城市工业、生活开采型漏斗,以该市城区为中心分布,该漏斗是以−20m等水位线圈定的。地下水流向均向漏斗处汇集。在调查中对深层地下水进行了地下水统测,由绘制的深层地下水流场图可知(图12-5),调查评价区内地下水总体流向为由北向南流动,即向市区地下水漏斗中心流动,同时垃圾填埋场位于区域地下水漏斗以外的边缘地带,根据本次圈定结果,垃圾填埋场距离地下水漏斗850m左右,距离较近。在垃圾填埋场附近水力坡度平均0.5‰左右。地下水水位埋深在33m左右,调查区东南角地下水埋深较西部及北部地下水埋深要浅。

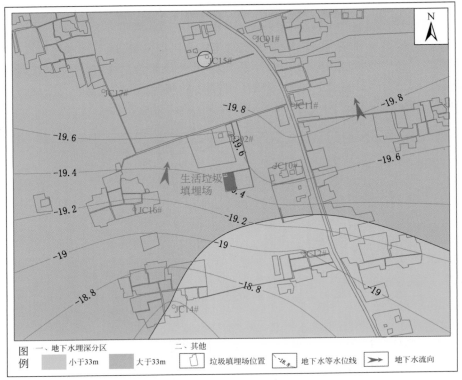

图 12-5　垃圾填埋场附近深层地下水流场图

12.4　调查方案与程序

12.4.1　调查区范围的确定

按照国家统一要求,结合该垃圾卫生填埋场周边条件,确定本次工作的调查区范围为 16km²。

12.4.2　资料收集与现场踏勘情况

1. 资料收集情况

按照资料收集环节要求,需要收集的资料包括可行性研究报告、环境影响评价报告、工程地质勘察报告、现场图片集、垃圾填埋场清单、基本信息调查表、水文地质及气象信息调查表、现场采样和监测井信息表、监测井平面图、历史监测数据等。本次工作收集到的资料情况如表 12-3 所示。

表 12-3　典型垃圾填埋场资料收集情况统计表

序号	资料名称	资料来源	收集形式	收集情况
1	该生活垃圾填埋场可行性研究报告	填埋场运行单位	复印版	√
2	该生活垃圾填埋场环境影响报告书	填埋场运行单位	复印版	√
3	该生活垃圾填埋场工程地质勘察报告	填埋场运行单位	复印版	×
4	该生活垃圾填埋场现场图片集	现场调研	电子版	√
5	该生活垃圾填埋场基本信息调查表	实地调查	纸质版	√
6	该生活垃圾填埋场水文地质环境调查信息表	实地调查	纸质版	√
7	该生活垃圾填埋场监测井信息表	可研报告	复印版	√
8	该生活垃圾填埋场勘探点平面位置图	地勘报告	纸质版	×
9	该生活垃圾填埋场监测井分布平面图	走访或可研报告	纸质版	√
10	该生活垃圾填埋场历史监测资料	填埋场运行单位	电子版	×
11	该生活垃圾填埋场水文地质图及地质剖面图	地勘报告	纸质版	√
12	河北省城镇生活垃圾填埋场地质环境调查评价	自由	电子版	√

2. 现场踏勘

现场调研工作严格按照国家统一要求中的任务对场地开展相关工作。在现场调研过程中,针对前期资料收集过程中无法获得的基本信息和不能确定是否准确的部分信息,调查组采用人员访问方法对所需信息进行补充。受访人员包括垃圾填埋场运行管理人员、当地地质钻探工作人员和场区附近居民,进一步确定了部分基本信息(图 12-6)。

图 12-6　典型垃圾填埋场现场人员访问照片

1)资料的核实情况

通过现场调研证实:收集资料基本属实、准确,包括场地位置、水文资料、水源地位置、敏感点信息等;同时,补充了实时现场图片,包括填埋场全貌、监测井,利用 GPS 定位照片拍摄位置和角度,以照片的形式记录监测井分布,以便资料的积累和对比。

2）现场照片获得实时现场图片信息

垃圾填埋区、污水处理设施、监测井等实体图片（图12-7）。

图 12-7　典型垃圾填埋场渗滤液收集池照片

3）现有地下水监测井的有效性

结合实际场地情况，考察现有地下水监测井利用的可行性。主要依据布井方案，结合监测井的所处位置、井深等基本情况作出判断。当现有监测井无法满足调查工作的井位要求时，则需要增设新的地下水监测井（图12-8）。

图 12-8　典型垃圾填埋场部分监测井照片

4）地下水环境敏感点

依据实地调查情况，调查区范围内有9处地下水环境敏感点（表12-4）。

表 12-4　典型垃圾填埋场调查区范围内主要地下水环境敏感点一览表

序号	名称	相对位置	距离场界距离/m	主要取水用途	井深/m	开采层位
1	农村水源井	场地西部	700	生活用水及农灌井	250	第Ⅲ含水组
2	农村水源井	场地西南部	900	生活用水及农灌井	300	第Ⅲ含水组

续表

序号	名称	相对位置	距离场界距离/m	主要取水用途	井深/m	开采层位
3	农村水源井	场地南部	700	生活用水及农灌井	300	第Ⅲ含水组
4	车管所水源井	场地东部	300	生活、商业用水	300	第Ⅲ含水组
5	服务站水源井	场地北部	300	生活、商业用水	300	第Ⅲ含水组
6	农村水源井	场地东南部	1100	生活用水及农灌井	260	第Ⅲ含水组
7	农村水源井	场地东部	1600	生活用水及农灌井	300	第Ⅲ含水组
8	农村水源井	场地东北部	1000	生活用水及农灌井	260	第Ⅲ含水组
9	农村水源井	场地西北部	1300	生活用水及农灌井	300	第Ⅲ含水组

12.4.3　监测点布设及样品采集

1. 地下水监测井布置情况

该垃圾填埋场所处区域地形平坦、地貌类型单一,为冲湖积平原区,同时该地区地下水自西向东流动,填埋场某一边界与地下水流向垂直或最小夹角小于10°,因此按照指南的要求进行设计,同时利用现有井为前提,本次调查设置了地下水监测井6眼,监测井布置详见图12-9。

图 12-9　典型垃圾填埋场浅层地下水布点图

根据项目地下水由西向东流动,设置的背景监测井1眼(LFLJ03#)位于垃圾填埋场西厂界外30m左右,在地下水流场两侧设置地下水监测井2眼分别为南侧监测井(LFLJ05#)、北侧监测井(LFLJ04#),距离厂界分别为20m、40m,设置地下水下游监测井3眼,分别为LFLJ06#、LFLJ08#、LFLJ07#,其中LFLJ08#位于垃圾填埋场厂界内1m,距离垃圾填埋堆体15m,LFLJ07#距离东厂界80m左右,LFLJ06#位于东厂界东北角外30m。

同时本次的调查也对调查评价区内的深层地下水进行了取样分析化验,具体的地下水取样点分布形式见图12-10。

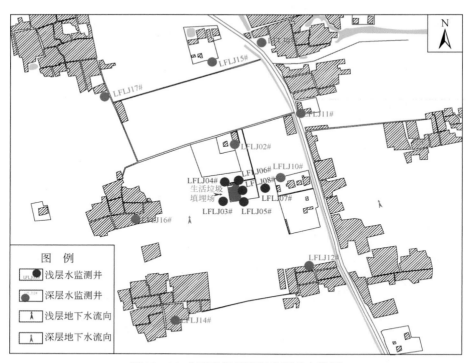

图 12-10　典型垃圾填埋场监测井布设图

　　本次垃圾填埋场地下水监测井的设置以充分利用当前监测井为准,按照指南进行布设,布设的形式及要求基本能够满足本次工作精度的要求,符合技术指南及工作的要求。

　　2. 地下水监测方法及检出项目

　　为查明该垃圾卫生填埋场附近的地下水质量状况,对垃圾填埋场内及附近 16 眼地下水监测井、村镇供水井进行取样分析,取样方式为贝勒管提取、泵头取水或自来水龙头取水方式,监测层位为浅层地下水及深层地下水,同时采集垃圾场渗滤液原液 1 组。地下水样品和渗滤液样品监测指标共 96 项,其中,无机监测指标 41 项,有机监测指标 55 项。

　　(1)无机指标:pH、电导率、色度、浑浊度、肉眼可见物、嗅和味、总硬度、硫酸盐、氯化物、高锰酸盐指数、氨氮、硝酸盐氮、亚硝酸盐氮、氟化物、挥发酚、氰化物、阴离子合成洗涤剂、溶解性总固体、游离二氧化碳、硫化物、汞、锰、铜、锌、砷、硒、镉、铅、铁、铬(六价)、钾离子、钠离子、钙离子、镁离子、铵离子、碳酸盐、碳酸氢盐(以 $CaCO_3$ 计)、总磷等 41 项。

　　(2)有机指标包括卤代烃、单环芳烃、多环芳烃、氯代苯、有机氯农药、石油类 6 类共 55 项。

　　①卤代烃类指标:氯乙烯、1,1-二氯乙烯、反式-1,2-二氯乙烯、顺式-1,2-二氯乙烯、三氯乙烯、二氯甲烷、三氯甲烷、四氯化碳、1,1,1-三氯乙烷、1,2-二氯乙烷、1,2-二氯丙烷、溴二氯甲烷、1,1,2-三氯乙烷、一氯二溴甲烷、四氯乙烯、溴仿共 16 项。

　　②单环芳烃类指标:苯、甲苯、乙苯、邻二甲苯、间、对二甲苯、苯乙烯共 6 项。

　　③多环芳烃类指标:萘、苊、苊烯、芴、菲、蒽、荧蒽、芘、苯[a]并蒽、屈、苯并[b]荧蒽、苯

并[k]荧蒽、苯并[a]芘、二苯并[a,h]蒽、苯并[g,h,i]芘、茚并[1,2,3-cd]芘共 16 项。

④氯代苯类:氯苯、1,3-二氯苯、1,4-二氯苯、1,2-二氯苯、1,2,4-三氯苯共 5 项。

⑤有机氯农药:总六六六、α-BHC、β-BHC、γ-BHC、δ-BHC、滴滴涕、p,p′-DDE、p,p′-DDD、o,p′-DDT、p,p′-DDT、六氯苯共 11 项。

⑥石油类 1 项。

3. 垃圾填埋场渗滤液水质状况

在调查中对垃圾填埋场渗滤液收集池内的渗滤液原液采集 1 件,监测指标与地下水监测指标相同(由于污染物浓度太高,铁、锰、氟、铜、铅、镉等未监测)。

项目产生的渗滤液经过收集池收集后,定期运往生活污水处理站处理,由本次监测的结果可知,据监测数据来看,总汞、总铬、六价铬、总砷等均达到《生活垃圾填埋污染控制标准》(GB 16889)中表 2 的标准限值要求。

1)垃圾渗滤液与地下水《地下水质量标准》(GB/T 14848)Ⅲ类标准对比

依据《地下水质量标准》(GB/T 14848)Ⅲ类标准,垃圾渗滤液检出指标浓度超过Ⅲ类标准的指标有氨氮、氯化物、亚硝酸盐氮、溶解性总固体、挥发性酚类、高锰酸盐指数、阴离子合成洗涤剂、色度、浊度、总硬度等 10 项,其中超过Ⅲ类标准 10 倍的指标有氨氮、氯化物、亚硝酸盐氮、溶解性总固体、挥发性酚类、高锰酸盐指数等 6 项,其中以氨氮最高,约达到Ⅲ类标准的 10500 倍,其次是高锰酸盐指数、亚硝酸盐氮。

2)垃圾渗滤液有机指标检出情况

垃圾渗滤液中检出有机指标共 22 项。

卤代烃类有 1 项检出,为 1,2-二氯丙烷,其余未检出;单环芳烃中除苯乙烯外均有检出,共 5 项检出;氯代苯类有,4-二氯苯、1,2-二氯苯、1,2,4-三氯苯等 3 项,其余未检出;石油类 1 项有检出;多环芳烃类共有萘、苊、苊烯、芴、菲、蒽、荧蒽、芘、苯[a]并蒽、䓛、苯并[b]荧蒽、苯并[a]芘等 12 项检出,其余 4 项未检出;有机氯农药类无检出。

垃圾渗滤液原液中有机指标虽然检出较多,但就检出的数据来说(有标准限值的指标),除苯并[a]芘超过标准外,其余指标检出数据均较低。

总体来看,就本次垃圾渗滤液化验结果看,氨氮、氯化物、亚硝酸盐氮、溶解性总固体、挥发性酚类、高锰酸盐指数、重金属、苯并[a]芘是垃圾渗滤液中对地下水影响最大的因子,后面的介绍中也主要针对这些因子进行分析评价。

12.5　水土污染评价与评估

12.5.1　地下水环境质量评价

本次取样过程中,受该地区水文地质条件及地下水利用情况的影响,只在垃圾填埋场及周边进行了浅层水的取样化验,该地区位于冲积湖积平原水文地质区的咸水分布区内,根据本次取样化验的结果,浅层地下水的矿化度在 1.4781~2.9653g/L,地下水呈微咸水,地下水化学类型由对照井的 $HCO_3-Mg \cdot Na$ 型水到下游污染扩散井 $HCO_3 \cdot Cl-Mg \cdot Ca$ 型水,说明在垃圾填埋场附近的浅层地下水受其影响,产生了地下水化学类型的变化,水质逐渐变化。

根据周边村庄实际调查情况,目前该地区的浅层水井基本已经填埋或荒废,现状无开采利用情况,该地区的浅层地下水敏感性较差。

1. 浅层地下水单指标评价结果

1)单项组分评价统计结果

A. 监测指标评价类别统计情况

根据单项组分评价结果可知,浅层地下水本次参与评价的常规监测因子共计 27 项,监测点位 6 点,共计数据 162 个,在这些数据中以 Ⅰ 类指标为主,占到 49%,其次是 Ⅴ 类占 20%,Ⅳ 类占 12%,Ⅱ 类占 14%,Ⅲ 类占 5%。

比较关注的 Ⅳ、Ⅴ 类指标两者占比达到了 32%,根据这些指标的分布情况,6 个监测点均出现了不同类型及数量的 Ⅳ、Ⅴ 类,具体分析如下。

(1)Ⅳ 类指标:共有 9 项监测因子出现 Ⅳ 类指标,分别是氟化物、铁、铅、总溶解固体、亚硝酸盐氮、挥发性酚、高锰酸盐指数、浑浊度、色度,其中以氟化物、铁的贡献率最高,分别有 4 眼井出现了 Ⅳ 类指标,贡献率为 21%,挥发性酚类、高锰酸盐指数、浑浊度有 1 眼出现 Ⅳ 类指标,其他监测指标均出现 2 眼井。

(2)Ⅴ 类指标:共有锰、浑浊度、铅、氨氮、氯化物、硫酸盐、溶解性总固体、铁、总硬度、高锰酸盐指数等 10 项监测因子出现 Ⅴ 类指标,Ⅴ 类指标中,锰、总硬度 6 眼监测井均为 Ⅴ 类,浑浊度 5 眼监测井均为 Ⅴ 类、铅 4 眼监测井均为 Ⅴ 类,其余监测项目均为 2 眼检出井。

B. 监测井中监测指标情况统计

本次共调查浅层水井 6 眼,评价结果显示,共有 6 眼监测井均出现 Ⅳ、Ⅴ 类指标。统计显示,6 眼地下水监测井监测项目出现 Ⅳ、Ⅴ 类指标数量最多的是 LFJH007 监测井,出现 13 种 Ⅳ、Ⅴ 类指标(4 种 Ⅳ 类指标,9 种 Ⅴ 类指标),其次为 LFJH008 监测井,出现 12 种 Ⅳ、Ⅴ 类指标(2 种 Ⅳ 类指标,10 种 Ⅴ 类指标),这两眼地下水监测井均为垃圾填埋场的污染扩散井和监视井。

相对于背景对照井 LFJH003 来说,出现了氟化物、铁、铅、锰、总硬度等 5 项因子的超标现象,垃圾填埋场处于该市城区以南,浅层地下水处于咸水分布区内,本身矿化度较高,另根据该区地质环境监测报告,浅层水水质较差,决定浅层水质量的主要组分为氟、总硬度、氯化物及矿化度,而氯化物、氟、硫酸盐、铁、锰等均属地下水中自然形成的原生物,其变化是自然因素影响的结果。

通过以上分析可见,在氟化物、铁、锰、总硬度等监测因子本身背景值偏高,如果出现新增污染源,会提高超标倍数,而对于氨氮、亚硝酸盐氮、高锰酸盐指数来说,本身与人类的生产生活活动极其相关,出现这两项因子的超标等,与垃圾填埋场有一定关系。

2)浅层地下水监测因子超标情况分析

地下水超标评价是以《地下水质量标准》(GB/T 14848)Ⅲ类水为标准,对常规监测指标的监测值计算标准指数,根据数值进行超标分析。

　　超标分析的项目包括:pH、总硬度、硫酸盐、氯化物、高锰酸盐指数、氨氮、硝酸盐氮、亚硝酸盐氮、氟化物、挥发酚、氰化物、阴离子合成洗涤剂、溶解性总固体、铁、汞、锰、铜、锌、砷、硒、镉、铅、铬(六价)等 23 项。

　　根据评价方法进行计算,对浅层水的常规监测因子进行超标分析评价,经计算后统计可知:调查中检出超标的常规指标共计 12 项,分别为氨氮、氯化物、硫酸盐、氟化物、亚硝酸盐氮、溶解性总固体、铁、锰、铅、挥发性酚类、高锰酸盐指数、总硬度等。其中锰、铅、铁、总硬度等 4 项指标,6 眼监测井均出现超标现象,氟化物、溶解性总固体等 2 项指标出现 4 眼监测井的超标现象,其余超标因子均少于 2 眼监测井。超标倍数来看,以铁的超标倍数最大,达到 64.37 倍,其次为锰,为 51.1 倍,其余监测指标均在 10 倍以下。监测井来说,出现超标项目最多的是 LFJH007、LFJH008 监测井,超标项目达到 10 个以上。

　　3)地下水中监测因子浓度分布

　　根据超标分析结果,选取出现超标情况的氨氮、氯化物、硫酸盐、氟化物等 12 种指标分析各指标在空间的分布范围。分析周边水井中相应监测因子的监测情况及浓度分布情况,以作为超标原因及范围程度的分析依据。

　　根据各点的监测浓度及空间位置,绘制各监测项目的浓度等值线图,各监测因子的浓度等值线图出现高度一致性,多以 LFJH008 为浓度中心,随地下水流向(由西向东),逐渐向下游扩散,并且如总硬度、氯化物等为代表的监测项目还出现了双中心现象,即在垃圾填埋场的下游地下水污染扩散井 LFJH007 处也形成了 1 个高浓度中心,而在地下水流场的两侧和上游的地下水监测井,监测项目浓度均低于 LFJH007、LFJH008,浓度分带性较明显。

　　由此可知,垃圾填埋场附近地下水已经受到垃圾填埋场的影响,并呈现以垃圾填埋场为中心,污染物浓度随地下水流场向下游扩散的趋势,已经出现了多种监测项目的超标现象(背景值超标除外)。

　　由图 12-11 可知,垃圾填埋场对周边浅层地下水的影响范围为自 LFJH005—LFJH008—LFJH006 以东的区域。

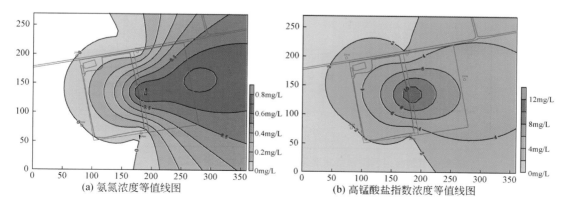

(a) 氨氮浓度等值线图　　　　　　　　(b) 高锰酸盐指数浓度等值线图

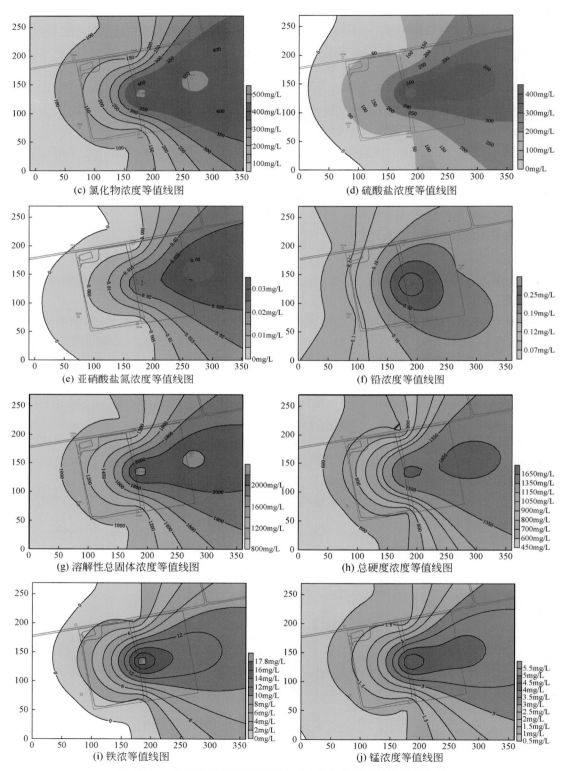

图12-11　典型垃圾填埋场浅层地下水中各监测项目浓度等值线

4) 浅层地下水综合指标评价结果

根据地下水综合指标评价方法,对参评的 23 项指标进行类别分类及综合评分计算,最终得到本次调查的浅层地下水的水质综合评价结果:垃圾填埋场及周边浅层地下水水质状况极差,各监测井中地下水水质均为极差类别,对对照井 LFJH03# 来说主要的贡献指标为氟化物、铁、锰、铅、总硬度等 5 种,而对地下水污染扩散井 LFJH08# 来说主要的贡献指标为氨氮、氯化物、硫酸盐、亚硝酸盐氮、溶解性总固体、铁、锰、铅、高锰酸盐指数、总硬度等 10 种监测因子。

本次研究周边地下水流场上游除去垃圾填埋场外,无其他的污染来源,且水质的主要贡献指标在垃圾渗滤液中也都有检出,浓度较高,因此垃圾填埋场周边的地下水水质变差与垃圾填埋场有关。

2. 浅层地下水有机指标评价结果

1) 有机指标检出情况

本次浅层地下水共监测地下水井 6 点次,测试有机指标共计 6 类 55 项,根据对数据统计分析后发现,浅层地下水中共检出 2 类 11 项,占到总检出项的 20%,检出指标分别是:

(1) 氯代苯类有机指标,6 眼检出井有 2 眼检出,检出率 33%,检出的监测井均为流场下游的地下水监测井。

(2) 多环芳烃类有机指标,6 眼检出井均有检出,其中萘、苊、苊烯、芴、菲、荧蒽、芘等 7 项指标 6 眼监测井全部检出,检出率 100%;蒽有 3 眼监测井检出,检出率 50%;䓛有 2 眼监测井检出;另外苯并[a]芘也有 1 眼监测井检出。

2) 有机指标超标分析

浅层地下水中有机污染指标检出数量不多,并且检出的有机指标的数据也不高,根据上文中关于有机指标的限值进行超标分析可知,就取得的有机检测指标(只针对有标准限值的检测指标)来看,各项有机指标检测数据均满足《地下水质量标准》(GB/T 14848)和《地表水环境质量标准》(GB 3838)等标准限值的要求,无超标现象。

3) 有机指标监测浓度空间分布

根据有机指标的检出情况,分别绘制了多环芳烃总量、萘、苊、芴、芘、荧蒽、苯并[a]芘、六氯苯等 8 种监测因子的浓度等值线图,主要是这些监测因子检出率较高,相对有代表性。

芘、苯并[a]芘、六氯苯出现与常规监测因子一致的浓度空间分布,主要浓度分区在垃圾填埋场的东部,以场区的东边界为界线,浓度由西向东出现浓度升高的现象,但背景点处浓度较低,未出现超标的现象,说明这三类指标可能与垃圾填埋场有一定关系。多环芳烃总量、萘、苊、芴、荧蒽等多种有机指标,空间的分布规律不明显,较为分散,由图上看不出与垃圾填埋场空间的相对关系,可能垃圾填埋场对这些监测项目的影响有限或不明显。

由这些图可以看出,多环芳烃类在垃圾填埋场及周边区域内均有分布及检出,可见呈现面源污染的现象,究其原因还需进一步调查。

3. 深层地下水单指标评价结果

1) 单项组分评价统计结果

A. 监测指标评价类别统计情况

根据单项组分评价结果可知,深层地下水本次参与评价的常规监测因子共计23项,监测点位9点,共计数据207个,在这些数据中以Ⅰ类指标为主,占到73%,其次是Ⅱ类占15%,Ⅲ类占5%、Ⅴ类占4%、Ⅳ类占2%。

比较关注的Ⅳ、Ⅴ类指标两者占比6%,根据这些指标的分布情况,9个监测点均出现了Ⅴ类指标,个别监测井出现Ⅳ类指标。

(1)Ⅳ类指标:由评价结果可知,共有2项监测因子出现Ⅳ类指标,分别是铁、pH,其中LFJH017、LFJH001、LFJH002三眼深水井出现铁的Ⅳ类指标,LFJH017出现pH的Ⅳ类指标。

(2)Ⅴ类指标:深层地下水中Ⅴ类指标只有氟化物1项,全部监测井氟化物均为Ⅴ类指标,其他指标无Ⅴ类指标。

B. 监测井中监测指标情况统计

本次共调查深层水井9眼,评价结果显示,共有9眼监测井均出现Ⅴ类指标,个别监测井出现Ⅳ类指标。

所有深层地下水均出现氟化物的Ⅴ类指标,LFJH017、LFJH001、LFJH002监测井出现铁的Ⅳ类指标,LFJH017出现pH的Ⅳ类指标,除去这些指标外,其余监测指标均满足《地下水质量标准》(GB/T 14848)Ⅲ类指标。

由此可见,区域内深层地下水水质一般,主要影响因素为氟化物。

2)深层地下水监测因子超标情况分析

调查评价区深层地下水为周边村庄及工商企业的生活用水来源,以《地下水质量标准》(GB/T 14848)Ⅲ类水为标准对其进行超标分析,只有氟化物、铁、pH等出现超标现象。

氟化物:调查的全部监测井均出现该因子的超标现象,标准指数在2.24~2.67,最大超标倍数为1.67倍,最大值出现在LFJH014,由监测数据可知,氟化物的数值变化不大,分布较为均匀,无明显的峰值。

铁:该因子的超标位置出现在LFJH017、LFJH001、LFJH002等3个监测点,标准指数在0.45~1.95,最大超标倍数为0.95倍,最大值出现在LFJH002处。铁的监测浓度范围在0.136~0.587,该地区铁的背景值较高。

pH:出现在LFJH017处,pH为8.55,标准指数1.03,超标0.03倍,该地区深层地下水化学类型为HCO_3-Na型水,pH普遍较高,其他监测点的pH也在8.37~8.44。

出现氟化物、铁、pH的超标,与该地区的地下水的天然形成条件有关。

3)深层地下水综合指标评价结果

根据地下水综合指标评价方法,对参评的23项指标进行类别分类及综合评分计算,最终得到本次调查的浅层地下水的水质综合评价结果:调查评价区内的深层地下水水质情况较差,调查的9眼深层地下水井水质综合评价结果一致为较差,分析其原因,发现9眼水井中的氟化物均超标,监测数据在2.24~2.87,而《地下水质量标准》(GB/T 14848)Ⅲ类标准限值为1.0mg/L,超标倍数在1.24~1.87,这9眼水井的氟化物的监测数据为《地下水质量标准》(GB/T 14848)中的Ⅴ类水。

该地区地下水出现综合评价较差是因为该地区为深层水高氟区,根据该地区地质环境监测报告中关于氟化物超标进行了连续的监测发现:在南部深层地下水中"氯化物、氟、硫酸盐、铁、锰等均属地下水中自然形成的原生物,其变化是自然因素影响的结果""决定深层地下水质量的主要组分为:氟、硝酸盐、氯化物",由此可见,在该地区特别是南部平原地区,深层水中氟化物超标普遍存在。

4. 深层地下水有机指标评价结果

1)有机指标检出情况

本次深层地下水共监测地下水井 9 点次,共有 8 眼深层水井检出有机指标,占到总井数的 89%,另外测试有机指标共分为 6 类 55 项,监测结果中共检出 2 类 10 项,占到总检出项目的 18%,检出指标分别是:

(1)卤代烃类有机指标,有 1 项检出,检出项为 1,2-二氯乙烷,在 9 眼检出井有 2 眼检出,检出率 22%。

(2)多环芳烃类有机指标,有 8 眼监测井有检出,占到总井数的 89%,其中萘有 8 眼监测井有检出;苊、苊烯、芴、菲、荧蒽、芘等 6 项指标在 6 眼监测井中检出,检出率 67%;蒽有 3 眼监测井检出,检出率 50%;蒽有 3 眼监测井检出,其余多环芳烃类均未检出。

2)有机指标超标分析

深层地下水中绝大多数有机物指标未检出,在检出的有机物指标中,检出的数值也较低,就取得的有机检测指标(只针对有标准限值的检测指标)来看,深层地下水中各项有机指标检测数据均满足《地下水质量标准》(GB/T 14848)和《地表水环境质量标准》(GB 3838)等标准限值的要求,无超标现象。

12.5.2 地下水污染评价

1. 地下水污染评价的评价基准

1)污染评价的参评指标项目

根据地下水质量评价结果及垃圾渗滤液的取样分析化验结果,确定本次参与污染评价的项目为氨氮、氯化物、硫酸盐、氟化物、亚硝酸盐氮、总溶解固体、铁、锰、铜、锌、砷、铅、镉、挥发性酚、高锰酸盐指数、阴离子合成洗涤剂、总硬度、六氯苯、苯并[a]芘等 19 项指标,其他指标未检出,不参与评价。

2)评价对照值

(1)背景对照井的确定:在本次调查过程中设置了对照井 LFJC003#,该井位于垃圾填埋场的西侧,距离厂区边界约 35m,处于地下水流场的上游。该井周边 300m 除去垃圾填埋场外无工业企业,该井所在地目前为林地,就所处的环境水文地质条件而言,不存在其他污染的可能,因此可作为理想的对照背景井使用。

(2)污染评价基准的设定:参评项目的 C_{III} 值取《地下水质量标准》或《地表水环境质量标准》中指标 i 的 III 类指标限值,其他的参考《生活饮用水卫生标准》或 EPA 等的饮用水标准限值。本次污染评价的具体参数见表 12-5。

表 12-5　典型垃圾填埋场特征指标污染评价参数表

序号	指标	单位	C_0 值		C_{III} 值	
			数值	来源	数值	参考标准
1	氨氮	mg/L	0.04		0.2	
2	氯化物	mg/L	107.8		250	
3	硫酸盐	mg/L	28.6		250	
4	氟化物	mg/L	1.09		1	
5	亚硝酸盐氮	mg/L	0.003		0.02	
6	总溶解固体	mg/L	999		1000	
7	铁	mg/L	0.569		0.3	
8	锰	mg/L	1.036		0.1	
9	铜	mg/L	0.007	背景对照井	1.0	《地下水质量标准》
10	锌	mg/L	0.179	LFJC003#	1.0	（GB/T 14848）的III类
11	砷	mg/L	0.003	的监测值	0.05	指标限值
12	铅	mg/L	0.083		0.05	
13	镉	mg/L	0.001		0.01	
14	挥发性酚	mg/L	0.002		0.002	
15	高锰酸盐指数	mg/L	1.8		3	
16	阴离子合成洗涤剂	mg/L	0.066		0.3	
17	总硬度	mg/L	626.6		450	
18	苯并[a]芘	ng/L	2.0		2.8	
19	六氯苯	μg/L	2.0		50	《地表水环境质量标准》（GB 3838）

2. 地下水污染评价结果

1）单点污染评价结果

根据地下水污染评价方法,首先进行单因子污染评价,计算各污染因子的污染指数。由污染评价结果可知:

（1）参评指标 19 项,参评浅层地下水 5 点,其中以 I 类（未污染）最多,占到参评指标总数的 44%,其次为 II 级（轻污染）,占到参评指标总数的 25%,再次为 VI 级（极重污染）,占到参评指标总数的 20%。

（2）各监测井地下水污染评价情况。

①LFJH004:为地下水流场两侧的污染扩散井,经污染评价可知,该井高锰酸盐指数、总硬度、多环芳烃总量为 II 级（轻污染）,其他指标为 I 类（未污染）,说明该井受到污染的程度较轻。

②LFJH005:为地下水流场两侧的污染扩散井,但是距离垃圾渗滤液收集池较近,位于渗滤液收集池的地下水流场的上游,该井溶解性总固体、铜、高锰酸盐指数、总硬度、多环芳烃总量等为 II 级（轻污染）,铁为 III 级（中污染）;锰、铅等为 VI 级（极重污染）,其余监测指标为

Ⅰ类(未污染),该井出现了Ⅵ级(极重污染)级别,地下水受到极重污染。

③LFJH006:为地下水流场下游的污染扩散井,铁、锰、铅为Ⅵ级(极重污染),高锰酸盐指数、阴离子合成洗涤剂等监测因子为Ⅱ级(轻污染),其余监测指标为Ⅰ类(未污染)。

④LFJH008:为垃圾填埋场东边界的地下水监测井,该井地下水出现了Ⅵ级(极重污染),指标包括铁、锰、铅、高锰酸盐指数、总硬度、氨氮、硫酸盐,同时出现了Ⅴ级(严重污染)指标,分别是亚硝酸盐氮、溶解性总固体、氯化物等3项指标,其余铜、锌等6个指标出现了Ⅱ级(轻污染),其余为Ⅰ类(未污染)。

⑤LFJH007:为垃圾填埋场东侧的地下水监测井,该井地下水出现了Ⅵ级(极重污染),包括氨氮、铁、锰、铅、挥发性酚类、总硬度,同时出现了Ⅴ级(严重污染)指标,分别是氯化物、硫酸盐、亚硝酸盐氮、溶解性总固体、高锰酸盐指数,铜、六氯苯等4个指标出现了Ⅱ级(轻污染),其余为Ⅰ类(未污染)。

2)综合污染评价结果

由综合污染评价结果可知,除去LFJH004为Ⅱ级(轻污染)外,其余4眼地下水监测井均为Ⅵ级(极重污染),占到监测井总数的80%,主要的极重污染指标为铁、锰、铅、高锰酸盐指数、总硬度、氨氮、硫酸盐、挥发性酚类8类指标。

12.5.3　浅层地下水污染与渗滤液的相互关系

通过地下水污染评价结果可知,浅层地下水监测污染因子的浓度中心多位于LFJH007和LFJH008两监测井,其分布与浅层地下水流向具有一致性,为了便于分析浅层地下水污染与垃圾填埋场渗滤液的关系,对浅层地下水监测井和渗滤液中主要监测因子浓度进行了统计。

在地下水中氮的化合物有 NH_4^+、NO_2^-、NO_3^-,NH_4^+ 在地下水中的含量一般很低,在 $0.0n \sim 0.nmg/L$,浅层地下水 NH_4^+ 含量增高通常是由污染造成。通过分析可知,渗滤液中 NH_4^+ 浓度为 $2100mg/L$,LFJH007、LFJH008 两监测井中 NH_4^+ 浓度分别为 $0.76mg/L$、$0.75mg/L$,而地下水上游区的 LFJH003~06 监测井中 NH_4^+ 为未检出状态,即说明垃圾填埋场可能已经发生了泄漏。

NH_4^+ 不稳定,在有氧的条件下,在微生物的作用下会产生硝化作用,氧化为 NO_2^-,NO_2^- 同样也不稳定,可以进一步氧化为 NO_3^-。LFJH007、LFJH008 两监测井中 NH_4^+、NO_2^- 较高,而 NO_3^- 为未检出状态,由此可知,本次地下水环境调查可能发生在地下水污染初期。

此外,位于浅层地下水流上游的监测井 LFJH003、LFJH004、LFJH005、LFJH006 的各监测指标浓度相近,均小于 LFJH007、LFJH008 两监测井中的浓度,LFJH007、LFJH008 两监测井中各监测因子的浓度与渗滤液成很好的正相关关系,但钙离子、硫酸根离子与酸度成负相关,分析其原因主要为在渗滤液中随着矿化度的增高和酸度的降低,钙离子与硫酸根、重碳酸根形成硫酸钙和碳酸钙沉淀,钙离子、硫酸根离子含量迅速降低,而当渗滤液中渗漏到地下水后,随着矿化度与酸碱度的变化,钙离子和硫酸根离子浓度又升高。

综合上述分析可知,尽管该区域浅层地下水水质普遍较差,但靠近填埋场的 LFJH007、

LFJH008 两监测井出现监测因子浓度异常升高的情况,其因子的浓度约为 LFJH003～006 井中各因子浓度的 1～3 倍;且在 LFJH007、LFJH008 两监测井中 NH_4^+、NO_2^- 浓度较高,而未检出 NO_3^-,说明该垃圾填埋场可能在靠近 LFJH008 监测井的位置发生了渗滤液的泄漏,且为泄漏的初期,因此,需要开展进一步的地下水环境状况调查和工程勘察,确定是否为垃圾填埋场渗滤液发生泄漏,以便及时采取有效措施防止渗滤液的继续泄漏而污染地下水。

12.6　典型垃圾填埋场地下水环境问题识别

12.6.1. 存在的地下水环境问题

目前该典型垃圾填埋场浅层地下水水质极差,浅层地下水中氨氮、氯化物、硫酸盐、氟化物、亚硝酸盐氮、溶解性总固体、铁、锰、铅、挥发性酚类、高锰酸盐指数、总硬度等 12 项监测因子出现超标现象;6 眼监测井综合水质均为极差,监测因子的浓度分布多以 LFJH008 为浓度中心,随地下水流向(由西向东),逐渐向下游扩散,垃圾填埋场对周边浅层地下水的影响范围为自 LFJH005—LFJH008—LFJH006 以东的区域。

12.6.2　污染分析

该地区浅层地下水污染的原因:①垃圾填埋场位于河北北部平原的咸水分布区,由多年的连续监测可知,该地区的浅层地下水本身就较差,特别是氟化物、铁、锰等监测项目原生背景值就较高,有的本身就超过地下水Ⅲ类标准;②垃圾填埋场虽然在建厂过程中严格按照环保要求进行,但是难免出现渗滤液的渗漏,如收集池壁破裂等原因,而且该地区浅层地下水埋深较浅,填埋场基础埋深在浅层地下水的水位变幅带内,如果发生泄漏极易污染地下水;③地下水监测井周边环境较差,部分地下水监测井无防护措施,污染物很容易在雨天顺着地表径流流进地下水监测井中,因此监测井周边环境差,无防护措施,也可能是地下水污染的人工通道。

12.7　典型垃圾填埋场地下水环境保护的建议

随着国民经济和城市建设的发展,以及人民生活水平的提高,城市规模逐渐扩大,城市生活垃圾、粪便产出量急剧增加,由此带来的污染问题日益严重,为解决城市生活垃圾的出路问题,垃圾卫生填埋场数量逐渐增多。2014 年,河北省上报的正规/非正规垃圾填埋场共计 132 个。开展了常规监测的垃圾填埋场有 70 个,有地下水监测井共计 391 个,评价等级大多为Ⅰ～Ⅱ类,个别评价等级为Ⅲ、Ⅳ类。主要的污染指标有:总磷、氨氮、总大肠菌群、挥发性酚类等。

目前,垃圾填埋场虽然在建厂过程中严格按照环保要求进行,但是难免出现渗滤液的渗漏,如收集池壁破裂等原因,而且该地区浅层地下水埋深较浅,填埋场基础埋深在浅层地下水的水位变幅带内,如果发生泄漏极易污染地下水。因此需要加强对填埋场及周边地下水环境的长期监测工作。

参 考 文 献

[1] 张澄博. 垃圾卫生填埋结构对地质环境效应的控制研究[J]. 地质灾害与环境保护,1999,10:68-72.

[2] 张红梅,速宝玉. 垃圾填埋场渗滤液及对地下水污染研究进展[J]. 水文地质工程地质,2003,25(S6):110-115.

[3] 郑曼英,李丽桃,邢益和,等. 垃圾渗滤液的污染特性及其控制[J]. 环境卫生工程,1997,(2):7-11.

[4] 张正安,杨云贵,贾玉娟,等. 垃圾填埋渗滤液水质特性及影响因素分析[J]. 宜宾学院学报,2009,9(6):71-72.

[5] 方艺民,许玉东. 垃圾渗滤液中微量有机物分类及其污染特性[J]. 能源与环境,2013,(5):103-104.

[6] Regadío M, Ruiz A I, Soto I S, et al. Pollution profiles and physicochemical parameters in old uncontrolled landfills [J]. Waste Management,2012,32(3):482-497.

[7] 黄萌. 垃圾填埋场对周边地下水环境影响研究[D]. 济南:山东建筑大学,2016.

[8] 谢文垠. 城市垃圾填埋场地下水有机污染物迁移模拟——以成都市长安垃圾填埋场渗滤液中苯迁移为例[D]. 成都:成都理工大学,2009.

[9] 郜洪强,丁文萍. 河北省生活垃圾化学成分及其对地下水污染分析[J]. 水文地质工程地质,2008,35(S1):69-74.

第13章 典型场地地下水污染修复(防控)评估

我国是水资源严重短缺的国家,然而由于污染严重,许多地区地下水水质严重恶化,已不能被工业和生活所用,这使我国水资源短缺的形势更加严峻。因此,对受污染的地下水环境修复变得越来越重要,其修复技术的研究已引起国内外学者的广泛关注。但是地下水存在于土壤空隙和地下岩石裂隙中,地质条件复杂,污染物通常溶解于水中或吸附于土壤和岩石表面,构成了水−质−岩复杂的环境系统,增加了修复难度,因此探索有效的修复方法是目前研究的热点。

13.1 典型场地的筛选确定与技术要求

13.1.1 典型场地的筛选确定

某焦化有限公司(详见第 11 章)属于石油加工/炼焦及核燃料加工业里的炼焦行业,该企业 2004 年建设投产,2014 年停产并拆除,建厂生产时间近 10 年,厂区内建构筑物基本拆除,同时此项目位于集中式生活供水水源地准保护区内,根据地下水流场,其位于水源地的上游,焦化厂整体位于该水源地的准保护区内。焦化厂与水源井的最近距离为 720m,与水源地二级保护区距离 200m,水源地一级保护区距离 670m,项目位于水源地地下水流场的上游。地下水出现挥发性酚类、苯、萘、氰化物等特征污染物污染现象,水源地二级保护区内也出现了挥发性酚类、萘等特征污染物指标,因此亟须对该焦化场地开展污染场地详细评估工作,并尽快进行地下水污染修复工作。

13.1.2 工作原则

1. 规范性原则

采用程序化、系统化方式规范地下水污染修复(防控)过程和行为,恢复地下水使用功能。

2. 可行性原则

针对污染场地环境条件和污染特征,综合考虑地下水使用功能、修复(防控)目标、修复(防控)技术的应用效果、修复(防控)时间、修复(防控)成本、修复(防控)工程的环境影响等因素,合理选择修复(防控)技术,科学制订修复(防控)方案,使修复(防控)工程切实可行。

3. 安全性原则

地下水污染修复(防控)工程的实施应注意施工安全和对周边环境的影响,避免对施工人员、周边人群健康,以及生态环境产生危害和二次污染。

13.1.3　工作内容

1. 地下水环境(补充)调查

地下水环境调查包括第一阶段、第二阶段和第三阶段等三个阶段。通过三个阶段的调查,确定地下水污染范围、程度、特征参数和受体暴露参数等。具体过程参见《地下水环境状况调查评价工作指南》。

地下水污染修复(防控)工作开展的地下水环境调查,为确定地下水污染修复(防控)目标、识别地下水污染修复(防控)的主要参数、制订设计修复(防控)工程方案提供依据。

2. 修复(防控)目标确定

根据地下水环境调查结果,选择适用或适合的技术标准作为修复(防控)目标。对于尚无适用或适合要求的目标污染物及其含量的技术标准,则基于风险制定修复(防控)目标。目标确定需兼顾地下水使用功能和技术经济可行性。

3. 修复(防控)技术比选及方案确定

根据地下水污染修复(防控)目标,分析不同地下水修复(防控)技术的适用性与经济性。利用列表分析法、评分矩阵法等方法,初步筛选地下水污染修复(防控)技术。通过可行性评估,确定适宜的修复(防控)技术。针对确定的修复(防控)技术,进行修复(防控)方案比选,确定详细的修复(防控)方案。

4. 修复(防控)工程设计及施工

修复(防控)工程设计包括初步设计和施工图设计。初步设计内容包括初步设计说明书、初步设计图纸和工程概算书。施工图设计内容包括设计图纸和工程预算。工程施工涉及场地准入条件和许可、工程施工服务与监理、工程质量控制管理、施工安全生产与劳动保护等。

5. 修复(防控)工程运行及监测

修复(防控)工程设施建成后,需进行长期的运行、监测及维护工作,确保修复(防控)工程的可行性和有效性,主要包括修复(防控)工程的运行和维护、修复(防控)效果的监测与评价、修复(防控)目标可达性评估等内容。

6. 修复(防控)终止

通过对修复(防控)工程的监测和效果评估,经环境保护行政主管部门评估审查,关闭和清理修复(防控)系统。

7. 修复(防控)过程中的责任分工

地下水污染修复(防控)工作程序中涉及了环境保护主管部门、污染责任方及第三方实施单位。环境保护主管部门对地下水污染修复(防控)工作实施统一监督管理。污染责任方承担地下水污染修复(防控)的义务,负担有关费用。由于历史原因不能确定地下水污染责任人的,由有关地方人民政府依法负责地下水污染修复(防控),并负担有关费用。受委托开展地下水污染修复(防控)工作的机构应该遵守国家及地方的相关法律法规。

13.1.4 工作流程

工作程序包括地下水环境调查、修复(防控)目标确定、技术比选及方案确定、工程设计及施工、工程运行及监测、终止等环节。具体工作程序见图 13-1。

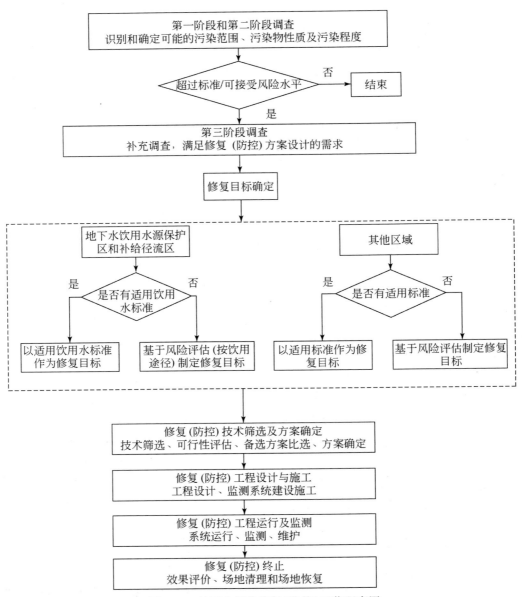

图 13-1 地下水污染修复(防控)工作程序图

13.2　典型场地概况与补充调查

13.2.1　典型场地的概况

1. 场地基本情况

根据国家统一要求,结合河北省实际情况,2017 年开展典型场地地下水污染修复(防控)评估的典型场地,即为 2016 年河北省典型工业污染源开展调查评估工作的场地——河北省某区生活饮用水水源地水源准保护区内的焦化厂。

该焦化厂 2004 年建设投产,2014 年停产并拆除,建厂生产时间近 10 年,厂区内建构筑物基本拆除,同时本次研究位于集中式生活供水水源地-准保护区内,根据地下水流场,本次研究位于水源地的上游,同时本次研究场地内地下水监控井出现氨氮等污染物的超标现象,因此完全满足重点工业污染源调查对象的筛选原则。

其企业概况、水文地质条件及前期调查成果详见第 11 章。

2. 典型场地前期调查成果概述

根据 2016 年河北省地下水基础环境状况调查评估情况可知:典型焦化厂地下水调查共设置第四系浅层地下水监控井 20 眼,其中场址区内监控井 10 眼,厂址外监控井 10 眼,监控井控制范围在厂区外 2km 内。地下水质量总体较差,部分焦化厂特征污染物已经在水源地保护区浅层水有检出。

13.2.2　地下水基础环境补充调查

2016 年典型焦化厂地下水初步调查结果显示,目前该场地内存在较为严重的地下水污染的现象,主要污染物指标为氨氮、挥发性酚类、氰化物、高锰酸盐指数、萘、苯、苯乙烯等,其中以一期炼焦区的湿熄焦池处地下水污染较为严重,污染晕多以该处为中心向四周扩散,受前一阶段地下水调查精度限制,其主要污染物如氰化物、苯等的污染晕范围圈定属于初步圈定,不能满足下一步防控措施制定等的要求,需要进一步开展详细调查工作。

本次地下水环境补充调查的重点主要是进一步精确圈定特征污染物在厂区内的污染程度、范围及污染晕分布情况,了解该典型焦化厂场地特征污染物在地下水和土壤环境中的迁移转化过程。

1. 补充调查地下水布点方案

1)补充调查范围确定

根据前一阶段该典型焦化厂地下水调查结果及本阶段工作重点,以前一阶段工作中地下水出现特征物超标范围及水源地作为调查范围依据,初步确定本次第二阶段地下水调查范围为,以本次研究厂区为中心,向西至水源地水源井,项目北延伸 500m,向南、向东延至地表河流,调查范围约 4km²。

2)补充调查地下水采样点数量

补充调查的地下水采样点数量可根据实际情况确定,原则上调查范围内 1600m² 至少布设 1 个监测点,在污染浓度较高的地下水含水层分布区加密布点。

根据确定的调查范围可知,本次研究调查评价区范围 4km²,因此本次全面布点地下水采样点数量应大于 20 眼。

3)项目布点位置要求

(1)污染源区地下水监测应设置背景井和监测井。背景井应设置在与调查区水文地质条件相类似的地下水上游、未污染的区域;监测井应设置在污染源区内。对现有可能受地下水污染的饮用水井和水源井进行布点。

(2)轻质非水溶相污染含水层重点监测上部层(组),重质非水溶相污染含水层重点监测含水层(组)底板。如果潜水含水层受到污染,则应对下伏承压含水层布设监测井,评估可能受污染的状况。布点位置要求可参见《场地环境调查技术导则》(HJ 25.1—2014)。

4)布点方式要求

(1)地下水污染详细调查监测井的布设应考虑地下水流向、污染源区的分布和污染物迁移能力等,采用点线面结合的方法进行布设,可采用网格式、随机定点或辐射式等布点方法。对于低渗透性含水层,在布点时应采用辐射布点法。

(2)结合地下水污染概念模型,选择适宜的模型,模拟地下水污染空间分布状态,对布点方案进行优化。

(3)基于污染羽流空间分布的初步估算进行布点。

污染羽流纵向布点:根据污染物排放时间、地下水流向和流速,初步估算地下水污染羽流的长度(长度=渗透速度/有效孔隙度×时间),在污染羽流下游边界处布设监测点。

污染羽流横向布点:对于水文地质条件较为简单的松散地层,可以按照污染羽流宽度和长度之比为 0.3~0.5 的原则初步确定污染羽流的宽度,在羽流轴向上增加 1~2 行横向取样点。

污染羽流垂向布点:对于厚度小于 3m 的污染含水层(组),一般可不分层(组)采样;对于厚度大于 3m 的含水层(组),原则上要求分上、中、下三层采样。

5)本次研究布点方式确定

由前一阶段工作结果可知该典型焦化厂项目对周边地下水环境影响主要集中在厂区内,因此本次布点以该典型焦化厂区为重点布点区域。

目前该典型焦化厂场地内共布设有浅层地下水监测井 9 眼,其中背景监测井 1 眼,污染源监控井 8 眼。为确定地下水污染羽的范围,本次结合布点数量的要求,拟在该典型焦化厂厂区再新布设浅层地下水监测井 4 眼,主要分布在该典型焦化厂一期炼焦区熄焦池处的下游,监测井的布设拟采取污染羽流纵向布点 2 眼,污染羽流横向布点 2 眼的形式布设,详见图 13-2。

该典型焦化厂对于水源地来说,污染源需要穿过浅层含水组进入深层含水组,才能影响水源地开采层岩溶水,因此,在了解第四系深层地下水的基本环境状况的条件下,本次工作中新增 1 眼深层地下水监测井。

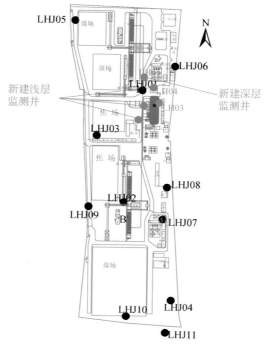

图 13-2　典型焦化厂补充调查地下水监控井布设示意图

2. 地下水样品采集及监测内容

补充调查阶段地下水分析测试项目和采样要求与前期调查要求一致。

3. 土壤监测布点及样品采集

本次调查原则上要求土壤样品采样点位与地下水新建钻孔和监测井点位相一致。除新建钻孔和监测井采集土壤外,还存在明显污染的土壤区域,可根据污染土壤可能对地下水环境造成的影响和风险大小,增加土壤采样点位。采样深度可考虑污染物可能释放的深度(如地下管线和储槽埋深)、污染物性质、土壤岩性和孔隙度、地下水位和污染物进入土壤的途径,以及在土壤中的迁移规律、地面扰动深度来决定。

1) 土壤采样布点方法

土壤样品采样点位与地下水新建钻孔和监测井点位相一致。具体方法参考《土壤环境监测技术规范》(HJ/T 166)。

2) 土壤采样点布设

根据前期工作成果,本次该典型焦化厂共设置了 12 个土壤样品监测点,其中厂区内监测点为 8 点次,监测深度 2.0m,取样间隔为 0.2m、1.0m、2.0m,每点次 3 件,但 ZK03 疑似污染点取样深度 10m,取样间隔为 0.2m、1.0m、2.0m、3.0m、4.0m、5.0m、7.0m、10.0m,每点次 8 件;厂区外耕地监测点 5 点次,取样深度为表层土壤 0.2m,每点次 1 件。本次土壤取样共取 31 件。监测点位置见图 13-3、表 13-1。

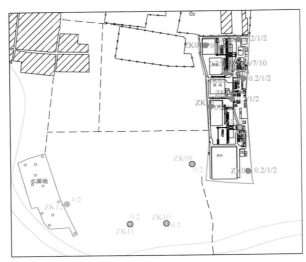

图 13-3　典型焦化厂土壤监测点布设图

表 13-1　典型焦化厂土壤监测点布置表

序号	采样编号	采样位置	采样深度	样品件数
1	ZK01	焦化厂西北煤堆场	0.2m、1.0m、2.0m	3
2	ZK02	焦化厂东北办公区	0.2m、1.0m、2.0m	3
3	ZK03	一期熄焦池	0.2m、1.0m、2.0m、3.0m、4.0m、5.0m、7.0m、10.0m	8
4	ZK04	化产区	0.2m、1.0m、2.0m	3
5	ZK05	二期炼焦	0.2m、1.0m、2.0m	3
6	ZK06	厂区西边界	0.2m、1.0m、2.0m	3
7	ZK07	污水处理场	0.2m、1.0m、2.0m	3
8	ZK08	化产区	0.2m	1
9	ZK09	厂区西侧农灌井处	0.2m	1
10	ZK10	厂区西侧农灌井处	0.2m	1
11	ZK11	厂区西侧农灌井处	0.2m	1
12	ZK12	水源地处	0.2m	1
合计				31

3) 土壤检测项目

　　根据全国统一要求,本次工作土壤分析化验项目以炼焦行业特征污染物必测为主,监测指标为铜、铅、锌、汞、镉、铬、镍、苯、甲苯、乙苯、二甲苯、氰化物、挥发酚、多环芳烃类、石油类等。

13.2.3　水文地质条件补充调查

1. 场地环境水文地质特征

　　项目场地下浅层含水层为第Ⅰ、Ⅱ含水组。场地下第Ⅰ含水组 30m 左右,根据本次施工的地下水监测井资料,第Ⅰ含水组含水层岩性为细砂,呈现单层含水层结构,含水层单层厚度在 0~7.6m,在场区东部出现含水层疏干现象。第Ⅰ、Ⅱ含水组之间无连续的隔水层,仅在厂区西北部存在局部相对隔水层,隔水岩性为粉土,厚度 2.2m,第Ⅰ、Ⅱ含水组为主要的开采层,含水层之间水力联系密切。第Ⅱ含水组含水层岩性以卵砾石、中砂为主。卵石层为 1 层,厚度 0~2.4m,场区东部缺失该层,中砂层为 1 层,厚度大于 18.0m,在场地内含水层分布连续,含水层总厚度大于 20m。根据地下水监测井抽水试验结果可知,场区范围内浅层第四系含水组渗透系数在 13.37~23.11m/d,平均值为 16.61m/d,涌水量大于 1000m³/d,富水性中等。

2. 地下水化学类型

根据本次调查取样化验结果可知,典型焦化厂浅层地下水的水化学类型比较多,以 $SO_4 \cdot HCO_3$-Ca、SO_4-Ca、$HCO_3 \cdot SO_4$-Ca 型水为主,区域地下水化学类型为 $HCO_3 \cdot SO_4$-Ca,部分地下水监测点水化学类型与区域水化学类型不同,说明场地下地下水受到外来源影响,水化学离子浓度发生改变。

3. 厂区内浅层地下水流场特征

对该典型焦化厂场区内浅层地下水水位统测后,从绘制的第四系浅层地下水流场图(图 13-4)可知,场地内地下水水位标高在 10.18~26.28m,水位埋深在 22.2~26.7m,浅层地下水流向为自北向南,地下水水力坡度为 7‰,地下水流速较快,该地区浅层地下水流向与区域的地下水流向是一致的。

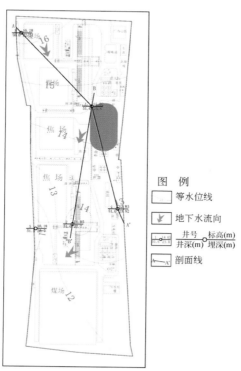

图 13-4　典型焦化厂场区浅层地下水流场图

4. 包气带特征描述

据收集的地质资料及工勘柱状图可知,项目场地包气带厚度在 22.2～26.9m 之间,包气带岩性以杂填土、细砂土为主,杂填土在场地内均有分布,厚度在 1.0～3.0m 之间,岩性成分为建筑垃圾,含碎石块和煤矸石等。在工勘过程中,共进行 30 组原状样品的土工试验,测试了包气带岩层的垂向渗透系数,该典型焦化厂场地内包气带岩性细砂的垂向渗透系数为 $1.11×10^{-4}$～$6.56×10^{-4}$cm/s,均值为 $3.64×10^{-4}$cm/s。按照 HJ 610—2016 中关于天然包气带防污性能分级参照表可知,该场地内包气带防护能力为弱。

13.2.4 地下水环境质量评价结果

地下水环境质量评价结果按照第四系浅层地下水、奥陶系岩溶水两部分,分别进行单指标评价及综合指标评价,评价结果如下。

1. 2017 年 1 月地下水单指标评价结果

1)地下水单指标评价

(1)由 2017 年 1 月厂区范围内(LHJ01～LHJ010)第四系浅层地下水单指标评价结果可知,本次研究各监测因子以 Ⅰ 类指标为主,占到 67.8%,其次是 Ⅱ 类、Ⅲ 类,各占 9%、11%,Ⅳ、Ⅴ 类指标各占 5%、6.7%,项目中 Ⅳ、Ⅴ 类指标合计占到 11.7%。

由 2017 年 1 月厂区外(LHJ011～LHJ020)第四系浅层地下水单指标评价结果可知,本次研究各监测因子以 Ⅰ 类指标为主,占到 75.87%,其次是 Ⅱ 类、Ⅲ 类,各占 8%、11%,Ⅳ、Ⅴ 类指标各占 3%、1.3%,项目中 Ⅳ、Ⅴ 类指标合计占到 4.8%。

(2)各监测井的监测因子水质类别统计情况如下。

Ⅴ 类指标:由单指标评价结果分析,共 5 眼监测井未出现 Ⅴ 类指标,分别为 LHJ05、LHJ09、LHJ011、LHJ015、LHJ020。LHJ01 出现 12 个 Ⅴ 类指标,其次为 LHJ07、LHJ010,出现 4 个,LHJ02、LHJ03、LHJ04、LHJ06、LHJ08、LHJ012、LHJ013、LHJ014、LHJ016、LHJ018、LHJ019 分别出现 1 个。厂内地下水 Ⅴ 类指标检出较多。

Ⅳ 类指标:由单指标评价结果分析,Ⅳ 类指标检出数量较少,LHJ07、LHJ010 出现了 4 个 Ⅳ 类指标,LHJ02、LHJ03、LHJ04 出现 3 个 Ⅳ 类指标。

区内第四系浅层地下水监测井中出现 Ⅴ、Ⅳ 类指标的监测井达到 18 眼,占比达到 90%,即有 90% 的地下水监测井中出现个别指标水质不能满足《地下水质量标准》(GB/T 14848)Ⅲ 类水的要求(该地区位于水源地补给区内,地下水质量应执行《地下水质量标准》Ⅲ 类水)。

其中以 LHJ01(焦化厂内)出现 Ⅴ 类指标最多,达到 12 个,占到参评指标的 26%,其次为 LHJ07、LHJ010,分别出现 4 个 Ⅴ 类指标,仅 LHJ011、LHJ020 未出现 Ⅴ、Ⅳ 类指标。

2)综合评价结果

图 13-5 显示,2017 年 1 月地下水质量综合评价结果为:Ⅲ 类水为 LHJ020、LHJ011,共 2 眼;Ⅳ 类水为 LHJ05、LHJ09、LHJ014、LHJ015、LHJ016、LHJ017,共 6 眼;Ⅴ 类水为 LHJ01、LHJ02、LHJ03、LHJ04、LHJ06、LHJ07、LHJ08、LHJ010、LHJ012、LHJ013、LHJ018、LHJ019,共 12 眼。

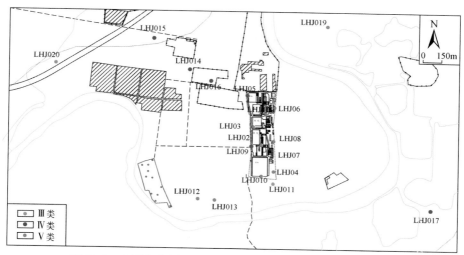

图 13-5　典型焦化厂 2017 年 1 月地下水质量综合评价结果图

厂区内地下水质量总体较差,以 V 类水为主,主要超标因子为氨、氯化物、硫酸盐、锰、挥发酚、氰化物、高锰酸盐指数、色度、萘、苯,其中氰化物、苯、萘等均为焦化厂特征污染物,说明地下水已受到焦化厂的影响。

2. 2017 年 7 月地下水单指标评价结果

(1)由 2017 年 7 月厂区范围内(LHJ01~LHJ010)第四系浅层地下水单指标评价结果可知,本次研究各监测因子以 I 类指标为主,占到 54.47%,其次是 II 类、III 类,各占 3.4%、5.32%,IV、V 类指标各占 2.34%、4.47%,项目中 IV、V 类指标合计占到 6.81%。

由 2017 年 7 月厂区外(LHJ011~LHJ020)第四系浅层地下水单指标评价结果可知,本次研究各监测因子以 I 类指标为主,占到 79.36%,其次是 II 类、III 类,各占 5.32%、8.09%,IV、V 类指标各占 2.77%、4.47%,项目中 IV、V 类指标合计占到 7.21%。

(2)各监测井的监测因子水质类别统计如下。

V 类指标:由单指标评价结果分析,共 7 眼监测井未出现 V 类指标,分别为 LHJ05、LHJ06、LHJ09、LHJ012、LHJ013、LHJ018、LHJ019。LHJ01 出现 11 个 V 类指标,其次为 LHJ07、LHJ077,分别为 4 个、3 个 V 类指标,LHJ03 检出 2 个 V 类指标,LHJ02、LHJ06 分别出现 2 个 V 类指标。焦化厂内地下水 V 类指标检出较多,与 2017 年 1 月相比,V 类指标减少。

IV 类指标:由单指标评价结果分析,IV 类指标检出数量较少,LHJ01 出现了 4 个 IV 类指标,LHJ019 出现 3 个 IV 类指标,LHJ02、LHJ04、LHJ07、LHJ011、LHJ013、LHJ014、LHJ016、LHJ018、LHJ016 出现 1 个 IV 类指标。

调查区内第四系浅层地下水监测井中出现 V、IV 类指标的监测井达到 10 眼,占比达到 50%,即有 50% 的地下水监测井中出现个别指标水质不能满足《地下水质量标准》(GB/T 14848) III 类水的要求(该地区位于水源地补给区内,地下水质量应执行《地下水质量标准》 III 类水),与 1 月相比水质转好。

13.2.5 土壤环境质量评价

土壤环境质量评价涉及评价因子、评价标准和评价模式。评价标准常采用国家土壤环境质量标准、区域土壤背景值或部门(专业)土壤质量标准。评价模式常用污染指数法或者与其有关的评价方法。

1. 土壤环境质量评价

1)评价方法

土壤环境质量评价方法参考《土壤环境监测技术规范》(HJ/T 166)里的污染指数评价法。分别计算各项污染物的污染指数,从而进行系统评价,以实测值对比土壤基准值作为污染指数:

$$P_i = C_i / S_i \tag{13-1}$$

式中,P_i为土壤中污染物i的单因子污染指数;C_i为土壤中污染物i的含量;S_i为土壤污染物i的评价标准;$P_i \leq 1$表示未受污染,$P_i > 1$表示已受污染,P_i值越大,污染越严重。

土壤污染评价一般以单项污染指数为主,指数小污染轻,指数大污染则重。

2)土壤重金属环境质量评价标准

参考《土壤环境质量标准》(GB 15618)中的三级标准。按照《土壤环境质量标准》(GB 15618)的分类,一级标准为保护区域自然生态,维持自然背景的土壤环境质量的限制值;二级标准为保障农业生产,维护人体健康的土壤限制值;三级标准为保障农林业生产和植物正常生长的土壤临界值。本次研究场地为工业生产场地,建议执行三级标准。参与评价的项目共计7项,执行标准见表13-2。

表13-2 典型焦化厂土壤环境质量标准限值一览表 （单位:mg/kg）

序号	监测项目	标准限值	执行标准
1	镉	1.0	《土壤环境质量标准》(GB 15618)的三级标准
2	汞	1.5	
3	铜	400	
4	铅	500	
5	总铬	300	
6	锌	500	
7	镍	200	

注:蒽、苯、甲苯、乙苯、苯并[k]荧蒽、萘、二氢苊、苊、挥发酚等9项指标未检出,不参与评价。

3)土壤重金属环境质量评价结果

根据土壤重金属环境质量评价结果可知,除汞以外,其余指标均能满足《土壤环境质量标准》(GB 15618)三级标准的要求。厂区内JC03-2一期熄焦池(1.0m处)、厂区西边界的JC06(JC06-1、JC06-2、JC06-3)、JC08化产区(1.0m处)汞超过《土壤环境质量标准》(GB 15618—1995)三级标准的要求。

2. 土壤有机污染物与筛选值对比

在工作开展之时我国尚没有土壤有机物环境质量的标准,对于焦化企业来说有机物为主要的特征污染物,因此先参照《场地土壤环境风险评价筛选值》(DB11/T 811)中关于有机污染物的公园与绿地土壤筛选值(场地用地位于该水源地准保护区内,不宜作为工业用地,且该地区未规划住宅等居住用地,因此本次评价拟按照公园与绿地作为评价标准)作为评价标准,对有机污染物进行识别。

1) 土壤筛选值标准选取

筛选目标污染物为:汞、氰化物、苯、甲苯、乙苯、二甲苯、萘、芴、菲、蒽、荧蒽、芘、苯并[a]蒽、䓛、苯并[b]荧蒽、苯并[k]荧蒽、苯并[a]芘、茚并[1,2,3-cd]芘、二苯并[a,h]蒽、苯并[g,h,i]芘、石油烃(C₁₀~C₄₀)、挥发酚(按苯酚计)等 22 项,参照《场地土壤环境风险评价筛选值》(DB11/T 811)中关于有机污染物的公园与绿地土壤筛选值,同时将质量评价结果中的汞也作为筛选目标,详见表 13-3。

表 13-3　典型焦化厂土壤环境质量标准限值一览表　　　(单位:mg/kg)

序号	监测项目	标准限值	执行标准
1	汞	10	
2	氰化物	350	
3	苯	0.64	
4	甲苯	1200	
5	乙苯	890	
6	二甲苯(总量)	190	
7	萘	60	
8	菲	6	
9	蒽	60	
10	荧蒽	60	
11	芘	60	《场地土壤环境风险评价筛选值》(DB11/T 811)公园与绿地土壤筛选值
12	䓛	60	
13	芴	60	
14	苯并[a]蒽	0.6	
15	苯并[b]荧蒽	0.6	
16	苯并[k]荧蒽	6.0	
17	苯并[a]芘	0.2	
18	茚并[1,2,3-cd]芘	0.6	
19	苯并[g,h,i]芘	6.0	
20	二苯并[a,h]蒽	0.06	
21	苯酚	200	
22	总石油烃	6000	

2）土壤筛选结果评价

土壤监测指标筛选结果统计详见表13-4。由筛选结果显示,汞、萘、菲、苯并[a]蒽、苯并[k]荧蒽、苯并[b]荧蒽、苯并[a]芘、茚并[1,2,3-cd]芘、二苯并[a,h]蒽、苯并[g,h,i]芘等10项指标超过了确定的土壤筛选值,各监测点超过土壤筛选值的监测因子详见表13-4、图13-6。

由筛选指标可知,该典型焦化厂厂区内超筛选值的指标以多环芳烃类为主,本次点次出现了汞的超筛选值的现象,就分布来看,厂区内的各监测点均有超筛选值的指标出现,厂区外未发现有超筛选值的现象。

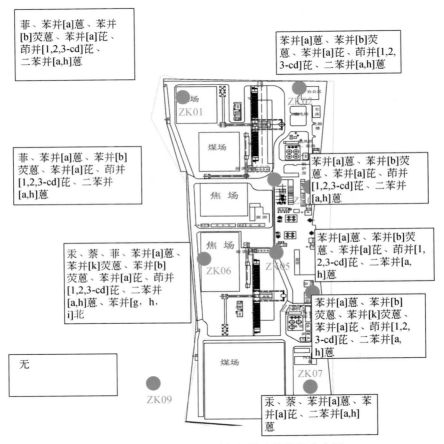

图 13-6　焦化厂内监测点超筛选值情况分布图

表 13-4　典型焦化厂监测点超筛选值指标统计表

序号	采样编号	采样位置	超筛选值指标	指标数量	超指标揭露深度/m
1	ZK01	焦化厂西北煤堆场	菲、苯并[a]蒽、苯并[b]荧蒽、苯并[a]芘、茚并[1,2,3-cd]芘、二苯并[a,h]蒽	6	未揭穿
2	ZK02	焦化厂东北办公区	苯并[a]蒽、苯并[b]荧蒽、苯并[a]芘、茚并[1,2,3-cd]芘、二苯并[a,h]蒽	5	未揭穿

续表

序号	采样编号	采样位置	超筛选值指标	指标数量	超指标揭露深度/m
3	ZK03	一期熄焦池	菲、苯并[a]蒽、苯并[b]荧蒽、苯并[a]芘、茚并[1,2,3-cd]芘、二苯并[a,h]蒽	6	未揭穿
4	ZK04	化产区	苯并[a]蒽、苯并[b]荧蒽、苯并[a]芘、茚并[1,2,3-cd]芘、二苯并[a,h]蒽	5	未揭穿
5	ZK05	二期炼焦	苯并[a]蒽、苯并[b]荧蒽、苯并[a]芘、茚并[1,2,3-cd]芘、二苯并[a,h]蒽	5	未揭穿
6	ZK06	厂区西边界	汞、萘、菲、苯并[a]蒽、苯并[k]荧蒽、苯并[b]荧蒽、苯并[a]芘、茚并[1,2,3-cd]芘、二苯并[a,h]蒽、苯并[g,h,i]芘	10	未揭穿
7	ZK07	污水处理场	汞、萘、苯并[a]蒽、苯并[a]芘、二苯并[a,h]蒽	5	1.0
8	ZK08	化产区	苯并[a]蒽、苯并[b]荧蒽、苯并[k]荧蒽、苯并[a]芘、茚并[1,2,3-cd]芘、二苯并[a,h]蒽	6	未揭穿
9	ZK09	厂区西侧农灌井处	—	0	无
10	ZK10	厂区西侧农灌井处	—	0	无
11	ZK11	厂区西侧农灌井处	—	0	无
12	ZK12	水源地	—	0	无

13.2.6　地下水污染评价

1. 污染指标的筛选

污染指标的选取是根据调查区主要污染源类型,选择与污染源类型相关度最多的几个地下水污染指标,确保将污染源可能产生的污染物种类作为污染评价指标。本次调查的化工行业为焦化行业,根据查阅资料及地下水调查技术指南中的要求,炼焦行业的特征指标为:挥发性酚类、氰化物、氨氮、高锰酸盐指数、多环芳烃类、苯系物等。根据调查目的,共调查了苯系物 6 项、多环芳烃类 16 项,加氨氮、高锰酸盐指数、氰化物、挥发性酚类等共计 24 种特征污染物。

最后根据特征污染物检出情况、是否有评价标准值等,确定本次参加污染评价的项目为氨氮、高锰酸盐指数、挥发性酚类、氰化物、萘、蒽、荧蒽、苯并[a]芘、苯、甲苯、乙苯、二甲苯、苯乙烯等 13 项污染指标。

2. 污染指标背景值及标准确定

在本次调查中,在该典型焦化厂上游确定了 1 眼背景对照井(LHJ020 焦化西村农户水井),该井第四系浅层地下水流场的上游无焦化行业,周边也无其他类似的工业污染源,该井的地下水质量评价结果全部为Ⅲ类指标或优于Ⅲ类指标,综合评价水质为良好。因此以该井中参评特征污染物的浓度作为背景对照值参与评价。地下水中特征污染因子的标准值的选取以《地下水质量标准》(GB/T 14848)的Ⅲ类标准为基准,未列入《地下水质量标准》(GB/T 14848)《地表水环境质量标准》(GB 3838)中"集中式生活饮用水地表水源地特定项目标准限值"和《地下水水质标准》(DZ/T 0290)中的Ⅲ类标准。最终确定特征污染因子污染评价所需的评价参数如表13-5所示。

表 13-5　典型焦化厂特征指标污染评价参数表

序号	指标	单位	C_0值		$C_Ⅲ$值	
			数值	来源	数值	参考标准
1	挥发性酚类	mg/L	0.002		0.002	
2	氰化物	mg/L	0.002		0.05	
3	氨氮	mg/L	0.04		0.2	
4	高锰酸盐指数	mg/L	0.7		3.0	
5	萘	μg/L	0.0813	以背景对照井 LHJ020 监测数据为准,未检出的按照检出限参与评价	100	
6	蒽	μg/L	0.01		1800	
7	荧蒽	μg/L	0.01		240	《地下水质量标准》(GB/T 14848)Ⅲ类
8	苯并[a]芘	μg/L	0.002		0.01	
9	苯	μg/L	0.3		10	
10	甲苯	μg/L	0.3		700	
11	乙苯	μg/L	0.3		300	
12	二甲苯	μg/L	0.3		500	
13	苯乙烯	ng/L	0.3		20	

3. 地下水污染评价结果

1)单因子污染评价结果

根据地下水污染评价方法对浅层地下水监测结果中的特征污染指标进行评价,分析评价结果可知,参与评价的特征污染指标,除苯并[a]芘外(Ⅰ类未污染),其余均出现不同程度的污染。其中氨氮、挥发性酚类、氰化物、高锰酸盐指数、萘、苯等六项指标均出现极重污染(Ⅵ)现象,苯乙烯、氨氮、高锰酸盐指数出现严重污染(Ⅴ)现象,高锰酸盐指数、苯出现较重污染(Ⅳ)的现象,甲苯出现中污染(Ⅲ)现象,蒽、荧蒽、乙苯、二甲苯则出现轻污染(Ⅱ)现象。

(1)由出现极重污染(Ⅵ)的特征指标个数统计可知,氨氮出现5点次的极重污染(Ⅵ)指标,其次为高锰酸盐指数出现3点次的极重污染(Ⅵ)的特征指标,其余的挥发性酚类、氰化物、萘、苯等均出现1点次的极重污染(Ⅵ)指标,并且这四个特征指标的极重污染(Ⅵ)指标均出现在 LHJ01 监测井内。

(2)由出现严重污染(Ⅴ)特征指标个数统计可知,苯乙烯、氨氮、高锰酸盐指数均只有1点次出现。

(3)由出现较重污染(Ⅳ)特征指标个数统计可知,苯出现4点次,高锰酸盐指数出现2点次。

出现较重污染(Ⅳ)以上污染的指标,大多分布在该典型焦化厂厂区内监测井。仅氨氮、高锰酸盐指数的部分污染现象出现在该典型焦化厂厂区以外。

2)综合污染评价结果

根据综合污染评价方法进行评价及统计,对出现Ⅱ类轻污染以上的特征指标进行统计并编制评价结果统计表(表 13-6),并绘制综合污染评价点位分布图(图 13-7)。

表 13-6　典型焦化厂污染综合评价结果统计表

编号	轻污染(Ⅰ)	中污染(Ⅲ)	较重污染(Ⅳ)	严重污染(Ⅴ)	极重污染(Ⅵ)
LHJ01	乙苯、二甲苯	甲苯	—	苯乙烯	氨氮、挥发性酚类、氰化物、高锰酸盐指数、萘、苯
LHJ02	萘、蒽、甲苯、二甲苯、苯乙烯	—	高锰酸盐指数、苯	—	氨氮
LHJ03	萘、蒽	高锰酸盐指数	—	氨氮	—
LHJ04	高锰酸盐指数、萘、芘、蒽、甲苯、二甲苯	—	苯	—	—
LHJ05	蒽、甲苯、二甲苯	苯	—	—	—
LHJ06	萘	高锰酸盐指数	—	—	—
LHJ07	蒽、甲苯、二甲苯、苯乙烯	—	苯	—	高锰酸盐指数
LHJ08	萘、蒽	高锰酸盐指数	—	—	—
LHJ09	萘、甲苯、二甲苯	苯	氨氮	—	—
LHJ010	—	—	—	—	高锰酸盐指数
LHJ011	高锰酸盐指数	—	—	—	—
LHJ012	萘、荧蒽、甲苯、乙苯、二甲苯、苯乙烯	—	高锰酸盐指数	—	—
LHJ013	甲苯、乙苯、二甲苯、苯乙烯	挥发性酚类	—	高锰酸盐指数	氨氮
LHJ014	高锰酸盐指数	—	—	—	—
LHJ015	高锰酸盐指数	—	—	—	—
LHJ016	高锰酸盐指数	—	—	—	—
LHJ017	高锰酸盐指数	—	—	—	—
LHJ018	—	—	—	—	—
LHJ019	—	—	—	—	—

经过分析评价结果可知:

2 眼监测井为Ⅰ类(未污染),占到总数的 10%,分别为 LHJ018、LHJ019,均为该典型焦化厂厂区外监测井,其中 LHJ019 为该典型焦化厂地下水流场上游监测井,LHJ018 为地表河流南岸的地下水监测井。

5 眼井为Ⅱ类(轻污染),占到总数的 27%,分别为 LHJ011、LHJ014、LHJ015、LHJ016、

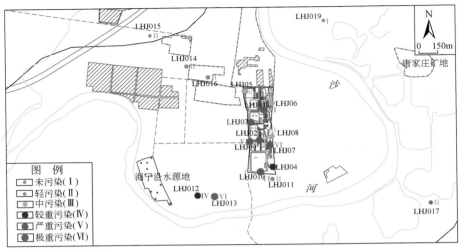

图 13-7　典型焦化厂综合污染评价点位分布图

LHJ017,这 5 眼监测井均为该典型焦化厂厂区外监测井,其污染影响因子为高锰酸盐指数。

有 3 眼监测井为Ⅲ类(轻污染),占到总数的 16%,分别为 LHJ05、LHJ06、LHJ08。这 3 眼井均为该焦化厂厂区内的监测井,主要贡献因子为苯、高锰酸盐指数。

有 2 眼监测井为Ⅳ类(较重污染),占到总数的 10%,分别为监测点 LHJ04、LHJ012,其中 LHJ04 为厂区内监测井,主要影响指标为苯,LHJ012 为厂区外监测井,主要影响指标为高锰酸盐指数。

有 1 眼监测井为Ⅴ类(严重污染),占到总数的 5%,为 LHJ03 监测点,主要影响指标为氨氮。

有 6 眼监测井为Ⅵ类(极重污染),占到总数的 32%,分别为 LHJ01、LHJ02、LHJ07、LHJ09、LHJ010、LHJ013,其中 LHJ01、LHJ02、LHJ07、LHJ09、LHJ010 为该典型焦化厂厂区内监测井,主要影响指标为氨氮、挥发性酚类、氰化物、高锰酸盐指数、萘、苯;LHJ013 为厂区外监测井,位于该典型焦化厂的西南部,主要影响指标为氨氮,同时该井也检出了挥发性酚类,其污染程度为Ⅲ。

由以上统计可知,本次调查的浅层地下水以Ⅵ类(极重污染)、Ⅱ类(轻污染)为主,两类合计占比达到 59%。

就污染类别的空间分布看,极重污染(Ⅵ)出现在该典型焦化厂厂区及厂区西南部,焦化厂的西、北、东方向污染物污染相对较轻。

13.2.7　污染程度及范围

由地下水环境污染评价可知,典型焦化厂内出现了特征污染物的污染现象,其中 LHJ01 监测井(典型焦化厂 1#炼焦车间的熄焦水池污染监测井)出现了氨氮、挥发性酚类、氰化物、高锰酸盐指数、萘、苯等极重污染现象,该监测井为典型焦化厂污染源监控井,基本涵盖了焦化厂各监测井出现的极重污染指标,同时利用 2016 年新建四眼浅层监测井中各主要污染指标并结合厂区内主要污染源的分布情况,对该典型焦化厂特征污染指标进行污染程度及范围的分析。

典型焦化厂位于水源地准保护区内,按照保护区要求,地下水应执行《地下水质量标准》(GB/T 14848)Ⅲ类标准,因此本次污染程度以《地下水质量标准》(GB/T 14848)Ⅲ类标准为限值,对其超标影响范围进行分析。

1. 挥发性酚类

从图 13-8 可以看出,挥发性酚类超标范围主要集中在焦化厂附近。焦化厂附近的挥发酚超标范围最大,超标范围以 LHJ01 监测井为中心,呈近椭圆状分布,污染物浓度自里向外递减,超标范围集中。超标原因与熄焦水池防渗措施不够或出现渗漏有直接关系。超标范围 $0.28km^2$,其内无居民生活用水井,范围未至水源地一级、二级保护区内。

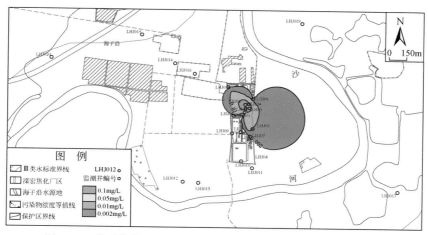

图 13-8　典型焦化厂地下水调查区挥发性酚类污染物浓度分区图

2. 氰化物

从图 13-9 可以看出,氰化物与挥发性酚类超标范围基本一致,仅在厂区附近有检出,其

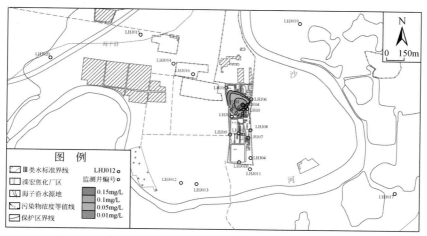

图 13-9　典型焦化厂地下水调查区氰化物污染物浓度分区图

他地方未出现超标现象。氰化物超标范围以 LHJ01 监测井为中心,呈近椭圆状分布,污染物浓度自里向外递减,超标原因与熄焦水池防渗措施不完善或出现渗漏有直接关系。

超标范围约 $0.02km^2$,其内无居民生活用水井,厂区外目前未受到影响。

3. 苯

从图 13-10 可以看出,苯在厂区内检出范围较大,苯的超标范围约 $0.05km^2$,厂区外影响范围西侧 32m,东侧 30m。苯超标范围以 LHJ01 监测井为中心,污染物浓度自里向外递减,超标原因与熄焦水池防渗措施不完善或出现渗漏有直接关系。

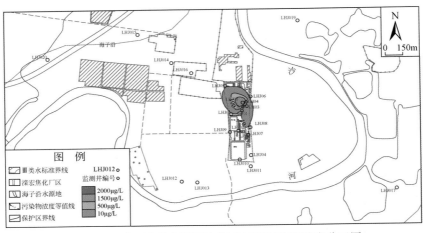

图 13-10　典型焦化厂地下水调查区苯污染物浓度分区图

4. 多环芳烃类

多环芳烃类在本次调查中也有多项指标被检出,并分别绘制了具有代表性的萘、芴等指标的浓度分布图(图 13-11、图 13-12),其中萘的超标范围与苯基本一致,超标范围约 $0.01km^2$。

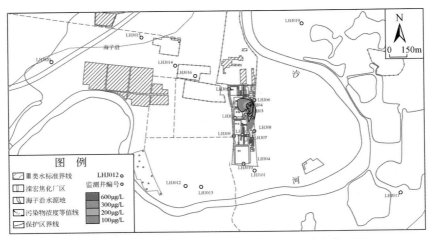

图 13-11　典型焦化厂地下水调查区萘污染物浓度分区图

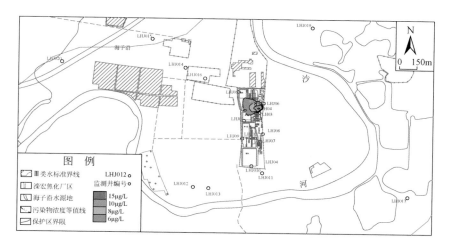

图 13-12 典型焦化厂地下水调查区芴污染物浓度分区图

通过以上分析可知,典型焦化厂内出现了挥发性酚类、苯、萘、氰化物等特征污染物的污染,其超标现象较为严重,超标范围最大约 0.28km²,主要分布在焦化厂区及附近,超标范围以厂区内监测井为中心,呈近椭圆状分布,污染物浓度自里向外递减,超标范围集中。地下水中各特征污染物超标范围均未运移至水源地一、二级保护区。

13.2.8 土壤和地下水环境风险评估

1. 评估目的

风险评估是定量描述污染场地对人体健康产生的危害程度,是在场地环境调查的基础上,分析估算污染场地土壤和浅层地下水中污染物通过不同暴露途径,对人体健康产生危害的概率,并通过获取的参数计算基于风险的土壤限值,以及保护地下水的土壤限值,从而优化指导污染调查活动,识别和评估地下水污染,为后期污染场地治理修复提供科学基础。

在本次计算中采用了 HERA 软件进行计算。

2. 评估原则

评估应遵循以下基本原则。

(1)科学性原则:地下水健康风险评估应根据地下水污染特征和趋势,确定评估关注污染物和评估区的范围,保证健康风险评估的结果科学可靠。

(2)针对性原则:根据评估对象的污染特征,选取实际暴露情景及参数,构建有针对性的健康风险暴露评估模型。

(3)循序渐进原则:地下水污染特征和暴露参数等信息获取阶段性强,随着地下水污染特征、暴露参数获取完备程度的提高,不断完善和更新地下水健康风险评估结果,以便更有效地指导地下水污染防治的实际工作。

3. 风险评估范围及对象

1）健康风险评估范围

根据前期调查结果及健康风险评价的相关要求,健康风险评估区域包括污染源(释放关注污染物的场地或区域及地下水关注污染物浓度最大点或区域)和受体或潜在受体的区域。本次研究位于古冶区东南部,周边有村庄和水源保护区,距离建设项目最近的是该区某水源地,水源井距离本次研究场地西边界730m,二级保护区距离本次研究厂界230m,位于水源地地下水流场的上游。污染场地周边人类活动频繁,主要的健康风险对象为附近居民,同时该区域下游水源井开采深层奥陶系灰岩水,该典型焦化厂场地直接污染奥陶系的可能性不大,主要威胁途径为通过第四系向下游径流过程中对水源地产生影响。

考虑到健康风险评估区域包括污染源(释放关注污染物的场地或区域及地下水关注污染物浓度最大点或区域)和受体或潜在受体的区域,因此确定本次健康风险评估范围定为污染场地及整个调查评价区,评估范围约64km²。

2）健康风险评估对象

健康风险评估对象为受影响人群,主要为居民和下游水源地等。

4. 危害识别

危害识别的工作内容:收集前期资料、确定土地利用方式和关注污染物。

1）确定土地利用方式

用地方式在《污染场地风险评估技术导则》(HJ 25.3—2014)中规定了2类典型用地方式下的暴露情景,即住宅用地代表的敏感用地(简称"敏感用地")和以工业用地为代表的非敏感用地(简称"非敏感用地")的暴露情况。敏感用地方式包括GB 50137—2011规定的城市建设用地中的居住用地、文化设施用地、中小学用地,社会福利设施用地中的孤儿院等;非敏感用地方式包括GB 50137—2011规定的城市建设用地中的工业用地、物流仓储用地、商业服务设施用地、公用设施用地等。该地块未来利用方式尚未确定,本次风险评估按照敏感和非敏感用地同时进行评估。

2）土壤关注污染物的判定

根据《建设用地土壤污染风险筛选指导值(三次征求意见稿)》对土壤样品中超过住宅用地筛选值标准的污染物确定为本次风险评估的关注污染物,共有氰化物、苯、甲苯、乙苯、对,间二甲苯、邻二甲苯、萘、苯并[a]蒽、苯并[b]荧蒽、苯并[k]荧蒽、苯并[a]芘、茚并[1,2,3-cd]芘、二苯并[a,h]蒽、石油烃(C_{10}-C_{40})14项,如表13-7所示。

表13-7　典型焦化厂需要启动风险评估的关注污染物统计表　　(单位:mg/kg)

污染物	最大含量	住宅类用地 土壤风险启动值	工业类用地 土壤风险启动值
氰化物	142.00	9.86	96.2
苯	142.15	0.064	0.26
甲苯	474.98	120	672
乙苯	1981.34	0.2	0.81

续表

污染物	最大含量	住宅类用地 土壤风险启动值	工业类用地 土壤风险启动值
对,间二甲苯	1825.81	2.63	14.1
邻二甲苯	745.02	2.63	14.1
萘	2048.51	0.48	2.13
苯并[a]蒽	31.37	0.63	1.86
苯并[b]荧蒽	22.64	0.64	1.87
苯并[k]荧蒽	12.21	6.2	18
苯并[a]芘	17.82	0.064	0.19
茚并[1,2,3-cd]芘	15.95	0.64	1.87
二苯并[a,h]蒽	8.81	0.064	0.19
石油烃(C_{10}-C_{40})	4101.06	309	2050

注:由于石油烃为混合物,无法明确风险计算的各项参数,因此在后续计算中未将该指标列入风险评估。

3)地下水关注污染物的判定

A. 地下水关注污染物的判定方法

a. 检出指标为有毒有害指标

分析地下水环境调查评价结果,识别地下水污染源特征、污染羽空间分布和趋势,判断地下水检出指标是否属于有毒有害污染物质,当地下水有毒有害污染物检出时,进一步判断是否有相关标准。

b. 检出指标浓度超过相应标准限值

地下水有毒有害指标超过《地下水质量标准》(GB/T 14848)中的Ⅲ类标准、《生活饮用水卫生标准》(GB 5749)等相关的饮用水标准时,启动地下水污染健康风险评估工作。

本次评价地下水判定标准是根据污染场地位置、评价目的含水层的功能和水源地取水层位来确定,由于污染场地位置处于水源地保护区准保护区内,评价目的含水层的功能为居民生活用水,水源地取水层位为深层奥陶系灰岩水,与浅层地下水之间有一定厚度的隔水层,因此本次评价选取《地下水质量标准》(GB/T 14848)中的Ⅲ类标准的指标。

c. 检出毒理指标不在饮用水相关标准内

标准中未列出的毒理指标只要检出,即启动地下水健康风险评估工作。

B. 地下水关注污染物的判定

a. 地下水检测项目

由本次研究调查评价报告可知,本次调查共选取指标72项,常规监测项目主要为:钾、钠、钙、镁、氨、铁、重碳酸根、碳酸根、氯化物、硫酸盐、氟、硝酸盐氮、溶解性总固体、偏硅酸、游离二氧化碳、锂、锶、溴化物、碘化物、锌、硒、铜、砷、汞、镉、硼酸、银、钡、铬、铅、钴、钒、锰、镍、铝、挥发性酚、氰化物、亚硝酸盐、高锰酸盐指数、肉眼可见物、臭和味、色度、浑浊度、pH值、总碱度、总硬度等46项;特征污染监测指标为:硫化物、苯、甲苯、乙苯、二甲苯、氰化物、挥发酚、多环芳烃、石油类、总石油烃等26项。

该典型焦化厂共取水样两期,两期监测数据中超过毒性指标(《地下水质量标准》(GB/T 14848)中Ⅲ类水的毒性指标)的主要有硝酸盐、氰化物、碘化物、萘、苯、苯乙烯、1,2-二氯乙烷、1,1,2-三氯乙烷、1,2-二氯丙烷。

　　b. 地下水关注污染物结果

经分析计算,确定本次评估的关注污染物为:硝酸盐、氰化物、碘化物、萘、苯、苯乙烯、1,2-二氯乙烷、1,1,2-三氯乙烷、1,2-二氯丙烷,共9项。

5. 暴露评估

暴露评估包括确定特定土地利用方式下人群对污染场地内关注污染物的暴露情景、主要暴露途径、关注污染物迁移模型和暴露评估模型、模型参数取值,以及计算敏感人群的暴露量。

　　1)暴露情景

暴露情景是指特定土地利用方式下,场地污染物经由不同暴露途径迁移和到达受体人群的情况。根据不同土地利用方式下人群的活动模式,《污染场地风险评估技术导则》(HJ 25.3—2014)中规定了2类典型用地方式下的暴露情景。

　　(1)敏感用地方式下,儿童和成人均可能会长时间暴露于场地污染而产生健康危害。对于致癌效应,考虑人群的终生暴露危害,一般根据儿童期和成人期的暴露来评估污染物的终生致癌风险;对于非致癌效应,儿童体重较轻、暴露量较高,一般根据儿童期暴露来评估污染物的非致癌危害效应。

敏感用地方式包括 GB 50137 规定的城市建设用地中的居住用地(R)、文化设施用地(A_2)、中小学用地(A_{33})、社会福利设施用地(A_6)中的孤儿院等。

　　(2)非敏感用地方式下,成人的暴露期长、暴露频率高,一般根据成人期的暴露来评估污染物的致癌风险和非致癌效应。

非敏感用地包括 GB 50137 规定的城市建设用地中的工业用地(M)、物流仓储用地(W)、商业服务业设施用地(B)、公用设施用地(U)等。

　　2)暴露途径的确定

对于敏感用地和非敏感用地,《污染场地风险评估技术导则》(HJ 25.3—2014)规定了9种主要暴露途径和暴露评估模型,包括经口摄入土壤、皮肤接触土壤、吸入土壤颗粒物、吸入室外空气中来自表层土壤的气态污染物、吸入室外空气中来自下层土壤的气态污染物、吸入室内空气中来自下层土壤的气态污染物共6种土壤污染物暴露途径,以及吸入室外空气中来自地下水的气态污染物、吸入室内空气中来自地下水的气态污染物、饮用地下水共3种地下水污染物暴露途径。

在本次计算中,以保守计算为原则,9种暴露途径均纳入计算。

6. 毒性评估

毒性评估的工作内容包括分析关注污染物的健康效应(致癌和非致癌效应),确定污染物的毒性参数值。

　　1)非致癌物质毒性效应

对于非致癌物质,假定其在高浓度条件下都会产生不良的健康效应;然而,当剂量非常低时,不存在或观察不到典型的不良效应。因此,定性化学物质的非致癌效应时,关键参数是阈值剂量。阈值指在此剂量下不良的效应开始出现。低于阈值剂量被认为是安全的,而高于阈值剂量可能会导致不良的健康效应。

通常根据对动物或/和人的研究得到的毒理学数据推断化学物质的阈值剂量。首先确定在特定的暴露时间内未产生可观测的不良效应的最高剂量和产生可观测到的不良效应的最低剂量(no observed adverse effect level, NOAEL;lowest observed adverse effect level, LOAEL)。假定阈值剂量位于 NOAEL 和 LOAEL 之间。然而,为了确保人体健康,非致癌风险的评估不是直接建立在阈值暴露水平基础上,而是建立在参考剂量或参考浓度基础上 (reference dose, RFD;reference concentration, RFC),参考剂量或参考浓度是未引起包括敏感个体在内的有害效应的估算量。

参考剂量或参考浓度等于 NOAEL (如果没有 NOAEL 值则采用 LOAEL)除以不确定因子 NOALE 或 LOAEL 除以不确定因子,是确保参考剂量不高于不良效应的阈值水平。因此,小于或等于参考剂量几乎没有不良效应的风险,而高于参考剂量并不意味一定产生不良效应。

2)致癌物质毒性效应

本评价中采用的致癌斜率主要参考《污染场地风险评估技术导则》(HJ 25.3—2014),部分参数应用 HERA 场地风险评估模型。

7. 风险表征

风险表征主要包括风险计算(单一污染物致癌和非致癌风险计算,所有目标污染物致癌和非致癌风险计算)、不确定性分析等内容。应根据每个采样点样品中关注污染物的检测数据,通过计算污染物的致癌风险和危害商进行风险表征,得到的场地污染物的致癌风险和危害商,可作为确定场地污染范围的重要依据,计算得到单一污染物的致癌风险值超过 10^{-6} 或危害商超过 1 的采样点,其代表的场地区域应划定为风险不可接受的污染区域。主要参考《污染场地风险评估技术导则》(HJ 25.3—2014)、《地下水污染健康风险评估工作指南》中推荐的风险和危害商的模型进行计算。

8. 敏感用地类型场地风险评估结果

根据土壤污染范围确定土壤风险评估的范围及特征污染物种类,利用 HERA 软件,计算土壤中各类关注污染物的致癌风险。由计算结果可知,氰化物、甲苯、二甲苯不存在致癌风险,萘致癌风险值不超过 10^{-6},苯、乙苯、苯并[a]蒽、苯并[b]荧蒽、苯并[k]荧蒽、苯并[a]芘、茚并[1,2,3-cd]芘、二苯并[a,h]蒽均存在致癌风险值超过 10^{-6} 的土壤监测点,其中致癌风险值最高的污染物为苯并[a]芘,致癌风险值为 $3.54×10^{-4}$,为 ZK06 监测点(图 13-13)。

根据土壤监测点各类关注污染物的非致癌危害商值的计算结果,非致癌危害商值超过 1 的污染物有氰化物、苯、二甲苯,危害商最高的污染物为氰化物,危害商为 1340,为 ZK01 监测点(图 13-14)。

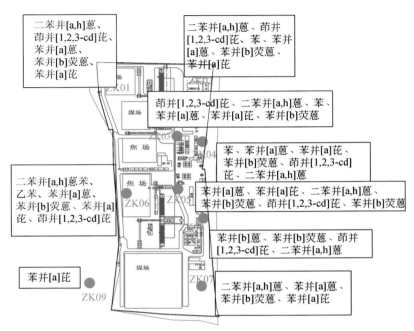

图 13-13　典型焦化厂土壤监测点中致癌风险值超过 10^{-6} 的污染物类型分布图

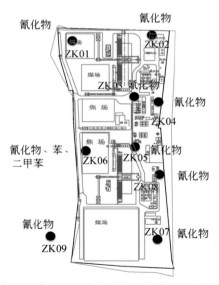

图 13-14　典型焦化厂土壤监测点中非致癌危害商大于 1 的污染物类型分布图

9. 非敏感用地类型场地风险评估结果

根据土壤污染范围确定土壤风险评估的范围及特征污染物种类,利用 HERA 软件计算土壤中各类关注污染物的致癌风险。由计算结果可知,氰化物、甲苯、二甲苯不存在致癌风险,萘致癌风险值不超过 10^{-6},苯、乙苯、苯并[a]蒽、苯并[b]荧蒽、苯并[k]荧蒽、苯并[a]

芘、茚并[1,2,3-cd]芘、二苯并[a,h]蒽均存在致癌风险值超过 10⁻⁶的土壤监测点,其中致癌风险值最高的污染物为苯并[a]芘,致癌风险值为 1.53×10⁻⁴,为 ZK06 监测点(图 13-15)。

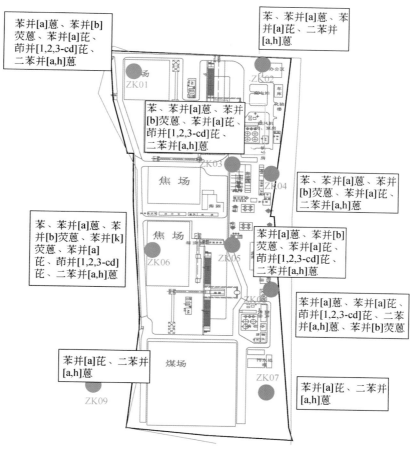

图 13-15　典型焦化厂非敏感用地土壤监测点中致癌风险值超过 10⁻⁶的污染物类型分布图

由土壤监测点各类关注污染物的非致癌危害商值的计算结果可知,非致癌危害商值超过 1 的污染物有氰化物、苯、二甲苯,危害商最高的污染物为氰化物,危害商为 2244,为 ZK01 监测点(图 13-16)。

10. 敏感用地类型地下水风险评估结果

本次评价选取《地下水质量标准》(GB/T 14848)中的Ⅲ类标准的指标进行风险计算。由计算结果可知,氰化物、苯乙烯、1,2-二氯丙烷氰化物不存在致癌风险,萘、1,1,2-三氯乙烷、苯、1,2-二氯乙烷均存在致癌风险值超过 10⁻⁶的地下水监测点,其中致癌风险值最高的污染物为苯,致癌风险值为 0.44,为 LH01 地下水监测点。

根据地下水监测点各类关注污染物的非致癌危害商值得知,非致癌危害商值超过 1 的污染物有氰化物、萘、1,2-二氯乙烷、1,2-二氯丙烷、1,1,2-三氯乙烷、苯、苯乙烯,危害商最高的污染物为苯,危害商为 45357,为 LH01 监测点。

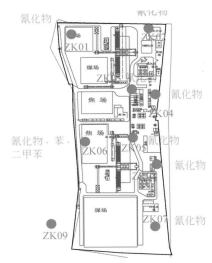

图 13-16　土壤监测点中非致癌危害商大于 1 的污染物类型分布图

11. 非敏感用地类型地下水风险评估结果

由非敏感用地类型地下水致癌风险值计算结果可知,氰化物、苯乙烯、1,2-二氯丙烷不存在致癌风险,萘、1,1,2-三氯乙烷、苯、1,2-二氯乙烷均存在致癌风险值超过 10^{-6} 的地下水监测点,其中致癌风险值最高的污染物为苯,致癌风险值为 0.27,为 LH01 地下水监测点。

由地下水监测点各类关注污染物的非致癌危害商值的计算结果可知,非致癌危害商值超过 1 的污染物有:氰化物、萘、1,2-二氯乙烷、1,2-二氯丙烷、1,1,2-三氯乙烷、苯、苯乙烯,危害商最高的污染物为苯,危害商为 74194,为 LH01 监测点。

12. 土壤和地下水风险评估结论

1)敏感用地风险评估结果

厂区内土壤监测点 ZK01~ZK09 关注污染物致癌风险超过 10^{-6} 的有苯、乙苯、苯并[a]蒽、苯并[b]荧蒽、苯并[k]荧蒽、苯并[a]芘、茚并[1,2,3-cd]芘、二苯并[a,h]蒽,其中致癌风险值最高的污染物为苯并[a]芘,致癌风险值为 $3.54×10^{-4}$,为 ZK06 监测点。

非致癌危害商值超过 1 的污染物有氰化物、苯、二甲苯,危害商最高的污染物为氰化物,危害商为 1340,为 ZK01 监测点。厂区内地下水中萘、1,1,2-三氯乙烷、苯、1,2-二氯乙烷致癌风险值超过 10^{-6},其中致癌风险值最高的污染物为苯,致癌风险值为 0.44,为 LH01 地下水监测点。

2)非敏感用地风险评估结果

厂区内土壤监测点 ZK01~ZK09 关注污染物致癌风险超过 10^{-6} 的有苯、乙苯、苯并[a]蒽、苯并[b]荧蒽、苯并[k]荧蒽、苯并[a]芘、茚并[1,2,3-cd]芘、二苯并[a,h]蒽,其中致癌风险值最高的污染物为苯并[a]芘,致癌风险值为 $1.53×10^{-4}$,为 ZK06 监测点。

非致癌危害商值超过 1 的污染物有氰化物、苯、二甲苯,危害商最高的污染物为氰化物,危害商为 2244,为 ZK01 监测点。厂区内地下水中萘、1,1,2-三氯乙烷、苯、1,2-二氯乙烷的

致癌风险值均超过 10^{-6},其中致癌风险值最高的污染物为苯,致癌风险值为 0.27,为 LH01 地下水监测点。

由此可见,在敏感用地和非敏感用地类型情况下,厂区内土壤和地下水均存在关注污染物的致癌风险和非致癌风险超过可接受水平,且该典型焦化厂位于水源地准保护区内,急需开展地下水和土壤修复工作。

13.3　典型场地地下水污染修复(防控)方案

13.3.1　修复(防控)目标确定

1. 修复(防控)目标确定原则

地下水污染修复(防控)目标确定遵循以下三个原则。

(1)科学合理性原则:综合考虑修复(防控)周期、成本、修复(防控)技术可行性,以及对人群健康和环境的影响,科学合理制定地下水污染修复(防控)目标。

(2)功能适宜性原则:考虑不同地下水使用功能制定修复(防控)目标,并考虑用途,包括工业、农业、居民住宅、建筑用地及其他商业用地等。

(3)安全性原则:地下水污染修复(防控)目标的设置应确保修复(防控)后不产生健康和生态环境风险。

2. 修复(防控)目标确定方法

1)地下水饮用水源保护区和补给径流区

地下水饮用水源保护区和补给径流区,包括已建成的在用、备用和应急水源,在建或规划的地下水饮用水源地保护区及其补给径流区等。

选择适用标准作为修复(防控)目标。适用标准选择按照以下三个优先顺序。

(1)适用标准:《地下水质量标准》(GB/T 14848)中Ⅲ类标准。

(2)相关适合标准:如果地下水修复(防控)后用作饮用水,且《地下水质量标准》(GB/T 14848)中缺乏目标污染物标准时,可参考《生活饮用水卫生标准》(GB 5749),以及美国环保署或世界卫生组织发布的相关饮用水质量标准。

(3)若无相关标准,按照饮用地下水的暴露途径计算地下水风险控制值。

2)其他区域

(1)具有农田灌溉、矿泉水等功能区域地下水,采用相关的标准(《农田灌溉水质标准》、《饮用天然矿泉水标准》)制定修复(防控)目标。地下水污染影响了地表水环境质量,由地表水环境功能要求,采用地下水污染模拟预测结果,计算地下水污染修复(防控)目标。

(2)不具有饮用、灌溉等地下水使用功能且不影响地表水环境功能的地下水污染修复(防控),采用风险评估方法,确定基于风险的修复(防控)目标。

风险评估模型可采用《场地风险评估导则》和《地下水污染健康风险评估工作指南》中的模型。根据以上所确定的场地参数、污染物毒理学和暴露参数等,由污染物可接受风险水平推算地下水污染修复(防控)目标。推荐单种污染物可接受的非致癌危害商为1,可接受的致癌风险水平为10^{-6}。

3. 主要污染指标及范围

综合地下水环境调查结果和环境风险评估结果,最终确定该典型焦化厂场地地下水修复的目标污染物是挥发性酚类、氰化物、苯和萘。

总体上挥发性酚类超标率最高,经过叠加发现挥发性酚类污染范围包含了其他污染物的污染范围,各指标超标面积及体积见表13-8。

表13-8　典型焦化厂修复面积及体积统计表

污染指标	超标面积/m²	超标体积/m³
挥发性酚类(以苯酚计)	160000	1200000
氰化物	150000	1125000
苯	96000	720000
萘	100000	750000

4. 研究区地下水污染修复(防控)目标确定

依据前述修复(防控)目标确定方法,该场地污染修复目标详见表13-9。

表13-9　典型焦化厂地下水修复目标一览表

《地下水质量标准》 (GB/T 14848)	挥发性酚类(以苯酚计)	0.002mg/L	苯	10μg/L
	氰化物	0.05mg/L	萘	100μg/L

13.3.2　修复(防控)技术筛选及确定

1. 地下水污染修复(防控)技术及特征

1)物理修复(防控)技术

A. 原位空气扰动

(1)技术原理。空气扰动通过从地下水中去除蒸汽形态的污染物来进行场地修复。空气扰动中需要钻一眼或更多的深入含水层下的地下水饱浸的土壤以下的注入井。通过空气压缩机来向井内注入气体(一般为空气或氧气),促进地下水中的污染物的气化。随着气体通过地下水重新返回地面,气体会携带污染蒸汽进入含水层上方的包气带,可用SVE集中收集处理或直接排放。

(2)技术使用限制性条件。空气扰动技术对挥发性强的污染物(如轻质汽油中的苯、甲苯、乙苯、二甲苯)有很好的效果,对类似柴油、煤油一类的较难挥发的物质效果不佳,另外当地下水中含有大量Fe^{2+}的时候,会因Fe^{2+}被通入的氧气氧化而影响修复效果。对高渗透性的包气带含水层有很好的效果,但当包气带有分层出现或渗透性差的区间时,空气扰动技术的效果会受到很大的影响。该技术成熟可靠,已有多个案例。

(3)技术优缺点。技术优缺点见表 13-10。

表 13-10　空气扰动技术优缺点对比表

优点	缺点
已有先例,存在现成设备,安装方便	当自由相存在时无法使用
对场地影响小	无法处理封闭的含水层
修复时间短:一般情况下 1~3 年	土壤分层会导致 AS 效果下降
比地上处理系统价格便宜:在渗透性好的土壤上价格为每吨 20~50 美元	一些复杂的化学、物理和生物交互作用没有被完全确定
不需要考虑地下水的抽取、处理、储存或排放问题	缺少足够的实例及数据来供设计参考
可以与 SVE 结合增强效果	可能会引起污染物的迁移,需要详细的试验和监测来确保曝气量的控制,限制迁移

B. 多相抽提

(1)技术原理。多相抽提是通过高度真空的系统同时除去污染地下水和包气带中气态的污染物,在筛选过的区域设立真空抽提井。当液相抽提开始以后抽提处的水位下降,一旦水位低于抽提处,包气带的毛细边缘区域将会暴露。由于这部分通常都包含 LNAPL,都是高污染的区域,通过气相抽提可以清除这部分区域的污染物。一旦抽取的部分到达地表将会被分离处理。由于毛细边缘区域通常是污染最重的区域,因此使用多相抽提技术可以迅速有效地修复场地。

(2)技术使用限制性条件。该技术对多种污染物有效,对于高浓度的污染可在短时间内迅速降低风险,但在 DNAPL 存在的情况下可能存在拖尾效应。此外低渗透性的区域对于技术的使用有一定的影响,但地下水流场的波动对技术影响不大。技术使用前需要足够的表层数据进行评估,对抽出的组分可能需要油水分离,工艺流程较为复杂。

(3)技术优缺点。技术优缺点见表 13-11。

表 13-11　多相抽提技术优缺点对比表

优点	缺点
在多数情况下证明有效;有即时可用的设备	对低渗透性土壤和缺少足够表层数据的场地效果不好
施工对场地影响小	可能需要对抽出的气体进行处理
修复时间短:一般情况下 6 个月至 2 年	可能需要经费来进行油水分离和地下水处理
根本上提高了抽出速率	在施工期间需要复杂的监控
对含水层波动大及很大范围的渗透系数都有效	
可以在含有漂浮物的场地上使用,并且易与其他技术联合使用(如 AS 和生物修复),可以在建筑物下或其他无法抽取的区域上使用	

C. 抽出处理

（1）技术原理。抽出处理是一种异位快速处置技术，根据地下水污染范围，抽水井布设在选好的井位上，通过水泵将污染的地下水从含水层中抽出，进行处理，再将处理后的水供给用户或回灌到含水层。其基本原理是通过污染场地设置抽/注水井，进行抽水或注水。在抽水的过程中，水井水位下降，在水井周围形成下降漏斗，使周围地下水不断流向水井，减少了污染物的扩散，从而改变局部地下水流场形成水力隔离带，切断水力联系，并将污染物抽出。

（2）技术使用限制性条件。该技术对重金属及有机污染物早期处理，见效比较快，修复周期相对较短，修复效率较高，适合污染场地的前期修复。同时不会引起二次污染。但其也存在一定的局限性，一般含水层的渗透系数 $K > 5 \times 10^{-6}$ m/s 时技术效果良好；另外受当地水文地质条件限制，由于含水层介质与污染物之间的作用，随着抽水过程的进行，抽出的污染浓度会逐渐变低，出现拖尾现象，而停止抽水后污染物浓度又会升高，存在回弹现象。因此，抽出处理适合短期应急处理，不宜作为污染场地长期治理手段。

（3）技术优缺点。技术优缺点见表 13-12。

表 13-12　抽出处理技术优缺点对比表

优点	缺点
可以控制污染物的扩散	当存在 NAPL 时效果受到影响，尤其是 DNAPL
对高浓度污染初期处理快速有效	修复过程中存在拖尾效应
适应性强，技术成熟可靠	费用较高
可与其他技术联用	在修复期间可能会出现生物淤积现象

D. 阻隔技术

在地下建立各种屏障，将受污染的水体圈闭起来，以防止污染物进一步扩散蔓延，技术特点详见表 13-13。

表 13-13　阻隔技术特点分析表

技术	优点	缺点/适用性	发展历程	技术联用	效率	时间	治理成本	环境风险
阻隔技术	泥浆墙施工相对简单，使用的泥浆及回填材料也较为普遍，可有效将污染物阻隔在特定区域中	泥浆墙深度受一定限制，泥浆墙底部须进入低渗透性土层（如黏土）足够深度，一般情况下需要与地下水抽出处理系统联用；效果受地下水中酸碱组分、污染物类型、活性、分布、墙体的深度、长度和宽度、场地水文地质条件等影响	20 世纪 80 年代开始应用	可与抽出处理技术联用	较高，可以有效阻隔地下水污染	较长	低到中	低

2)化学修复(防控)技术

A. 可渗透反应墙

(1)技术原理。可渗透反应墙是被安装在污染羽的流径上,允许污染羽中的水流过墙体。这些水可以流过的反应墙通过墙内装填零价金属、螯合剂、吸附剂、微生物或其他物质来阻碍污染物的迁移、吸附或降解污染物,以降解地下水中的污染物的浓度。

(2)技术使用限制性条件。可渗透反应可以控制污染物的迁移,防止污染物的进一步扩散,而且墙内的填料可以针对不同污染物来设置,可以对多种类型的污染物进行修复和控制。但其修复费用相对较高,对场地的岩性和弱透水层的分布有一定要求。随着修复的进行,反应墙中填料需要进行更换,并且微生物和化学反应产生的沉淀物质会降低可渗透反应墙的透水性,影响修复效果。

(3)技术优缺点。技术优缺点见表 13-14。

表 13-14　可渗透反应墙技术优缺点对比表

优点	缺点
运行期间所需资金和人员少	需要大量开挖土壤,地下环境影响较大
没有地表设施,地表面积占用少	当开挖深度超过 26.64m 后成本明显上升
对多种污染类型都有效	化学反应沉淀下来的金属、盐类或生物作用的沉积物会导致反应墙的活性下降,需要定期更换填料
可控制污染的扩散	如果反应墙用来吸附或使某些金属沉淀时,修复后需将反应墙填料按危险废物处理
	化学填料浸出时会对地下环境造成二次污染

B. 原位化学氧化/还原

(1)技术原理。化学修复,是通过化学反应(氧化或还原)来使有害的污染物转化为毒性较低、迁移性较低且更稳定的物质的修复方法。氧化还原反应包含了从一个化合物中转移电子到另一个化合物,一个是被氧化的(失去电子),一个是被还原的(获得电子)。最常用的处理有害污染物的氧化剂有臭氧、过氧化氢、次氯酸盐、氯和二氧化氯。最常用的处理有害废物的还原剂是硫酸亚铁、亚硫酸氢钠和亚硫酸钠。实验室系统已被用于氧化三氯乙烯(TCE)全氧乙烯(PCE)。

(2)技术使用限制性条件。化学修复技术可以在短时间内迅速降低污染物浓度,工艺成熟且有大量的场地经验。但投资较大,可能对含水层的地球化学性质造成影响,反应产生的沉淀可能堵塞土壤的空隙,使土壤的渗透能力降低。

(3)技术优缺点。技术优缺点见表 13-15。

3)生物修复(防控)技术

A. 原位微生物修复技术

(1)技术原理。生物修复是通过微生物来修复污染的地下水的修复方法。通过刺激某些以污染物为能量源的微生物的生长来达到修复地下水的目的。该方法可以处理的目标污染物包括油类和其他石油类产物,以及有机溶解物和农药等。

表 13-15　化学氧化/还原技术优缺点对比表

优点	缺点
污染晕在场地处理	与其他修复方法相比初始投资和总投资都较大
可迅速清除或分解污染物(污染物在数个星期或数月中明显减少)	低渗透区域的污染物不易被化学氧化所破坏
处理过程中除芬顿外,无明显的废物,不会产生二次污染	芬顿试剂能产生大量的易爆尾气。因此需要在涉及芬顿试剂的过程中建立特殊的系统
一些氧化反应可完全氧化 MTBE(但是降解过程中的一些产物可能会带来一定问题)	可能会有拖尾效应
施工和监测费用低	在实施氧化过程中要考虑施工人员健康和安全问题
可以作为监测自然衰减和好氧/厌氧降解的后续处理工艺,有些氧化技术的施工对场地影响很小	将污染物降低到背景值以下,在技术上和经济上存在问题。土壤和岩石介质会导致化学氧化剂的额外消耗,会改变含水层的地球化学性质,并且反应产生的沉淀会堵塞孔隙

生物修复一般分为两种:一种是培养筛选土著微生物;另一种是向地下水中投加已驯化的降解菌。当地下水环境不适宜微生物的生长繁殖降解时,可以通过与其他技术配合使用改善地下水环境以促进生物修复的进行。

(2)技术使用限制性条件。地下水生物修复技术操作简单、费用低,在施工过程中对场地影响小、能耗低、不会造成二次污染,并能与其他技术联合使用增强修复效果,适合作为其他技术的后续修复工艺。但其修复时间相对较长,在高浓度污染的场地中微生物难以生存。而且场地条件对其限制很大,并不是所有场地都适合进行生物修复。

(3)技术优缺点。技术优缺点见表 13-16。

表 13-16　原位微生物修复技术优缺点对比表

优点	缺点
可修复吸附或困在孔隙水中的或溶解在地下水中的污染物	注入井和通水廊道可能被微生物或矿物沉淀所堵塞
已有成套设备,安装容易	高浓度($TPH>50000\times10^{-6}$)的低溶解度污染物对微生物存在毒性,或不能被微生物所利用
施工对场地影响小	在低渗透性的环境($<10^{-4}$cm/s)下难以实施
表面处理的时间比其他方式短(如抽出处理)	回注井或通水廊道需要许可
一般情况下比其他技术费用低(如抽出处理)	需要一直对其进行监测和维护
可与其他技术联合使用,在很多情况下施工产生的废物不需要进行处理	修复过程可能只在渗透系数较高的含水层进行

B. 生物曝气

(1)技术原理。生物曝气法是一种利用土著微生物来降解饱水带中的有机污染物的原位修复技术。生物曝气法通过向饱水带中注入空气(或氧气)或营养物质来促进土著微生物的生物活性,从而促进污染物的微生物降解。整个技术流程与空气扰动法类似。该技术可用于去除地下水、吸附在地下水位以下的土壤中及毛细管边缘的石油污染物。虽然生物曝气法对包气带中的污染物也有一定的效果,但相比较而言生物通风法更加有效。

(2)使用限制。由于生物曝气法与空气扰动法在整体流程上很类似,但空气扰动法是通过气流带走易挥发的污染物,而生物曝气法则是通过生物降解来处理污染物。因此生物曝气法对难生物降解的或高浓度的污染物效果很差,对场地的 C∶N∶P 及温度等因素会有一定的要求;当场地中重金属含量过高时对微生物存在毒害作用,降低修复效果;相对的场地的渗透系数要求比空气扰动法小,且生物曝气法的气流也较小。当存在挥发性有机物时通常都会采用 SVE 技术与生物曝气法联合使用。由于生物曝气法是比较新的技术,因而场地实例较少。

(3)技术优缺点。技术优缺点见表 13-17。

表 13-17　生物曝气技术优缺点对比表

优点	缺点
已有先例,存在现成设备,安装方便	只能在 AS 可用的区域使用
施工对场地影响很小	一些复杂的化学、物理和生物交互作用没有被完全确定
修复时间短:在合适的条件下为 6 个月至 2 年	缺少足够的实例及数据来供设计参考
价格低廉	可能会引起污染物的迁移
促进 AS 对大区域的石油烃类的修复效果	
不需要考虑地下水的抽取、处理、储存或排放问题,同时也可降低空气注入的区域气体的收集和处理的潜在可能性	

4)其他修复(防控)技术

A. 植物修复

(1)技术原理。植物修复是一种使用不同种类的植物来去除、转移、固定破坏土壤或地下水的污染物的生物修复过程。植物修复的机理主要有:根系的生态降解、植物固定化、植物吸收积累作用、水耕形式净化水流(根系的净化)、植物挥发、植物降解和水力控制。

植物通常选择常见的树种,如白杨、银合欢、羊毛草、黑麦草、印度芥菜、紫花苜蓿及水稻等都已用于有机污染物的植物修复研究。Weyens 用恶臭假单胞菌接种杨树枝来降解 TCE。在艾奥瓦州示范使用树作为天然泵来控制地下水中农药和化肥的毒性。美军工程师使用植物来去除土壤和地下水中的爆炸性物质。水生和浮游植物将 TNT 浓度降低到原有浓度的 5%。水生植物可大概降低 RDX40%,当考虑生物降解时,RDX 的降解率可达 80%。

(2)技术使用限制性条件。污染场地地下水的埋深,以及所需修复土壤及含水层的深度,植物根系范围能达到的最大深度,这些条件是该技术是否能够选用的重要限制性条件。另外,污染物的性质,所需修复污染区域的面积,污染场地的布局,以及土壤特性也会影响到修复技术的适用性。以污染物的性质为例,有机污染物的亲水性越大进入土壤的概率越小,被植物吸收利用的概率也就越小;污染物的浓度过高还会对植物存在毒害作用,影响修复能力;污染物的存在时间越长,植物对其吸收效果越差,新进入环境的污染物更容易被植物所吸收利用等。

(3)技术优缺点。技术优缺点见表 13-18。

表 13-18　植物修复技术优缺点对比表

技术优点	缺点
适用范围广（地下水、土壤、有机污染物、无机污染物都适用）	由于根系能到达的范围有限，因而修复深度和范围有限
是一种绿色可持续的技术	修复时间很长
不需要额外的能源和设备支持	场地气候条件等对植物生长影响很大
提高空气质量，减缓温室效应	对亲水性强的有机物利用概率小
将二次污染最小化	高浓度的污染对植物有毒害作用
控制污染物的迁移	污染物的存在时间越长越难以被植物所去除
可与其他修复技术联合使用	
可作为预防和监测手段来识别和映射污染情况	
无需维护，具有很强的适应性和自我恢复能力	
可以作为新的生态栖息地	
价格低廉，在去除 Pb 时，费用为其他传统工艺的 50% ~ 70%	

B. 自然衰减

（1）技术原理。监测自然衰减是利用自然地下过程（如稀释、挥发、生物降解、吸附、与地下介质的化学反应等）使污染物浓度降低到可接受的范围内。通过对场地的监测以确保污染物是否按预期的情况自然降解到可接受的范围内。

（2）技术使用限制性条件。监测自然衰减对一些挥发性和半挥发性的有机物及燃料有效，对农药等污染物可能只对其中某一基团有效；对无机物可能并不会直接分解掉它们而是可能将其固化起来。该技术对场地数据的需求很大，修复时间长，并且要确定在修复期间不会对人类及周边环境造成危害。在修复期间污染物也可能会迁移扩散，还需确保在未来的修复期内扩散出的污染物不会对周边环境及人类造成影响。对后期场地监测与评价还需要一部分费用。

（3）技术优缺点。技术优缺点见表 13-19。

表 13-19　监测自然衰减技术优缺点对比表

优点	缺点
不需要或极少需要场地施工	需要大量的场地数据来建立场地模型
可由场地修复目标及场地情况来确定在场地整体或局部使用	降解过程中可能产生毒性更强的中间产物
可与其他技术联用；费用极其低廉	存在一定的风险
	长期的监测需要一定的费用
	有些无机物并不会被去除而是固定在土壤中
	在长时间的自然衰减过程中，地下环境可能发生改变而出现预期外的问题

5)原位热处理

A. 技术原理

热处理技术可以和多种技术联合使用。热处理技术的基本原理是通过加热使地下环境温度升高,从而使地下水中的有机物被破坏或蒸发出来,被收集井收集后进行异位处理。原位热处理技术的主要修复机制是蒸发,有机污染物的蒸汽压随温度升高呈指数型增长,因而会显著地转移到蒸汽相进行再分配,可以显著提高 VOCs、SVOCs 和燃料的去除率。技术对场地中的 DNAPL 和 LNAPAL 尤为有效。加热可通过电阻加热、射频加热、热传导或注入热水、热空气或热蒸汽等方式进行,各方法的操作特点和适用范围如表 13-20 所示。

表 13-20 原位热处理类型统计表

方法	技术特点	适用范围
蒸汽/热空气	注射与抽提温度低,操作复杂,处理周期长,处理效率较低	处理含 VOCs、SVOCs 污染的高渗透性和低有机质介质
电阻加热	温度低,操作简单,处理周期短,处理效率高,有一定操作危险性	处理含 VOCs、SVOCs 和 VOCs-石油混合物污染的低渗透性高电导率介质
热传导加热	温度高,操作简单,处理周期较短,处理效率高	处理含 VOCs、SOVCs 及其他高沸点有机化合物污染的高热传导性介质
射频加热	温度高,操作简单,处理周期较长,处理效率较低,成本高	有一定操作危险性,处理含 VOCs、SVOCs 和 VOCs-石油混合物及其他高沸点有机化合物污染的介质的包气带

B. 技术使用限制性条件

由于技术原理的限制,对无机类的污染物基本无效。对一些低挥发的有机物效果会受到影响,如农药、某些 PAHs、二噁英和 PCBs。当地下水流量大,在地下埋有军火、爆炸性物质或地下有重要设施的时候,技术的应用需要慎重考虑。对于低渗透性的区域或导热率低的区域,修复效果会受到影响,当修复量很大的时候修复费用会很高。

C. 技术优缺点

技术优缺点见表 13-21。

表 13-21 原位热处理技术优缺点对比表

优点	缺点
可以永久性地去除地下污染物	对低渗透性的区域效果会受到影响
对有机物高效,且对 NAPL 有效	对导热率低的区域影响半径有显著降低
影响范围小,容易控制	破坏地下环境,存在一定风险
在一定范围内温度的升高促进了微生物活动,促进了微生物对污染物的降解	能耗高,对大范围内进行修复费用高

2. 地下水污染修复(防控)技术的评估方法

修复技术的筛选一般要考虑污染物的特征、污染场地水文地质条件,以及修复技术的特点等多方面的因素,比较复杂。由于实际地下水污染场地的复杂性,只能通过分析、评估确定出比较优选的修复技术或技术组合。修复技术的筛选存在着主观性,有可能出现多解性。

修复技术的筛选没有固定的模式,筛选评估方法也不尽相同。本书参考美国《基于风险评估和非风险考虑的修复技术选择标准指南》,提出一种较为简单、易行的筛选方法,具体筛选步骤如下。

1) 不适宜修复(防控)技术的剔除

首先列出目前可用于地下水污染场地修复的技术清单,针对具体的地下水污染场地,对各种修复技术进行"剔除"排查,该阶段要求发现那些明显不符合目标场地修复要求的技术,并把它们排除在外,以缩小可供筛选技术的范围。例如,污染地下水埋深大,可排除 PRB 技术;存在自由相 NAPL,可排除首先使用 AS 技术;如属于重金属污染,可以排除针对有机污染物的微生物降解技术等。

对污染修复技术的剔除要求对国内外用于地下水污染场地的不同修复技术十分熟悉,掌握各种技术的特点、应用条件等。在对修复技术进行剔除时,主要考虑污染物与场地两个方面的因素。

(1) 污染物特性:污染物类型(有机污染物、重金属等)、污染程度和污染范围等。有些修复技术只针对特定类型的污染物。

(2) 地下水污染场地水文地质条件:含水层渗透性、厚度、埋深,含水层及包气带的非均质性,地下水流速等。

2) 可供选择修复(防控)技术的评估筛选

通过不适宜修复技术的剔除,形成针对具体地下水污染场地可供选择的修复技术清单,仍需进一步的筛选。可以通过建立评估指标体系,对地下水污染修复技术进行评估分析。有不同的评估方法和模型,如层次分析模型、排序对比分析模型等。不同的模型有可能考虑的因素不同,复杂程度不同。但如果筛选模型考虑的因素太多,模型参数及权重的获取对评价结果影响较大,反而不利于实际应用,可操作性差。

在修复技术的选择方面,需要研究人员有丰富的水文地质学背景和地下水污染修复实践经验,往往简单的方法最为适用。可以充分分析不同修复技术的特点、污染物及含水层的特性,以及污染场地条件等主要因素,进行各种修复技术筛选的评分,评分高的修复技术,可用于地下水污染场地的修复工程。

地下水污染修复技术的选择与污染场地条件、目标污染物特性等密切相关,所以,不同的污染场地,其适用的修复技术(或技术组合)也不同。

3) 修复(防控)技术的筛选评分

地下水污染场地修复技术的筛选评估指标可以包括 5 个主要方面,具体包括修复技术的可接受性、场地可应用性、有效性、修复时间和修复费用,表 13-22 为地下水污染场地修复技术筛选评分表。

表 13-22　修复技术筛选评分表

修复技术	技术可接受性		场地可应用性		有效性		修复时间		修复费用		总分	备注
	评分	评述	评分	评述	评分	评述	评分	评述	评分	评述		
技术 1												
技术 2												
⋮												
技术 n												

修复技术的可接受性评分:主要考虑污染场地现在的使用功能与修复技术的兼容性、公众关注,以及其他可接受标准等,即完全可接受(4 分),可接受(3 分),一般可接受(2 分),局部可接受(1 分)。

场地的可应用性评分:主要考虑场地地层条件下,修复技术的可实施性和可靠性,该修复技术是否在同类场地实施过,即完全可应用(4 分),可应用(3 分),一般可应用(2 分),局部可应用(1 分)。

有效性评分:根据该修复技术在类似场地的修复效果进行评价,即非常有效(4 分),有效(3 分),一般有效(2 分),局部有效(1 分)。

修复时间评分:根据所期望的修复时间进行赋值,即时间短(4 分),中等(3 分),长(2 分),很长(1 分)。

修复费用评分:根据预期的修复费用进行评价,即费用低(4 分),中等(3 分),高(2 分),很高(1 分)。

每个修复技术都分 5 个指标分别进行评分,每个指标可评分赋值为:1,2,3,或 4;分数越高,表明该技术越有利于在场地修复中应用,总分区间为 5 ~ 20。

除表 13-22 中所列的 5 方面评价指标以外,地下水污染场地修复技术的筛选还需要考虑修复技术的可持续性、环境影响等方面的因素。特别在发达国家,目前,地下水污染场地修复技术的应用越来越强调绿色、低碳。

3. 研究区地下水污染修复(防控)技术的确定

修复技术的筛选一般要考虑污染物的特征、污染场地水文地质条件,以及修复技术的特点等多方面的因素,比较复杂。由于实际地下水污染场地的复杂性,只能通过分析、评估确定出比较优选的修复技术或技术组合。

前面已经将常见地下水污染修复(防控)技术进行了介绍,包括其优缺点、成熟性、时间条件及资金条件等。接下来要针对该典型焦化厂场地水文地质条件及地下水污染特征等情况,分析对比各种技术的适用性。

1)修复技术比选

由于该场地污染含水层层位为 25 ~ 50m,含水层岩性主要为砂层,污染物为苯系物、多环芳烃和氰化物。依据场地水文地质条件及地下水污染特点,对上述修复技术进行比选。

根据上述比较分析,针对苯系物、多环芳烃、氰化物污染,且地下水位埋深较深的条件下,有抽出处理、化学氧化/还原、原位微生物修复、监测自然衰减和工程控制(如阻隔技术等)等技术可供选用(表 13-23、表 13-24)。

2）评分矩阵

按场地实际要求,权重确定为技术成熟度为0.1,有效性为0.3,修复时间为0.1,修复费用为0.3,环境影响为0.2。

技术成熟度分析:抽出处理、化学还原、监测自然衰减和工程控制技术均在多个实际场地使用,成熟度较高。

表 13-23　常见地下水污染修复技术适用性表

分类方法	技术	适合的目标污染物[2]	适合的包气带类型[3]	适合的地下水埋深[4]
异位处理	多相抽提	a ~ b	b ~ c	a ~ b
	抽出处理[1]	a ~ e	b ~ c,g	a ~ c
原位处理	化学氧化/还原	a ~ e	b ~ c	a ~ c
	原位微生物修复技术	a ~ c	b ~ e	a ~ c
	生物曝气	a ~ c	b ~ c	a ~ c
	原位空气扰动	a ~ b	b ~ c	a ~ b
	原位热处理	a ~ b,e	b ~ c	a ~ b
	可渗透反应墙	a ~ e	a ~ g	a、b
其他	植物修复	c ~ e	a ~ b	a
	监测自然衰减	a ~ e	a ~ g	a ~ c
	工程控制(阻隔技术等)	a ~ e	a ~ g	a ~ c

注:1)抽出后处理技术同污水处理。2)污染物物质类型:a.挥发性有机物;b.半挥发性有机物;c.三氮;d.重金属;e.持久性有机污染物。3)适合的包气带类型:a.黏土;b.砂土;c.砾石;d.变质岩;e.砂岩层;f.石灰岩层;g.有裂缝或已风化的岩层。4)适合的地下水埋深:a. <1m;b. 2 ~ 15m;c. >15m。

表 13-24　地下水污染修复技术评价参数表

技术	修复费用[2]	修复时间[3]	环境影响[4]
多相抽提	○	◑	●
抽出-处理(前期)	○	●	●
抽出-处理(后期)	○	○	●
化学氧化/还原	○	●	○
原位微生物修复技术	◑	◆	◑
生物曝气	●	◆	◑
原位空气扰动	●	◑	●
原位热处理	◑	◆	◑
可渗透反应墙	◑	○	◑
植物修复	◑	○	◑
监测自然衰减	●	◆	●
工程控制(如阻隔技术等)	◑	●	●

注:1)●表示中等偏上;◑平均水平;○较差;◆取决于特定的污染物和应用/设计。2)修复费用:●费用低,◑费用中等,○费用高。3)修复时间:●低于3年,◑3 ~ 5年,○高于5年。4)环境影响:●环境影响较小;◑具有一定环境影响;○环境影响显著。

有效性分析:针对苯系物、多环芳烃、氰化物污染,且地下水位埋深较深,抽出处理技术、原位化学氧化处理技术、原位微生物修复技术均处理效果较好。

修复时间:原位化学氧化处理技术修复时间较短,通常在数个月,而抽出处理前期修复效果好、时间短,后期存在拖尾情况。生物修复和监测自然衰减修复时间较长。

修复费用:抽出处理运行维护费用较低,但长期运行将增加成本,原位化学氧化技术药剂费用较大,微生物修复及监测自然衰减费用较低。

环境影响:抽出处理、监测自然衰减、微生物修复对环境影响较低,而化学氧化技术则存在环境风险,但如果选用环境友好型药剂就可克服这个弊端。

A. 针对场地地下水污染高浓度区域

针对场地地下水污染高浓度区域,各项修复(防控)技术评分见表13-25。

表 13-25　地下水污染高浓度区修复(防控)技术评分表

因子	技术成熟度	有效性	修复时间	修复费用	环境影响	总分
权重	0.1	0.3	0.1	0.3	0.2	
评分	评分	评分	评分	评分	评分	
抽出–处理	5	5	4	3	5	4.3
化学氧化/还原	5	5	4	3	3	3.9
原位微生物修复技术	3	2	1	4	4	3.0
监测自然衰减	5	2	1	4	4	3.2
工程控制(如阻隔技术等)	4	4	4	3	4	3.7

打分表明,在该场地条件下,针对地下水污染高浓度区域,抽出处理技术、化学氧化技术是优先选择的技术。

B. 场地地下水污染中低浓度区域

针对场地地下水污染中低浓度区域,各项修复(防控)技术评分见表13-26。

表 13-26　地下水污染中低浓度区修复(防控)技术评分表

因子	技术成熟度	有效性	修复时间	修复费用	环境影响	总分
权重	0.1	0.3	0.1	0.3	0.2	
评分	评分	评分	评分	评分	评分	
抽出–处理	4	2	2	2	5	2.8
化学氧化/还原	5	4	4	3	1	3.2
原位微生物修复技术	3	4	3	4	4	3.8
监测自然衰减	5	4	3	4	5	4.2
工程控制(如阻隔技术等)	4	4	5	2	4	3.5

打分表明,在该场地条件下,针对地下水污染中低浓度区域,监测自然衰减、原位微生物修复技术是优先选择的技术。

3）修复（防控）技术的确定

在经济合理、技术可行、风险可控、绿色环保的基础上，总体上按照"控制与修复相结合，在控制的基础上通过分区、分质、分阶段开展修复"的思路。

该场地地下水中主要存在四种污染物，其中心污染区域基本重合，污染羽范围最大的污染物为挥发性酚类，以下以污染范围最大污染羽设计污染修复方案：

（1）在高浓度区（图13-17 红色区域）进行抽出处理，将高浓度水抽出后，送入水处理设施处理；之后，再在该区域开展化学氧化修复，由于在水源保护区内，化学氧化药剂拟采用环境友好型药剂。

（2）在中低浓度区（图13-17 橘黄色区域）开展原位微生物修复，选择土著微生物进行强化培养，以提高修复效率；构建动态监测污染羽浓度变化，分析其自然衰减过程。

（3）在场地周边开展制度控制，根据动态监测结果，污染羽抵达时及时关闭周边取水井，如农灌井、分散式饮水井等，并实施封井、替换地表水源等措施。

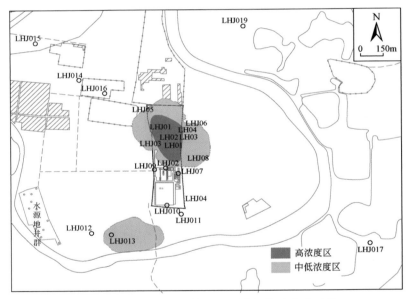

图13-17　典型焦化厂场地地下水污染浓度分区图

4. 修复（防控）工程初步设计

1）污染源清除方案

根据场地污染调查结果，将地下水污染源进行清除。清除对象主要为1#炼焦车间的熄焦水池附近约9000m²区域和厂区东南角土壤萘污染较重的约9000m²区域。具体工程清单见表13-27。

表13-27　典型焦化厂重点污染源工程量清单

工程名称	污染物种类	开挖面积/m²	开挖深度/m	开挖方量/m³
污染源清挖工程	苯系物、多环芳烃、氰化物	18000	2	36000

2)地下水抽出处理方案

A. 污染地下水抽出处理防控思路

针对该典型焦化厂厂区内污染的地下水,主要考虑在污染羽高值区开展抽出处理工作,截获高浓度污染羽,有效削减地下水中特征污染物(氰化物、苯系物、多环芳烃)的含量,减轻该厂地下水污染对下游的影响。

本次工作主要以原有监测井为基础,补充建设抽水井,结合调查评估结果,主要在1#炼焦车间的熄焦水池等污染高浓度区开展抽出处理,基于抽出处理试验,研究不同抽出方案,获取相关优化参数,并从抽水频率、抽水量等方面提出地下水污染抽出处理优化方案,为厂区污染地下水的抽出处理提供技术支撑。

B. 污染羽截获半径计算

a. 污染羽截获半径计算公式

利用抽水井开展水力截获是根据研究区的地质和水文地质条件、污染物质及分布情况,通过合理地布置抽水井,在含水层中进行抽水,形成最佳的地下水人工流场,有效地截获地下水中的污染物,从而去除部分污染物,防止污染面积的继续扩大和地下水的进一步恶化,达到控制和消除地下水中污染物目的的一种技术。具体方法是在污染扩散带的下方布设截获井,抽取被污染了的地下水。

在水力梯度为 i 的均匀流含水层中,若以流量 Q 抽取地下水,则会形成如图 13-18 所示的地下水流网。从中可以看出,在抽水流量 Q 的作用下,含水层中将出现一个地下水的分水线,将地下水分为两个区域,分水线以外的地下水仍将流向含水层的下游区域,而分水线以内的地下水则会被抽水井抽出,不再流向下游,称此区域为该抽水井的捕获区域,图 13-18 中该捕获区域的最大宽度为 $2y_L$。

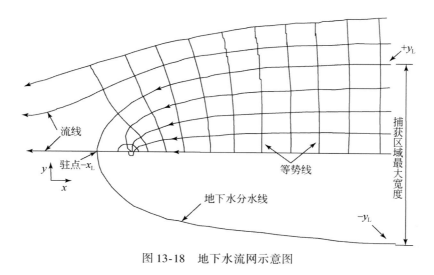

图 13-18 地下水流网示意图

捕获区域的宽度 $2y_L$ 与抽水井流量 Q 存在下式所示的关系:

$$y_L = \pm \frac{Q}{2KBi} \tag{13-2}$$

式中,Q 为抽水量,m^3/d;K 为渗透系数,m/d;B 为含水层厚度,m;i 为水力梯度。

在抽水井所在的轴线上,地下水的分水线与轴线相交于点 $x=-x_L$,在该点上游的地下水将被抽水井抽出,而该点下游的地下水将流向地下水流场的下游区域。作为临界点,点 $x=-x_L$ 处的地下水流速为零,一般称该点为驻点。驻点与抽水井之间的距离 x_L 与抽水井流量 Q、捕获区域的宽度 $2y_L$ 存在以下关系:

$$x_L = -\frac{Q}{2\pi KBi} = \frac{y_L}{2\pi} \tag{13-3}$$

b. 场地污染羽截获半径的计算

根据场地的实际条件,利用微水试验,计算得该场地的含水岩组渗透系数约为 18m/d,水力坡度为 0.003,孔隙度为 0.25,含水层的厚度约为 25m,计算得到的驻点及截获半径见表 13-28。

表 13-28　典型焦化厂截获半径的计算表

抽水量 /(m³/d)	参数				驻点 x_L/m	截获半径 y_L/m
	含水层厚度/m	渗透系数 K/(m/d)	孔隙度	水力坡度 J		
70	25	18	0.25	0.003	1.03	6.48
100	25	18	0.25	0.003	1.47	9.26
150	25	18	0.25	0.003	2.21	13.89
200	25	18	0.25	0.003	2.95	18.52
300	25	18	0.25	0.003	4.42	27.78
500	25	18	0.25	0.003	7.37	46.30
800	25	18	0.25	0.003	11.80	74.07
1000	25	18	0.25	0.003	14.74	92.59

C. 抽水井布设

基于场地水文地质特征结合已有监测井,需建设抽水井 7 眼、监测井 15 眼。

根据调查区区域水文地质条件及本次工作的目的,新建完整井抽水井 6 眼,孔径 200mm,井深 50m;监测井 10 眼,孔径 127mm,井深 50m,具体位置如图 13-19 所示,工作时单井以 500m³/d 进行抽水,每天最低抽水 3500m³,预计含污染废水抽水量约为 400000m³,抽出处理系统运行时间约为 115 天。

a. 截获井设计

①孔深、孔径:抽水井成井为潜水完整井,设计孔深约 50m,孔口直径 200mm。

②钻进要求:先小孔径钻进,泥浆循环,到达设计孔深后再扩孔。扩孔口径大于 400mm,达到孔底后,进行换浆,降低井壁泥浆稠度。

③成井要求。井管:直径 200mm,厚度大于 25mm 的 PE 管/水泥管。滤水管:直径 200mm,厚度大于 25mm 的 PE 管/水泥管,全开筛;钻孔打眼直径 8mm,管周边 16 列,眼距 5~6cm,包 80 目的尼龙网 2 层。砾料:直径 1~2mm,无泥质、杂质的石英砂,要求动水填砾。洗井:成井完毕开展洗井工作,先后采用泵抽洗井、活塞洗井等方式,使含水层与滤水管间水力联系完全畅通,洗井效果达到水清砂净。井口保护:加工井口保护装置和井台,防止井口

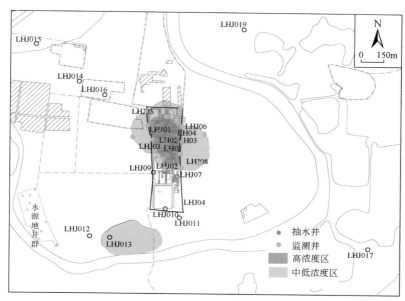

图 13-19　典型焦化厂抽出处理系统布设图

进入杂物,保证后期抽水、水位观测、水样采取的方便。

④配套水泵:配套潜水泵抽水,每眼井水面下各放置 1 个泵,7 眼抽水井,共计 12 台泵,7 用 5 备。

b. 监测计划

抽出处理工程监测的目的是为了掌握地下水抽出处理系统的运行情况、抽出处理有效性及潜水含水层污染变化趋势。

监测内容包括:①地下水水位、水质监测;②修复系统运行情况监测;③修复系统有效性监测;④含水层污染范围和程度变化情况监测;⑤含水层污染羽演变趋势监测。

(1)地下水水位、水质监测。地下水抽出处理系统运行情况、地下水抽出处理系统有效性监测、地下水污染范围和程度变化情况监测均应该布设覆盖整个地下水修复区的监测网进行监测,将地下水污染调查阶段主要污染控制井作为监测井,并新建监测井作为补充。

地下水水位监测主要目的是掌握抽出处理系统的运行情况及有效性,通过水位监测掌握抽水井降深、影响范围、污染羽截获半径是否与设计预期一致,是否覆盖预期修复范围。

地下水水质监测根据地下水污染特征,将挥发性酚类、苯、氰化物和萘作为抽出处理工程监测计划的主要监测项目,用于评价抽出处理系统的有效性,以及含水层污染羽的演变趋势。根据地下水水力截获工程范围、截获井位置、影响半径等因素,共布置监测井 15 眼。

(2)监测进度计划。水位监测井是地下水抽出处理系统运行情况及有效性的重要监测工具。抽出处理系统运行初期,所有地下水水位监测井每周统测 1 次,修复系统运行稳定,处理效果稳定后按照 2 次/月进行。

抽出处理系统运行初期,设置的地下水水质监测井均采样监测,监测频率为 4 次/月,抽出处理系统运行 2 个月稳定后,截获井监测频率按照 3 次/月,其余监测井按照 1 次/月进行。

3)地下水原位还原方案

A. 处理目标

场地地下水污染物主要为挥发性酚类、氰化物、苯和萘,以复合污染所需药剂量计算。该方法用于抽水处理结束后,为防止地层中吸附的污染物释放,以及抽水导致的周边污染物聚集于抽水区域,在高浓度区域(图 13-20 中红色区域)利用环境友好型药剂开展化学氧化处理,设计 2 排注入井。

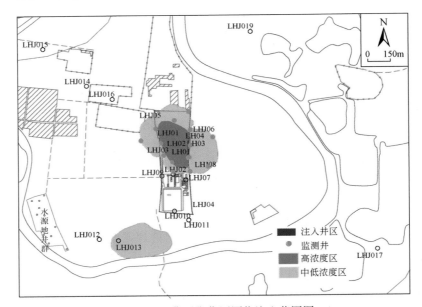

图 13-20　典型焦化厂原位注入范围图

B. 修复药剂

根据本场污染物的组成及质量浓度,结合场地地质与水文地质情况,为了快速有效地修复地下水,本次化学氧化修复的化学氧化剂选择环境友好型专利氧化剂药剂。该药剂对人体无毒无害,且具有安全稳定、氧化速度快、氧化反应完全、修复持续时间长等优点。药剂注入地下后可以形成一个强氧化性的环境,可以通过一系列的物理、化学和生物作用来降解场地的目标污染物。

C. 注入方式

原位注入采用 Geoprobe 设备注射系统直接注入,即在钻进到设计深度后,通过加压注射装置将药剂注入污染地层。依据修复区域土壤质地和前期修复经验,确定药剂注射影响半径。

D. 注入压力

一般为 0.1～0.2MPa,注入压力不超过土壤基质有效压力,以免注入的零价铁浆液向上溢出土壤表面。

土壤基质有效压力 σ_e 为

$$\sigma_e = \sigma_s - P \tag{13-4}$$
$$\sigma_s = \rho_s \times g \times h \tag{13-5}$$
$$P = \rho_w \times g \times h \tag{13-6}$$

式中,σ_s 为土壤固相压力;P 为水相压力;ρ_s 为土壤密度;ρ_w 为水密度;g 为重力加速度;h 为液面高度。

一般实际注入压力为有效压力 $\sigma_i = \sigma_e \times 60\%$ (安全系数),通过计算可知该含水层注入压力约 0.094MPa。

E. 注入流量

拟注药的含水层地下水埋深约 20m,含水层厚度约 25m,主要为中粗砂层,垂向渗透系数 K 为 9~11m/d,则注入流速:

$$Q/A = K(\sigma_i - \rho_w \times g \times h_a)/h_a \tag{13-7}$$

式中,Q/A 为流速;K 为垂向渗透系数;h_a 为水位以上非饱和带土层厚度,即 20m。

通过计算可知该含水层注入流量约为 1.36L/min。

F. 井位设计

污染核心区污染羽长度为 300m,宽约 50m,每个注入点影响半径为 3m(图 13-21)。每排设计 50 个注入井,设计 8 排注入井,共计 400 个注入井。

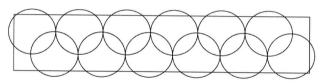

图 13-21　注入区注入点布设示意图

G. 药剂注入后监测

药剂注入完成的一个月后,进行饱和区的第一次监测。之后每 3 个月监测一次,共进行四次监测采样,即注入完成后的第 1 月、4 月、7 月、10 月采样检测,检测项目为地下水中苯系物、多环芳烃、氰化物等。其中,第 10 个月的采样检测结果为验收结果。

4) 原位微生物修复方案

由于该场地地下水污染主要为易生物降解的有机污染,针对低污染区,向含水层中加入适量营养物质,促进土著微生物进行生物降解。

营养物质投加量需要实验确定,投加位置需要经过模型及现场中试试验而定,监测井采用抽水处理方案中的监测井。

5) 监测自然衰减方案

A. 监测自然衰减工作流程

为了清楚污染对地下水环境造成的危害,在污染场地外,设置背景监测井,监测井布置要考虑污染物横纵向的扩散分布,在污染源沿着水流方向的下游设置横纵向的断面。

a. 监测井设置

基于能够确定地下水中的污染物在纵向和垂向的分布范围的监测井设置原则，考虑到前期调查过程中及后期修复过程中的监测井基本能覆盖污染物在纵向和垂向的分布，此次监测自然衰减主要利用已有的监测井进行布设。参考抽出处理方案中的监测井及原有场地监测井布设。

b. 监测指标和频次

每月监测一次，连续 12 月，监测指标为氰化物、挥发性酚类、苯、萘等场地地下水中超标或风险不可接受特征污染物，以及反映氧化还原特征的溶解氧、硝酸盐、二价铁、硫酸盐、甲烷、氧化还原电位、总有机碳、二氧化碳、氯化物。

c. 分析地下水污染特征和自然衰减过程

通过污染羽的时空稳定性统计分析揭示自然衰减是否发生。本书采用监测数据进行空间插值，比较不同时期污染物浓度的空间分布等值线图的变化规律。通过对场地含水层中溶解氧、硝酸盐、二价铁、硫酸盐、甲烷、氧化还原电位、总有机碳、二氧化碳、氯化物和特征污染物等分析确定引起场地自然衰减的主要衰减过程。

B. 地下水中特征污染物迁移转换模拟预测

在对自然衰减过程分析的基础上，明确污染物主要衰减机制，利用 MODFLOW 及其 RT3D 模块模拟地下水水流场的动态情况和污染物迁移转化规律，预测场地未来发展变化趋势。

C. 监测计划执行方案

根据模拟预测的结果，判断该场地是否可以实施监测自然衰减，若可以实施，确定监测执行方案。选择地下水污染羽上游 2 口、污染羽中段 4 口（包括污染羽范围内和两侧控制点）和下游的监测井 2 口开展地下水监测。

地下水监测的频率在开始的前两年至少每季度监测一次，以确认污染物随季节性变化的情形；在监测了一段时间之后，自然衰减程序已如预期发生，或是在 2 次采样分析结果间仅有细微变化，则可以适当减少部分监测点位的监测频率；相对地，如果观测到非预期中的情况发生（如污染带的移动），则需要适当增加监测频率。监测计划的期限应该持续监测到达到修复目标为止，且在达到修复目标之后，仍应持续再监测 1~2 年的时间，以确定污染物浓度确实维持在修复目标值以下。而如果前述的监测结果显示，采用监测自然衰减修复法，无法在合理时间内将场地的污染物浓度降低到修复目标以下，则需要启动紧急备用方案。

在监测初期，所有的监测区域均需要分析污染物、污染物的降解产物及完整的地球化学参数，以充分了解整个场地的水文地质特性与污染分布。在后续的监测过程中，则可以依据不同的监测区域与目的，做适当的调整。

监测初期的项目为溶解氧、硝酸盐、二价铁、硫酸盐、甲烷、氧化还原电位、总有机碳、二氧化碳、氯化物和超标特征污染物。

13.4　环境管理要求

根据《工业企业场地环境调查评估与修复工作指南》，结合场地具体情况，必要时需要对修复后的场地进行评估,提出场地长期监测和风险管理要求。后期管理是按照后期管理计划开展包括设备及工程的长期运行与维护、长期监测、长期存档与报告等制度、定期和不定期的回顾性检查等活动的过程。

1. 场地环境长期监测

本次研究完工后,土壤修复单位委托有技术实力的第三方对修复范围内的土壤进行长期环境监测,项目验收 1 年内,在区域内设置 22 个动态监控点,继续监测评价土壤中半挥发性有机污染物的浓度变化情况。考虑到污染物质的挥发特性,样品的采集应以土壤表层 0.5～3.0m 为主。

2. 场地地下水长期监测

对治理后的地下水进行长期常态化监测,采样点设在场地地下水水流上下游监控井,每年按季度进行监测,每季度监测一次。

第 14 章　典型地区地下水污染防治区划评估

地下水作为重要的城乡供水水源,在维护经济社会健康发展等方面有着不可替代的作用。随着社会经济的发展,地下水污染问题日益凸现,地下水环境压力逐渐增大。

地下水污染防治区划体系是为了对地下水进行保护而规划的一个系统,能够提高地下水的质量,提升地下水源的综合利用率,同时能够为我国制订地下水污染防治措施提供参考。首先从地下水质量提高方面来说,通过规划地下水污染防治区划,能够分析出不同区域的地下水污染情况及污染荷载情况,从而有针对性地采取措施进行处理,促进地下水质量的提升;从地下水源的利用情况来看,通过规划地下水污染防治区划,能够分析出地下水的不同价值,从而在价值高的地方进行各种生产活动,提升其利用率;从我国制订地下水污染防治措施角度来看,分析清楚地下水的污染荷载情况、地下水的价值情况及地下水的污染情况,则相关部门可以依据调查结果来确定治理方案,或者规划水源保护区,以更好地对水源进行防护。

华北平原位于重要的经济战略发展区域,地下水是华北平原重要的饮用水水源和战略资源。随着经济社会的快速发展,部分城市和工业企业周边地下水污染呈加重态势,严重威胁地下水饮用水的水源安全。地下水污染治理和修复难度大、成本高、周期长,形势严峻。因此,开展华北平原典型地区地下水污染防治区划工作非常必要和紧迫。

14.1　评估区概况

评估区位于华北平原典型工业城市,属暖温带半湿润滨海大陆性季风气候区,年降水量600~700mm,降水主要集中在7~9月,占全年降水量的70%~80%。区内水系较为发育,河流众多。

评估区第四系划分为四个含水组,即Ⅰ、Ⅱ、Ⅲ、Ⅳ含水组,地质时代分别相当于 Q_4、Q_3、Q_2、Q_1。浅层地下水直接接受大气降水补给,地下水水位随降水量的增加而上升。另外还接受山前地下径流的补给和河水及灌溉回归水的补给。深层水在全淡水区接受浅层水的垂直渗入及地下径流的侧向补给;有咸水区的深层承压水接受侧向径流和上覆、下伏含水层的部分越流补给。

14.2　地下水污染源荷载评估

14.2.1　地下水污染源

1. 工业污染源

通过资料搜集和走访调查,对评估区内主要工业污染源进行了详细的统计。评估区主要工业类型有炼钢、炼焦、火力发电、造纸、污水处理、金属加工、皮革制造等。规模较大的企业主要分布在市区,以及所辖县(区)的城区周围。区内企业的分布具有分片集中的特点。在各类企业中,钢铁、焦化、造纸、电厂等企业规模较大,排污量较多,化工等企业规模较小,排污量较少。工业污染源在评估区的分布情况见图 14-1。

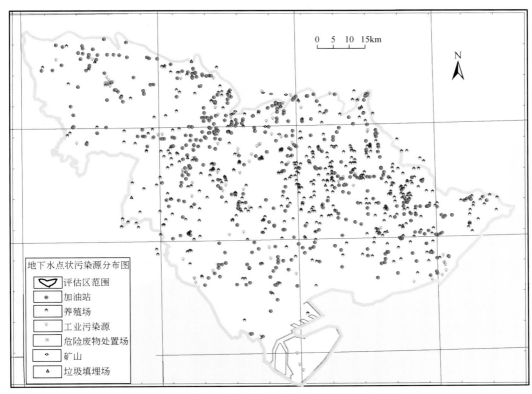

图 14-1 典型评估区域地下水点状污染源分布图

2. 矿山类污染源

根据资料搜集与走访调查,评价区矿产资源丰富,矿业经济发达,矿山数量共 11 家,主要类型为煤和水泥、石灰岩及铁矿。

3. 垃圾处理场及危险废物处理场

(1)垃圾处理场:评估区内生活垃圾处理场共有 16 个,主要分布在评估区市区及所辖县(区)所在地周围,日处理垃圾量约 4495t。早期建成使用的垃圾处理场多是利用塌陷区或取土(砂)坑改建的简易垃圾处理场,仅进行了简单的防渗处理或未进行处理。这类垃圾场长期接受降水淋滤入渗,垃圾渗出液易对周围地下水形成污染。2006 年后建成使用的垃圾处理场多为卫生填埋场,垃圾填埋坑均进行了规划、衬砌、防渗处理,并建有垃圾渗出液收集系统。这类垃圾处理场在设计使用年限内,不易发生垃圾渗出液泄漏污染地下水的问题。

(2)危险废物处置场:评估区内危险废物处置场仅一座。

4. 加油站或石油开采、储运和销售区污染源

城市加油站及油库的储(输)油罐一般到 20 年左右就开始腐蚀,产生的渗漏将严重危及地下水的安全。根据本次调查统计,区内有加油站 602 处。加油站主要分布于城市主要干道及高速公路两侧。区内曾经出现过加油站发生渗漏的事故。加油站对地下水的污染威胁也日益加剧。602 处加油站中仅有 227 处有防渗处理,仅有 1 处加油站输油管类型为双层管。

5. 农业污染源

农业污染源主要有化肥、农药、牲畜和禽类的粪便,以及农灌引用的污水,多为面状污染源。评估区作为河北省主要的农业产区,化肥、农药施用量较大。由于农业经济发展水平不同,各地化肥、农药的施用量也不同。20 世纪 90 年代以来,区内多数县(区)化肥施用量呈增长趋势。

6. 养殖场类污染源

通过调查统计,区内养殖场共 674 家,其中,蛋鸡类养殖场 75 家,奶牛类养殖场 267 家,肉鸡类养殖场 44 家,肉牛类养殖场 6 家,生猪类养殖场 282 家。养殖场主要分布在郊县。

7. 地表污水

评估区主要河流的 13 个监测断面中,23.1% 为 Ⅱ 类水,30.8% 为 Ⅲ 类水,46.2% 为 Ⅴ 类水。Ⅱ、Ⅲ 类水主要分布在南部地区,11 个县级监测站对境内河流的 46 个监测断面的监测结果表明:87% 的监测断面达到或优于 Ⅴ 类水质要求。

14.2.2　单个污染源荷载风险评估指标体系

单个地下水污染源荷载风险按式(3-16)进行计算,并在 GIS 环境下编辑得出每一类污染源的荷载风险等级分区图。

14.2.3　综合污染源荷载风险评估指标体系

依据各污染源计算结果叠加形成污染源荷载等级图,利用式(3-17)计算污染源荷载综合指数(PI),PI 值越大,表明污染源荷载越大。

14.2.4　地下水污染源荷载评分结果及分区

对地下水污染源荷载综合指数进行等间距分级,一般划分成五级,按污染源荷载由强到弱依次为强、较强、中等、较弱、弱,在 GIS 环境下编辑得出地下水污染源荷载评估综合分区图(图 14-2)。

14.2.5　评估区地下水污染源荷载评分结果及分区

通过综合工业、农业、污水灌溉、养殖、加油站、垃圾填埋场等不同类型的污染源分布及污染程度,利用污染源荷载风险评估方法,得到评估区内污染荷载评分结果及分区,地下水污染源荷载级别分别为:低、较低、中等、较高、高,详见表 14-1 和图 14-2。

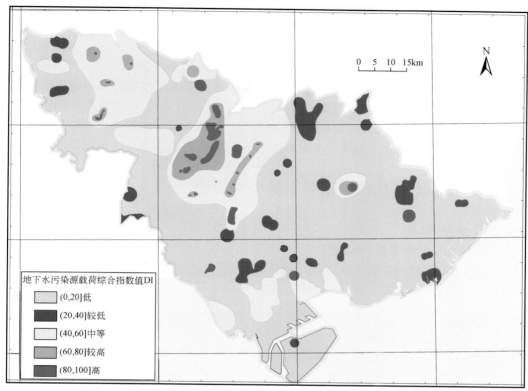

图 14-2　典型评估区域地下水污染源荷载分布图

表 14-1　典型评估区域地下水综合污染源荷载分布统计

污染源荷载	面积/km²	分布范围	概述
高	136	评估区西侧零星分布；评估区市区部分；评估区东侧部分地区	以工业污染源为主；评估区西侧载荷高的区域工业以造纸加工为主；市区载荷高的区域以化学加工–钢铁–焦化–污水处理为主；市区南侧以加工–焦化–化纤为主；评估区东侧部分地区以炼焦制气厂–木糖醇加工为主
较高	286	评估区西侧部分区域、市区中部大部分区域，以及评估区南侧部分区域	工业污染源类型及分布如上。此外该区域分布还受到加油站的影响
中等	1704	评估区西侧大部分区域；市区周边区域；评估区中东部及南侧部分区域	以加油站类污染源为主，主要集中在道路、人群聚集地周边区域。此外主要受到养殖类污染源分布影响
较低	374	评估区西侧零星分布；中东部及南侧零星分布	以加油站或垃圾填埋场，以及养殖场类污染源为主
低	5847	其他大部分区域	该区域内主要污染源以养殖场、地表污水和农业污染为主，此类型污染源权重较低，污水毒性低

14.3　地下水脆弱性评估

地下水脆弱性评估主要针对我国浅层地下水的水文地质条件,提出适合的孔隙潜水、岩溶水及裂隙水的地下水脆弱性评估方法,得出在天然状态下地下水对污染所表现的本质敏感属性。地下水脆弱性评估与污染源或污染物的性质和类型无关,取决于地下水所处的地质与水文地质条件,是静态、不可变和人为不可控制的。因此地下水脆弱性评估首要是判别地下水类型,然后识别不同类型地下水脆弱性的主控因素,并收集相应的指标资料。

14.3.1　评估区地下水孔隙潜水脆弱性评估

1. 地下水埋深(D)

地下水埋深主要决定着污染质迁移至含水层之前传输介质的深度,一般情况下,地下水的埋深越大,污染质到达含水层所需时间越长,则污染质进入含水层的量就越小,含水层污染程度也就越弱,反之越强。地下水埋深分区见图14-3。

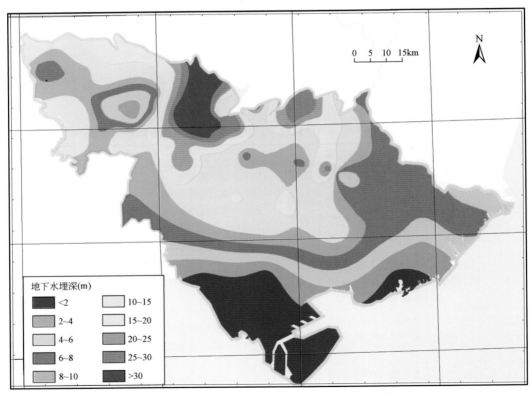

图 14-3　典型评估区域浅层地下水埋深分区图

地下水埋深越大,其分值越低。由图14-3可以看出,评估区浅层地下水埋深自北向南逐渐减小,其中冲洪积平原水文地质区由于地形较高,包气带厚度较大,北部山前地带地下水埋深为 15～30m,局部地区大于 30m;中部地区地下水埋深为 6～15m。南部滨海平原水文地质区地下水埋深较浅,多小于 6m。

2. 地下水垂向净补给量(R)

净补给是指单位面积内渗入地表并达到含水层的水量。污染物可通过补给水垂直入渗至含水层。一般情况下,补给量越大,地下水污染的潜势就越大。DRASTIC 中的净补给是指施加于地表并且入渗至含水层的总水量。本次评价的净补给量采用补给模数反映。区内各个区域净补给量分布如图 14-4 所示。其中需要指出的是评估区部分区域由于当地水文地质条件或采煤采矿等活动存在岩溶塌陷和采煤塌陷坑,在这些区域地表与地下水含水层已经被沟通,地下水脆弱性很高,为了使最终计算结果符合实际,这些塌陷坑区域的地下水垂向净补给量评分被人为设定为最高分 10 分。

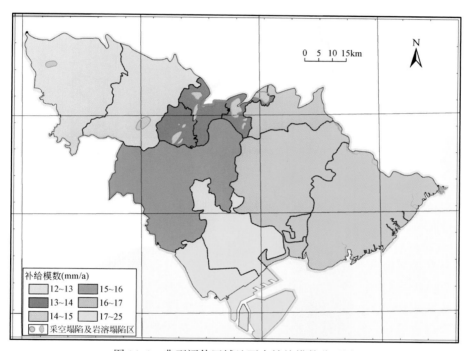

图 14-4　典型评估区域地下水补给模数分区图

3. 含水层厚度(A)

通过对区内水文地质条件综合分析,参考区域水文地质剖面图,评估区内第一含水层大多疏干,因此将第一、第二含水层合并看做 DRASTIC 模型中的浅层含水层。评估区内第一、二含水层厚度均超过 50m,因此,将区内含水层厚度赋予统一分值为“1”。

4. 土壤类型(S)

土壤是指渗流区上部具有显著生物活动的部分,土壤对地下水脆弱性的影响主要取决于不同类型土壤的理化性质。研究区土壤主要有六种类型,其岩性多为粉砂与粉质黏土。由于所搜集的资料与 DRASTIC 模型中给出的土壤类型有差异,为了便于计算,参考相关报告和文献,给出了不同土壤类型评分值(表 3-24)。根据资料绘制土壤类型分区图(图 14-5)。

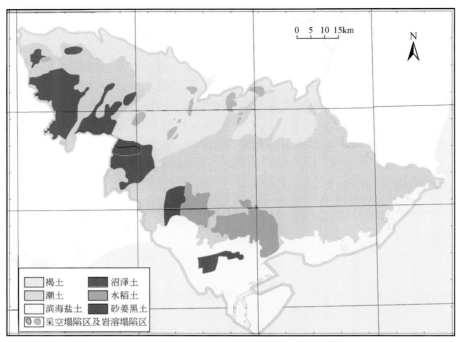

图 14-5　典型评估区域土壤类型分区图

5. 地形坡度(T)

本次评价的评估区为平原区,地形起伏较小,地形坡度小于 2% ,因此,直接将本区地形坡度评分赋值为 10。

6. 包气带介质类型(I)

包气带是指地表以下至潜水面的区域。包气带的类型决定着土壤层和含水层之间水量的交换、污染质迁移转化、各种物理化学和生物作用,同时包气带介质还决定了渗流路径的长短和渗流路线,因此包气带介质是评价地下水脆弱性的一个重要指标。

据资料分析可知,本区包气带岩性主要为第四系沉积物,分为黏性土、砂性土和砂三种类型,其中各岩性又分为三个亚类。在包气带自净能力分级时,对第四系沉积物主要考虑介质中颗粒大小、渗透能力,对比 DRASTIC 模型中给出的评分方法,给出了本区内包气带介质评分表(表 3-24)。

其中需要指出的是,考虑到评估区部分区域存在岩溶塌陷和采煤塌陷坑,在这些区域地表与地下水含水层已经被沟通,地下水脆弱性很高,为了使结果符合实际,这些塌陷坑区域的包气带介质评分被设定为最高分 10 分。

最终得到评估区包气带岩性分区如图 14-6 所示。

7. 含水层渗透系数(C)

含水层渗透性与含水层介质类型有关,渗透系数的大小在一定程度上反映了含水层岩性组成。通常,含水层介质的颗粒粒径越大或空隙越多,渗透性越大,含水层介质的稀释能力越小,含水层的污染潜势越大。根据资料绘制含水层渗透系数分区图(图 14-7)。

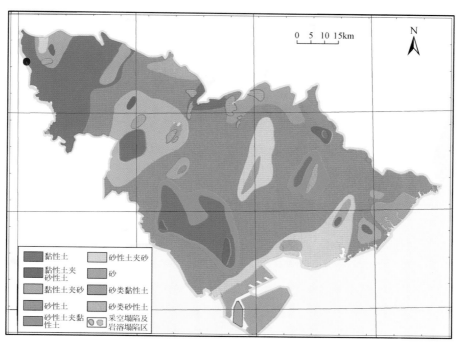

图 14-6　典型评估区域包气带介质岩性分区图

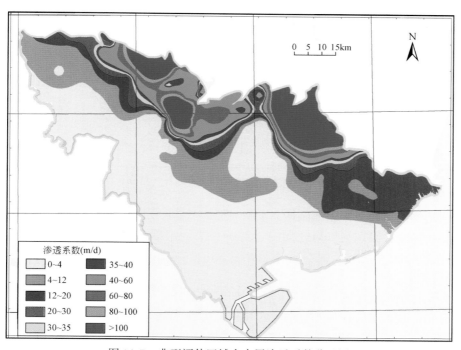

图 14-7　典型评估区域含水层渗透系数分区图

14.3.2　评估区地下水孔隙潜水脆弱性评价结果

　　根据评估区水文地质资料,参照 DRASTIC 评价方法,基于 MapGIS 进行脆弱性评价,评价结果取值范围为 20~200,被划分为 5 个级别。其中脆弱性评价结果得分越高,区域地下水越易受到污染,即脆弱性级别高。反之,则不易受到污染,即脆弱性级别低。其脆弱性评价结果见图 14-8 和表 14-2。

　　根据评价结果结合渗透系数等分布图可以看出地下水位埋深越大,渗透性能越差,补给量越小,地下水抗污染能力越强。

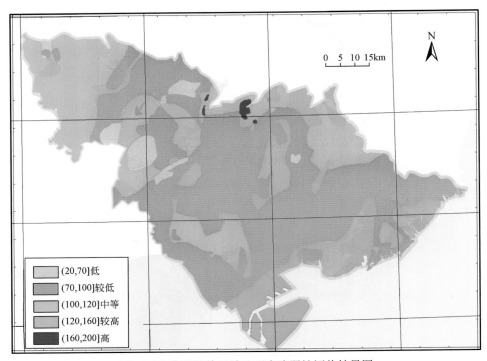

图 14-8　典型评估区域地下水脆弱性评价结果图

　　(1)岩溶塌陷区和采空塌陷区地下水脆弱性为高。

　　(2)评估区主要是在河谷附近,由于岩性单一,岩层结构简单,渗透性强,所以评价结果属于脆弱性较高区。此外,评估区最南侧为填海造地,岩性单一,渗透系数强,地下水脆弱性也属于较高区域。

　　(3)评估区脆弱性中等区域主要分布在西部大部分区域及东部部分区域。

　　(4)评估区较大部分区域为脆弱性级别较低区域,主要分布在中部。

　　(5)评估区内脆弱性级别低的区域很小,主要分布在中西部部分区域。

表 14-2　典型评估区域地下水脆弱性评价结果统计表

脆弱性评价结果	面积/km²	分布范围	概述
低	240	中西部部分区域	主要受到地下水埋深和包气带岩性影响
较低	4406	中部	该区域分布与包气带中砂类岩性分布有较好的一致性
中等	2721	西部大部分区域及东部部分区域	该区域包气带以黏性土为主,地下水埋深较浅,土壤类型以潮土为主
较高	954	河谷附近	主要分布在河谷附近,由于岩性单一,岩层结构简单,渗透性强
高	26	有岩溶塌陷或采空塌陷的区域	塌陷沟通的含水层

14.4　地下水功能价值评估

14.4.1　评估区地下水使用功能

评估区地下水使用功能类型主要有地下水型生活饮用水、盐卤水,以及农业和工业用水。评估区特色使用功能的地下水主要有盐卤水。

评估区生活供水以开采地下水为主,详细情况见图 14-9。

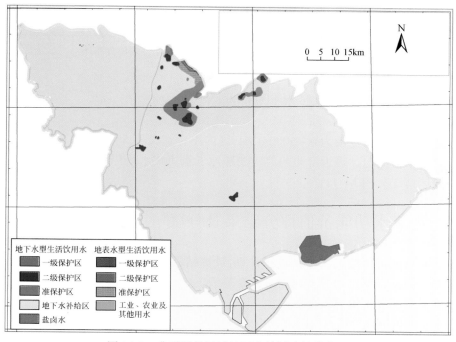

图 14-9　典型评估区域地下水使用功能分布图

14.4.2　评估区地下水质量现状评估

利用地下水质量现状评估方法,结合实际情况,划分了评估区浅层地下水质量现状分布情况,详见图14-10。

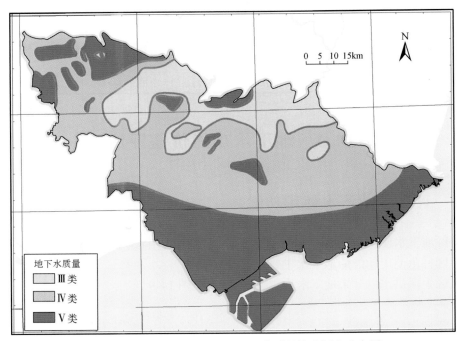

图 14-10　典型评估区域浅层地下水质量综合评价分布图

14.4.3　评估区地下水富水性评估结果

区域地下水富水性范围为 $0 \sim 5000 \mathrm{m}^3/\mathrm{d}$,区内不存在大于 $5000 \mathrm{m}^3/\mathrm{d}$ 的区域。富水性好的区域主要在河流周边。靠近海边的地区浅层地下水为咸水,不具备使用功能,评估区地下水富水性分区情况见图14-11。

14.4.4　地下水功能价值评分结果及分区

将地下水功能价值按式(3-20)进行计算,计算结果 VI 值由大到小排列,根据使用功能及 VI 取值范围分为低、较低、中等、较高、高 5 个等级(表3-29),在 GIS 环境下编辑得出不同使用功能的地下水功能价值等级分区图。

地下水功能价值评价结果由两部分组成:一部分为具有特殊使用功能的地下水区,即地下水型饮用水区、盐卤水区和工业、农业用水区。其中,具有特殊使用功能的地下水富水性及地下水质量评估针对水源井取水段含水层地下水进行计算,工业、农业用水区地下水功能价值评价利用浅层地下水水量与水质情况进行计算。利用式(3-5)与评估区内地下水使用功能分区、地下水质量评价结果、地下水富水性评价结果得到最终结果。详见图 14-12 和表 14-3。

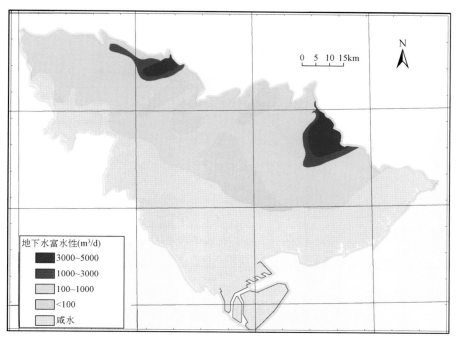

图 14-11　典型评估区域浅层地下水富水性分区图

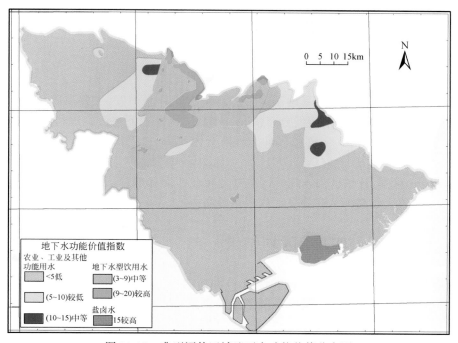

图 14-12　典型评估区域地下水功能价值分布图

从图 14-12 和表 14-3 可以看出,农业、工业及其他功能用水区,大部分区域使用功能均为低,仅在中西部和东北区靠近河流区域地下水使用功能为较低。中部部分区域地下水使用功能为中等。本区没有地下水使用功能高及较高的区域。地下水型饮用水功能区中,地下水补给区的使用功能为中等,地下水源保护区的范围内使用功能为较高。盐卤场处地下水使用功能为较高。

表 14-3　典型评估区域地下水功能价值结果统计表

功能评价结果		面积/km²	概述
地下水型饮用水	中等	780	分布在区域地下水水源补给区
	较高	206	地下水型水源地
盐卤水	较高	98	
农业、工业用水	中等	75	水质较好,水量丰富
	较低	817	水质较好
	低	6371	水质差、水量小,为咸水区

14.5　地下水污染现状评估结果

地下水污染现状评估是指在不同的地下水使用功能区内评估人类活动产生的有毒有害物质的程度。主要采用"三氮"、重金属和有机类等有毒有害污染指标,在扣除背景值的前提下进行评估,直观反映人为影响的污染状况,根据评估指标超过标准的程度进行分区。

14.5.1　地下水污染现状分区图

基于 GIS 平台,根据上述结果编制地下水污染现状分区图件,主要反映地下水中三氮、重金属和有机类污染物在评估区的分布情况。本次工作中地下水污染现状分别对评估区浅层地下水进行了"三氮"、重金属和有机类污染指标评价,在评估区中分成超标区和未超标区,详见图 14-13。

由图 14-13 可知,评估区内未超标区主要分布在西南部部分区域,其中三氮超标区范围最大,有机类与重金属超标区在评估区内零星分布。

14.5.2　地下水污染防治区划结果

根据地下水污染源荷载(PI)、脆弱性(DI)和功能价值(VI)的评分结果,采用式(3-21)计算得出不同区域的防控值,在 GIS 环境下编辑成图,见图 14-14。

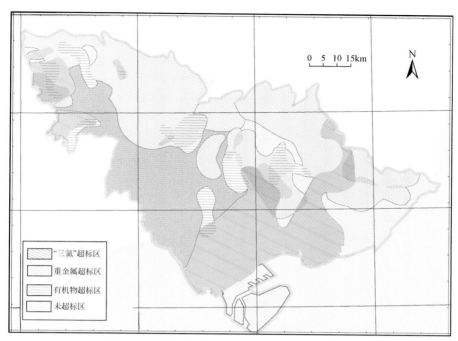

图 14-13 典型评估区域地下水污染现状分布图

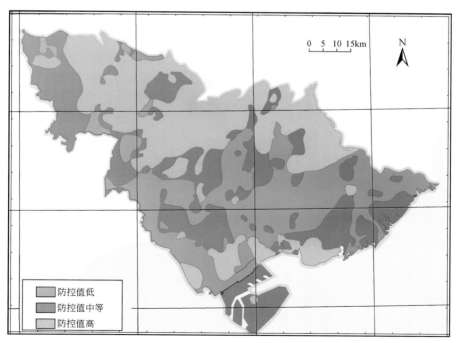

图 14-14 典型评估区域地下水污染防控值分区图

14.6　地下水污染防治区划分结果与分区

14.6.1　保护区

（1）对于明确地下水饮用水水源、特殊使用功能区域，且地下水污染现状评估结果为超标区，并确定为人为污染，则评定为相关使用功能的治理区。

（2）对于地下水饮用水水源和特殊使用功能的治理区范围，一般划分为两级，即优先治理区（已发生人为污染超标的地下水饮用水水源功能区）和重点治理区（已发生人为污染超标的特殊使用功能区）。

（3）对于农业用水、工业及其他不明确地下水使用功能区域，若地下水污染现状评估结果为未超标区，则一般认定为防控区；若地下水污染现状评估结果为超标区，且确定为人为污染，则开展地下水健康风险评估（参见《地下水健康风险评估工作指南》），如健康风险评估结果未超过可接受健康风险水平，则一般认定为防控区，如健康风险评估结果超过可接受健康风险水平，则认定为治理区。

（4）在步骤（3）中划分的防控区范围内，二级区划需根据使用功能叠加区划防控值的计算结果划分。若为农业用水区，其划分为优先防控区（防控值高区）和重点防控区（防控值中或低区）；若为工业及其他不明确使用功能区域，则划分为重点防控区（防控值高区）和一般防控区（防控值中或低区）。

（5）在步骤（3）中划分的治理区范围内，需根据使用功能叠加污染严重程度进行划分。若为农业用水，严重超标区，则划分为重点治理区；非严重超标，则为一般治理区；若为工业及其他不明确使用功能区域，若非严重超标和严重超标区，则划分为一般治理区。

14.6.2　区划结果

根据地下水使用功能和污染现状得出一级区划结果，分为保护区、防空区和治理区。再根据不同的使用功能、区划防控值的高低又得到不同优先等级的二级区划结果，即一级保护区、二级保护区和准保护区；优先防控区、重点防控区和一般防控区；优先治理区、重点治理区和一般治理区，具体结果分析见表14-4。最后，根据评估区内行政单元调整各一级区划和二级区划结果的边界，服务于管理需求。最终结果如图14-15和表14-4所示。

从图14-15可以看出，地下水饮用水功能区仅在中南部一水源地处为保护区，该水源地周边为该水源地的准保护区。此外，评估区其他水源地处均出现不同程度的地下水污染，因此，地下水水源地保护区范围内为地下水优先治理区，地下水源补给区范围内为地下水重点治理区。在盐场地下水特殊使用功能区内也存在地下水污染现状，盐场范围为重点治理区。

表 14-4　典型评估区域地下水污染防治区划分结果表

污染防治区划分结果		面积/km²	概述
地下水饮用水功能区	保护区	5	浅层地下水水质好,未出现三氮、重金属、有机类污染
	准保护区	98	区域地下水水源补给区
	优先治理区	201	浅层地下水水质较差
	重点治理区	682	区域地下水水源补给区,地下水已受到污染
地下水特殊使用功能区		98	—
农、工业用水	重点治理区	1729	地下水污染现状为超标区且防控值高
	一般治理区	2995	地下水污染现状为超标区且防控值为中、低
	优先防控区	484	地下水污染现状为未超标,且防控值高
	重点防控区	2055	地下水污染现状为未超标,且防控值为中、低

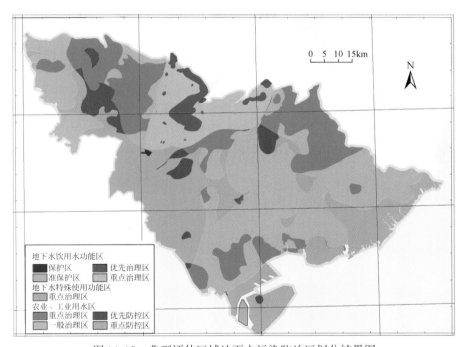

图 14-15　典型评估区域地下水污染防治区划分结果图

　　对于农业、工业用水区,结合地下水污染现状得到最终结果,其中评估区北部、东部及河流附近及沿海部分区域为重点治理区,这些区域工业、养殖、加油站等污染源分布较为密集,地下水脆弱性较大,存在不同程度的地下水污染情况,因此这些区域为重点治理区。评估区部分地下水污染较严重但工业相对较少,地下水脆弱性较小,因此这些区域为一般治理区。评估区西南部一带地下水三氮、重金属、有机类均超标,因此这一带为地下水防控区。

14.7 结论与建议

综合评估区地下水污染源荷载、地下水脆弱性、地下水功能价值及地下水污染现状等信息,完成了评估区地下水污染防治区划分的技术工作,划分了典型评估区地下水污染防治区,即地下水保护区、防控区和治理区。本次工作成果可以在一定程度上指导评估区地下水污染防治工作的开展。

针对与评估区类似的老工业区,大部分区域已出现地下水污染现象,此外华北平原大部分区域,地下水饮用水型水源地集中,该类型城市的地下水污染防治等级为优先及重点治理区。因此,为了保证华北平原地下水供水安全、保障市民身体健康、保护生态环境,应及时开展地下水污染防治区划分与评估工作。并且当地下水功能价值和污染状况等因素发生重大变化时,应及时调整划分结果。提出相关建议如下:

(1)区域及周边为老工业区,且加油站等集中分布,大部分区域已出现地下水污染现象,同时该区域地下水饮用水型水源地集中,污染防治等级为优先及重点治理区。因此,为了保证城市供水安全、保障市民身体健康、保护生态环境,应及时开展地下水污染研究与治理工作。

(2)对钢铁、焦化、垃圾处理场等企业,陡河、还乡河、滦河沿岸等主要污染源分布区,以及地下水脆弱性较高的区域,应定期开展地下水水质监测工作,建立地下水污染预警体系,掌握地下水水质动态变化规律,及时开展地下水污染防治工作。

(3)当地下水功能价值和污染状况等因素发生重大变化时,应及时调整划分结果。

第15章　深入推进河北省地下水污染防治工作的几点建议

深入推进河北省地下水污染防治工作,首先要贯彻落实习近平总书记对地下水污染防治工作的重要批示精神,落实《中共中央　国务院关于全面加强生态环境保护　坚决打好污染防治攻坚战的意见》中提出的"深化地下水污染防治"要求,结合《河北省水污染防治工作方案》、《河北省净土行动土壤污染防治工作方案》、《河北农业农村污染治理攻坚战实施方案》和《中共河北省委河北省人民政府关于全面加强生态环境保护坚决打好污染防治攻坚战的实施意见》等有关工作部署和相关任务,保障地下水安全,加快推进地下水污染防治,结合河北省实际,提出如下几点建议。

15.1　工作原则

1. 预防为主,综合控制

持续开展地下水环境状况调查评估,建立地下环境监测体系和污染源监控体系,加强地下水环境监管,全面掌握、动态评估地下水污染状况和成因。坚持地下水污染预防与治理相结合,保护地下水资源和水环境相结合,地表水和地下水污染防治相结合,地下水污染源头管理、过程控制和现场修复相结合,制定并实施地下水污染防治政策及技术工程措施,推进地表水、地下水和土壤污染协同控制,综合运用法律、经济、技术和必要的行政手段,开展地下水污染防治和生态保护工作,以预防为主,坚持防治结合,促进地下水环境质量持续改善。

2. 突出重点,分类防治

以扭住"双源"(集中式地下水型饮用水源和地下水污染源)为重点,以地下水型饮用水水源地为保护重点,以各主要污染排放企业为监管重点,以问题突出的重金属和有机污染等为防治重点,以地下水污染防治重点区域为工作重点,紧扣重点、解决问题,为人民群众提供用水安全保障。

综合分析不同区域水文地质条件、污染源分布及典型特征,结合河北省地下水污染评价结果,识别优先治理的重点区域,分类指导,制定相应的防治对策,切实提升地下水污染防治工作的科学性和管理水平。

3. 问题导向,风险防控

聚焦地下水型饮用水源安全保障薄弱、污染源多且环境风险大、法规标准体系不健全、环境监测体系不完善、保障不足等问题,结合重点区域、重点行业特点,加强地下水污染风险防控体系建设。

4. 明确责任,循序渐进

地下水污染防治工作应实行地方行政领导责任制,各有关部门要按照职责分工负责,协调联动,各项工作落实到位。市(县)各级人民政府是地下水污染防治工作的责任主体,要高度重视,分解任务目标,制订实施方案,建立健全地下水污染防治目标责任制,建立水质变化趋势和污染防治措施双重评估考核制、"谁污染谁修复、谁损害谁赔偿"责任追究制。

统筹考虑地下水污染防治工作的轻重缓急,分期分批开展试点示范,有序推进地下水污染防治和生态保护工作。

5. 科学施策,强化监管

完善地下水污染防治的法律法规和标准规范体系,建立健全全面的地下水环境监管体系和有效的地下水污染监管制度,依法防治。

加大地下水污染源监控力度,提高监管能力,强化环保检查和行政执法力度,大力打击污染地下水的环境违法行为。

15.2 主要工作建议

深入推进河北省地下水污染防治工作,主要围绕《关于印发地下水污染防治实施方案的通知》精神,实现近期目标"一保、二建、三协同、四落实"。

"一保",即确保地下水型饮用水源环境安全。

"二建",即建立地下水污染防治法规标准体系和地下水环境监测体系。

"三协同",即协同地表水与地下水、土壤与地下水、区域与场地污染防治。

"四落实",即落实《河北省水污染防治工作方案》确定的四项重点任务,开展调查评估、防渗改造、修复试点和封井回填工作。

15.2.1 保障地下水型饮用水源安全

1. 加强城镇地下水型饮用水源规范化建设

在现有72个城市地下水集中式饮用水源保护区的基础上,完成全省乡镇以上集中式饮用水源保护区的划定工作,并开展地下水型饮用水源环境保护状况评估,提高饮用水源规范化建设水平,依法清理水源保护区内违法建筑和排污口。

建立地下水饮用水源风险防范机制,在全面对地下水集中式饮用水源补给径流区进行地下水环境调查评估工作的基础上,对相关工业污染源、垃圾填埋场及加油站等风险源实施风险等级管理,将可能影响水源水质安全的风险源全部列入档案,对风险源逐个排查隐患,加强重点企业环境监察,对地下水污染隐患进行限期治理。

加强水源地环境监测能力建设,尽快对乡镇以上集中式饮用水源水质进行全面监测分析,根据水质情况将水源分为不同类型,采取对应措施整治水源保护区环境,建立地下水污染预警系统,为地下水饮用水源制定地下水污染突发事件应急预案,防范环境风险。

严格地下水饮用水源保护与环境执法,定期开展地下水资源保护执法检查、地下水饮用水源环境执法检查和后督察。

严格地下水饮用水源保护区环境准入标准,严禁在地下水饮用水源保护区新建排污项目,依法关停违法建设项目,取缔涉重金属、持久性有机污染物的排污口,其余排污口不得增加污染物排放量。

做好地下水饮用水源地供水水质的卫生监督工作,对自行建设的地下水取水、供水设施严格监管。

针对人为污染造成水质超标的地下水型饮用水源,各县(市)组织制订、实施地下水修复(防控)方案,开展地下水污染修复(防控)工程示范。

对难以恢复饮用水源功能且经水厂处理水质无法满足标准要求的水源,应按程序撤销、更换。

2. 强化农村地下水型饮用水源保护

完成供水人口在 10000 人或日供水 1000t 以上的饮用水水源排查和调查评估,并完成保护区划定工作。农村饮用水水源保护区的边界要设立地理界标、警示标志或宣传牌。将饮用水水源保护要求和村民应承担的保护责任纳入村规民约。

加强农村饮用水水质监测,实施从源头到水龙头的全过程控制,落实水源保护、工程建设、水质监测检测"三同时"制度。开展饮用水水源、供水单位供水、用户水龙头出水的水质等饮用水安全状况评估。供水人口在 10000 人或日供水 1000t 以上的饮用水水源每季度监测一次,用户水龙头出水水质每半年监测一次。各地按照国家相关标准,结合本地水质本底状况确定监测项目并组织实施。县级及以上地方人民政府有关部门,应当向社会公开饮用水安全状况信息。

开展农村饮用水水源环境风险排查整治,以供水人口在 10000 人或日供水 1000t 以上的饮用水水源保护区为重点,对可能影响农村饮用水水源环境安全的化工、造纸、冶炼、制药等风险源和生活污水垃圾、畜禽养殖等风险源进行排查。对水质不达标的水源,采取水源更换、集中供水、污染治理等措施,确保农村饮水安全。

15.2.2　建立健全法规和标准规范体系

1. 完善地下水污染防治规划体系

尽快制定《河北省地下水污染防治规划(2021—2025 年)》,细化落实《中华人民共和国水污染防治法》和《中华人民共和国土壤污染防治法》的要求,以保护和改善地下水环境质量为核心,坚持"源头治理、系统治理、综合治理",落实地下水污染防治主体责任,包括地下水污染状况调查、监测、评估、风险防控、修复等,实现地下水污染防治全面监管。

2. 制修订标准规范

按地下水污染防治工作流程,在调查、监测、评估、风险防控、修复等方面,研究修订符合河北省实际情况的地下水污染防治相关技术规范、导则、指南等。

研究制订河北省的地下水环境状况调查评价、地下水环境监测网建设运行与维护、重点污染企业地下水自行监测、地下水监测数据共享与公布、地下水污染场地清单等工作相关技术导则、指南。

研究制订河北省典型行业(焦化、化工、石油加工、制革等)地下水污染调查、监测、防控、修复等工作相关技术指南、规范。

15.2.3 建立健全地下水环境监测体系

1. 完善地下水环境监测网

依托国家地下水监测工程,整合全省建设项目环境影响评价要求设置的地下水污染跟踪监测井、地下水型饮用水源开采井、土壤污染状况详查监测井、地下水基础环境状况调查评估监测井、《中华人民共和国水污染防治法》要求的污染源地下水水质监测井等,加强现有地下水环境监测井的运行维护和管理,完善地下水监测数据报送制度。

依托国家地下水监测工程,生态环境部门针对城镇集中式地下水饮用水源补给径流区布设地下水环境监测网,组织开展水质例行监测,每年至少开展一次全指标分析,重点加强重金属、有机污染物和"三氮"污染指标监测。尽快完成我省地下水监测区域点位建设,初步建立起重点地区地下水污染监测系统(省控网),实现对人口密集区、重点工业园区、地下水重点污染源区、水源地等地区的日常监测。监测网建成后与国土资源和水利部门实施的"国家地下水监测工程"相衔接,实现各部门信息共享。生态环境部门会同相关部门应定期开展地下水基础环境状况调查评估,加强监督性监测,并规范、引导、利用社会力量参与地下水环境相关监测。

加强地下水污染源监测。企业应定期开展地下水环境监测,监测指标除常规指标外,重点监测特征指标,切实履行地下水保护责任。开展地下水集中式饮用水源补给径流区的石油化工行业企业、大中型矿山开采及加工区、地市级以上工业固体废物堆存场和填埋场、规模较大的生活垃圾堆放场、高尔夫球场、大中型再生水灌区、县级及以上工业园区等地下水环境风险较大的重点污染源的监测井布设工作。建立定期监测制度,按季度向生态环境等相关部门报送信息。

定期开展地下水基础环境调查评价,形成区域与场地相结合、污染源和水源统筹、政府与业主各负其责的地下水环境监测制度。

以国家地下水监测工程为基础,完善全省地下水水环境监测网络,提升饮用水水源水质全指标监测、水生生物监测、地下水环境监测、化学物质监测及环境风险防控能力,构建全国地下水环境监测网,按照国家和行业相关监测、评价技术规范,开展地下水环境监测。

2. 构建全省地下水环境监测信息平台

根据地下水基础状况调查评估及地下水环境监测的相关成果,按照"大网络、大系统、大数据"的建设思路,积极推进数据共享共用,建立河北省地下水动态信息平台,建立包括地下水集中式饮用水源地、重点污染源污染排放,地下水水质实时监测信息在内的基础信息库和动态环境状况信息平台,实现各项信息的实时动态更新,建立地下水环境状况信息共享制度,完善地下水环境信息公开制度。

结合水功能分区及相应水质标准建立地下水环境污染预警功能,为环保执法及突发事件应急工作提供技术支撑。信息平台建成后与国家地下水环境信息系统完成自动衔接,实现横向和纵向信息及时交换互通。

15.2.4　加强地下水污染协同防治

1. 重视地表水、地下水污染协同防治

控制城镇生活污水、污泥及生活垃圾对地下水的影响,加强现有合流管网系统改造,减少管网渗漏。开展城市污水管网渗漏排查工作,结合城市基础设施建设和改造,建立健全城市地下水污染监督、检查、管理及修复机制。

对于地下水饮用水源地补给径流区和地下水污染防治重点区,要结合农村环境综合整治,全面推进村镇生活污水及垃圾收集处理设施建设。全面加快建制镇污水处理设施建设,实现村镇污水有效处理。石家庄、邢台、邯郸地下水"三氮"超标地区农村生活污水处理,城镇周边村庄的生活污水可纳入城镇污水收集管网的,由城镇污水处理厂统一处理;条件不具备的,因地制宜地建设分散式生活污水处理设施。

地方各级人民政府有关部门应当统筹规划农业灌溉取水水源,使用污水处理厂再生水的,应当严格执行《农田灌溉水质标准》(GB 5084)和《城市污水再生利用农田灌溉用水水质》(GB 20922),且不低于《城镇污水处理厂污染物排放标准》(GB 18918)一级 A 排放标准要求。

避免在土壤渗透性强、地下水位高、地下水露头区进行再生水灌溉。降低农业面源污染对地下水水质影响,在地下水"三氮"超标地区、国家粮食主产区推广测土配方施肥技术,积极发展生态循环农业。

严格控制使用超过灌溉水质标准的污水进行灌溉,对污灌区地下水定期监测,防止污水漫灌和倒灌污染地下水。在地下水饮用水源补给区内要限制使用化肥和农药,禁止污水灌溉行为,严控农业面源污染地下水源。

2. 强化土壤、地下水污染协同防治

认真贯彻落实《中华人民共和国土壤污染防治法》和《河北省净土行动土壤污染防治工作方案》地下水污染防治的相关要求。对安全利用类和严格管控类农用地地块的土壤污染影响或可能影响地下水的,制订污染防治方案时,应纳入地下水的内容;对污染物含量超过土壤污染风险管控标准的建设用地地块,土壤污染状况调查报告应当包括地下水是否受到污染等内容;对列入风险管控和修复名录中的建设用地地块,实施风险管控措施应包括地下水污染防治的内容;实施修复的地块,修复方案应当包括地下水污染修复的内容;制定地下水污染调查、监测、评估、风险防控、修复等标准规范时,做好与土壤污染防治相关标准规范的衔接。在防治项目立项、实施及绩效评估等环节上,力求做到统筹安排、同步考虑、同步落实。

开发利用地下水污染场地,必须调查评估场地及周边土壤和地下水污染状况,存在环境风险的场地要进行治理修复。开展土壤污染对地下水环境影响的风险评估,加强地下水水源补给区污染土壤环境质量监测,评估污染土壤对地下水环境安全构成的风险,研究制定相应的污染土壤治理措施。加强对影响地下水环境安全的污染场地的土壤环境监测和综合整治工作,明确修复及治理的责任主体和技术要求,由造成污染的单位和个人负责修复和治理。

充分衔接"土壤污染综合防治先行区建设"工作,雄安新区和辛集市、石家庄市栾城区要在制订土壤污染综合防治先行区建设年度计划的工作中,重点考虑土壤、地下水污染的协同防治,聚焦重点领域突破创新,为全省土壤和地下水污染防治发挥示范引领作用。

3. 加强区域与场地地下水污染协同防治

区域层面:以县(市)为单位开展地下水污染防治分区划分,地下水污染防治分区划分技术要求参照《地下水污染防治区划分工作指南(试行)》(环办函〔2014〕99 号)执行。各县(市)全面开展地下水污染分区防治,提出地下水污染分区防治措施,实施地下水污染源分类监管。

场地层面:重点开展以地下水污染修复(防控)为主(如利用渗井、渗坑、裂隙、溶洞,或通过其他渗漏等方式非法排放水污染物造成地下水含水层直接污染,或已完成土壤修复尚未开展地下水污染修复防控工作),以及以保护地下水型饮用水源环境安全为目的的场地修复(防控)工作。

对人为污染造成水质超标的地下水饮用水源提出污染防治方案,启动地下水饮用水源污染治理示范工程,改善城镇集中式地下水饮用水源水质状况。有计划开展典型地下水污染场地修复,在地下水污染问题突出的工业危险废物堆存、垃圾填埋、矿山开采、石油化工行业生产等区域,筛选典型污染场地,积极开展地下水污染修复试点工作。尽快启动地下水重金属和有机污染污染修复试点示范工程,遏制地下水水质恶化趋势。

充分衔接《重金属污染综合防治"十二五"规划》中河北省石家庄市无极县、石家庄市辛集市、保定市徐水县、保定市安新县污染防控区,开展地下水重金属污染综合防控与修复工作。

开展地下水有机污染综合防控与修复工作,着力解决唐山市、邯郸市、石家庄市和沧州市等重点地区的焦化、化工、石油加工、制革等行业的有机污染问题。

开展城市生活垃圾填埋场或堆放场对地下水环境影响的风险评估工作。新建的生活垃圾填埋场应严格按照相关标准设置防渗层,建设雨污分流系统和垃圾渗滤液收集处理设施。正在使用的不达标生活垃圾填埋场应完善防渗措施和雨污分流系统,垃圾渗滤液按照规定进行处理并做到达标排放。关闭过渡性的简易生活垃圾填埋设施,对于已污染地下水的生活垃圾填埋场,要及时开展渗滤液引流、终场覆盖等修复工作。

15.2.5 推进重点污染源防控

1. 持续开展调查评估

制定《河北省地下水环境状况调查评估工作方案》,优先开展全省地下水污染状况调查工作。调查和评估以"双源"(饮用水源和污染源)为主,调查地下水饮用水源地及涉及污染源的基本属性、管理状况、水质状况、污染物排放状况、敏感点(风险源)、地下水环境现状等方面内容,重点调查评估全省范围内的集中式地下水饮用水源地和石油化工、矿山渣场、工业园区、危险废物处置场、垃圾填埋场、再生水农灌区和高尔夫球场等重点污染源。

尽快完成地下水污染状况调查和评估工作,掌握我省地下水污染状况,综合评价地下水污染程度,深入分析地下水污染成因和发展趋势。针对存在人为污染的地下水,开展详细调查,评估其污染趋势和健康风险,若风险不可接受,应开展地下水污染修复(防控)工作。

2. 开展防渗改造

石油炼化、焦化、制革、黑色金属冶炼及压延加工业等排放重金属和其他有毒有害污染物的工业行业的废渣堆放场及工业尾矿库等危险废物堆放场地要采取防渗措施。石化加工企业应查明储存、加工和运输过程中涉及的容器、机械、设备、管道发生泄漏的部位,提出地面防渗方案。开展华北油田油泥堆放场等废物收集、储存、处理处置设施要采取防渗措施,防止回注对地下水的污染;石化加工企业要提出地面防渗方案,重点解决地下水有机污染问题。

新建、改建和扩建地下油罐要为双层油罐,正在运行的加油站单层地下油罐应更新为双层油罐或设置防渗池,并进行防渗漏自动监测。

所有工业园区要对企业生产和污染物排放加强管理,完善防渗设施和检漏系统;对已造成地下水污染,且直接威胁饮用水源安全的工业园区,要采取封闭、截流、净化恢复等防治措施。

控制城镇生活污水、污泥及生活垃圾对地下水的影响,加强现有合流管网系统改造,减少管网渗漏。开展城市污水管网渗漏排查工作,结合城市基础设施建设和改造,建立健全城市地下水污染监督、检查、管理及修复机制。

完成城市生活垃圾填埋场或堆放场对地下水环境影响的风险评估工作,新建的生活垃圾填埋场应严格按照相关标准设置防渗层,建设雨污分流系统和垃圾渗滤液收集处理设施。正在使用的不达标生活垃圾填埋场应完善防渗措施和雨污分流系统,垃圾渗滤液按照规定进行处理并做到达标排放。关闭过渡性的简易生活垃圾填埋设施,对于已污染地下水的生活垃圾填埋场,要及时开展渗滤液引流、终场覆盖等修复工作。

3. 开展修复试点

按照国家"地下水污染场地清单公布办法",制定并公布我省地下水污染场地清单。根据河北省实际情况,选取重金属、有机污染和"三氮"(氨氮、硝酸盐、亚硝酸盐)污染问题、重点行业(焦化、化工、石油加工、制革等)的典型突出问题及群众反映强烈的突出环境问题作为修复试点,对地下水污染防治及修复工程给予重点支持。

4. 开展封井回填

开展报废矿井、钻井、取水井排查登记,推进封井回填工作。矿井、钻井、取水井因报废、未建成或者完成勘探、试验任务的,各地督促工程所有权人按照相关技术标准开展封井回填。对已经造成地下水串层污染的,各地督促工程所有权人对造成的地下水污染进行治理和修复。

5. 严控重点工业污染

突出污染源头防治,加强涉及重金属和有机污染工业行业的地下水环境监管。定期评估有关工业企业及周边地下水环境安全隐患,定期检查地下水污染区域内重点工业企业的污染治理状况。公布污染地下水的重点工业企业名单,并依法关停造成地下水严重污染事件的企业。完成地下水重金属和有机污染成因评估分析,对造成地下水污染的重点企业强制实行清洁生产审核及评估验收,对存在重大地下水环境风险企业应强制建设环境风险防控措施。

禁止利用渗井、渗坑或无防渗漏措施的沟渠、坑塘排放、输送或者存储污水。控制工业危险废物对地下水的影响。加快完成综合性危险废物处置中心建设,加强危险废物堆放场地治理,防止对地下水的污染。

6. 逐步控制面源污染

禁止施用重金属、氰化物、氟化物等高污染、高残留的农药和化肥,逐步控制农业面源污染对地下水的影响。对由于农业面源污染导致地下水污染较重的平原区,特别是滹沱河、滏阳河、蓟运河、永定河流域的"三氮"超标的地区,要大力开展种植业结构调整与布局优化,积极引导农民优先种植需肥量低、环境效益突出的农作物。积极推广测土配方施肥技术,科学施肥,降低肥料使用强度;使用生物农药或高效、低毒、低残留农药,推广病虫草害综合防治、生物防治和精准施药等技术。严格控制使用超过灌溉水质标准污水进行灌溉,对污灌区地下水定期监测,防止污水漫灌和倒灌污染地下水。在地下水饮用水源补给区内要限制使用化肥和农药,禁止污水灌溉行为,严控农业面源污染地下水源。

严格控制高尔夫球场污染排放,高尔夫球场农药和化肥使用情况每年年初向环保部门申报和备案,完善高尔夫球场防渗膜、阻拦坝、过滤层等防渗设施建设。高尔夫球场应建成汇集含残留农药化肥的雨水和地表径流的蓄水塘。

15.3　建议保障措施

1. 加强领导、明确分工、落实部门责任

为确保河北省地下水污染防治工作的顺利推进,各有关厅局和各级人民政府要深刻认识、充分重视河北省地下水污染的严峻形势和紧迫任务,切实加强组织领导,落实部门和地方政府责任。生态环境、国土资源、水利、住房与城乡建设、发展改革、财政、卫生、工业和信息化、农业、地矿等相关部门,要按照各负其责,各司其职,加强沟通,密切配合,整合资源,共享信息,协调联动,指导协调和督促检查地下水污染防治工作实施,及时解决工作中存在的问题。

地下水污染防治工作实行行政领导责任制。各设区(市)、直管县要建立相应的组织领导机构,根据辖区地下水污染实际情况制定地下水污染防治工作方案,统筹安排相关工作,细化工作目标任务,将目标任务进一步分解到部门、企业,建立环境质量目标责任制,制定相应的政策措施。结合当地实际情况提出地下水污染防治及修复工程建设项目方案。突出重点,狠抓落实,逐步改善地下水环境质量。同时,要落实企业治污责任,严格按照地下水保护和污染防治要求,切实履行监测、管理和治理责任,严控企业对地下水的污染行为,防范环境风险,提升环保绩效。

2. 完善法规、强化监管、加大执法力度

建立健全地下水环境管理和污染防治政策法律法规体系,加快制定并完善与地下水资源利用和管理、地下水环境标准和评价、污染责任追究和补偿等方面相关的规章。完善执法监管机制,加强横向部门间联动,综合运用土地监管、工商登记、绿色金融、治安处罚、断水断电等手段,督促企业落实环保责任。强化省、市、县三级环保部门纵向联动,形成运行顺畅、高效有序的环境执法上下互动机制。县(市)人民政府牵头,乡(镇)人民政府和县级有关职能部门以及行政村共同建立环境监管网格体系,细化工作,责任到人,实施对污染源全覆盖的环保网格化监管新模式。

落实地下水保护与污染防治责任,加强地下水环保执法能力建设,提高执法装备水平,加大地下水环境保护执法力度。依法查处污染地下水的建设项目和违法活动,加强水源补给径流区环境监管和对地下水污染源的监督检查力度,落实重点污染源环境执法责任制。定期开展地下水污染防治执法专项行动,严厉查处通过高压灌注、渗井、渗坑、废弃井等恶意排放废水的企业,从严从快从重打击污染地下水的环境违法行为。建立环保公安联合执法机制以及行政处罚与刑事处罚衔接机制,对造成地下水环境危害的有关单位和个人要依法追究责任,并进行环境污染损害鉴定和赔偿,行为构成污染环境罪的,依法移送司法机关追究刑事责任。同时对相关责任人根据《关于对损害生态环境行为实行问责的暂行规定》,加大责任追究力度,并移交纪检监察部门。

3. 创新政策、拓展融资、确保资金支持

各级人民政府健全投融资机制和创新经济政策,按照"政府引导、企业为主、社会参与"的原则多方筹措地下水污染防治资金。加大地下水污染防治的资金投入,建立多元化环保投融资机制,拓展融资渠道,吸引社会资本,调动企业积极性,落实地下水污染防治项目资金。

强化政策引导效应,制定出台我省污染物减排等相关激励和补贴政策。加大绿色信贷政策实施范围和执行力度,鼓励金融机构加大对环保企业和项目的信贷支持。相关企业要积极筹集治理资金,确保治理任务按时完成,石油化工行业、矿山开采及加工企业和高尔夫球场地下水污染防治以自筹资金为主。

进一步完善排污收费制度,加大石油化工行业、矿山开采及加工等重点污染源排污费征收力度。合理制定地下水资源费征收标准,完善差别水价等政策,并加大征收力度,限制地下水过量开采。探索建立受益地区对地下水补给径流区的生态补偿机制。

4. 科技支撑、舆论引导、鼓励公众参与

各级人民政府要结合实际情况仔细筛选确定地下水污染防治及修复工程建设项目,认真做好相关项目前期工作,充分论证项目建设的技术可行性、目标可达性、投资有效性和规模合理性等,确保项目实施效果。

地方科技计划要重点支持地下水污染防治相关课题研究,增强科技研发力度,为地下水污染防治修复提供技术支撑。加大地下水饮用水源污染防治、地下水环境监测、地下水环境风险评估、典型场地地下水污染治理、地下水环境修复、农业面源污染防治等方面的科技投入,提升地下水污染防治科技水平。针对河北省地下水污染物和水文地质特征,积极引进国外先进国内适用的地下水污染防治技术及管理经验,加强地下水污染防治技术推广。逐步建立先进实用技术目录,积极培育地下水污染防治相关产业。

利用电视、报纸、互联网、广播、期刊等媒体,结合世界环境日、世界地球日等重要环保宣传活动,有针对性地普及地下水污染防治知识,增强公众地下水保护的危机意识,形成全社会保护地下水环境的良好氛围。鼓励企业充分认识到保护地下水环境、防治地下水污染的社会责任,增强风险意识,积极主动杜绝污染地下水的环境违法行为。做好信息公开,曝光违法企业,鼓励公众参与,增强舆论监督,动员全社会的力量监督和打击偷排、偷放等环境违法行为,提高环保监管水平。

5. 落实责任、加强督查、确保工作开展

强化"党政同责""一岗双责"的地方责任。各省(区、市)负责本地区地下水污染防治,要在摸清底数、总结经验的基础上,抓紧编制省级地下水污染防治实施方案。加快治理本地区地下水污染突出问题,明确牵头责任部门、实施主体,提供组织和政策保障,做好监督考核。

落实"谁污染谁修复、谁损害谁赔偿"的企业责任。重点行业企业切实担负起主体责任,按照相关要求落实地下水污染防治设施建设、维护运行、日常监测、信息上报等工作任务。加强督察问责,落实各项任务。生态环境部将地下水污染防治目标完成及责任落实情况纳入中央生态环境保护督察范畴,对承担地下水污染防治职责的有关地方进行督察,倡优纠劣,强化问责,督促加快工作进度,确保如期完成地下水污染防治各项任务。

6. 紧扣目标、强化考核、评估防治效果

地方各级人民政府为地下水污染防治工作的主体。要严格实行省直、市县(区)主要领导亲自抓、负总责制度,强化各相关主体对水污染防治的责任,签订考核目标责任状,把地方政府和相关厅(委)局负责的目标任务纳入年度考核和干部人事考核体系。对于完成各项考核目标好的省直部门、市、县、企业和单位给予表彰和奖励。对不能完成水污染防治目标任务的单位,地方实施"一票否决"和区域限批。

建立地下水水污染防治年度评估考核制度。环保部门会同有关部门定期对规划实施效果开展监测分析。每年对工作落实情况及实施进度定期开展检查,确保各项任务落实到位。各设区市、直管县人民政府要把目标任务完成情况定期向省政府报告,省直有关部门定期对各市工作方案实施情况开展检查,及时了解实施进展情况,确保地下水污染防治工作各项任务落实到位、按时完成。